高等院校工科类、经济管理类数学系列辅导丛书

U0655957

微积分同步练习与模拟试题（第二版）

刘　强　徐生霞　姜玉英　孙激流 ◎ 编著

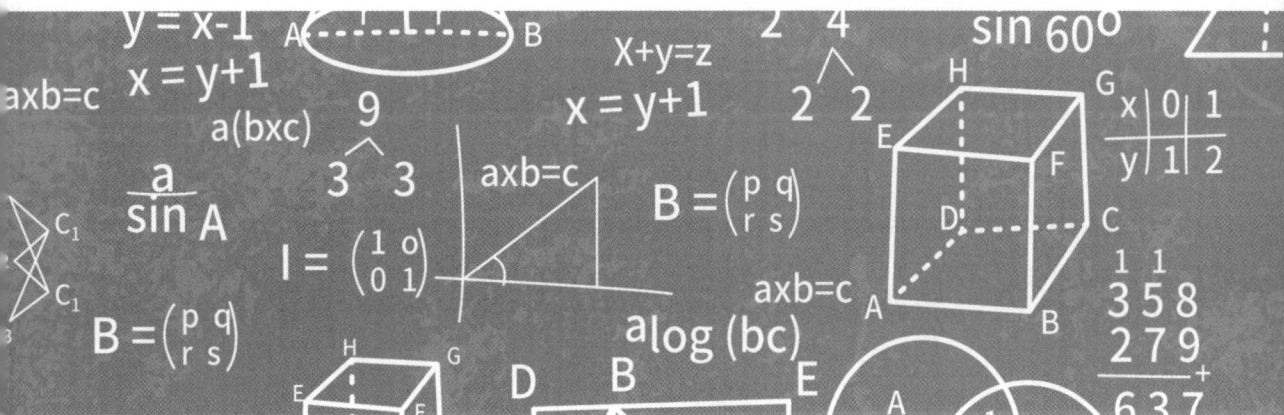

清華大学 出版社
北京

内 容 简 介

本书是高等院校经济管理类本科生学习微积分的辅导用书. 全书分为三大部分. 第一部分为"同步练习",该部分主要包括四个模块,即内容提要、典型例题分析、习题精选和习题详解,旨在帮助读者尽快地掌握微积分课程中的基本内容、基本方法和解题技巧,提高学习效率. 第二部分为"模拟试题及详解",该部分给出了 20 套模拟试题,其中上、下学期各 10 套,并给出了详细解答过程,旨在检验读者的学习效果,快速提升读者的综合能力. 第三部分为"期末试题",供读者实战演练使用,其中,部分习题详解以二维码形式给出.

本书可以作为高等院校经济管理类本科生学习微积分的辅导用书,对于准备报考硕士研究生的本科生而言,也是一本不错的基础复习阶段的数学参考用书.

图书在版编目(CIP)数据

微积分同步练习与模拟试题 / 刘强等编著. -- 2 版. --北京 :清华大学出版社,2025. 9.
(高等院校工科类、经济管理类数学系列辅导丛书). -- ISBN 978-7-302-70246-7

Ⅰ. O172-44

中国国家版本馆 CIP 数据核字第 2025XG0972 号

责任编辑:梁云慈
封面设计:汉风唐韵
责任校对:宋玉莲
责任印制:杨 艳

出版发行:清华大学出版社
　　　网　　址:https://www.tup.com.cn,https://www.wqxuetang.com
　　　地　　址:北京清华大学学研大厦 A 座　　　邮　　编:100084
　　　社 总 机:010-83470000　　　　　　　　　邮　　购:010-62786544
　　　投稿与读者服务:010-62776969,c-service@tup.tsinghua.edu.cn
　　　质量反馈:010-62772015,zhiliang@tup.tsinghua.edu.cn
印 装 者:三河市天利华印刷装订有限公司
经　　销:全国新华书店
开　　本:185mm×260mm　　　印　张:22　　　　　字　　数:504 千字
版　　次:2015 年 9 月第 1 版　 2025 年 9 月第 2 版　　　印　次:2025 年 9 月第 1 次印刷
定　　价:69.00 元

产品编号:111676-01

第二版前言

经济的高质量发展、社会的持续进步离不开一流本科人才的支撑，而一流本科人才的培养离不开大学数学课程的支撑．大学数学课程在落实立德树人根本任务，打造一流本科人才中扮演着不可或缺的角色．

高等院校工科类、经管类专业的数学课程主要包括"微积分"（或"高等数学"）、"线性代数"和"概率论与数理统计"等．2009 年以来，在北京市教委的大力支持下，由首都经济贸易大学牵头，联合北京工商大学、北京联合大学、北京印刷学院等兄弟院校，立足国内工科类、经管类专业建设特点，致力于地方高校数学教育教学模式探索与改革，取得了一系列成果，先后两次荣获北京市教育教学成果奖，并编写出版了高等院校工科类、经济管理类数学系列辅导丛书．

该丛书自第一版发行以来，受到国内兄弟院校广大师生的一致好评，发行量达 10 余万册．其间收到了读者与同行的一些意见与建议，我们在教学过程中也发现了一些需要改进的地方．在清华大学出版社梁云慈编辑的建议下，我们着手修订了该系列教材．本次修订的内容主要有如下三个方面：

1. 打造新形态教材，包括录制了部分微课，增加了知识点讲解视频以及部分例题、习题讲解视频，增加了课外学习链接，搭建了课程资源库．

2. 调整与修订部分章节内容，包括数学概念定义的推敲，典型例题的优化，语言的润色等．

3. 增添了部分例题、习题，修订了教材中出现的个别错误，优化了题型结构．

在第二版教材修订过程中，得到了对外经济贸易大学刘立新教授，北京工商大学曹显兵教授，中央财经大学贾尚晖教授，北京工业大学薛留根教授，北方工业大学刘喜波教授，重庆工商大学陈义安教授，山西财经大学王俊新教授，北京印刷学院朱晓峰教授，广东财经大学黄辉教授，北京信息科技大学侯吉成教授，北京物资学院李珍萍教授以及首都经济贸易大学马立平教授、裴艳波教授、张玉春副教授等同事们的大力支持，在此一并表示诚挚的感谢．

由于作者水平所限，新版中存在错误和疏漏之处在所难免，恳请读者和同行不吝指正．邮件地址为：cuebliuqiang@163.com．

作　者

2025 年 4 月

随着经济的发展、科技的进步，数学在经济、管理、金融、生物、信息、医药等众多领域发挥着越来越重要的作用，数学思想和方法的学习与灵活运用已经成为当今高等院校人才培养的基本要求.

然而，很多学生在学习过程中，对于一些重要的数学思想、方法难以把握，对一些常见题型存在困惑，常常感觉无从下手，对数学的理解往往只注重某些具体的知识点而体会不出蕴含在其中的思想和方法.

为了让学生更好、更快地掌握所学知识，同时结合部分学生考研的需要，我们编写了高等院校工科类、经济管理类数学系列丛书，该丛书包括"微积分""高等数学""线性代数"和"概率论与数理统计"四门数学课程的辅导用书，由首都经济贸易大学的刘强教授担任丛书的主编.

本书为微积分部分，编写的主要目的有两个：一是帮助学生更好地学习"微积分"课程，熟练掌握教材中的一些基本概念、基本理论和基本方法，提高学生分析问题、解决问题的能力，以达到经济类、管理类专业对学生数学能力培养的基本要求；二是满足学生报考研究生的需要，结合作者多年来的教学经验，精选了部分经典考题，使学生对考研试题的难度和深度有一个总体的认识.

本书主要分为两大部分，第一部分是同步练习部分，该部分主要包括四个模块，即内容提要、典型例题分析、习题精选及习题详解；第二部分为两个模块，分别为模拟试题与试题详解. 具体模块内容如下：

1. 内容提要：对基本概念、基本理论、基本公式等内容进行系统梳理、归纳总结，详细解答了学习过程中可能遇到的各种疑难问题.

2. 典型例题分析：作者在多年来教学经验的基础上，创新性地构思了大量有代表性的例题，并选编了部分国内外优秀教材、辅导资料的经典习题，按照知识结构、解题思路、解题方法对典型例题进行了系统归类，通过专题讲解，详细阐述了相关问题的解题方法与技巧.

3. 习题精选：精心选编了部分具有代表性的习题，帮助读者巩固、强化所学知识，提升学习效果.

4. 习题详解：本部分对精选习题给出了详细解答，部分习题还给出了多种解法，开拓读者的解题思路，培养读者的分析能力和发散思维.

5. 模拟试题与详解：本部分共给出了 20 套模拟试题，其中上、下学期各 10 套，并给出了详细解答过程，主要目的是检验读者的学习效果，提高读者的综合能力．

为了便于读者阅读本书，书中的选学内容将用"＊"标出，有一定难度的内容、例题和综合练习题等将用"＊＊"标出，初学者可以略过．

本书的前身是一本辅导讲义，在首都经济贸易大学已经使用过多年，期间多次修订，本次应清华大学出版社邀请，我们将该讲义进行了整理出版，几经易稿，终成本书．

全书共分九章，其中第 1、2、3、6 章由刘强编写，第 4、5、7、8、9 章由孙激流编写，最后由刘强负责统一定稿．

本书可以作为普通高等院校经济管理类本科生学习微积分的辅导资料；对于准备报考硕士研究生的本科生而言，也是一本不错的基础复习阶段的数学参考用书．

本系列丛书在编写过程中，得到了北京工业大学程维虎教授，西安交通大学吴可法教授，首都经济贸易大学纪宏教授、张宝学教授、马立平教授、吴启富教授，北京化工大学李志强副教授及同事们的大力支持，清华大学出版社的编辑也为丛书的出版付出了很多努力，在此表示诚挚的感谢．

由于作者水平有限，书中可能存在不妥甚至错误之处，恳请读者和同行们不吝指正．邮箱地址为：cuebliuqiang@163.com.

作　者

2015 年 8 月

CONTENTS

目录

第二部分 模拟试题及详解

第三部分 期 末 试 题

第一部分

同 步 练 习

第1章

函　　数

1.1　内容提要

1.1.1　函数的定义

设 D 为一个非空实数集，如果存在一个对应法则 f，使得对于每一个 $x \in D$，都能由 f 唯一确定一个实数 y 与之对应，则称对应法则 f 为定义在实数集 D 上的一个函数，记作 $y = f(x)$，其中，x 称为自变量，y 称为因变量，实数集 D 称为函数的定义域，记为 $D(f)$ 或者 D_f。集合 $\{y \mid y = f(x), x \in D_f\}$ 称为函数的值域，一般记为 $Z(f)$ 或者 Z_f。

定义域和对应法则是函数的两要素，值域由定义域和对应法则确定。两个函数相同的充要条件是定义域与对应法则分别相同，因此判断两个函数是否相同，只需验证函数的定义域与对应法则是否分别相同，而与自变量、因变量的符号没有关系。

如果函数没有明确给出定义域，则其定义域一般默认为使得分析表达式有意义的自变量的取值范围。

函数的表示方法主要有公式法、图示法以及表格法等，其中公式法是函数关系表示的一种主要形式。

1.1.2　分段函数

根据函数的定义，在表示函数时，并不要求在整个定义域上都用一个数学表达式来表示。事实上，在很多问题中，常常遇到一些在定义域的不同子集上具有不同表达式的情况，习惯上把这类函数叫作分段函数。

例如符号函数

$$y = \operatorname{sgn} x = \begin{cases} 1, & x > 0 \\ 0, & x = 0 \\ -1, & x < 0 \end{cases}$$

是一个分段函数.

注 分段函数在其整个定义域上是一个函数，而不是几个函数.

1.1.3 函数的基本特性

函数的基本特性主要有四种，即奇偶性、单调性、周期性和有界性.

1. 奇偶性

设函数 $f(x)$ 的定义域 D 关于原点对称，如果对于 $\forall x \in D$，恒有 $f(-x)=f(x)$，则称 $f(x)$ 为偶函数；如果对于 $\forall x \in D$，恒有 $f(-x)=-f(x)$，则称 $f(x)$ 为奇函数.

奇函数的图像关于坐标原点对称，偶函数的图像关于 y 轴对称. 需要注意的是：函数的奇偶性是相对于对称区间而言的，因此如果函数的定义域关于原点不对称，则该函数不具有奇偶性.

奇、偶函数的一些常用结论：

(1) 常函数为偶函数；

(2) 有限个奇函数的代数和为奇函数，有限个偶函数的代数和为偶函数；

(3) 奇函数与偶函数的乘积为奇函数；

(4) 奇数个奇函数的乘积为奇函数，偶数个奇函数的乘积为偶函数.

2. 单调性

设函数 $f(x)$ 在某个区间 D 上有定义，对于 $\forall x_1, x_2 \in D$，且 $x_1 < x_2$，有：

(1) 若 $f(x_1) < f(x_2)$，则称函数 $f(x)$ 在区间 D 单调增加（单调递增）；

(2) 若 $f(x_1) > f(x_2)$，则称函数 $f(x)$ 在区间 D 单调减少（单调递减）.

3. 周 期 性

设函数 $f(x)$ 的定义域为 D，如果存在一个正数 T，使得对任意一个 $x \in D$，有 $(x \pm T) \in D$ 且

$$f(x+T)=f(x)$$

恒成立，则称该函数为周期函数. T 称为函数 $f(x)$ 的周期，满足上式的最小的正数 T_0 称为函数的最小正周期，通常我们所说的函数的周期指的是函数的最小正周期.

周期函数的一些常用结论：

(1) 若 $f(x)$ 的周期为 T，则 $f(ax+b)$ 的周期为 $\dfrac{T}{|a|}$，$a \neq 0$；

(2) 若 $f(x)$ 和 $g(x)$ 的周期均为 T，则 $f(x) \pm g(x)$ 也是周期为 T 的周期函数.

4. 有界性

设函数 $f(x)$ 在集合 D 上有定义，若存在正数 M，使得对于 $\forall x \in D$，恒有 $|f(x)| \leqslant M$，则称函数 $f(x)$ 在 D 上有界，否则称 $f(x)$ 在 D 上无界.

函数的有界性还可以通过另外一种形式来定义.

若存在实数 a 和 b，$a \leqslant b$，使得对 $\forall x \in D$，恒有 $a \leqslant f(x) \leqslant b$，则称函数 $f(x)$ 在 D 上有界，否则称 $f(x)$ 在 D 上无界，其中 a 称为函数的下界，b 称为函数的上界.

1.1.4 反函数

设函数 $y = f(x)$ 的定义域为 D_f，值域为 Z_f. 如果对于 Z_f 中的每一个 y 值，都存在唯一的满足 $y = f(x)$ 的 $x \in D_f$ 与之对应，这样确定的以 y 为自变量、以 x 为因变量的函数，称为函数 $y = f(x)$ 的反函数，并记为 $x = f^{-1}(y)$. 习惯上，一般将 $y = f(x)$ 的反函数记为 $y = f^{-1}(x)$.

显然，反函数 $x = f^{-1}(y)$ 的定义域为 Z_f，值域为 D_f，且对任意的 $y \in Z_f$，有
$$f[f^{-1}(y)] = y,$$
对任意的 $x \in D_f$，有
$$f^{-1}[f(x)] = x.$$

单调函数一定存在反函数，且函数与反函数具有相同的单调性.

在同一坐标系下，函数 $y = f(x)$ 与其反函数 $x = f^{-1}(y)$ 的图像是重合的，$y = f(x)$ 与其反函数 $y = f^{-1}(x)$ 的图像关于直线 $y = x$ 对称.

1.1.5 复合函数

已知两个函数
$$y = f(u), \ u \in D_f, \ y \in Z_f,$$
$$u = \varphi(x), \ x \in D_\varphi, \ u \in Z_\varphi,$$
若 $D_f \cap Z_\varphi \neq \varnothing$，则可通过中间变量 u 将 $u = \varphi(x)$ 代入 $y = f(u)$ 构成一个以 x 为自变量、以 y 为因变量的函数 $y = f[\varphi(x)]$，称 $y = f[\varphi(x)]$ 为 $y = f(u)$ 与 $u = \varphi(x)$ 的复合函数.

1.1.6 基本初等函数

常函数、幂函数、指数函数、对数函数、三角函数及反三角函数这 6 大类函数统称为基本初等函数.

1.1.7 初等函数

由基本初等函数经有限次四则运算和(或)复合运算而得到的函数称为初等函数.

1.1.8 一些常用的三角公式

**1. 两角和、两角差公式

$\sin(\alpha + \beta) = \sin\alpha\cos\beta + \cos\alpha\sin\beta$；
$\sin(\alpha - \beta) = \sin\alpha\cos\beta - \cos\alpha\sin\beta$；
$\cos(\alpha + \beta) = \cos\alpha\cos\beta - \sin\alpha\sin\beta$；
$\cos(\alpha - \beta) = \cos\alpha\cos\beta + \sin\alpha\sin\beta$.

**2. 和差化积公式

$$\sin\alpha+\sin\beta=2\sin\frac{\alpha+\beta}{2}\cos\frac{\alpha-\beta}{2};$$

$$\sin\alpha-\sin\beta=2\cos\frac{\alpha+\beta}{2}\sin\frac{\alpha-\beta}{2};$$

$$\cos\alpha+\cos\beta=2\cos\frac{\alpha+\beta}{2}\cos\frac{\alpha-\beta}{2};$$

$$\cos\alpha-\cos\beta=-2\sin\frac{\alpha+\beta}{2}\sin\frac{\alpha-\beta}{2}.$$

**3. 积化和差公式

$$\sin\alpha\sin\beta=-\frac{1}{2}\big[\cos(\alpha+\beta)-\cos(\alpha-\beta)\big];$$

$$\cos\alpha\cos\beta=\frac{1}{2}\big[\cos(\alpha+\beta)+\cos(\alpha-\beta)\big];$$

$$\sin\alpha\cos\beta=\frac{1}{2}\big[\sin(\alpha+\beta)+\sin(\alpha-\beta)\big].$$

4. 倍角公式

$$\sin(2\alpha)=2\sin\alpha\cos\alpha=\frac{2\tan\alpha}{1+\tan^2\alpha};$$

$$\cos(2\alpha)=\cos^2\alpha-\sin^2\alpha=1-2\sin^2\alpha=\frac{1-\tan^2\alpha}{1+\tan^2\alpha};$$

$$\tan(2\alpha)=\frac{2\tan\alpha}{1-\tan^2\alpha}.$$

5. 半角公式

$$\sin^2\frac{\alpha}{2}=\frac{1-\cos\alpha}{2};\ \cos^2\frac{\alpha}{2}=\frac{1+\cos\alpha}{2}.$$

1.1.9　一些常用的代数公式

1. 某些数列的 n 项和

$$1+2+\cdots+n=\frac{1}{2}n(n+1);$$

$$1^2+2^2+\cdots+n^2=\frac{1}{6}n(n+1)(2n+1);$$

$$1^3+2^3+\cdots+n^3=\frac{1}{4}n^2(n+1)^2.$$

2．乘法与因式分解公式

$(a+b)^3 = a^3 + 3a^2b + 3ab^2 + b^3$；

$(a-b)^3 = a^3 - 3a^2b + 3ab^2 - b^3$；

$a^3 - b^3 = (a-b)(a^2 + ab + b^2)$；

$a^3 + b^3 = (a+b)(a^2 - ab + b^2)$；

$a^n - b^n = (a-b)(a^{n-1} + a^{n-2}b + \cdots + ab^{n-2} + b^{n-1})$，其中 n 为正整数；

$(a+b)^n = \sum_{k=0}^{n} C_n^k a^{n-k} b^k = a^n + C_n^1 a^{n-1}b + C_n^2 a^{n-2}b^2 + \cdots + C_n^{n-1}ab^{n-1} + b^n$，

其中

$$C_n^0 = 1, \quad C_n^k = \frac{A_n^k}{P_k} = \frac{n(n-1)\cdots(n-k+1)}{k!} = \frac{n!}{k!(n-k)!}, \quad C_n^k = C_n^{n-k}.$$

3．对数公式

$\log_a(xy) = \log_a x + \log_a y$；　　$\log_a \dfrac{x}{y} = \log_a x - \log_a y$；

$\log_a x^b = b \log_a x$；　　　　　　$\log_a x = \dfrac{\log_c x}{\log_c a}$；

$a^{\log_a x} = x$；其中 $a > 0$，$a \neq 1$，$c > 0$，$c \neq 1$，$x > 0$，$y > 0$.

1.2　典型例题分析

1.2.1　题型一　函数定义域的求解

例 1.1　求函数 $y = \dfrac{1}{x} - \sqrt{x^2 - 4}$ 的定义域.

解　由题意，$x \neq 0$，且 $x^2 - 4 \geqslant 0$，解不等式得 $|x| \geqslant 2$. 所以函数的定义域为
$$D_f = (-\infty, -2] \cup [2, +\infty).$$

例 1.2　设函数 $y = f(x)$ 的定义域为 $[0, 6]$，求 $f(x+2) + f(x-2)$ 的定义域.

解　由于 $f(x)$ 的定义域为 $[0, 6]$，因此 $f(x+2)$ 的定义域为 $0 \leqslant x+2 \leqslant 6$，即 $x \in [-2, 4]$；$f(x-2)$ 的定义域为 $0 \leqslant x-2 \leqslant 6$，即 $x \in [2, 8]$；所以 $f(x+2) + f(x-2)$ 的定义域为 $[2, 4]$.

1.2.2　题型二　函数表达式的求解

例 1.3　设函数 $f(x)$ 满足 $f(x) + 2f\left(\dfrac{1}{x}\right) = 1 - x$，且 $x \neq 0$，求 $f(x)$ 的表达式.

解　利用函数表示法的无关特性，令 $\dfrac{1}{x} = t$，则有 $f\left(\dfrac{1}{t}\right) + 2f(t) = 1 - \dfrac{1}{t}$，联立方程组

$$\begin{cases} f(x) + 2f\left(\dfrac{1}{x}\right) = 1 - x \\[2mm] f\left(\dfrac{1}{x}\right) + 2f(x) = 1 - \dfrac{1}{x} \end{cases},$$

从而有

$$f(x) = \frac{1}{3} - \frac{2}{3x} + \frac{x}{3}.$$

例 1.4 已知函数 $f(x)$ 满足 $f\left(\dfrac{1}{x} - x\right) = x^2 + \dfrac{1}{x^2} + 2$，$x \neq 0$，试求 $f(x)$ 的表达式.

解 由于

$$f\left(\frac{1}{x} - x\right) = x^2 + \frac{1}{x^2} + 2 = \left(\frac{1}{x} - x\right)^2 + 4,$$

令 $t = \dfrac{1}{x} - x$，则 $f(t) = t^2 + 4$，从而 $f(x) = x^2 + 4$.

1.2.3　题型三　反函数的求解

例 1.5 求 $y = \dfrac{\mathrm{e}^x - \mathrm{e}^{-x}}{2}$ 的反函数.

解 令 $\mathrm{e}^x = t$，则 $x = \ln t$，$t > 0$，则有 $y = \dfrac{t - t^{-1}}{2}$，从而

$$t^2 - 2yt - 1 = 0,$$

求解一元二次方程可得 $t = y \pm \sqrt{y^2 + 1}$，舍去负根，有 $t = y + \sqrt{y^2 + 1}$，即有 $\mathrm{e}^x = y + \sqrt{y^2 + 1}$，因此 $y = \dfrac{\mathrm{e}^x - \mathrm{e}^{-x}}{2}$ 的反函数为 $y = \ln(x + \sqrt{x^2 + 1})$.

例 1.6 求函数 $y = \begin{cases} 2x - 4, & x \leqslant 0 \\ \ln(x+1), & x > 0 \end{cases}$ 的反函数.

解 当 $x \leqslant 0$ 时，$y = 2x - 4$，从而 $x = \dfrac{1}{2}y + 2$，$y \leqslant -4$；当 $x > 0$ 时，$y = \ln(x+1)$，$x = \mathrm{e}^y - 1$，$y > 0$. 因此反函数为

$$y = \begin{cases} \dfrac{1}{2}x + 2, & x \leqslant -4 \\[2mm] \mathrm{e}^x - 1, & x > 0 \end{cases}.$$

1.2.4　题型四　复合函数的求解

例 1.7 已知 $y = f(x) = \begin{cases} 1, & |x| \leqslant 1 \\ 0, & x > 1 \end{cases}$，求 $f\{f[f(x)]\}$.

解 由于 $f[f(x)] = \begin{cases} 1, & |f(x)| \leqslant 1 \\ 0, & |f(x)| > 1 \end{cases}$，所以 $f\{f[f(x)]\} = 1$.

例 1.8 $f(x)=\begin{cases}\mathrm{e}^x, & x<1 \\ x, & x\geqslant 1\end{cases}$, $g(x)=\begin{cases}x+3, & x<0 \\ x-2, & x\geqslant 0\end{cases}$, 求 $f[g(x)]$.

解 由题意, $f[g(x)]=\begin{cases}\mathrm{e}^{g(x)}, & g(x)<1 \\ g(x), & g(x)\geqslant 1\end{cases}$, 下面进行分类讨论.

(1) 当 $g(x)<1$ 时, 则

$$\begin{cases}g(x)=x+3<1 \\ x<0\end{cases} \quad \text{或} \quad \begin{cases}g(x)=x-2<1 \\ x\geqslant 0\end{cases},$$

从而有 $x<-2$ 或 $0\leqslant x<3$.

(2) 当 $g(x)\geqslant 1$ 时, 则

$$\begin{cases}g(x)=x+3\geqslant 1 \\ x<0\end{cases} \quad \text{或} \quad \begin{cases}g(x)=x-2\geqslant 1 \\ x\geqslant 0\end{cases},$$

从而有 $-2\leqslant x<0$ 或 $x\geqslant 3$.

综上所述, 有

$$f[g(x)]=\begin{cases}\mathrm{e}^{x+3}, & x<-2 \\ x+3, & -2\leqslant x<0 \\ \mathrm{e}^{x-2}, & 0\leqslant x<3 \\ x-2, & x\geqslant 3\end{cases}.$$

1.2.5 题型五 函数的四种基本特性

例 1.9 设对于任意的 $x\in\mathbf{R}$ 有 $f\left(\dfrac{1}{2}+x\right)=\dfrac{1}{2}+\sqrt{f(x)-f^2(x)}$, 试求 $f(x)$ 的周期.

解 由题意可知, 对于任意的 $x\in\mathbf{R}$ 有 $f\left(\dfrac{1}{2}+x\right)\geqslant\dfrac{1}{2}$, 从而对于任意的 $x\in\mathbf{R}$ 有 $f(x)\geqslant\dfrac{1}{2}$, 又因为

$$f\left[\dfrac{1}{2}+\left(\dfrac{1}{2}+x\right)\right]=\dfrac{1}{2}+\sqrt{f\left(\dfrac{1}{2}+x\right)-f^2\left(\dfrac{1}{2}+x\right)}=\dfrac{1}{2}+\sqrt{\dfrac{1}{4}-f(x)+f^2(x)}$$

$$=\dfrac{1}{2}+\sqrt{\left(\dfrac{1}{2}-f(x)\right)^2},$$

因此有

$$f(x+1)=\dfrac{1}{2}+\left[f(x)-\dfrac{1}{2}\right]=f(x),$$

故 $f(x)$ 的周期为 1.

例 1.10 对于任意的 $x, y\in\mathbf{R}$, 函数 $f(x)$ 满足 $f(x+y)=f(x)+f(y)$, 试讨论 $f(x)$ 的奇偶性.

解　取 $y=0$，则有 $f(x+0)=f(x)+f(0)$，因此有 $f(0)=0$；取 $y=-x$，则有
$$f(x-x)=f(x)+f(-x),$$
可得 $f(-x)=-f(x)$，因此 $f(x)$ 为奇函数.

例 1.11　设 $f(x)=\begin{cases} x+5, & x<1 \\ 2-3x, & x>1 \end{cases}$，试讨论函数 $g(x)=\dfrac{1}{2}[f(x)-f(-x)]$ 的奇偶性.

解　由题意，函数 $g(x)$ 的定义域为 $\{x\mid x\in\mathbf{R}, x\neq1, x\neq-1\}$，定义域关于 $x=0$ 对称，又因为
$$g(-x)=\frac{1}{2}[f(-x)-f(x)]=-g(x),$$
因此函数 $g(x)$ 为奇函数.

注　采用类似方法可以证明函数 $\dfrac{1}{2}[f(x)+f(-x)]$ 为偶函数，且奇偶性与函数 $f(x)$ 的具体表达式没有关系.

例 1.12　设 $f(x)$ 在 $[a,b]$ 和 $[b,c]$ 上单调递增，证明 $f(x)$ 在 $[a,c]$ 上单调递增.

证　设 $x_1<x_2$ 为 $[a,c]$ 上的任意两点，

（1）若 $x_1,x_2\in[a,b]$，结论成立；

（2）若 $x_1,x_2\in[b,c]$，结论成立；

（3）若 $x_1\in[a,b]$，$x_2\in[b,c]$，则 x_1,x_2 不能同时等于 b，从而 $f(x_1)\leqslant f(b)\leqslant f(x_2)$，且等号不能同时成立，因此有 $f(x_1)<f(x_2)$，结论成立.

例 1.13　证明函数 $y=\dfrac{x}{1+x^2}$ 在 $(-\infty,+\infty)$ 内有界.

解　对 $\forall x\in(-\infty,+\infty)$，都有 $|x|\leqslant\dfrac{1}{2}(1+x^2)$，因此
$$\left|\frac{x}{1+x^2}\right|\leqslant\frac{1}{2},$$
故函数 $y=\dfrac{x}{1+x^2}$ 在 $(-\infty,+\infty)$ 内有界.

例 1.14　证明函数 $y=x\sin x$ 在 $(0,+\infty)$ 上无界.

证　利用反证法.

假设 $y=x\sin x$ 在 $(0,+\infty)$ 上有界，则存在 $M>0$，使得对 $\forall x\in(0,+\infty)$，有
$$|x\sin x|<M,$$
取 $x=2n\pi+\dfrac{\pi}{2}$，其中，n 为正整数，从而有
$$|x\sin x|=2n\pi+\frac{\pi}{2}<M,$$
显然当 n 足够大时，上式不成立，因此假设不成立，故函数 $y=x\sin x$ 在 $(0,+\infty)$ 上无界.

1.3　习题精选

1. 填空题

(1) 函数 $y=\dfrac{1}{\ln(2x-3)}+\arcsin(x-1)$ 的定义域为_____.

(2) 设函数 $f(x)=\ln 2$，则 $f(x+2)-f(x)=$_____.

(3) 设函数 $f(x)$ 的定义域为 $(0,1]$，则函数 $f(\sin x)$ 的定义域为_____.

(4) 若函数 $f(x)$ 的定义域为 $[0,1]$，则 $f(x^2)$ 的定义域为_____.

(5) 设函数 $f(x)=\arcsin x$，$g(x)=\ln x$，则 $f(g(x))$ 的定义域为_____.

(6) 已知函数 $f(x)=\sqrt{x}$，则函数 $f\left(\dfrac{1}{x}\right)$ 的定义域是_____.

(7) 设 $f(x)=8x^3$，$f[g(x)]=1-e^x$，则 $g(x)=$_____.

(8) 已知函数 $f(x)=1-x^2$，则 $f[f(x)]=$_____.

(9) 已知 $f(x)=3x+1$，则 $f^{-1}\left(\dfrac{1}{x}\right)=$_____.

(10) 已知 $f\left(\dfrac{1}{x}-1\right)=\dfrac{3x+1}{2x-1}$，则 $f(x)=$_____.

(11) 已知 $f(x)=\begin{cases}(x-1)^2, & 1\leqslant x\leqslant 2 \\ x-6, & 2<x\leqslant 3\end{cases}$，则 $f(x+1)=$_____.

(12) 函数 $f(x)=|\cos x|$ 的周期为_____.

2. 单项选择题

(1) 函数 $y=\dfrac{\ln(x+1)}{\sqrt{x-1}}$ 的定义域为(　　).

　(A) $x>-1$；　　(B) $x>1$；　　(C) $x\geqslant-1$；　　(D) $x\geqslant 1$.

(2) 下列函数相同的是(　　).

　(A) $f(x)=x+2$，$g(x)=\dfrac{x^2-x-6}{x-3}$；

　(B) $f(x)=\sin x$，$g(x)=\sqrt{\dfrac{1-\cos(2x)}{2}}$；

　(C) $f(x)=2x+1$，$g(t)=2t+1$；

　(D) $f(x)=e^{\frac{1}{2}\ln x}$，$g(x)=\dfrac{1}{\sqrt{x}}$.

(3) 下列函数在 $(0,+\infty)$ 内无界的是(　　).

　(A) $y=e^{-x}$；　　　　　　　　(B) $y=\dfrac{x^2}{1+x^2}$；

　(C) $y=\sin\dfrac{1}{x}$；　　　　　　(D) $y=x\sin x$.

(4) 函数 $f(x)=\ln\dfrac{1+x}{1-x}$ 是（　　）.

  (A) 奇函数；   (B) 偶函数；

  (C) 非奇非偶函数；   (D) 有界函数.

(5) 已知 $f(x)=\begin{cases}x+1, & x<1 \\ \sin x, & x>1\end{cases}$，则 $f(x)-f(-x)$ 为（　　）.

  (A) 奇函数；   (B) 偶函数；

  (C) 非奇非偶函数；   (D) 无法确定.

(6) 设 $f(x)=\begin{cases}x^2, & 0\leqslant x\leqslant 1 \\ 2x, & 1<x\leqslant 2\end{cases}$，则函数 $g(x)=f(x-2)+f(2x)$ 的定义域为（　　）.

  (A) 空集；   (B) $[0,2]$；

  (C) $[0,4]$；   (D) $[2,4]$.

(7) 下列表达式为基本初等函数的是（　　）.

  (A) $y=x^2+\cos x$；   (B) $y=\begin{cases}x^2+2x, & x>0 \\ e^x-1, & x<0\end{cases}$；

  (C) $y=\ln x$；   (D) $y=\sin\sqrt{x}$.

(8) 函数 $y=\sin\dfrac{1}{x}$ 在其定义域内是（　　）.

  (A) 单调函数；   (B) 无界函数；

  (C) 有界函数；   (D) 周期函数.

3. 求下列函数的反函数及反函数的定义域：

(1) $y=2+\arcsin(3+x)$； (2) $y=1-\sqrt{4-x^2}$，$-2\leqslant x\leqslant 0$.

4. 设 $y=f(x)$ 的定义域为 $(0,1]$，求函数 $f[1-(\ln x)^2]$ 的定义域.

5. 设 $f(x)=\begin{cases}1, & 0\leqslant x\leqslant 2 \\ 2, & 2<x\leqslant 6\end{cases}$，$h(x)=f(x+2)-f(x-1)$，求 $h(x)$ 的定义域.

6. 设 $f\left(x-\dfrac{1}{x}\right)=x^2+\dfrac{1}{x^2}$，试求 $f(x)$ 的表达式.

7. 已知 $f(x)$ 是奇函数，判断 $F(x)=f(x)\left(\dfrac{1}{2^x+1}-\dfrac{1}{2}\right)$ 的奇偶性.

8. 判断下列函数的奇偶性：

(1) $y=\ln(\sqrt{x^2+1}+x)$； (2) $y=x\cdot\dfrac{2^x-1}{2^x+1}$.

9. 下列函数可以由哪些简单函数复合而成？

(1) $y=\ln(1-3x)$；

(2) $y=\arctan(\tan^2 x)$；

(3) $y=e^{\sin^2 x}$.

10. 设 $f(x)=\begin{cases}x+1, & x\leqslant 1 \\ 2, & x>1\end{cases}$，试求 $f[f(x)]$ 的表达式.

11. 判断下列函数是否为周期函数，若为周期函数，求其周期；若不是周期函数，说明理由.

(1) $f(x)=\cos(3x+1)$；　(2) $f(x)=3+\sin(4x+2)$；　(3) $f(x)=x\cos x$.

1.4　习题详解

1. 填空题

(1) $\left(\dfrac{3}{2}, 2\right)$；　(2) 0；　(3) $\bigcup\limits_{k\in \mathbf{Z}}(2k\pi, (2k+1)\pi)$；　(4) $[-1, 1]$；

(5) $[e^{-1}, e]$；　(6) $(0, +\infty)$；　(7) $\dfrac{\sqrt[3]{1-e^x}}{2}$；　(8) $-x^4+2x^2$；

(9) $\dfrac{1-x}{3x}$；　(10) $\dfrac{4+x}{1-x}$；　(11) $\begin{cases}x^2, & 0\leqslant x\leqslant 1 \\ x-5, & 1<x\leqslant 2\end{cases}$；　(12) π.

2. 单项选择题

(1) B；　(2) C；　(3) D；　(4) A；　(5) A；　(6) A；　(7) C；　(8) C.

3. (1) $y=\sin(x-2)-3$，$\left[2-\dfrac{\pi}{2}, 2+\dfrac{\pi}{2}\right]$；

(2) $y=-\sqrt{4-(x-1)^2}$，$[-1, 1]$.

4. (e^{-1}, e).

5. $[1, 4]$.

6. 因为
$$f\left(x-\dfrac{1}{x}\right)=x^2+\dfrac{1}{x^2}=\left(x-\dfrac{1}{x}\right)^2+2,$$
所以 $f(t)=t^2+2$，从而 $f(x)=x^2+2$.

7. 由题意可知，$F(x)$ 的定义域关于原点对称，且
$$F(-x)=f(-x)\left(\dfrac{1}{2^{-x}+1}-\dfrac{1}{2}\right)=-f(x)\cdot\dfrac{1-2^{-x}}{2(2^{-x}+1)}=-f(x)\cdot\dfrac{2^x-1}{2(1+2^x)},$$
而 $F(x)=f(x)\cdot\dfrac{1-2^x}{2(2^x+1)}$，从而有 $F(-x)=F(x)$，因此 $F(x)$ 为偶函数.

8. (1) 奇函数；　(2) 偶函数.

9. (1) $y=\ln u$，$u=1-3x$；

(2) $y=\arctan u$，$u=v^2$，$v=\tan x$；

(3) $y=e^u$，$u=v^2$，$v=\sin x$.

10. $f[f(x)]=\begin{cases}x+2, & x\leqslant 0 \\ 2, & x>0\end{cases}$.

11. （1）周期函数，$T = \dfrac{2}{3}\pi$.

（2）周期函数，$T = \dfrac{1}{2}\pi$.

（3）非周期函数. 理由如下：

利用反证法. 假设 $y = x\cos x$ 是周期函数，则存在 $T > 0$，使得对 $\forall x \in \mathbf{R}$，有
$$f(x+T) = f(x).$$
即
$$(x+T)\cos(x+T) = x\cos x.$$
取 $x = 0$，则有 $T\cos T = 0$，从而 $\cos T = 0$，所以有
$$T = k\pi + \frac{\pi}{2}, \ k = 0, 1, 2, \cdots.$$
取 $x = T$，则有 $2T\cos(2T) = T\cos T = 0$，从而
$$\cos(2T) = 0.$$
而 $\cos(2T) = \cos(2k\pi + \pi) = -1$，矛盾. 因此假设不成立，故 $y = x\cos x$ 不是周期函数.

填空题详解

单项选择题详解

第2章

极限与连续

2.1 内容提要

2.1.1 数列的极限

$\lim\limits_{n \to \infty} u_n = A$ $\Leftrightarrow$ $\forall \varepsilon > 0$，存在正整数 N，当 $n > N$ 时，恒有 $|u_n - A| < \varepsilon$ 成立.

注 在数列极限的定义中，一方面，$\varepsilon > 0$ 要多小就可以多小，或者说可以任意的小；另一方面，ε 一旦给定，若存在一个正整数 N_0，使得当 $n > N_0$ 时，恒有 $|u_n - A| < \varepsilon$ 成立，则对任意一个大于 N_0 的正整数，都可以作为定义中的 N，即 N 与 ε 有关，但不唯一.

2.1.2 函数的极限

(1) $\lim\limits_{x \to +\infty} f(x) = A$ $\Leftrightarrow$ $\forall \varepsilon > 0$，$\exists X > 0$，当 $x > X$ 时，恒有 $|f(x) - A| < \varepsilon$ 成立.

(2) $\lim\limits_{x \to -\infty} f(x) = A$ $\Leftrightarrow$ $\forall \varepsilon > 0$，$\exists X > 0$，当 $x < -X$ 时，恒有 $|f(x) - A| < \varepsilon$ 成立.

(3) $\lim\limits_{x \to \infty} f(x) = A$ $\Leftrightarrow$ $\forall \varepsilon > 0$，$\exists X > 0$，当 $|x| > X$ 时，恒有 $|f(x) - A| < \varepsilon$ 成立.

(4) $\lim\limits_{x \to x_0^+} f(x) = A$ $\Leftrightarrow$ $\forall \varepsilon > 0$，$\exists \delta > 0$，当 $0 < x - x_0 < \delta$ 时，恒有 $|f(x) - A| < \varepsilon$ 成立.

(5) $\lim\limits_{x \to x_0^-} f(x) = A$ $\Leftrightarrow$ $\forall \varepsilon > 0$，$\exists \delta > 0$，当 $0 < x_0 - x < \delta$ 时，恒有 $|f(x) - A| < \varepsilon$ 成立.

(6) $\lim\limits_{x \to x_0} f(x) = A$ $\Leftrightarrow$ $\forall \varepsilon > 0$，$\exists \delta > 0$，当 $0 < |x - x_0| < \delta$ 时，恒有 $|f(x) - A| < \varepsilon$ 成立.

注 上述函数极限的定义中的 X、δ 与 ε 有关系，但不唯一.

2.1.3　无穷小量

以 0 为极限的变量称为<u>无穷小量</u>. 需要注意的是，0 是一种特殊的无穷小量. 无穷小量的概念在整个微积分中有着重要的作用，需要读者引起重视.

2.1.4　无穷小量的阶

设 α，β 是同一变化过程中的两个无穷小量，则，

(1) 若 $\lim \dfrac{\alpha}{\beta}=0$，则称 α 是比 β 高阶的无穷小量（或 β 是比 α 低阶的无穷小量），记作 $\alpha=o(\beta)$.

(2) 若 $\lim \dfrac{\alpha}{\beta}=A\neq0$，则称 α 是与 β 同阶的无穷小量，记作 $\alpha=O(\beta)$. 特殊地，当 $A=1$ 时，称 α 与 β 是等价的无穷小量，记作 $\alpha\sim\beta$.

(3) 若 $\lim \dfrac{\alpha}{\beta^k}=A\neq0$，$k>0$，则称 α 是关于 β 的 k 阶无穷小量，记作 $\alpha=O(\beta^k)$.

下面列出一些常见的等价无穷小量，需要大家熟练记忆.

当 $x\rightarrow0$ 时：

(1) $\sin x\sim x$；　　　　　　　　(2) $\arcsin x\sim x$；

(3) $\tan x\sim x$；　　　　　　　　(4) $\arctan x\sim x$；

(5) $1-\cos x\sim\dfrac{1}{2}x^2$；　　　　(6) $\tan x-\sin x\sim\dfrac{1}{2}x^3$；

(7) $\log_a(1+x)\sim\dfrac{x}{\ln a}$，$a>0$，$a\neq1$；(8) $\ln(1+x)\sim x$（为式(7)的特殊情况）；

(9) $a^x-1\sim x\ln a$，$a>0$，$a\neq1$；(10) $\mathrm{e}^x-1\sim x$（为式(9)的特殊情况）；

(11) $(1+x)^a-1\sim\alpha x$；　　　　(12) $\sqrt[n]{1+x}-1\sim\dfrac{x}{n}$（为式(11)的特殊情况）；

(13) $\sqrt{1+x}-1\sim\dfrac{x}{2}$（为式(11)的特殊情况）.

2.1.5　无穷大量

如果在某个变化过程中，对于 $\forall M>0$，存在某个时刻，使得在那个时刻以后恒有 $|Y|>M$ 成立，则称变量 Y 为无穷大量. 记作 $\lim Y=\infty$ 或 $Y\rightarrow\infty$. 具体地，有：

(1) $\lim\limits_{n\rightarrow\infty}u_n=\infty \Leftrightarrow \forall M>0$，$\exists$ 正整数 N，当 $n>N$ 时，恒有 $|u_n|>M$ 成立；

(2) $\lim\limits_{x\rightarrow\infty}f(x)=\infty \Leftrightarrow \forall M>0$，$\exists X_0>0$，当 $|x|>X_0$ 时，恒有 $|f(x)|>M$ 成立；

(3) $\lim\limits_{x\rightarrow x_0}f(x)=\infty \Leftrightarrow \forall M>0$，$\exists \delta>0$，当 $0<|x-x_0|<\delta$ 时，恒有 $|f(x)|>M$ 成立.

注　从本质上来讲，在相应的变化趋势下，无穷大量的极限是不存在的，常用的极限运算法则不适用，因此无穷大量的问题往往转化为无穷小量来讨论，见定理 2.4.

2.1.6　函数的连续性

函数 $y=f(x)$ 在点 x_0 处连续的三个等价定义为：

(1) $\lim\limits_{x \to x_0} f(x)=f(x_0)$；

(2) $\lim\limits_{\Delta x \to 0} \Delta y=0$，其中 $\Delta y=f(x_0+\Delta x)-f(x_0)$；

(3) $\forall \varepsilon>0$，$\exists \delta>0$，当 $|x-x_0|<\delta$ 时，恒有 $|f(x)-f(x_0)|<\varepsilon$ 成立.

$y=f(x)$ 在某个区间内连续的定义：

如果函数 $y=f(x)$ 在区间 (a,b) 内每一点处都连续，则称 $y=f(x)$ 在 (a,b) 内连续；如果 $y=f(x)$ 在 (a,b) 内连续且在 a 处右连续，则称 $y=f(x)$ 在 $[a,b]$ 上连续. 类似地可以定义 $y=f(x)$ 在区间 $(a,b]$ 和 $[a,b]$ 上的连续性.

2.1.7　函数的间断点

若 $y=f(x)$ 在点 x_0 处出现如下三种情况之一，则称 x_0 为 $y=f(x)$ 的间断点：

(1) $y=f(x)$ 在点 x_0 处无定义；

(2) $y=f(x)$ 在点 x_0 处有定义，但 $\lim\limits_{x \to x_0} f(x)$ 不存在；

(3) $y=f(x)$ 在点 x_0 处有定义，$\lim\limits_{x \to x_0} f(x)$ 存在，但 $\lim\limits_{x \to x_0} f(x) \neq f(x_0)$.

2.1.8　间断点的类型

第一类间断点：设 x_0 是 $f(x)$ 的间断点，且 $\lim\limits_{x \to x_0^-} f(x)$ 和 $\lim\limits_{x \to x_0^+} f(x)$ 都存在，则称 x_0 为 $f(x)$ 的第一类间断点. 其中：

(1) 可去间断点：$\lim\limits_{x \to x_0^-} f(x)=\lim\limits_{x \to x_0^+} f(x)$；

(2) 跳跃间断点：$\lim\limits_{x \to x_0^-} f(x) \neq \lim\limits_{x \to x_0^+} f(x)$.

第二类间断点：设 x_0 是 $f(x)$ 的间断点，且 $\lim\limits_{x \to x_0^-} f(x)$ 和 $\lim\limits_{x \to x_0^+} f(x)$ 中至少有一个不存在，则称 x_0 为 $f(x)$ 的第二类间断点.

特殊地，若 $\lim\limits_{x \to x_0^-} f(x)$ 和 $\lim\limits_{x \to x_0^+} f(x)$ 中至少有一个为 ∞，则称 x_0 为无穷间断点. 例如 $x=0$ 是 $f(x)=e^{\frac{1}{x}}$ 的第二类间断点中的无穷间断点.

2.1.9　子数列

从数列 $\{u_n\}$ 中抽取无穷多项，在不改变原有次序的情况下构成的新数列称为原数列 $\{u_n\}$ 的子数列，简称子列. 记作 $\{u_{n_k}\}$：$u_{n_1}, u_{n_2}, \cdots, u_{n_k}, \cdots$. 其中 n_k 表示 u_{n_k} 在原数列 $\{u_n\}$ 中的位置，k 表示 u_{n_k} 在子列中的位置.

2.1.10　重要的法则、定理

定理 2.1　$\lim\limits_{x \to \infty} f(x)=A \iff \lim\limits_{x \to +\infty} f(x)=\lim\limits_{x \to -\infty} f(x)=A$.

定理 2.2 $\lim\limits_{x \to x_0} f(x) = A \Leftrightarrow \lim\limits_{x \to x_0^-} f(x) = \lim\limits_{x \to x_0^+} f(x) = A.$

定理 2.3 $\lim Y = A \Leftrightarrow Y = A + \alpha$，其中 α 是无穷小量（与 Y 在同一个变化过程中）.

定理 2.4 在同一个变化趋势下，无穷小量与无穷大量有如下关系：

(1) 若变量 Y 为无穷大量，则 $\dfrac{1}{Y}$ 为无穷小量；

(2) 若变量 Y 为无穷小量（$Y \neq 0$），则 $\dfrac{1}{Y}$ 为无穷大量.

定理 2.5 极限的性质

(1)（唯一性） 若极限 $\lim Y$ 存在，则极限值唯一.

(2)（有界性） 如果 $\lim Y$ 存在，则 Y 是局部有界的. 特别地，若数列极限 $\lim\limits_{n \to \infty} u_n$ 存在，则 $\{u_n\}$ 不仅是局部有界的，而且是全局有界的.

(3)（保号性） 若极限 $\lim\limits_{x \to x_0} f(x) = A$，且 $A > 0$（或 $A < 0$），则 $f(x)$ 在 x_0 的某个空心邻域内恒有 $f(x) > 0$（或 $f(x) < 0$）.

(4) 若极限 $\lim\limits_{x \to x_0} f(x) = A$，且在 x_0 的某个空心邻域内恒有 $f(x) \geqslant 0$（或 $f(x) \leqslant 0$），则有 $A \geqslant 0$（或 $A \leqslant 0$）.

(5) 若 $\lim\limits_{x \to x_0} f(x) = A$，$\lim\limits_{x \to x_0} g(x) = B$，且在 x_0 的某个空心邻域内恒有 $f(x) \geqslant g(x)$（或 $f(x) \leqslant g(x)$），则有 $A \geqslant B$（或 $A \leqslant B$）.

定理 2.6 极限的运算法则

设极限 $\lim X$，$\lim Y$ 均存在，则

(1) $\lim(X \pm Y)$ 存在，且 $\lim(X \pm Y) = \lim X \pm \lim Y$；

(2) $\lim(X \cdot Y)$ 存在，且 $\lim(X \cdot Y) = \lim X \cdot \lim Y$；

(3) 若 $\lim Y \neq 0$，则 $\lim \dfrac{X}{Y}$ 存在，且有 $\lim \dfrac{X}{Y} = \dfrac{\lim X}{\lim Y}$.

推论 2.1 若 $\lim X$ 存在，C 为一常数，则 $\lim(CX)$ 存在，且 $\lim(C \cdot X) = C \cdot \lim X$.

推论 2.2 若 $\lim X$ 存在，k 为一正整数，则 $\lim X^k$ 存在，且 $\lim(X^k) = (\lim X)^k$.

定理 2.7（夹逼定理） 如果变量 X，Y，Z 满足 $X \leqslant Y \leqslant Z$，且 $\lim X = \lim Z = A$（A 为某常数），那么 $\lim Y$ 也存在且 $\lim Y = A$.

定理 2.8 单调有界数列必有极限.

定理 2.9 设 α，β，γ 是同一变化过程中的无穷小量，有

(1) 若 $\alpha \sim \beta$，则 $\beta \sim \alpha$；

(2) 若 $\alpha \sim \beta$，$\beta \sim \gamma$，则 $\alpha \sim \gamma$.

定理 2.10 设 α，β，$\bar{\alpha}$ 和 $\bar{\beta}$ 是同一变化过程中的无穷小量，且 $\alpha \sim \bar{\alpha}$，$\beta \sim \bar{\beta}$，$\lim \dfrac{\alpha}{\beta}$ 存在，则

$$\lim \frac{\alpha}{\beta} = \lim \frac{\bar{\alpha}}{\beta} = \lim \frac{\alpha}{\bar{\beta}} = \lim \frac{\bar{\alpha}}{\bar{\beta}}.$$

定理 2.11 数列 $\{u_n\}$ 与子数列 $\{u_{n_k}\}$ 之间的关系：

(1) $\lim\limits_{n\to\infty}u_n=A$ $\Leftrightarrow$ 对 $\{u_n\}$ 的任何子数列 $\{u_{n_k}\}$ 有 $\lim\limits_{k\to\infty}u_{n_k}=A$.

(2) $\lim\limits_{n\to\infty}u_n=A$ $\Leftrightarrow$ 偶数子列 $\{u_{2k}\}$ 和奇数子列 $\{u_{2k+1}\}$ 满足 $\lim\limits_{k\to\infty}u_{2k}=\lim\limits_{k\to\infty}u_{2k+1}=A$.

(3) 当 $\{u_n\}$ 是单调数列时，$\lim\limits_{n\to\infty}u_n=A$ $\Leftrightarrow$ 存在某个子数列 $\{u_{n_k}\}$ 满足 $\lim\limits_{k\to\infty}u_{n_k}=A$.

定理 2.12 （海涅（Heine）定理） $\lim\limits_{x\to x_0}f(x)=A$ $\Leftrightarrow$ 对任何数列 $\{x_n\}$，当 $x_n\to x_0(n\to\infty)$ 时，有 $\lim\limits_{n\to\infty}f(x_n)=A$.

注 海涅定理给出了数列极限与函数极限之间的关系.

2.1.11 连续函数的性质

(1)（连续函数的四则运算）若函数 $f(x)$，$g(x)$ 都在点 x_0 处连续，则 $f(x)\pm g(x)$，$f(x)g(x)$，$\dfrac{f(x)}{g(x)}$ $(g(x_0)\neq 0)$ 在点 x_0 处也连续.

(2)（复合函数的连续性）若 $y=f(u)$ 在点 u_0 处连续，$u=g(x)$ 在点 x_0 处连续且 $u_0=g(x_0)$，则 $y=f[g(x)]$ 在点 x_0 处连续.

(3)（反函数的连续性）若 $y=f(x)$ 在区间 $[a,b]$ 上单调、连续，则其反函数在相应的定义区间上单调、连续.

(4) 初等函数在其定义区间内都是连续的.

2.1.12 闭区间上的连续函数的性质

(1)（有界性定理）如果函数 $f(x)$ 在闭区间 $[a,b]$ 上连续，则 $f(x)$ 一定在 $[a,b]$ 上有界，即 $\exists M>0$，对于 $\forall x\in[a,b]$，都有 $|f(x)|\leqslant M$.

(2)（最值定理）如果函数 $f(x)$ 在 $[a,b]$ 上连续，则 $f(x)$ 在 $[a,b]$ 上一定存在最大值和最小值.

(3)（介值定理）如果函数 $f(x)$ 在 $[a,b]$ 上连续，m 和 M 分别为 $f(x)$ 在 $[a,b]$ 上的最小值和最大值，且 $M>m$，则对介于 m 与 M 之间的任一数 C，即 $m<C<M$，至少存在一点 $\xi\in(a,b)$ 使得 $f(\xi)=C$.

注 如果定理中的条件改为 $m\leqslant C\leqslant M$，则至少存在一点 $\xi\in[a,b]$，使得 $f(\xi)=C$.

(4)（零点存在定理）如果 $f(x)$ 在 $[a,b]$ 上连续，且 $f(a)f(b)<0$，则至少存在一点 $\xi\in(a,b)$，使得 $f(\xi)=0$.

2.1.13 两个重要的结论

(1) $\lim\limits_{n\to\infty}a^n=\begin{cases}0, & |a|<1\\ 1, & a=1\\ \text{不存在}, & \text{其他}\end{cases}$.

(2) $\lim\limits_{x\to\infty}\dfrac{a_nx^n+a_{n-1}x^{n-1}+\cdots+a_1x+a_0}{b_mx^m+b_{m-1}x^{m-1}+\cdots+b_1x+b_0}=\begin{cases}0, & n<m\\ \dfrac{a_n}{b_m}, & n=m\\ \infty, & n>m\end{cases}$，其中 $a_n\neq 0$，$b_m\neq 0$.

2.1.14　两个重要公式

(1) $\lim\limits_{x \to 0} \dfrac{\sin x}{x} = 1$.

该极限属于 $\dfrac{0}{0}$ 类型的未定式. 它可以推广到 $\lim\limits_{\alpha \to 0} \dfrac{\sin \alpha}{\alpha} = 1$.

(2) $\lim\limits_{x \to \infty} \left(1 + \dfrac{1}{x}\right)^x = e$ 或者 $\lim\limits_{x \to 0}(1+x)^{\frac{1}{x}} = e$.

该极限属于 1^{∞} 类型的未定式. 它可以推广到 $\lim\limits_{\alpha \to 0}(1+\alpha)^{\frac{1}{\alpha}} = e$.

2.2　典型例题分析

2.2.1　题型一　利用定义证明极限存在

例 2.1　利用定义证明 $\lim\limits_{n \to \infty} \dfrac{2n + (-1)^n}{n} = 2$ 成立.

证　对于 $\forall \varepsilon > 0$，要使得

$$\left| \frac{2n + (-1)^n}{n} - 2 \right| = \frac{1}{n} < \varepsilon$$

成立，只需 $n > \dfrac{1}{\varepsilon}$ 成立，取 $N = \left[\dfrac{1}{\varepsilon}\right]$，则当 $n > N$ 时，恒有

$$\left| \frac{2n + (-1)^n}{n} - 2 \right| < \varepsilon$$

成立，根据数列极限的定义有 $\lim\limits_{n \to \infty} \dfrac{2n + (-1)^n}{n} = 2$.

**例 2.2　用定义证明 $\lim\limits_{x \to 1} \dfrac{x-2}{x^2+3} = -\dfrac{1}{4}$.

证　对于 $\forall \varepsilon > 0$，考察 $\left| \dfrac{x-2}{x^2+3} - \left(-\dfrac{1}{4}\right) \right| = \dfrac{|(x-1)(x+5)|}{4(x^2+3)}$，由于 $x \to 1$，因此不妨设 $|x-1| < 1$，即 $0 < x < 2$，所以有

$$\left| \frac{x-2}{x^2+3} - \left(-\frac{1}{4}\right) \right| < \frac{7}{12}|x-1| < |x-1|.$$

因此要使得 $\left| \dfrac{x-2}{x^2+3} - \left(-\dfrac{1}{4}\right) \right| < \varepsilon$，只需使得 $|x-1| < \varepsilon$ 即可，取 $\delta = \min\{1, \varepsilon\}$，则当 $0 < |x-1| < \delta$ 时，有

$$\left| \frac{x-2}{x^2+3} - \left(-\frac{1}{4}\right) \right| < \varepsilon$$

成立，故

$$\lim_{x \to 1} \frac{x-2}{x^2+3} = -\frac{1}{4}.$$

2.2.2 题型二 利用极限的四则运算法则求极限

例 2.3 求下列函数的极限：

(1) $\lim\limits_{n\to\infty}\dfrac{3n^3+2n+1}{2n^3+(-1)^n}$;

(2) $\lim\limits_{x\to\infty}\dfrac{(4x+5)^{10}(3x-1)^5}{(2x+3)^{15}}$;

(3) $\lim\limits_{x\to+\infty}\dfrac{2x-\arctan x}{3x+\arctan x}$;

(4) $\lim\limits_{n\to\infty}\dfrac{2^n+3^n}{2^{n+1}+3^{n+1}}$.

解 (1) 原式 $=\lim\limits_{n\to\infty}\dfrac{3+\dfrac{2}{n^2}+\dfrac{1}{n^3}}{2+\dfrac{1}{n^3}(-1)^n}=\dfrac{3}{2}$;

(2) 原式 $=\lim\limits_{x\to\infty}\dfrac{\dfrac{(4x+5)^{10}}{x^{10}}\cdot\dfrac{(3x-1)^5}{x^5}}{\dfrac{(2x+3)^{15}}{x^{15}}}=\lim\limits_{x\to\infty}\dfrac{\left(4+\dfrac{5}{x}\right)^{10}\left(3-\dfrac{1}{x}\right)^5}{\left(2+\dfrac{3}{x}\right)^{15}}=\dfrac{4^{10}\cdot3^5}{2^{15}}=6^5$;

(3) 原式 $=\lim\limits_{x\to+\infty}\dfrac{2-\dfrac{1}{x}\arctan x}{3+\dfrac{1}{x}\arctan x}=\dfrac{2}{3}$;

(4) 原式 $=\lim\limits_{n\to\infty}\dfrac{\left(\dfrac{2}{3}\right)^n+1}{2\cdot\left(\dfrac{2}{3}\right)^n+3}=\dfrac{1}{3}$.

例 2.4 求下列函数的极限

(1) $\lim\limits_{x\to1}\left(\dfrac{1}{x-1}+\dfrac{x-4}{x^3-1}\right)$;

(2) $\lim\limits_{x\to2}\dfrac{\sqrt{2+x}-\sqrt{6-x}}{x^2-3x+2}$.

解 (1) 原式 $=\lim\limits_{x\to1}\dfrac{(x^2+x+1)+(x-4)}{(x-1)(x^2+x+1)}=\lim\limits_{x\to1}\dfrac{x^2+2x-3}{(x-1)(x^2+x+1)}$

$=\lim\limits_{x\to1}\dfrac{(x-1)(x+3)}{(x-1)(x^2+x+1)}=\lim\limits_{x\to1}\dfrac{x+3}{x^2+x+1}=\dfrac{4}{3}$;

(2) 原式 $=\lim\limits_{x\to2}\dfrac{\sqrt{2+x}-\sqrt{6-x}}{(x-1)(x-2)}=\lim\limits_{x\to2}\dfrac{2(x-2)}{(\sqrt{2+x}+\sqrt{6-x})(x-1)(x-2)}$

$=\lim\limits_{x\to2}\dfrac{2}{(\sqrt{2+x}+\sqrt{6-x})(x-1)}=\dfrac{1}{2}$.

2.2.3 题型三 利用单侧极限的性质求极限

例 2.5 求极限 $\lim\limits_{x\to0}\dfrac{x}{1+e^{\frac{1}{x}}}$.

解 因为

$$\lim_{x \to 0^+} e^{\frac{1}{x}} = +\infty, \quad \lim_{x \to 0^-} e^{\frac{1}{x}} = 0,$$

因此

$$\lim_{x \to 0^+} \frac{x}{1+e^{\frac{1}{x}}} = \lim_{x \to 0^+} x \lim_{x \to 0^+} \frac{1}{1+e^{\frac{1}{x}}} = 0, \quad \lim_{x \to 0^-} \frac{x}{1+e^{\frac{1}{x}}} = \frac{0}{1+0} = 0,$$

所以

$$\lim_{x \to 0} \frac{x}{1+e^{\frac{1}{x}}} = 0.$$

2.2.4　题型四　利用两个重要极限求极限

例 2.6　求极限 $\displaystyle\lim_{x \to 0} \frac{x+\sin x}{2x+\sin(2x)}$.

解　原式 $= \displaystyle\lim_{x \to 0} \frac{1+\dfrac{\sin x}{x}}{2+2 \cdot \dfrac{\sin(2x)}{2x}} = \frac{1+1}{2+2} = \frac{1}{2}$.

例 2.7　求极限 $\displaystyle\lim_{x \to 0} \frac{\cos(2nx)-\cos(nx)}{x^2}$，其中 n 为正整数.

解　原式 $= \displaystyle\lim_{x \to 0} \frac{[1-\cos(nx)]-[1-\cos(2nx)]}{x^2} = \lim_{x \to 0} \frac{1-\cos(nx)}{x^2} - \lim_{x \to 0} \frac{1-\cos(2nx)}{x^2}$

$\quad = \displaystyle\lim_{x \to 0} \frac{2\sin^2 \dfrac{nx}{2}}{x^2} - \lim_{x \to 0} \frac{2\sin^2(nx)}{x^2} = \lim_{x \to 0} \frac{2\sin^2 \dfrac{nx}{2}}{\dfrac{4}{n^2} \cdot \left(\dfrac{nx}{2}\right)^2} - \lim_{x \to 0} \frac{2n^2 \sin^2(nx)}{(nx)^2}$

$\quad = \dfrac{n^2}{2} - 2n^2 = -\dfrac{3}{2}n^2$.

例 2.8　求极限 $\displaystyle\lim_{x \to 0}[1+\ln(1+x)]^{\frac{2}{x}}$.

解　$\displaystyle\lim_{x \to 0}[1+\ln(1+x)]^{\frac{2}{x}} = \lim_{x \to 0}[1+\ln(1+x)]^{\frac{1}{\ln(1+x)} \cdot \frac{2\ln(1+x)}{x}} = e^2$.

2.2.5　题型五　利用等价无穷小量替换求极限

例 2.9　求极限 $\displaystyle\lim_{x \to 0} \frac{\sin(x^n)}{\sin^m x}$，其中 m, n 为自然数.

解　$\displaystyle\lim_{x \to 0} \frac{\sin(x^n)}{\sin^m x} = \lim_{x \to 0} \frac{x^n}{x^m} = \begin{cases} \infty, & n<m \\ 1, & n=m. \\ 0, & n>m \end{cases}$

例 2.10　求极限 $\displaystyle\lim_{x \to 0} \frac{\sqrt{1+\tan x}-\sqrt{1-\tan x}}{\tan(2x)}$.

解　原式 $= \displaystyle\lim_{x \to 0} \frac{2\tan x}{\tan(2x)(\sqrt{1+\tan x}+\sqrt{1-\tan x})}$

$$=\lim_{x\to 0}\frac{2x}{2x(\sqrt{1+\tan x}+\sqrt{1-\tan x})}=\frac{1}{2}.$$

2.2.6　题型六　证明极限不存在

例2.11　求极限 $\lim\limits_{x\to\infty}\dfrac{2^x-2^{-x}}{2^x+2^{-x}}$.

解

由于

$$\lim_{x\to+\infty}\frac{2^x-2^{-x}}{2^x+2^{-x}}=\lim_{x\to+\infty}\frac{1-2^{-2x}}{1+2^{-2x}}=1,\ \lim_{x\to-\infty}\frac{2^x-2^{-x}}{2^x+2^{-x}}=\lim_{x\to-\infty}\frac{2^{2x}-1}{2^{2x}+1}=-1,$$

左右极限存在,但不相等,因此极限 $\lim\limits_{x\to\infty}\dfrac{2^x-2^{-x}}{2^x+2^{-x}}$ 不存在.

****例2.12**　证明 $\lim\limits_{x\to 0}\sin\dfrac{1}{x}$ 不存在.

证　取两个子数列

$$\{x_n^{(1)}\}=\left\{\frac{1}{2n\pi+\dfrac{\pi}{2}}\right\}\text{和}\{x_n^{(2)}\}=\left\{\frac{1}{n\pi}\right\},$$

显然满足

$$x_n^{(1)}\neq 0,\ \lim_{n\to\infty}x_n^{(1)}=0;\ x_n^{(2)}\neq 0,\ \lim_{n\to\infty}x_n^{(2)}=0.$$

但是

$$\sin\frac{1}{x_n^{(1)}}=\sin\left(2n\pi+\frac{\pi}{2}\right)=1,\quad\lim_{n\to\infty}\sin\frac{1}{x_n^{(1)}}=1,$$

$$\sin\frac{1}{x_n^{(2)}}=\sin(n\pi)=0,\quad\lim_{n\to\infty}\sin\frac{1}{x_n^{(2)}}=0,$$

由海涅定理可知,极限 $\lim\limits_{x\to 0}\sin\dfrac{1}{x}$ 不存在.

2.2.7　题型七　利用极限的存在准则求极限

例2.13　设 $x_1=10$,$x_{n+1}=\sqrt{6+x_n}$,$n=1,2,\cdots$,问数列 $\{x_n\}$ 的极限是否存在?若存在,求其值.

解　由 $x_1=10$ 及 $x_2=\sqrt{6+x_1}=4$,知 $x_1>x_2$. 假设对正整数 k,有 $x_k>x_{k+1}$,则有

$$x_{k+1}=\sqrt{6+x_k}>\sqrt{6+x_{k+1}}=x_{k+2},$$

由数学归纳法知对一切正整数 n 都有 $x_n>x_{n+1}$,即 $\{x_n\}$ 为单调递减数列,又因为 $x_n>0$,即 $\{x_n\}$ 有下界,因此 $\lim\limits_{n\to\infty}x_n$ 存在.

不妨设 $\lim\limits_{n\to\infty}x_n=A$,则有 $\lim\limits_{n\to\infty}x_{n+1}=\sqrt{6+\lim\limits_{n\to\infty}x_n}$,从而

$$A=\sqrt{6+A},\ A>0,$$

解得 $A=3$.

例 2.14　求极限 $\lim\limits_{n\to\infty}\left(\dfrac{1}{n+1}+\dfrac{1}{(n^2+1)^{\frac{1}{2}}}+\cdots+\dfrac{1}{(n^n+1)^{\frac{1}{n}}}\right)$.

解　由于

$$\frac{1}{n+1}\cdot n\leqslant\left[\frac{1}{n+1}+\frac{1}{(n^2+1)^{\frac{1}{2}}}+\cdots+\frac{1}{(n^n+1)^{\frac{1}{n}}}\right]<\frac{1}{n}\cdot n=1,$$

且 $\lim\limits_{n\to\infty}\dfrac{n}{n+1}=1$，由夹逼定理可知，原极限 $=1$.

例 2.15　求极限 $\lim\limits_{n\to\infty}(1+2^n+3^n+4^n)^{\frac{1}{n}}$.

解　由于

$$4=(4^n)^{\frac{1}{n}}<(1+2^n+3^n+4^n)^{\frac{1}{n}}<4^{\frac{1}{n}}\cdot 4,$$

且 $\lim\limits_{n\to\infty}4\cdot 4^{\frac{1}{n}}=4$，由夹逼定理可得

$$\lim\limits_{n\to\infty}(1+2^n+3^n+4^n)^{\frac{1}{n}}=4.$$

注　本例题的结论可以推广到一般情况，例如求极限

$$\lim\limits_{n\to\infty}(a_1^n+a_2^n+\cdots+a_K^n)^{\frac{1}{n}},$$

其中 K 为某个正整数，$a_i>0$，$i=1,2,\cdots,K$. 则

$$\lim\limits_{n\to\infty}(a_1^n+a_2^n+\cdots+a_K^n)^{\frac{1}{n}}=\max\{a_1,a_2,\cdots,a_K\}.$$

例 2.16　求极限 $\lim\limits_{n\to\infty}(1+x^n)^{\frac{1}{n}}$，其中 $x>0$.

解　利用例 2.15 的结论. 当 $0<x<1$ 时，原极限 $=1$；当 $x=1$ 时，原极限 $=1$；当 $x>1$ 时，原极限 $=x$. 因此

$$\lim\limits_{n\to\infty}(1+x^n)^{\frac{1}{n}}=\begin{cases}1,&0<x\leqslant 1\\ x,&x>1\end{cases}.$$

2.2.8　题型八　利用极限的性质求参数值或函数的表达式

例 2.17　已知 $\lim\limits_{x\to\infty}\left(\dfrac{x^2+1}{x+1}-ax-b\right)=0$，求 a 和 b 的值.

解　由于

$$\lim\limits_{x\to\infty}\left(\frac{x^2+1}{x+1}-ax-b\right)=\lim\limits_{x\to\infty}\frac{(1-a)x^2-(a+b)x+1-b}{x+1}=0,$$

所以 $\begin{cases}1-a=0\\ a+b=0\end{cases}$，因此 $a=1$，$b=-1$.

例 2.18　已知 $\lim\limits_{x\to 2}\dfrac{x^2+ax+b}{x^2-3x+2}=6$，求实数 a 和 b 的值.

解　因为 $\lim\limits_{x\to 2}(x^2-3x+2)=0$，所以 $\lim\limits_{x\to 2}(x^2+ax+b)=0$，令

$$x^2+ax+b=(x-2)(x+k),$$

则

$$\lim_{x\to 2}\frac{x^2+ax+b}{x^2-3x+2}=\lim_{x\to 2}\frac{(x-2)(x+k)}{(x-2)(x-1)}=2+k=6,$$

所以 $k=4$，从而 $a=2$，$b=-8$.

例 2.19　已知 $f(x)=x^3+\dfrac{\sin x}{x}+2\tan\left(x-\dfrac{\pi}{4}\right)\lim\limits_{x\to 0}f(x)$，求 $f(x)$ 的表达式.

解　令 $\lim\limits_{x\to 0}f(x)=A$，则 $f(x)=x^3+\dfrac{\sin x}{x}+2A\tan\left(x-\dfrac{\pi}{4}\right)$，从而

$$\lim_{x\to 0}f(x)=\lim_{x\to 0}x^3+\lim_{x\to 0}\frac{\sin x}{x}+\lim_{x\to 0}2A\tan\left(x-\frac{\pi}{4}\right),$$

即有 $A=1+2A\cdot(-1)$，解得 $A=\dfrac{1}{3}$，因此有

$$f(x)=x^3+\frac{\sin x}{x}+\frac{2}{3}\tan\left(x-\frac{\pi}{4}\right).$$

2.2.9　题型九　函数的连续性问题

例 2.20　讨论函数 $f(x)=\lim\limits_{n\to\infty}\dfrac{1+x}{1+x^{2n}}$ 的连续性.

解　当 $|x|<1$ 时，$f(x)=1+x$；当 $|x|=1$ 时，$f(x)=\dfrac{1+x}{2}$；当 $|x|>1$ 时，$f(x)=0$. 从而

$$f(x)=\begin{cases}0, & x\leqslant -1\\ 1+x, & -1<x<1\\ 1, & x=1\\ 0, & x>1\end{cases}.$$

如图 2.1 所示. 因为 $\lim\limits_{x\to -1^+}f(x)=\lim\limits_{x\to -1^-}f(x)=f(-1)=0$，所以 $x=-1$ 为函数 $f(x)$ 的连续点. 又因为 $\lim\limits_{x\to 1^+}f(x)=0$，$f(1)=1$，所以 $x=1$ 为函数 $f(x)$ 的间断点，综上可知函数 $f(x)$ 在 $(-\infty,1)\cup(1,+\infty)$ 内连续.

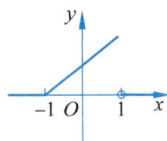

图　2.1

例 2.21　讨论下列函数的间断点及其类型：

(1) $f(x)=\dfrac{\tan x}{x}$；

(2) $f(x)=\begin{cases}\dfrac{\ln(1-x^2)}{x\sin x}, & x\neq 0\\ 0, & x=0\end{cases}.$

解　(1) 当 $x=0$，$x=k\pi+\dfrac{\pi}{2}$ $(k=0,\pm 1,\cdots)$ 时，$f(x)$ 没有定义，所以

$$x = k\pi + \frac{\pi}{2} \ (k=0, \pm 1, \cdots), \ x=0$$

都是 $f(x)$ 的间断点；因为 $\lim\limits_{x\to 0} f(x) = \lim\limits_{x\to 0} \dfrac{\tan x}{x} = 1$，所以 $x=0$ 为 $f(x)$ 的第一类间断点中的可去间断点. 因为

$$\lim_{x\to \left(k\pi+\frac{\pi}{2}\right)^-} f(x) = \lim_{x\to \left(k\pi+\frac{\pi}{2}\right)^-} \frac{\tan x}{x} = \infty,$$

所以 $x = k\pi + \dfrac{\pi}{2} \ (k=0, \pm 1, \cdots)$ 为 $f(x)$ 的第二类间断点中的无穷间断点.

（2）因为

$$\lim_{x\to 0} f(x) = \lim_{x\to 0} \frac{\ln(1-x^2)}{x\sin x} = \lim_{x\to 0} \frac{-x^2}{x^2} = -1, \ f(0)=0,$$

所以 $x=0$ 为 $f(x)$ 的第一类间断点中的可去间断点.

例 2.22　求 $f(x) = \lim\limits_{n\to\infty} \dfrac{x^{n+2}}{\sqrt{2^{2n}+x^{2n}}} \ (x\geqslant 0)$ 的间断点并判断其类型.

解　当 $0\leqslant x<2$ 时，$f(x) = \lim\limits_{n\to\infty} \dfrac{\left(\dfrac{x}{2}\right)^n \cdot x^2}{\sqrt{1+\left(\dfrac{x}{2}\right)^{2n}}} = 0$；

当 $x=2$ 时，$f(x) = \lim\limits_{n\to\infty} \dfrac{2^{n+2}}{\sqrt{2^{2n}+2^{2n}}} = 2\sqrt{2}$；

当 $x>2$ 时，$f(x) = \lim\limits_{n\to\infty} \dfrac{x^2}{\sqrt{1+\left(\dfrac{2}{x}\right)^{2n}}} = x^2$.

所以

$$f(x) = \begin{cases} 0, & 0\leqslant x<2 \\ 2\sqrt{2}, & x=2 \\ x^2, & x>2 \end{cases}.$$

因为 $\lim\limits_{x\to 2^-} f(x) = 0$，$\lim\limits_{x\to 2^+} f(x) = 4$，$f(2)=2\sqrt{2}$，所以 $x=2$ 为 $f(x)$ 的第一类间断点中的跳跃间断点.

例 2.23　设 $f(x) = \begin{cases} \dfrac{1-\mathrm{e}^{\tan x}}{\arcsin \dfrac{x}{2}}, & x>0 \\[4mm] a\mathrm{e}^{2x}, & x\leqslant 0 \end{cases}$ 在 $x=0$ 处连续，求 a 的值.

解　$\lim\limits_{x\to 0^+} f(x) = \lim\limits_{x\to 0^+} \dfrac{1-\mathrm{e}^{\tan x}}{\arcsin \dfrac{x}{2}} = \lim\limits_{x\to 0^+} \dfrac{-\tan x}{\dfrac{x}{2}} = -2, \ f(0) = a\mathrm{e}^0 = a,$

所以 $a = -2$.

2.2.10 题型十　连续函数的等式证明问题

例 2.24　设 $f(x)$ 在 $[a,b]$ 上连续，且 $f(a)=f(b)$，证明至少存在一点 $\xi\in(a,b)$，使得 $f(\xi)=f\left(\xi+\dfrac{b-a}{2}\right)$ 成立.

证　构造辅助函数 $F(x)=f(x)-f\left(x+\dfrac{b-a}{2}\right)$，则有

$$F(a)=f(a)-f\left(a+\frac{b-a}{2}\right)=f(a)-f\left(\frac{a+b}{2}\right),$$

$$F\left(\frac{a+b}{2}\right)=f\left(\frac{a+b}{2}\right)-f\left(\frac{a+b}{2}+\frac{b-a}{2}\right)=f\left(\frac{a+b}{2}\right)-f(b),$$

若 $F\left(\dfrac{a+b}{2}\right)=F(a)=0$，只需取 $\xi=\dfrac{a+b}{2}$；若 $F\left(\dfrac{a+b}{2}\right)$ 和 $F(a)$ 都不等于零，则两者一定异号，由零点定理可得在 (a,b) 内至少存在一点 ξ，使得 $F(\xi)=0$，从而 $f(\xi)=f\left(\xi+\dfrac{b-a}{2}\right)$ 成立.

例 2.25　设 $f(x)$，$g(x)$ 在 $[a,b]$ 上连续，$a>0$，且 $f(a)<g(a)+\dfrac{1}{a}$，$f(b)>g(b)+\dfrac{1}{b}$，证明在 (a,b) 内至少存在一点 ξ，使得 $f(\xi)=g(\xi)+\dfrac{1}{\xi}$ 成立.

证　构造辅助函数

$$F(x)=f(x)-g(x)-\frac{1}{x},$$

则 $F(a)<0$，$F(b)>0$，且 $F(x)$ 在 $[a,b]$ 上连续，由零点定理可知在 (a,b) 内至少存在一点 ξ，使得 $F(\xi)=0$，即 $f(\xi)=g(\xi)+\dfrac{1}{\xi}$ 成立.

2.2.11 题型十一　综合问题

**例 2.26　设 $\lim\limits_{x\to0}\left[1+2x+\dfrac{f(x)}{x}\right]^{\frac{1}{x}}=\mathrm{e}^{3}$，求 $\lim\limits_{x\to0}\left[1+\dfrac{f(x)}{x}\right]^{\frac{1}{x}}$.

解　因为

$$\lim_{x\to0}\left[1+2x+\frac{f(x)}{x}\right]^{\frac{1}{x}}=\exp\left\{\lim_{x\to0}\frac{\ln\left[1+2x+\frac{f(x)}{x}\right]}{x}\right\}=\mathrm{e}^{3},$$

所以

$$\lim_{x\to0}\frac{\ln\left[1+2x+\frac{f(x)}{x}\right]}{x}=3,\quad 且\ \lim_{x\to0}\frac{f(x)}{x}=0,$$

从而利用等价无穷小量代换得

$$\lim_{x \to 0} \frac{\ln\left[1 + 2x + \dfrac{f(x)}{x}\right]}{x} = \lim_{x \to 0} \frac{2x + \dfrac{f(x)}{x}}{x} = 2 + \lim_{x \to 0} \frac{f(x)}{x^2} = 3,$$

所以

$$\lim_{x \to 0} \frac{f(x)}{x^2} = 1,$$

故

$$\lim_{x \to 0} \left[1 + \frac{f(x)}{x}\right]^{\frac{1}{x}} = \lim_{x \to 0} \left[1 + \frac{f(x)}{x}\right]^{\frac{x}{f(x)} \cdot \frac{f(x)}{x^2}} = \mathrm{e}.$$

例 2.27 求极限 $\lim\limits_{x \to 0}\left(\dfrac{a^x + b^x + c^x}{3}\right)^{\frac{1}{x}}$，其中 a，b，c 均为正数.

解 $\lim\limits_{x \to 0}\left(\dfrac{a^x + b^x + c^x}{3}\right)^{\frac{1}{x}} = \lim\limits_{x \to 0}\exp\left\{\dfrac{\ln\left(\dfrac{a^x + b^x + c^x}{3}\right)}{x}\right\},$

又因为

$$\lim_{x \to 0} \frac{\ln\left(\dfrac{a^x + b^x + c^x}{3}\right)}{x} = \lim_{x \to 0} \frac{\ln\left(1 + \dfrac{a^x + b^x + c^x - 3}{3}\right)}{x} = \lim_{x \to 0} \frac{a^x + b^x + c^x - 3}{3x}$$

$$= \frac{1}{3}\left(\lim_{x \to 0} \frac{a^x - 1}{x} + \lim_{x \to 0} \frac{b^x - 1}{x} + \lim_{x \to 0} \frac{c^x - 1}{x}\right)$$

$$= \frac{1}{3}\left(\lim_{x \to 0} \frac{x \ln a}{x} + \lim_{x \to 0} \frac{x \ln b}{x} + \lim_{x \to 0} \frac{x \ln c}{x}\right)$$

$$= \frac{1}{3}(\ln a + \ln b + \ln c) = \frac{1}{3}\ln(abc),$$

所以

$$\lim_{x \to 0}\left(\frac{a^x + b^x + c^x}{3}\right)^{\frac{1}{x}} = \mathrm{e}^{\frac{1}{3}\ln(abc)} = \sqrt[3]{abc}.$$

注 本例的另一种解法见第 4 章例 4.13.

**例 2.28 已知 $\lim\limits_{x \to 0} \dfrac{\ln(1 + 2x^2) + xf(x)}{\sin^3 x} = 0$，求极限 $\lim\limits_{x \to 0} \dfrac{f(x)}{x}$.

解法 1 当 $x \to 0$ 时，$\ln(1 + 2x^2) + xf(x) = o(x^3)$，从而有

$$f(x) = \frac{-\ln(1 + 2x^2) + o(x^3)}{x},$$

因此

$$\lim_{x \to 0} \frac{f(x)}{x} = \lim_{x \to 0} \frac{-\ln(1 + 2x^2) + o(x^3)}{x^2} = \lim_{x \to 0} \frac{-\ln(1 + 2x^2)}{x^2} + \lim_{x \to 0} \frac{o(x^3)}{x^2} = -2.$$

解法 2 由题意

$$\lim_{x \to 0} \frac{\ln(1 + 2x^2) + xf(x)}{x^3} = 0,$$

从而有

$$\lim_{x \to 0} \frac{\dfrac{\ln(1+2x^2)}{x^2} + \dfrac{f(x)}{x}}{x} = 0,$$

故

$$\lim_{x \to 0} \left[\frac{\ln(1+2x^2)}{x^2} + \frac{f(x)}{x} \right] = 0.$$

因此

$$\lim_{x \to 0} \frac{f(x)}{x} = -\lim_{x \to 0} \frac{\ln(1+2x^2)}{x^2} = -\lim_{x \to 0} \frac{2x^2}{x^2} = -2.$$

2.3 习题精选

1. 填空题

(1) 对于 $\forall \varepsilon > 0$，$\exists \delta > 0$，当 $|x-0| < \delta$ 时，有 $\left| \dfrac{f(x)}{x} - 1 \right| < \varepsilon$，则 $\lim\limits_{x \to 0} f(x) =$ _____.

(2) $\lim\limits_{x \to 0^-} e^{\frac{1}{x}} =$ _____，$\lim\limits_{x \to 0^+} e^{\frac{1}{x}} =$ _____，$\lim\limits_{x \to 0} e^{\frac{1}{x}} =$ _____.

(3) 设 $\lim\limits_{x \to \infty} f(x) = 2$，$\lim\limits_{x \to \infty} \dfrac{f(x)}{g(x)} = 5$，则 $\lim\limits_{x \to \infty} g(x) =$ _____.

(4) $\lim\limits_{x \to \infty} \dfrac{(5x+1)^{40}(3x+2)^{20}}{(5x-1)^{60}} =$ _____.

(5) 设 $u_n = \dfrac{n}{\sqrt{n^3+n}} \sin(\sqrt{n})$，则 $\lim\limits_{n \to \infty} u_n =$ _____.

(6) $\lim\limits_{n \to \infty} \dfrac{nx^2}{2} \tan \dfrac{2\pi}{n} =$ _____.

(7) 若 $\lim\limits_{x \to 0} \dfrac{\tan(ax)}{\sin(3x)} = -2$，则 $a =$ _____.

(8) 当 $x \to 0$ 时，若 $(e^{x^2}-1)\arctan^3 x \sim x^a$，则 $\alpha =$ _____.

(9) $\lim\limits_{x \to \infty} \dfrac{x+4}{x^2+2x}(2+\cos x) =$ _____.

(10) $\lim\limits_{n \to \infty} \dfrac{3^n+5^{n+1}}{2^n+5^{n+2}} =$ _____.

(11) $\lim\limits_{n \to \infty} \sqrt[n]{2^n+3^n+4^n} =$ _____.

(12) 设 $\lim\limits_{x \to -1} \dfrac{x^3+ax^2+x+2}{x+1} = b$（$b$ 为有限数），则 $a+b =$ _____.

(13) $\lim\limits_{x \to \infty} \left(x\sin \dfrac{1}{x} + \dfrac{1}{x}\sin x \right) =$ _____.

(14) $\lim\limits_{x \to 0} \left(x\sin \dfrac{1}{x} + \dfrac{1}{x}\sin x \right) =$ _____.

(15) 设 $\lim\limits_{x \to \infty} \left(\dfrac{x+2a}{x-1} \right)^x = \mathrm{e}^3$，则 $a = \underline{\hspace{2cm}}$.

(16) $\lim\limits_{x \to 0} \sqrt[x]{1-2x} = \underline{\hspace{2cm}}$.

(17) 已知 $f(x) = 2x + 4\sin x \lim\limits_{x \to \frac{\pi}{2}} f(x)$，则 $f(x) = \underline{\hspace{2cm}}$.

(18) 已知 $f(x) = \begin{cases} 3\mathrm{e}^x, & x < 0 \\ 2x+a, & x \geqslant 0 \end{cases}$ 在 $x = 0$ 处连续，则 $a = \underline{\hspace{2cm}}$.

(19) 若函数 $f(x) = \begin{cases} 2\mathrm{e}^x + x\sin\dfrac{1}{x}, & x < 0 \\ b, & x = 0 \\ a + \cos x, & x > 0 \end{cases}$ 在 $x = 0$ 处连续，则 $a = \underline{\hspace{2cm}}$，

$b = \underline{\hspace{2cm}}$.

(20) 为使 $f(x) = \dfrac{\sin(2x)\ln(1+x^2)}{x^2 \arctan(3x)}$ 在 $x = 0$ 处连续，须补充定义 $f(0) = \underline{\hspace{2cm}}$.

(21) 设函数 $f(x) = \begin{cases} (\cos x)^{\frac{1}{x}}, & x \neq 0 \\ \mathrm{e}, & x = 0 \end{cases}$，则间断点 $x = 0$ 的类型为 $\underline{\hspace{2cm}}$.

(22) $f(x) = \lim\limits_{n \to \infty} \dfrac{3nx}{1-nx}$ 的连续区间为 $\underline{\hspace{2cm}}$.

2. 单项选择题

(1) 当 $x \to 0$ 时，$\tan(3x)\ln(1+2x)$ 与 $\sin x^2$ 比较是（　　）无穷小量.

    (A) 同阶但不等价；   (B) 较高阶；

    (C) 较低阶；   (D) 等价.

(2) 当 $x \to 0$ 时，（　　）与 x 是等价无穷小量.

    (A) $\sin 2x$；   (B) $\sqrt{1+x}-1$；

    (C) $x - \sin x$；   (D) $\sqrt{1+x} - \sqrt{1-x}$.

(3) 对任意的 x，总有 $\varphi(x) \leqslant f(x) \leqslant g(x)$ 且 $\lim\limits_{x \to \infty} [g(x) - \varphi(x)] = 0$，则 $\lim\limits_{x \to \infty} f(x)$
（　　）.

    (A) 存在且一定不等于零；   (B) 存在但不一定为零；

    (C) 一定不存在；   (D) 不一定存在.

(4) 若 $\lim\limits_{x \to 0} \dfrac{f(3x)}{x} = \dfrac{1}{2}$，则 $\lim\limits_{x \to 0} \dfrac{f(5x)}{x} = ($　　$)$.

    (A) $\dfrac{5}{6}$；   (B) $\dfrac{1}{30}$；   (C) $\dfrac{15}{2}$；   (D) $\dfrac{3}{10}$.

(5) 设 $\lim\limits_{n \to \infty} a_n$ 存在，则数列 $\{b_n\}$ 满足条件（　　）时，$\lim\limits_{n \to \infty} a_n b_n$ 存在.

    (A) $\{b_n\}$ 有界；   (B) $\{b_n\}$ 单调；

    (C) $\{b_n\}$ 单调有界；   (D) 不能确定.

(6) 当 $n \to \infty$ 时，$a_n = \begin{cases} \dfrac{n^2 + 2\sqrt{n}}{n}, & n = 2k+1 \\ \dfrac{1}{n}, & n = 2k \end{cases}$ （其中 k 为正整数）为（ ）.

(A) 无穷大量；　　　(B) 无穷小量；　　　(C) 有界变量；　　　(D) 无界变量.

(7) 当 $x \to a$ 时，$f(x)$ 为（ ）时，则必有 $\lim\limits_{x \to a}(x-a)f(x) = 0$.

(A) 有界函数；　　　(B) 任意函数；　　　(C) 无穷大量；　　　(D) 不能确定.

(8) 设 $f(x)$ 和 $g(x)$ 分别是同一个变化过程中的无穷大量和无穷小量，则 $f(x) + g(x)$ 为（ ）.

(A) 无穷小量；　　　(B) 有界变量；　　　(C) 无穷大量；　　　(D) 不能确定.

(9) 若函数 $f(x) = \begin{cases} \dfrac{1}{x}\sin x, & x < 0 \\ a, & x = 0 \\ x\sin\dfrac{1}{x} - b, & x > 0 \end{cases}$ 在 $x = 0$ 处连续，则 a, b 的值为（ ）.

(A) $a = 1, b = 0$；　　　　　　　　(B) $a = 1, b = -1$；

(C) $a = 0, b = 0$；　　　　　　　　(D) $a = 0, b = 1$.

** (10) 设 $f(x)$，$\varphi(x)$ 在 $(-\infty, +\infty)$ 上有定义，$f(x)$ 为连续函数，且 $f(x) \neq 0$，$\varphi(x)$ 有间断点，则下列结论正确的是（ ）.

(A) $\varphi[f(x)]$ 必有间断点；　　　　(B) $\varphi[f^2(x)]$ 必有间断点；

(C) $f[\varphi(x)]$ 必有间断点；　　　　(D) $\dfrac{\varphi(x)}{f(x)}$ 必有间断点.

(11) 下列说法正确的是（ ）.

(A) 若 $f(x)$ 在 $(a-\delta, a+\delta)$ 内有界，则 $f(x)$ 在 $x = a$ 处连续；

(B) 若 $f(x)$ 在 $x = a$ 处连续，则必存在 $\delta > 0$，使得 $f(x)$ 在 $(a-\delta, a+\delta)$ 内有界；

(C) 若 $f(x)$ 在 $(a-\delta, a+\delta)$ 内有界且可导，则 $f'(x)$ 在 $(a-\delta, a+\delta)$ 内有界；

(D) 若 $f(x)$ 在 $(a-\delta, a+\delta)$ 内有界，且有 $\lim\limits_{x \to a} f(x)g(x) = 0$，则有 $\lim\limits_{x \to a} g(x) = 0$.

2(11)题详解

3. 求下列极限：

(1) $\lim\limits_{n \to \infty} \dfrac{\sqrt[3]{8n^3+1} + n}{\sqrt{n^2+1} + 2n}$；　　　　(2) $\lim\limits_{n \to \infty} \dfrac{n\arctan\sqrt{n}}{\sqrt{4n^2+1}}$；

(3) $\lim\limits_{x \to \infty} \dfrac{x - \sin x}{2x + \sin(2x)}$；　　　　(4) $\lim\limits_{x \to +\infty} \left(\sqrt{x + \sqrt{x}} - \sqrt{x} \right)$；

(5) $\lim\limits_{x \to 0} \left(\dfrac{1}{x}\sin x + 2x\sin\dfrac{1}{x} \right)$；　　　　(6) $\lim\limits_{x \to \infty} \left(\dfrac{x}{1+x} \right)^{-2x+1}$；

(7) $\lim\limits_{x\to 0}(1+x\mathrm{e}^x)^{\frac{1}{x}}$;

(8) $\lim\limits_{n\to\infty}n\cdot\left(\sqrt{\dfrac{n-1}{n+2}}-1\right)$;

(9) $\lim\limits_{x\to 1}\dfrac{\sqrt{3-x}-\sqrt{1+x}}{\sin(x^2-1)}$;

(10) $\lim\limits_{x\to\frac{\pi}{4}}\tan(2x)\tan\left(\dfrac{\pi}{4}-x\right)$;

(11) $\lim\limits_{x\to-\infty}\dfrac{x^2\sin\dfrac{1}{x}}{\sqrt{2x^2-1}}$;

(12) $\lim\limits_{x\to 1}x^{\frac{1}{1-x}}$;

(13) $\lim\limits_{x\to 0}\dfrac{\mathrm{e}^{\tan x}-\mathrm{e}^{\sin x}}{\sin^3 x}$;

(14) $\lim\limits_{n\to\infty}\dfrac{(n+1)^n}{n^{n-1}}\tan\dfrac{1}{n}$.

4. 若 $\lim\limits_{x\to 1}\dfrac{x^2+ax+b}{\tan(x^2-1)}=3$，试求常数 a 和 b 的值.

5. 若 $\lim\limits_{x\to\infty}\left(\dfrac{2x^2+1}{x-1}+ax+b\right)=0$，试求常数 a 和 b 的值.

6. 已知极限 $\lim\limits_{x\to\infty}\left(\dfrac{x+a}{x-2a}\right)^x=8$，试求常数 a 的值.

7. 已知 $f(x)$ 在 $(-\infty,+\infty)$ 内是奇函数，且 $\lim\limits_{x\to 0^+}f(x)=A$，试求 $\lim\limits_{x\to 0^-}f(x)$ 和 $\lim\limits_{x\to 0}f(x)$.

8. 设 $f(x)=\lim\limits_{t\to+\infty}\dfrac{\ln(2^t+x^t)}{t}$，其中 $x>0$，求 $f(x)$ 的表达式.

9. 设 $x_{n+1}=\dfrac{1}{3}\left(2x_n+\dfrac{8}{x_n^2}\right)$，$n=0,1,2,\cdots$，其中 $x_0>0$，证明数列 $\{x_n\}$ 收敛，并求 $\lim\limits_{n\to\infty}x_n$.

10. 已知 $f(x)=\dfrac{x^2-x}{|x|(x^2-1)}$，讨论 $f(x)$ 的间断点及其类型.

11. 讨论函数 $f(x)=\lim\limits_{n\to\infty}\dfrac{1-2^{nx}}{1+2^{nx}}$ 的连续性.

12. 讨论函数 $f(x)=\begin{cases}\dfrac{\cos x}{x+4}, & x\geqslant 0 \\[2mm] \dfrac{2-\sqrt{4-x}}{x}, & x<0\end{cases}$ 在定义域内的连续性.

13. 讨论函数 $f(x)=\begin{cases}\dfrac{\mathrm{e}^{\frac{1}{x}}-1}{\mathrm{e}^{\frac{1}{x}}+1}, & x\neq 0 \\[2mm] 1, & x=0\end{cases}$ 在 $x=0$ 处的连续性.

14. 设 $f(x)$ 在 $[0,1]$ 上连续，且满足 $f(0)>0$，$f(1)<1$，试证明至少存在一点 $\xi\in(0,1)$，使得 $f(\xi)=\xi$.

15. 证明方程 $x2^x=1$ 至少有一个小于 1 的根.

2.4 习题详解

1. 填空题

(1) 0. (2) 0，$+\infty$，不存在. (3) $\dfrac{2}{5}$. (4) $\left(\dfrac{3}{5}\right)^{20}$. (5) 0.

(6) πx^2. (7) -6. (8) 5. (9) 0. (10) $\dfrac{1}{5}$. (11) 4.

(12) 4. (13) 1. (14) 1. (15) 1. (16) e^{-2}.

(17) $f(x)=2x-\dfrac{4\pi}{3}\sin x$.

提示 因为极限值等于某个常数，因此不妨设 $\lim\limits_{x\to\frac{\pi}{2}}f(x)=A$，等式两边同时求极限，得
$$\lim_{x\to\frac{\pi}{2}}f(x)=\lim_{x\to\frac{\pi}{2}}2x+\lim_{x\to\frac{\pi}{2}}4A\sin x,$$
即有 $A=\pi+4A$，所以 $A=-\dfrac{\pi}{3}$，从而 $f(x)=2x-\dfrac{4\pi}{3}\sin x$.

(18) 3. (19) $a=1,b=2$. (20) $\dfrac{2}{3}$. (21) 第一类间断点中的可去间断点.

(22) $(-\infty,0)\bigcup(0,+\infty)$.

2. 单项选择题

(1) A； (2) D； (3) D； (4) A； (5) C； (6) D；
(7) A； (8) C； (9) B； (10) D； (11) B.

3.

(1) 1； (2) $\dfrac{\pi}{4}$； (3) $\dfrac{1}{2}$；

(4) 原式$=\lim\limits_{x\to+\infty}\dfrac{\sqrt{x+\sqrt{x}}-\sqrt{x}}{1}=\lim\limits_{x\to+\infty}\dfrac{x+\sqrt{x}-x}{\sqrt{x+\sqrt{x}}+\sqrt{x}}=\lim\limits_{x\to+\infty}\dfrac{\sqrt{x}}{\sqrt{x+\sqrt{x}}+\sqrt{x}}=\dfrac{1}{2}$；

(5) 1；

(6) 原式$=\lim\limits_{x\to\infty}\left(1+\dfrac{-1}{1+x}\right)^{\frac{1+x}{-1}\cdot\frac{2x-1}{1+x}}=e^2$；

(7) e；

(8) 原式$=\lim\limits_{n\to\infty}n\left(\sqrt{1-\dfrac{3}{n+2}}-1\right)=\lim\limits_{n\to\infty}n\cdot\dfrac{1}{2}\cdot\left(-\dfrac{3}{n+2}\right)=-\dfrac{3}{2}$；

(9) 原式$=\lim\limits_{x\to1}\dfrac{\sqrt{3-x}-\sqrt{1+x}}{x^2-1}=\lim\limits_{x\to1}\dfrac{(\sqrt{3-x}-\sqrt{1+x})(\sqrt{3-x}+\sqrt{1+x})}{(x^2-1)(\sqrt{3-x}+\sqrt{1+x})}$

$=\lim\limits_{x\to1}\dfrac{2(1-x)}{(x-1)(x+1)(\sqrt{3-x}+\sqrt{1+x})}$

$$=\lim_{x\to 1}\frac{-2}{(x+1)(\sqrt{3-x}+\sqrt{1+x})}=-\frac{\sqrt{2}}{4};$$

(10) 令 $t=\frac{\pi}{4}-x$，则 $x=\frac{\pi}{4}-t$，从而

$$原式=\lim_{t\to 0}\tan\left(\frac{\pi}{2}-2t\right)\tan t=\lim_{t\to 0}\cot(2t)\tan t=\lim_{t\to 0}\frac{\tan t}{\tan(2t)}=\lim_{t\to 0}\frac{t}{2t}=\frac{1}{2};$$

(11) 原式 $=\lim_{x\to -\infty}\frac{x^2\cdot\frac{1}{x}}{\sqrt{2x^2-1}}=\lim_{x\to -\infty}\frac{x}{\sqrt{2x^2-1}}=\lim_{t\to +\infty}\frac{-t}{\sqrt{2t^2-1}}=-\frac{1}{\sqrt{2}};$

(12) 原式 $=\lim_{x\to 1}(1+x-1)^{\frac{1}{1-x}}=\lim_{x\to 1}(1+x-1)^{\frac{1}{x-1}\cdot(-1)}=e^{-1};$

(13) 原式 $=\lim_{x\to 0}\frac{e^{\tan x-\sin x}-1}{\sin^3 x}e^{\sin x}=\lim_{x\to 0}\frac{\tan x-\sin x}{\sin^3 x}e^{\sin x}=\lim_{x\to 0}\frac{\frac{1}{2}x^3}{x^3}e^{\sin x}=\frac{1}{2};$

(14) $\lim_{n\to\infty}\frac{(n+1)^n}{n^{n-1}}\tan\frac{1}{n}=\lim_{n\to\infty}\frac{(n+1)^n}{n^{n-1}}\frac{1}{n}=\lim_{n\to\infty}\left(1+\frac{1}{n}\right)^n=e.$

4. 由于

$$\lim_{x\to 1}\frac{x^2+ax+b}{\tan(x^2-1)}=\lim_{x\to 1}\frac{x^2+ax+b}{x^2-1}=3,$$

因此有 $\lim_{x\to 1}(x^2+ax+b)=0$，即 $x=1$ 为方程 $x^2+ax+b=0$ 的一个根，故设

$$x^2+ax+b=(x-1)(x-k).$$

而

$$\lim_{x\to 1}\frac{x^2+ax+b}{x^2-1}=\lim_{x\to 1}\frac{(x-1)(x-k)}{(x-1)(x+1)}=\lim_{x\to 1}\frac{x-k}{x+1}=\frac{1-k}{2}=3,$$

解得 $k=-5$，故有 $a=4$，$b=-5$。

5. 原式 $=\lim_{x\to\infty}\frac{(2+a)x^2+(b-a)x+1-b}{x-1}=0$，因此 $a+2=0$，$b-a=0$，解得 $a=-2$，$b=-2$。

6. 由题意，显然 $a\neq 0$，又因为

$$\lim_{x\to\infty}\left(\frac{x+a}{x-2a}\right)^x=\lim_{x\to\infty}\left(1+\frac{3a}{x-2a}\right)^{\frac{x-2a}{3a}\cdot\frac{3ax}{x-2a}}=e^{3a}=8,$$

所以 $a=\ln 2$。

7. 由于

$$\lim_{x\to 0^-}f(x)=\lim_{t\to 0^+}f(-t)=-\lim_{t\to 0^+}f(t)=-A,$$

因此当 $A=0$ 时，$\lim_{x\to 0}f(x)=0$，当 $A\neq 0$ 时，$\lim_{x\to 0}f(x)$ 不存在。

8. 当 $0<x<2$ 时，$f(x)=\lim_{t\to +\infty}\frac{t\ln 2+\ln\left[1+\left(\frac{x}{2}\right)^t\right]}{t}=\ln 2;$

当 $x=2$ 时，$f(x)=\lim\limits_{t\to+\infty}\dfrac{\ln(2^t+2^t)}{t}=\lim\limits_{t\to+\infty}\dfrac{(t+1)\ln2}{t}=\ln2$；

当 $x>2$ 时，$f(x)=\lim\limits_{t\to+\infty}\dfrac{t\ln x+\ln\left[1+\left(\dfrac{2}{x}\right)^t\right]}{t}=\ln x$.

综上可得

$$f(x)=\begin{cases}\ln2, & 0<x\leqslant2\\ \ln x, & x>2\end{cases}.$$

9. 由于

$$x_{n+1}=\frac{1}{3}\left(x_n+x_n+\frac{8}{x_n^2}\right)\geqslant\sqrt[3]{x_n\cdot x_n\cdot\frac{8}{x_n^2}}=2,$$

$$x_{n+1}-x_n=\frac{1}{3}\left(2x_n+\frac{8}{x_n^2}\right)-x_n=\frac{1}{3x_n^2}(8-x_n^3)\leqslant0,$$

因此 $x_{n+1}\leqslant x_n$. 所以数列 $\{x_n\}$ 单调递减有下界，则数列 $\{x_n\}$ 收敛.

不妨设 $\lim\limits_{n\to\infty}x_n=A$，由题意可得 $A=\dfrac{1}{3}\left(2A+\dfrac{8}{A^2}\right)$，所以 $A=2$.

10. $x=0$ 是第一类间断点中的跳跃间断点，$x=1$ 是第一类间断点中的可去间断点，$x=-1$ 是第二类间断点中的无穷间断点.

11. 当 $x<0$ 时，$\lim\limits_{n\to\infty}2^{nx}=0$；当 $x>0$ 时，$\lim\limits_{n\to\infty}2^{nx}=+\infty$；当 $x=0$ 时，$\lim\limits_{n\to\infty}2^{nx}=1$. 因此有

$$f(x)=\begin{cases}1, & x<0\\ 0, & x=0,\\ -1, & x>0\end{cases}$$

显然 $x=0$ 为 $f(x)$ 的间断点，因此函数 $f(x)$ 在 $(-\infty,0)\bigcup(0,+\infty)$ 内连续.

12. 因为 $f(x)$ 在 $(-\infty,0)$ 和 $(0,+\infty)$ 内为初等函数，所以 $f(x)$ 在 $(-\infty,0)\bigcup(0,+\infty)$ 内连续. 在 $x=0$ 处，

$$\lim\limits_{x\to0^-}f(x)=\lim\limits_{x\to0^-}\frac{2-\sqrt{4-x}}{x}=\frac{1}{4},\quad\lim\limits_{x\to0^+}f(x)=\lim\limits_{x\to0^+}\frac{\cos x}{x+4}=\frac{1}{4},\quad f(0)=\frac{1}{4},$$

所以有

$$\lim\limits_{x\to0^-}f(x)=\lim\limits_{x\to0^+}f(x)=f(0),$$

从而 $f(x)$ 在 $x=0$ 处连续，故函数 $f(x)$ 在 $(-\infty,+\infty)$ 内连续.

13. 由于

$$\lim\limits_{x\to0^-}f(x)=\lim\limits_{x\to0^-}\frac{e^{\frac{1}{x}}-1}{e^{\frac{1}{x}}+1}=\frac{0-1}{0+1}=-1,$$

$$\lim\limits_{x\to0^+}f(x)=\lim\limits_{x\to0^+}\frac{e^{\frac{1}{x}}-1}{e^{\frac{1}{x}}+1}=\lim\limits_{x\to0^+}\frac{1-e^{-\frac{1}{x}}}{1+e^{-\frac{1}{x}}}=\frac{1-0}{1+0}=1,$$

$\lim\limits_{x \to 0^-} f(x) \neq \lim\limits_{x \to 0^+} f(x)$，所以函数 $f(x)$ 在 $x = 0$ 处不连续.

14. 提示　构造辅助函数 $F(x) = f(x) - x$，利用零点定理容易证明.

15. 提示　构造辅助函数 $F(x) = x2^x - 1$，在 $[0, 1]$ 上利用零点定理容易证明.

填空题详解　　　　　单项选择题详解

第3章

导数与微分

3.1 内容提要

3.1.1 导数的概念

设函数 $y=f(x)$ 在点 x_0 的某个邻域内有定义，自变量 x 在 x_0 处取得增量（也称为改变量）$\Delta x (\Delta x \neq 0)$，函数 y 相应地取得增量（改变量）$\Delta y = f(x_0 + \Delta x) - f(x_0)$，若极限

$$\lim_{\Delta x \to 0} \frac{\Delta y}{\Delta x} = \lim_{\Delta x \to 0} \frac{f(x_0 + \Delta x) - f(x_0)}{\Delta x}$$

存在，则称函数 $y=f(x)$ 在点 x_0 处可导，上述极限值称为函数 $f(x)$ 在点 x_0 处的导数，记作

$$f'(x_0), \quad y'\big|_{x=x_0}, \quad \frac{\mathrm{d}y}{\mathrm{d}x}\bigg|_{x=x_0}, \quad \frac{\mathrm{d}f(x)}{\mathrm{d}x}\bigg|_{x=x_0}, \quad \frac{\mathrm{d}}{\mathrm{d}x}f(x)\bigg|_{x=x_0}.$$

即

$$f'(x_0) = \lim_{\Delta x \to 0} \frac{\Delta y}{\Delta x} = \lim_{\Delta x \to 0} \frac{f(x_0 + \Delta x) - f(x_0)}{\Delta x}.$$

若记 $\Delta x = x - x_0$，则 $x = x_0 + \Delta x$，当 $\Delta x \to 0$ 时，$x \to x_0$，则导数的定义还有另外一种形式：

$$f'(x_0) = \lim_{x \to x_0} \frac{f(x) - f(x_0)}{x - x_0}.$$

由于导数本身就是一种特殊的极限，因此可以相应地给出左导数、右导数的定义：

$$f'_-(x_0) = \lim_{\Delta x \to 0^-} \frac{\Delta y}{\Delta x} = \lim_{\Delta x \to 0^-} \frac{f(x_0 + \Delta x) - f(x_0)}{\Delta x} = \lim_{x \to x_0^-} \frac{f(x) - f(x_0)}{x - x_0};$$

$$f'_+(x_0) = \lim_{\Delta x \to 0^+} \frac{\Delta y}{\Delta x} = \lim_{\Delta x \to 0^+} \frac{f(x_0 + \Delta x) - f(x_0)}{\Delta x} = \lim_{x \to x_0^+} \frac{f(x) - f(x_0)}{x - x_0}.$$

显然，$f(x)$ 在点 x_0 处可导的充要条件是 $f(x)$ 在点 x_0 处的左、右导数都存在并且相等.

在讨论初等函数在区间端点的可导性或分段函数在分段点处的可导性时，往往利用左右导数进行讨论.

若函数 $f(x)$ 在开区间 (a, b) 内任意一点 x 处都可导，则称函数 $f(x)$ 在开区间 (a, b) 内可导. 对于 $\forall x \in (a, b)$，都有唯一的一个导数值 $f'(x)$ 与之对应，这样就定义了一个新的函数，我们将其称为 $f(x)$ 在 (a, b) 内的 导函数，简称为导数，记作

$$f'(x), \quad y', \quad \frac{\mathrm{d}y}{\mathrm{d}x}, \quad \frac{\mathrm{d}f(x)}{\mathrm{d}x}, \quad \frac{\mathrm{d}}{\mathrm{d}x}f(x).$$

即对于 $\forall x \in (a, b)$，有

$$f'(x) = \lim_{\Delta x \to 0} \frac{f(x + \Delta x) - f(x)}{\Delta x} = \lim_{t \to x} \frac{f(t) - f(x)}{t - x}.$$

若 $f(x)$ 在 (a, b) 内可导，并且 $f'_+(a)$ 与 $f'_-(b)$ 都存在，则称 $f(x)$ 在区间 $[a, b]$ 上可导. 类似地可以给出函数 $f(x)$ 在区间 $[a, b)$ 或 $(a, b]$ 上可导的定义.

显然，若 $f'(x)$ 在点 x_0 处有定义，则有

$$f'(x_0) = f'(x)\big|_{x = x_0}.$$

3.1.2 导数的几何意义

若函数 $y = f(x)$ 在点 x_0 处可导，则 $f'(x_0)$ 就是曲线 $y = f(x)$ 在点 $(x_0, f(x_0))$ 处切线的斜率，从而曲线 $y = f(x)$ 在 $x = x_0$ 处的切线方程为

$$y - f(x_0) = f'(x_0)(x - x_0).$$

若 $f'(x_0) = \infty$，则切线方程为：$x = x_0$.

曲线 $y = f(x)$ 在 $x = x_0$ 处的法线方程为

$$y - f(x_0) = -\frac{1}{f'(x_0)}(x - x_0),$$

其中 $f'(x_0) \neq 0$. 若 $f'(x_0) = 0$，则法线方程为 $x = x_0$；若 $f'(x_0) = \infty$，则法线方程为 $y = f(x_0)$.

3.1.3 可导与连续的关系

若函数 $f(x)$ 在点 x_0 处可导，则 $f(x)$ 在点 x_0 处连续，反之则不成立.

3.1.4 基本初等函数的导数公式

(1) $c' = 0$;

(2) $(x^\alpha)' = \alpha x^{\alpha - 1}$，$\alpha$ 为任意实数;

(3) $(a^x)' = a^x \ln a$，$a > 0$，$a \neq 1$;

(4) $(\mathrm{e}^x)' = \mathrm{e}^x$;

(5) $(\log_a x)' = \dfrac{1}{x \ln a}$，$a > 0$，$a \neq 1$;

(6) $(\ln x)' = \dfrac{1}{x}$;

(7) $(\sin x)' = \cos x$;

(8) $(\cos x)' = -\sin x$;

(9) $(\tan x)' = \dfrac{1}{\cos^2 x} = \sec^2 x$;

(10) $(\cot x)' = -\dfrac{1}{\sin^2 x} = -\csc^2 x$;

(11) $(\sec x)' = \sec x \tan x$；　　　　　　(12) $(\csc x)' = -\csc x \cot x$；

(13) $(\arcsin x)' = \dfrac{1}{\sqrt{1-x^2}}$；　　　(14) $(\arccos x)' = -\dfrac{1}{\sqrt{1-x^2}}$；

(15) $(\arctan x)' = \dfrac{1}{1+x^2}$；　　　　(16) $(\text{arccot} x)' = -\dfrac{1}{1+x^2}$.

3.1.5　导数的四则运算法则

如果函数 $u = u(x)$，$v = v(x)$ 均可导，那么它们的和、差、积、商(分母为零的点除外)都可导，并且

(1) $[u(x) \pm v(x)]' = u'(x) \pm v'(x)$；

(2) $[u(x)v(x)]' = u'(x)v(x) + v'(x)u(x)$；

(3) $\left[\dfrac{u(x)}{v(x)}\right]' = \dfrac{u'(x)v(x) - u(x)v'(x)}{v^2(x)}$，其中 $v(x) \neq 0$.

一些推论：

若 u_1，u_2，$\cdots$，u_k 均为 x 的函数且可导，k 为某个正整数，c 为某个常数，则

(1) $(u_1 + u_2 + \cdots + u_k)' = u_1' + u_2' + \cdots + u_k'$；

(2) $(cu)' = cu'$；

(3) $(u_1 u_2 \cdots u_k)' = u_1' u_2 \cdots u_k + u_1 u_2' \cdots u_k + \cdots + u_1 u_2 \cdots u_k'$；

(4) $\left(\dfrac{1}{v}\right)' = -\dfrac{v'}{v^2}$，其中 $v \neq 0$.

3.1.6　复合函数的求导法则

若函数 $u = \varphi(x)$ 在点 x 处有导数 $\varphi'(x)$，函数 $y = f(u)$ 在对应点 $u = \varphi(x)$ 处有导数 $f'(u)$，则复合函数 $y = f[\varphi(x)]$ 在点 x 处可导，且有

$$\{f[\varphi(x)]\}' = f'(u)\varphi'(x), \quad \text{或} \quad \frac{\mathrm{d}y}{\mathrm{d}x} = \frac{\mathrm{d}y}{\mathrm{d}u} \cdot \frac{\mathrm{d}u}{\mathrm{d}x}.$$

3.1.7　反函数的求导法则

设单调连续函数 $x = \varphi(y)$ 在点 y 处可导，且 $\varphi'(y) \neq 0$，则其反函数 $y = f(x)$ 在对应点 x 处可导，且

$$f'(x) = \frac{1}{\varphi'(y)}, \quad \text{或} \quad \frac{\mathrm{d}y}{\mathrm{d}x} = \frac{1}{\dfrac{\mathrm{d}x}{\mathrm{d}y}}.$$

3.1.8　隐函数的求导法则

设 $y = f(x)$ 是由方程 $F(x, y) = 0$ 所确定的隐函数，将方程中的 y 看成 x 的函数，方程两边同时对 x 求导(注意 y 为 x 的函数，所以对 y 的函数求导时，需要用复合函数求导法则)，解出 y' 即可。

3.1.9　对数求导法则

先对等式两边取对数，将其变成隐函数，然后利用隐函数求导法则即可. 当 $f(x)$ 为多个函数的乘积或商的形式，或者为幂指函数形式时，可考虑使用对数求导法则进行求解.

3.1.10　高阶导数

函数 $y=f(x)$ 导数的导数称为 $f(x)$ 的二阶导数，记为

$$f''(x)，\quad y''，\quad \frac{\mathrm{d}^2 y}{\mathrm{d}x^2}，\quad \frac{\mathrm{d}^2 f(x)}{\mathrm{d}x^2}.$$

即有

$$f''(x)=\lim_{\Delta x \to 0}\frac{f'(x+\Delta x)-f'(x)}{\Delta x}，\quad 或 \quad f''(x)=\lim_{t \to x}\frac{f'(t)-f'(x)}{t-x}.$$

若 $y=f(x)$ 在 x 处的二阶导数存在，也称函数 $f(x)$ 在点 x 处二阶可导. 一般地，$y=f(x)$ 的 $n-1$ 阶导数的导数称为 $f(x)$ 的 n 阶导数，记为

$$f^{(n)}(x)，\quad y^{(n)}，\quad \frac{\mathrm{d}^n y}{\mathrm{d}x^n}，\quad \frac{\mathrm{d}^n f(x)}{\mathrm{d}x^n}.$$

即有

$$f^{(n)}(x)=\left[f^{(n-1)}(x)\right]'，\quad 或 \quad \frac{\mathrm{d}^n y}{\mathrm{d}x^n}=\frac{\mathrm{d}}{\mathrm{d}x}\left(\frac{\mathrm{d}^{n-1}y}{\mathrm{d}x^{n-1}}\right).$$

同理，若 $y=f(x)$ 在 x 处的 n 阶导数存在，也称函数 $f(x)$ 在点 x 处 n 阶可导.

注　（1）根据二阶导数的定义，若 $y=f(x)$ 在点 x_0 处二阶可导，即 $f''(x_0)$ 存在，则 $f'(x)$ 在点 x_0 的某个邻域内一定有定义；

（2）二阶以及二阶以上的导数统称为高阶导数.

莱布尼茨公式：

设函数 $u=u(x)，v=v(x)$ 均 n 阶可导，则

$$(uv)^{(n)}=\sum_{k=0}^{n} \mathrm{C}_n^k u^{(n-k)} v^{(k)}，$$

其中 $u^{(0)}=u，\quad v^{(0)}=v.$

3.1.11　几个常用的高阶导数公式

（1）$(\sin x)^{(n)}=\sin\left(x+\dfrac{n}{2}\pi\right)$；

（2）$(\cos x)^{(n)}=\cos\left(x+\dfrac{n}{2}\pi\right)$；

（3）$(a^x)^{(n)}=a^x \ln^n a，a>0.$

3.1.12　微分的概念

设函数 $y=f(x)$ 在点 x 的某个邻域内有定义，当自变量在点 x 处取得增量 Δx 时

（点 $x+\Delta x$ 仍在该邻域内），函数 y 相应地取得改变量 $\Delta y=f(x+\Delta x)-f(x)$，若 Δy 可以表示为

$$\Delta y=A\Delta x+o(\Delta x),\quad \Delta x\to 0,$$

其中 A 可以与 x 有关，但与 Δx 无关，则称 $y=f(x)$ 在点 x 处**可微**，并称 $A\Delta x$ 为 $y=f(x)$ 在点 x 处的**微分**，记作 $\mathrm{d}y$ 或 $\mathrm{d}f(x)$，即有

$$\mathrm{d}y=\mathrm{d}f(x)=A\Delta x.$$

由定义，微分 $\mathrm{d}y$ 是 Δx 的线性函数，当 $A\neq 0$ 时，也称微分 $\mathrm{d}y$ 是增量 Δy 的线性主部函数，微分 $\mathrm{d}y$ 与增量 Δy 仅相差一个关于 Δx 的高阶无穷小，即

$$\mathrm{d}y=\Delta y+o(\Delta x),\quad \Delta x\to 0.$$

3.1.13 导数与微分的相关结论

函数 $y=f(x)$ 在点 x 处可微的充要条件是 $y=f(x)$ 在点 x 处可导，并且

$$\mathrm{d}y=f'(x)\Delta x.$$

根据微分的定义，$\mathrm{d}x=(x)'\Delta x=\Delta x$，因此函数 $y=f(x)$ 在点 x 处的微分最终可以表示为

$$\mathrm{d}y=f'(x)\mathrm{d}x.$$

从导数与微分的关系可以看到，一元函数 $y=f(x)$ 在点 x 处可导与可微是等价的，且有

$$f'(x)=\frac{\mathrm{d}y}{\mathrm{d}x},$$

即导数可视为函数的微分 $\mathrm{d}y$ 与自变量微分 $\mathrm{d}x$ 的商，因此，导数也被称为"**微商**"。

极限、连续、导数及微分之间的关系：

设函数 $y=f(x)$ 在点 x 的某个邻域内有定义，则函数的极限、连续、导数及微分之间有如下关系，如图 3.1 所示。

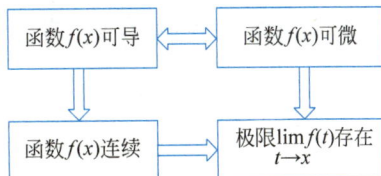

图 3.1 函数的极限、连续、导数及微分之间的关系

3.1.14 微分的四则运算法则

设函数 $u=u(x)$ 和 $v=v(x)$ 在点 x 处均可微，则有

（1）$\mathrm{d}(u\pm v)=\mathrm{d}u\pm \mathrm{d}v$；

（2）$\mathrm{d}(uv)=v\mathrm{d}u+u\mathrm{d}v$；

（3）$\mathrm{d}\left(\dfrac{u}{v}\right)=\dfrac{v\mathrm{d}u-u\mathrm{d}v}{v^2}$，其中 $v\neq 0$.

3.1.15 复合函数的微分法则

设函数 $u=\varphi(x)$ 在点 x 处可微，$y=f(u)$ 在对应点 $u=\varphi(x)$ 处可微，则复合函数 $y=f[\varphi(x)]$ 在点 x 处可微，且

$$\mathrm{d}y=y'_x\mathrm{d}x=f'(u)\varphi'(x)\mathrm{d}x.$$

由于 $\mathrm{d}u = \varphi'(x)\mathrm{d}x$，所以 $y = f[\varphi(x)]$ 的微分也可以表示为

$$\mathrm{d}y = f'(u)\mathrm{d}u.$$

这说明对于函数 $y = f(u)$，不论 u 是自变量还是中间变量，其微分都可以表示为如下形式

$$\mathrm{d}y = f'(u)\mathrm{d}u,$$

这一性质称为一阶微分形式的不变性.

3.1.16 微分在近似计算中的应用

设函数 $y = f(x)$ 在点 x_0 处可微，根据微分的定义，当 $|\Delta x|$ 很小时，有

$$\Delta y = f(x_0 + \Delta x) - f(x_0) \approx f'(x_0)\mathrm{d}x = f'(x_0)\Delta x,$$

从而

$$f(x_0 + \Delta x) \approx f(x_0) + f'(x_0)\Delta x,$$

若取 $x = x_0 + \Delta x$，则当 $|x - x_0|$ 很小时，有

$$f(x) \approx f(x_0) + f'(x_0)(x - x_0).$$

一些常见的近似公式

当 $|x|$ 很小时，有

(1) $\sin x \approx x$；　　　(2) $\tan x \approx x$；　　　(3) $\arcsin x \approx x$；

(4) $\mathrm{e}^x \approx 1 + x$；　　(5) $\ln(1+x) \approx x$；　　(6) $\sqrt[n]{1+x} \approx 1 + \dfrac{x}{n}$.

3.1.17 导数在经济学中的应用

1. 边际与边际分析

在经济学中，函数的变化率也称为边际函数. 若函数 $y = f(x)$ 可导，则称 $f'(x)$ 为 $f(x)$ 的边际函数.

例如成本函数 $C = C(x)$，其中 x 为产量，则 $C'(x)$ 称为边际成本，由于

$$\Delta C = C(x+1) - C(x) \approx C'(x),$$

因此边际成本 $C'(x)$ 的经济意义为：$C'(x)$ 近似地等于当产量为 x 时，再多生产一个单位产品所增加的成本.

收入函数 $R = R(x)$，其中 x 表示销售量，$R'(x)$ 称为边际收入. 类似地，边际收入 $R'(x)$ 的经济意义：$R'(x)$ 近似地等于当销售量为 x 时，再多销售一个单位产品所增加的收入.

类似可以给出边际利润的概念.

2. 弹性与弹性分析

在经济学中，函数的相对变化率称为弹性函数，该函数刻画了一个经济变量对另一个经济变量变化的反应程度.

如果函数 $y = f(x)$ 在点 $x_0 (x_0 \neq 0)$ 处可导，则 $f(x)$ 在 x_0 的弹性 $\left. \dfrac{Ey}{Ex} \right|_{x=x_0}$ 定义为

$$\left. \frac{Ey}{Ex} \right|_{x=x_0} = \lim_{\Delta x \to 0} \frac{\Delta y / f(x_0)}{\Delta x / x_0} = f'(x_0) \cdot \frac{x_0}{f(x_0)}.$$

类似地，若 $y = f(x)$ 在点 $x (x \neq 0)$ 处可导，则 $f(x)$ 的弹性函数 $\dfrac{Ey}{Ex}$ 定义为

$$\frac{Ey}{Ex} = \lim_{\Delta x \to 0} \frac{\Delta y}{\Delta x} \cdot \frac{x}{f(x)} = f'(x) \frac{x}{f(x)}.$$

西方经济学中关于市场的价格理论有两个非常重要的函数，一个是需求函数，另外一个是供给函数. 这里我们探讨需求函数的弹性.

设某种商品的价格为 p，需求量为 Q，需求函数 $Q = f(p)$ 可导，则称

$$\frac{EQ}{Ep} = f'(p) \cdot \frac{p}{f(p)}$$

为该商品的**需求价格弹性**，简称为**需求弹性**，常记作 ε_p. 因为在一般情况下，$Q(p)$ 单调递减，从而 $Q'(p) \leqslant 0$，因此 $\varepsilon_p \leqslant 0$.

需求价格弹性的经济意义是：在商品价格为 p 时，如果商品价格上涨（或下跌）1%，需求量将大约减少（或增加）$|\varepsilon_p|$%.

3.2 典型例题分析

3.2.1 题型一 导数的定义问题

例 3.1 已知函数 $f(x)$ 满足 $f(1) = 0$，$f'(1) = 2$，求极限 $\lim\limits_{x \to 1} \dfrac{f(x)}{x-1}$.

解 根据导数的定义，有

$$\lim_{x \to 1} \frac{f(x)}{x-1} = \lim_{x \to 1} \frac{f(x) - f(1)}{x-1} = f'(1) = 2.$$

例 3.2 已知 $\lim\limits_{x \to 1} \dfrac{f(x) - f(1)}{(x-1)^2} = 5$，求 $f'(1)$.

解 利用导数的定义，有

$$f'(1) = \lim_{x \to 1} \frac{f(x) - f(1)}{x-1} = \lim_{x \to 1} \frac{f(x) - f(1)}{(x-1)^2} \cdot (x-1) = 5 \times 0 = 0.$$

例 3.3 设 $f(x) = x(x-1)(x-2)\cdots(x-1000)$，试求 $f'(0)$.

解法 1 （利用导数的定义）

$$f'(0) = \lim_{x \to 0} \frac{f(x) - f(0)}{x - 0} = \lim_{x \to 0} \frac{x(x-1)(x-2)\cdots(x-1000)}{x}$$

$$= \lim_{x \to 0} (x-1)(x-2)\cdots(x-1000)$$

$$= (-1)^{1000} 1000! = 1000!.$$

解法 2 （利用求导公式）因为

$$f'(x) = (x-1)(x-2)\cdots(x-100) + x[(x-1)(x-2)\cdots(x-1000)]',$$

因此 $f'(0) = 1000! + 0 = 1000!$.

例 3.4 设 $f(0) = 0$，则 $f(x)$ 在 $x = 0$ 处可导的一个充要条件是（　　　）.

(A) $\lim\limits_{h \to +\infty} hf\left(\dfrac{1}{h}\right)$ 存在；　　　　　　(B) $\lim\limits_{h \to 0} \dfrac{f(2h) - f(h)}{h}$ 存在；

(C) $\lim\limits_{h \to 0} \dfrac{1}{h}f(e^h - 1)$ 存在；　　　　　(D) $\lim\limits_{h \to 0} \dfrac{1}{h^2}f(\cosh - 1)$ 存在.

解　答案选 C. 因为，令 $t = e^h - 1$，则 $h \to 0 \Leftrightarrow t \to 0$，从而

$$\lim_{h \to 0} \frac{1}{h}f(e^h - 1) = \lim_{h \to 0} \frac{f(e^h - 1)}{e^h - 1} \cdot \frac{e^h - 1}{h} = \lim_{h \to 0} \frac{f(e^h - 1)}{e^h - 1} \cdot \lim_{h \to 0} \frac{e^h - 1}{h}$$

$$= \lim_{t \to 0} \frac{f(t) - f(0)}{t - 0} = f'(0).$$

A 选项错误.

因为令 $t = \dfrac{1}{h}$，则 $h \to +\infty \Leftrightarrow t \to 0^+$，从而

$$\lim_{h \to +\infty} hf\left(\frac{1}{h}\right) = \lim_{t \to 0^+} \frac{f(t) - f(0)}{t - 0} = f'_+(0),$$

即选项 A 中的极限存在仅保证了 $f'_+(0)$ 存在.

B 选项错误.

因为 $f(x)$ 在 $x = 0$ 处可导可以推出极限 $\lim\limits_{h \to 0} \dfrac{f(2h) - f(h)}{h}$ 存在. 但 $\lim\limits_{h \to 0} \dfrac{f(2h) - f(h)}{h}$

存在不一定能推出 $f(x)$ 在 $x = 0$ 处可导，例如若取函数 $f(x) = \begin{cases} 0, & x = 0 \\ 1, & x \neq 0 \end{cases}$，则有

$$\lim_{h \to 0} \frac{f(2h) - f(h)}{h} = \lim_{h \to 0} \frac{1 - 1}{h} = \lim_{h \to 0} 0 = 0,$$

即极限 $\lim\limits_{h \to 0} \dfrac{f(2h) - f(h)}{h}$ 存在，但函数 $f(x)$ 在 $x = 0$ 处不可导.

D 选项错误.

因为令 $t = \cosh - 1$，则 $h \to 0 \Leftrightarrow t \to 0^-$，从而

$$\lim_{h \to 0} \frac{1}{h^2}f(\cosh - 1) = \lim_{h \to 0} \frac{f(\cosh - 1)}{\cosh - 1} \cdot \frac{\cosh - 1}{h^2} = \lim_{h \to 0} \frac{f(\cosh - 1)}{\cosh - 1} \cdot \lim_{h \to 0} \frac{\cosh - 1}{h^2}$$

$$= -\frac{1}{2}\lim_{t \to 0^-} \frac{f(t) - f(0)}{t} = -\frac{1}{2}f'_-(0),$$

即选项 D 中极限存在仅保证了 $f'_-(0)$ 存在.

3.2.2　题型二　利用导数的定义求极限

例 3.5　已知函数 $f(x)$ 在 x_0 处可导，试求下列极限：

(1) $\lim\limits_{h \to 0} \dfrac{f(x_0) - f(x_0 - h)}{h}$；

(2) $\lim\limits_{h \to 0} \dfrac{f(x_0+2h)-f(x_0-h)}{h}$;

(3) $\lim\limits_{n \to \infty} n\left[f\left(x_0+\dfrac{1}{n}\right)-f(x_0)\right]$.

解 (1) 原式 $= \lim\limits_{h \to 0} \dfrac{f(x_0-h)-f(x_0)}{-h} = \lim\limits_{t \to 0} \dfrac{f(x_0+t)-f(x_0)}{t} = f'(x_0)$;

(2) 原式 $= \lim\limits_{h \to 0} \dfrac{[f(x_0+2h)-f(x_0)]-[f(x_0-h)-f(x_0)]}{h}$

$= 2\lim\limits_{h \to 0} \dfrac{f(x_0+2h)-f(x_0)}{2h} + \lim\limits_{h \to 0} \dfrac{f(x_0-h)-f(x_0)}{-h}$

$= 2f'(x_0)+f'(x_0) = 3f'(x_0)$;

(3) 原式 $= \lim\limits_{n \to \infty} \dfrac{f\left(x_0+\dfrac{1}{n}\right)-f(x_0)}{1/n} = f'(x_0)$.

**例 3.6 已知函数 $f(x)$ 满足 $f(1)=0$，$f'(1)=2$，求极限 $\lim\limits_{n \to \infty}\left[1+f\left(1+\dfrac{1}{n}\right)\right]^n$.

解 结合第二个重要极限和导数的定义，有

$$\lim\limits_{n \to \infty}\left[1+f\left(1+\dfrac{1}{n}\right)\right]^{\frac{1}{f\left(1+\frac{1}{n}\right)} \cdot \frac{f\left(1+\frac{1}{n}\right)-f(1)}{1/n}} = \mathrm{e}^{f'(1)} = \mathrm{e}^2.$$

3.2.3 题型三 利用导数的四则运算法则求导数

例 3.7 求解下列函数的导数：

(1) $y = x^2\arccos x - \sqrt{1-x^2}$.

解 $y' = 2x\arccos x - x^2 \cdot \dfrac{1}{\sqrt{1-x^2}} - \dfrac{-2x}{2\sqrt{1-x^2}} = 2x\arccos x + \dfrac{x-x^2}{\sqrt{1-x^2}}$.

(2) $y = \dfrac{x}{2}\sqrt{x^2+1} + \dfrac{1}{2}\ln(x+\sqrt{x^2+1})$.

解 $y' = \dfrac{1}{2}\sqrt{x^2+1} + \dfrac{x}{2} \cdot \dfrac{2x}{2\sqrt{x^2+1}} + \dfrac{1}{2} \cdot \dfrac{1}{x+\sqrt{x^2+1}}(x+\sqrt{x^2+1})'$

$= \dfrac{1}{2}\sqrt{x^2+1} + \dfrac{x^2}{2\sqrt{x^2+1}} + \dfrac{1}{2} \cdot \dfrac{1+\dfrac{2x}{2\sqrt{x^2+1}}}{x+\sqrt{x^2+1}}$

$= \dfrac{1}{2}\sqrt{x^2+1} + \dfrac{x^2}{2\sqrt{x^2+1}} + \dfrac{1}{2\sqrt{x^2+1}}$

$= \sqrt{x^2+1}$.

(3) $y = \ln\dfrac{1-x}{1+x}$.

解 函数的定义域为 $(-1,1)$，因此 $y = \ln(1-x) - \ln(1+x)$，所以

$$y' = \frac{1}{1-x} \times (-1) - \frac{1}{1+x} = \frac{2}{x^2-1}.$$

(4) $y = x^x + x^{\sin x}$.

解 $y' = e^{x\ln x}(x\ln x)' + e^{\sin x \ln x}(\sin x \ln x)'$

$$= x^x(\ln x + 1) + x^{\sin x}\left(\cos x \cdot \ln x + \frac{\sin x}{x}\right).$$

(5) $y = \sqrt{x + \sqrt{x + \sqrt{x}}}$.

解 $y' = \dfrac{1}{2\sqrt{x + \sqrt{x + \sqrt{x}}}}(x + \sqrt{x + \sqrt{x}})'$

$$= \frac{1}{2\sqrt{x + \sqrt{x + \sqrt{x}}}} \cdot \left(1 + \frac{1}{2\sqrt{x + \sqrt{x}}} \cdot (x + \sqrt{x})'\right)$$

$$= \frac{1}{2\sqrt{x + \sqrt{x + \sqrt{x}}}} \cdot \left[1 + \frac{1}{2\sqrt{x + \sqrt{x}}} \cdot \left(1 + \frac{1}{2\sqrt{x}}\right)\right].$$

3.2.4   题型四   利用函数的可导性与连续性求参数值

例 3.8   若函数 $f(x) = \begin{cases} \sqrt{x}\sin x + a, & x < 0 \\ b\sin(2x) + 2, & x \geq 0 \end{cases}$ 在点 $x = 0$ 处可导，求常数 a 和 b 的值.

解   因为 $f(x)$ 在点 $x = 0$ 处可导，所以 $f(x)$ 在点 $x = 0$ 处连续，即有

$$\lim_{x \to 0^-} f(x) = \lim_{x \to 0^+} f(x) = f(0).$$

由于 $\lim\limits_{x \to 0^-} f(x) = a$，$\lim\limits_{x \to 0^+} f(x) = 2$，$f(0) = 2$，得 $a = 2$. 又因为 $f(x)$ 在点 $x = 0$ 处可导，所以 $f'_-(0) = f'_+(0)$. 而

$$f'_-(0) = \lim_{x \to 0^-} \frac{f(x) - f(0)}{x} = \lim_{x \to 0^-} \frac{\sqrt{x}\sin x + a - 2}{x} = \lim_{x \to 0^-} \frac{\sqrt{x}\sin x}{x} = 0,$$

$$f'_+(0) = \lim_{x \to 0^+} \frac{f(x) - f(0)}{x} = \lim_{x \to 0^+} \frac{b\sin(2x) + 2 - 2}{x} = b\lim_{x \to 0^+} \frac{\sin(2x)}{x} = 2b,$$

解得 $b = 0$，因此 $a = 2$，$b = 0$.

例 3.9   设 $F(x) = \begin{cases} \dfrac{f(x) + a\sin x}{\arctan x}, & x \neq 0 \\ A, & x = 0 \end{cases}$ 在 $x = 0$ 处连续，其中函数 $f(x)$ 具有连续的导数，且 $f(0) = 0$，$f'(0) = b$，试求常数 A 的值.

解   因为 $F(x)$ 在 $x = 0$ 处连续，则有 $\lim\limits_{x \to 0} F(x) = F(0)$，即有

$$A = \lim_{x \to 0} \frac{f(x) + a\sin x}{\arctan x}.$$

又因为

$$\lim_{x \to 0} \frac{f(x) + a\sin x}{\arctan x} = \lim_{x \to 0} \frac{f(x) + a\sin x}{x} = \lim_{x \to 0} \left(\frac{f(x)}{x} + a\frac{\sin x}{x} \right)$$

$$= \lim_{x \to 0} \left(\frac{f(x) - f(0)}{x} + a\frac{\sin x}{x} \right) = f'(0) + a = a + b,$$

所以 $A = a + b$.

3.2.5 题型五 反函数、复合函数的求导问题

例 3.10 已知函数 $x = y - \frac{1}{2}\sin y$ 一定存在反函数 $y = f(x)$，求 $f'(x)$.

解 由于

$$x'_y = 1 - \frac{1}{2}\cos y > 0,$$

因此

$$f'(x) = \frac{1}{x'_y} = \frac{1}{1 - \frac{1}{2}\cos y} = \frac{2}{2 - \cos y}.$$

例 3.11 已知 $\frac{\mathrm{d}}{\mathrm{d}x}[f(x^3)] = \frac{1}{x}$，求 $f'(x)$.

解 令 $u = x^3$，则

$$\frac{\mathrm{d}}{\mathrm{d}x}[f(x^3)] = f'(u) \cdot (x^3)' = 3x^2 f'(u),$$

所以 $f'(u) = \frac{1}{3x^3} = \frac{1}{3u}$，从而 $f'(x) = \frac{1}{3x}$.

例 3.12 已知函数 $f(x) = \sin x$，$g(x) = \mathrm{e}^{2x}$，试求 $f'[g(x)]$ 和 $\{f[g(x)]\}'$.

解 由题意

$$f'(x) = \cos x, \quad g'(x) = 2\mathrm{e}^{2x},$$

所以

$$f'[g(x)] = \cos(\mathrm{e}^{2x}),$$
$$\{f[g(x)]\}' = f'[g(x)] \cdot g'(x) = \cos(\mathrm{e}^{2x}) \cdot 2\mathrm{e}^{2x} = 2\mathrm{e}^{2x}\cos(\mathrm{e}^{2x}).$$

注 $f'[g(x)]$ 表示先求导数，再进行复合运算，$\{f[g(x)]\}'$ 表示先进行复合运算，再求导数.

3.2.6 题型六 分段函数的导数问题

例 3.13 已知函数 $f(x) = \begin{cases} \sqrt{x}\sin x, & x > 0 \\ 0, & x = 0, \\ \arctan(x^2), & x < 0 \end{cases}$ 求 $f'(x)$.

解 当 $x < 0$ 时，$f'(x) = [\arctan(x^2)]' = \frac{2x}{1+x^4}$；

当 $x > 0$ 时，$f'(x) = \frac{\sin x}{2\sqrt{x}} + \sqrt{x}\cos x$；

当 $x=0$ 时，$f'_+(0)=\lim\limits_{x\to 0^+}\dfrac{f(x)-f(0)}{x}=\lim\limits_{x\to 0^+}\dfrac{\sqrt{x}\sin x}{x}=0$，

$$f'_-(0)=\lim\limits_{x\to 0^-}\dfrac{f(x)-f(0)}{x}=\lim\limits_{x\to 0^-}\dfrac{\arctan(x^2)}{x}=\lim\limits_{x\to 0^-}\dfrac{x^2}{x}=0,$$

所以 $f'(0)=0$. 综上可得

$$f'(x)=\begin{cases}\dfrac{\sin x}{2\sqrt{x}}+\sqrt{x}\cos x,&x>0\\[3mm]\dfrac{2x}{1+x^4},&x\leqslant 0\end{cases}.$$

3.2.7 题型七 导数的几何意义

例 3.14 求曲线 $y=f(x)=\ln(\mathrm{e}^x+\sqrt{1+\mathrm{e}^{2x}})$ 在 $x=0$ 处的切线方程和法线方程.

解 当 $x=0$，且 $y=\ln(1+\sqrt{2})$ 时，

$$y'=\dfrac{1}{\mathrm{e}^x+\sqrt{1+\mathrm{e}^{2x}}}\cdot(\mathrm{e}^x+\sqrt{1+\mathrm{e}^{2x}})'=\dfrac{1}{\mathrm{e}^x+\sqrt{1+\mathrm{e}^{2x}}}\cdot\left(\mathrm{e}^x+\dfrac{2\mathrm{e}^{2x}}{2\sqrt{1+\mathrm{e}^{2x}}}\right)$$

$$=\dfrac{\mathrm{e}^x}{\sqrt{1+\mathrm{e}^{2x}}}.$$

因此 $f'(0)=\dfrac{1}{\sqrt{2}}=\dfrac{\sqrt{2}}{2}$，所以曲线 $y=f(x)$ 在 $x=0$ 处的切线方程为

$$y-\ln(1+\sqrt{2})=\dfrac{\sqrt{2}}{2}(x-0),\quad\text{即 }y=\dfrac{\sqrt{2}}{2}x+\ln(1+\sqrt{2}).$$

曲线 $y=f(x)$ 在 $x=0$ 处的法线方程为

$$y-\ln(1+\sqrt{2})=-\sqrt{2}(x-0),\quad\text{即 }y=-\sqrt{2}x+\ln(1+\sqrt{2}).$$

3.2.8 题型八 导函数的几何特性问题

例 3.15 证明下列结论：

(1) 若函数 $f(x)$ 可导且为奇函数，则 $f'(x)$ 为偶函数；

(2) 若函数 $f(x)$ 可导且为偶函数，则 $f'(x)$ 为奇函数；

(3) 若函数 $f(x)$ 可导且为周期函数，则 $f'(x)$ 为周期函数，且周期相同.

证 这里只证明结论(1)，结论(2)和(3)类似可证.

设 $f(x)$ 可导，且为奇函数，则对于任意的 $x\in D(f)$，有

$$f(-x)=-f(x).$$

等式两边同时对 x 求导数，得

$$f'(-x)\cdot(-1)=-f'(x),$$

即 $f'(-x)=f'(x)$，所以 $f'(x)$ 为偶函数.

例 3.16 证明下列结论：

(1) 若 $f(x)$ 为奇函数，且 $f'(x_0)=A$，则 $f'(-x_0)=A$；

（2）若 $f(x)$ 为偶函数，$f'(x_0)=A$，则 $f'(-x_0)=-A$；

（3）若 $f(x)$ 为周期为 T 的函数，$f'(x_0)=A$，则 $f'(x_0+T)=A$.

证 这里只证明结论（1），结论（2）和（3）类似可证.

根据导数的定义，得

$$f'(-x_0)=\lim_{\Delta x \to 0}\frac{f(-x_0+\Delta x)-f(-x_0)}{\Delta x}=\lim_{\Delta x \to 0}\frac{-f(x_0-\Delta x)+f(x_0)}{\Delta x}$$

$$=\lim_{\Delta x \to 0}\frac{f(x_0-\Delta x)-f(x_0)}{-\Delta x}=f'(x_0).$$

注 这里条件仅仅说明函数 $f(x)$ 在 $x=x_0$ 处可导，没有给出导函数 $f'(x)$ 存在，因此不能使用例 3.15 的方法，只能根据导数的定义求解.

3.2.9 题型九 高阶导数问题

例 3.17 设 $y=f(\mathrm{e}^x)$，其中 f 二阶可导，试求 $\dfrac{\mathrm{d}y}{\mathrm{d}x}$ 和 $\dfrac{\mathrm{d}^2 y}{\mathrm{d}x^2}$.

解 根据复合函数运算法则，有

$$y'=f'(\mathrm{e}^x)\cdot \mathrm{e}^x,$$

$$y''=[f'(\mathrm{e}^x)\cdot \mathrm{e}^x]'=f''(\mathrm{e}^x)\cdot \mathrm{e}^x \cdot \mathrm{e}^x+f'(\mathrm{e}^x)\cdot \mathrm{e}^x$$

$$=\mathrm{e}^{2x}f''(\mathrm{e}^x)+\mathrm{e}^x f'(\mathrm{e}^x).$$

例 3.18 已知 $g'(x)$ 连续，$f(x)=(x-a)^2 g(x)$，试求 $f'(a)$ 和 $f''(a)$.

解 由于

$$f'(x)=2(x-a)g(x)+(x-a)^2 g'(x),$$

因此 $f'(a)=0$. 根据二阶导数的定义，有

$$f''(a)=\lim_{x \to a}\frac{f'(x)-f'(a)}{x-a}=\lim_{x \to a}\frac{f'(x)}{x-a}=\lim_{x \to a}[2g(x)+(x-a)g'(x)]=2g(a).$$

注 这里不能先求 $f''(x)$，再求 $f''(a)$，原因在于函数 $g(x)$ 不一定二阶可导.

**例 3.19 已知函数 $y=f(x)=\mathrm{e}^{-\frac{1}{x}}$，求极限 $\lim\limits_{t \to 0}\dfrac{f'(2-t)-f'(2)}{t}$.

解 由于

$$\lim_{t \to 0}\frac{f'(2-t)-f'(2)}{t}=-\lim_{t \to 0}\frac{f'(2-t)-f'(2)}{-t}=-f''(2),$$

又因为

$$f'(x)=\mathrm{e}^{-\frac{1}{x}}\cdot\left(-\frac{1}{x}\right)'=\mathrm{e}^{-\frac{1}{x}}\cdot\frac{1}{x^2},$$

$$f''(x)=\mathrm{e}^{-\frac{1}{x}}\cdot\frac{1}{x^2}\cdot\frac{1}{x^2}+\mathrm{e}^{-\frac{1}{x}}\times\left(-2\times\frac{1}{x^3}\right),$$

所以

$$f''(2)=\mathrm{e}^{-\frac{1}{2}}\times\frac{1}{16}+\mathrm{e}^{-\frac{1}{2}}\times\left(-\frac{1}{4}\right)=-\frac{3}{16}\mathrm{e}^{-\frac{1}{2}}.$$

例 3.20   已知函数 $f(x) = \begin{cases} x^4 \sin \dfrac{1}{x}, & x \neq 0 \\ 0, & x = 0 \end{cases}$，试求 $\dfrac{\mathrm{d}^2 y}{\mathrm{d} x^2}\Big|_{x=0}$.

解   当 $x \neq 0$ 时，

$$f'(x) = 4x^3 \sin \frac{1}{x} + x^4 \cos \frac{1}{x} \left(-\frac{1}{x^2} \right),$$

即

$$f'(x) = 4x^3 \sin \frac{1}{x} - x^2 \cos \frac{1}{x}.$$

当 $x = 0$ 时，

$$f'(0) = \lim_{x \to 0} \frac{f(x) - f(0)}{x - 0} = \lim_{x \to 0} \frac{x^4 \sin \dfrac{1}{x} - 0}{x - 0} = \lim_{x \to 0} x^3 \sin \frac{1}{x} = 0,$$

根据二阶导数的定义，有

$$f''(0) = \lim_{x \to 0} \frac{f'(x) - f'(0)}{x - 0} = \lim_{x \to 0} \left(4x^2 \sin \frac{1}{x} - x \cos \frac{1}{x} \right) = 0.$$

例 3.21   已知 $f(x)$ 具有任意阶导数，且 $f'(x) = [f(x)]^2$，试求 $f^{(n)}(x)$，其中整数 $n > 2$.

解   由于

$$f''(x) = 2f(x)f'(x) = 2[f(x)]^3,$$
$$f'''(x) = 2 \times 3[f(x)]^2 f'(x) = 3![f(x)]^4,$$
$$f^{(4)}(x) = 4![f(x)]^3 f'(x) = 4![f(x)]^5,$$

依此类推可得 $f^{(n)}(x) = n![f(x)]^{n+1}$.

3.2.10   题型十   隐函数的求导问题

例 3.22   已知函数 $y = f(x)$ 由方程 $\mathrm{e}^y + 6xy + x^2 = \mathrm{e}^2$ 确定，求 y' 和 $y'|_{x=0}$.

解   将 $x = 0$ 代入原方程，解得 $y = 2$. 方程两边关于 x 求导，并将 y 视为 x 的函数，得

$$\mathrm{e}^y \cdot y' + 6y + 6xy' + 2x = 0,$$

整理得

$$y'(\mathrm{e}^y + 6x) = -2x - 6y,$$

因此有

$$y' = -\frac{2x + 6y}{\mathrm{e}^y + 6x}, \quad y'|_{x=0} = -12\mathrm{e}^{-2}.$$

例 3.23   设方程 $\mathrm{e}^x = y^y$，确定 y 为 x 的函数，试求 y 的微分 $\mathrm{d}y$.

解   方程两边同时取对数，得

$$x = y \ln y,$$

方程两边关于 x 求导，并将 y 视为 x 的函数，得

$$1 = y' \ln y + y \cdot \frac{1}{y} \cdot y',$$

即 $y' = \dfrac{1}{(1+\ln y)}$，所以 $\mathrm{d}y = y'\mathrm{d}x = \dfrac{1}{1+\ln y}\mathrm{d}x$.

例 3.24 已知 $y = \dfrac{(x+1)\sqrt{x-1}}{(x+4)^2 \mathrm{e}^{2x}}$，求 y'.

解 等式两边同时取对数，有

$$\ln|y| = \ln|x+1| + \frac{1}{2}\ln|x-1| - 2\ln|x+4| - 2x,$$

上式两边同时对 x 求导数，并将 y 视为 x 的函数，得

$$\frac{1}{y}y' = \frac{1}{x+1} + \frac{1}{2(x-1)} - \frac{2}{x+4} - 2,$$

所以

$$
\begin{aligned}
y' &= y\left[\frac{1}{x+1} + \frac{1}{2(x-1)} - \frac{2}{x+4} - 2\right] \\
&= \frac{(x+1)\sqrt{x-1}}{(x+4)^2 \mathrm{e}^{2x}}\left[\frac{1}{x+1} + \frac{1}{2(x-1)} - \frac{2}{x+4} - 2\right].
\end{aligned}
$$

例 3.25 设由方程 $x^2 + y^2 = a^2$ 确定函数 $y = f(x)$，求 $\dfrac{\mathrm{d}^2 y}{\mathrm{d}x^2}$.

解 方程两边关于 x 求导，并将 y 视为 x 的函数，得 $2x + 2y \cdot y' = 0$，即有

$$x + y \cdot y' = 0,$$

上式两边关于 x 再求导数，得

$$1 + y' \cdot y' + y \cdot y'' = 0,$$

所以

$$y' = -\frac{x}{y},$$

$$y'' = -\frac{1 + (y')^2}{y} = -\frac{1 + \dfrac{x^2}{y^2}}{y} = -\frac{y^2 + x^2}{y^3} = -\frac{a^2}{y^3}.$$

3.2.11 题型十一 导函数的连续性问题

**例 3.26 设 $f(x) = \begin{cases} x^3 \sin\dfrac{1}{x}, & x \neq 0 \\ 0, & x = 0 \end{cases}$，试求 $f'(x)$ 的表达式，并讨论 $f'(x)$ 的连续性.

解 当 $x \neq 0$ 时，

$$f'(x) = \left(x^3\sin\frac{1}{x}\right)' = 3x^2\sin\frac{1}{x} + x^3\cos\frac{1}{x}\cdot\left(\frac{1}{x}\right)' = 3x^2\sin\frac{1}{x} - x\cos\frac{1}{x}.$$

当 $x = 0$ 时，由于

$$\lim_{x \to 0} \frac{f(x) - f(0)}{x - 0} = \lim_{x \to 0} \frac{x^3 \sin \frac{1}{x} - 0}{x} = \lim_{x \to 0} x^2 \sin \frac{1}{x} = 0,$$

即 $f'(0) = 0$，因此

$$f'(x) = \begin{cases} 3x^2 \sin \frac{1}{x} - x \cos \frac{1}{x}, & x \neq 0 \\ 0, & x = 0 \end{cases}.$$

由于

$$\lim_{x \to 0} f'(x) = \lim_{x \to 0} \left(3x^2 \sin \frac{1}{x} - x \cos \frac{1}{x} \right) = 0 = f'(0),$$

因此 $f'(x)$ 在 $x = 0$ 处连续，从而 $f'(x)$ 在 $(-\infty, +\infty)$ 内连续.

3.2.12　题型十二　导数的经济学应用

例 3.27　设函数 $y_1 = f(x)$ 和 $y_2 = g(x)$ 的弹性分别为 a 和 b，试求 $y = \dfrac{f(x)}{g(x)}$ $(g(x) \neq 0)$ 的弹性.

解　根据弹性的定义，有

$$\frac{Ey}{Ex} = x \cdot \frac{\left(\dfrac{y_1}{y_2} \right)'}{\dfrac{y_1}{y_2}} = x \cdot \frac{y_2}{y_1} \cdot \frac{y_1' \cdot y_2 - y_1 \cdot y_2'}{y_2^2} = x \cdot \frac{y_1' \cdot y_2 - y_1 \cdot y_2'}{y_2 y_1}$$

$$= x \cdot \frac{y_1'}{y_1} - x \cdot \frac{y_2'}{y_2} = a - b.$$

注　从本题可以看出，函数 $\dfrac{f(x)}{g(x)}$ 的弹性等于 $f(x)$ 的弹性与 $g(x)$ 的弹性的差.

例 3.28　设某件商品的需求量 Q（单位：吨）与价格 p（单位：万元/吨）的关系为 $Q = 30 - 2p$，试求 $p = 3$ 时的需求价格弹性，并说明该弹性的经济意义.

解　因为 $Q' = -2$，根据需求价格弹性的定义，有

$$\varepsilon_p = Q' \frac{p}{Q} = \frac{-2p}{30 - 2p},$$

从而当 $p = 3$ 时，$\varepsilon_p |_{p=3} = -0.25$. 其经济学意义为：当价格 $p = 3$ 时，如果价格上涨（或下跌）1%，则需求量将大约减少（或增加）0.25%.

3.3　习题精选

1. 填空题

(1) 设 $f(x) = \ln \sqrt{1 + x^2}$，则 $f'(0) = $ _____.

(2) 已知 $f(x) = \dfrac{1}{1 + x}$ 满足 $f(x_0) = 2$，则 $f'(x_0) = $ _____.

(3) 设 $y = x^x$ $(x > 0)$，则 $y' =$ _____.

(4) 设 $y = x^2 2^x + e^{\sqrt{2}}$，则 $y' =$ _____.

(5) 设 $y = x^n + e$，则 $y^{(n)} =$ _____.

**(6) 设函数 $f(x)$ 满足 $f(0) = 1$，$f'(0) = -1$，则 $\lim\limits_{x \to 1} \dfrac{f(\ln x) - 1}{x - 1} =$ _____.

(7) 曲线 $y = 3e^{2x}$ 在点 $x = 1$ 处的切线方程为 _____.

(8) 由隐函数 $2y + e^{xy} = 2$ 所确定的曲线在 $x = 0$ 处的切线方程为 _____.

(9) 设曲线 $y = 3x^2 + 2x + 1$ 在点 M 处的切线的斜率为 8，则点 M 的坐标为 _____.

(10) 曲线 $y = x^2$ 上与直线 $y = 4x$ 平行的切线方程是 _____.

(11) 已知 $f(x) = \dfrac{1}{1+x}$ 满足 $f(x_0) = 2$，则 $f[f'(x_0)] =$ _____.

(12) 已知 $y^{(n-2)} = f(\ln x)$，其中 f 任意阶可导，则 $y^{(n)} =$ _____.

(13) 已知函数 $y = \ln(1 + 2x)$，则 $y'''(0) =$ _____.

(14) 已知 $f(x) = \begin{cases} e^{2x}, & x \leqslant 0 \\ a + b\ln(1+2x), & x > 0 \end{cases}$ 在 $x = 0$ 处可导，则 $a =$ _____；$b =$ _____.

(15) 当 $x = 1$，$\Delta x = 0.01$ 时，$\mathrm{d}(x^3) =$ _____.

(16) $\mathrm{d}(e^{3x}) =$ _____ $\mathrm{d}(3x) =$ _____ $\mathrm{d}x$.

(17) 已知函数 $f(x)$ 满足 $\mathrm{d}\sqrt{1 - 4x^2} = f(x)\mathrm{d}[\arcsin(2x)]$，则 $f(x) =$ _____.

(18) 某商品的需求函数为 $Q = 100e^{-0.5p}$，则 $p = 2$ 时的边际需求为 _____，需求对价格的弹性为 _____.

2. 单项选择题

(1) 若 $f(x)$ 在 $x = a$ 处可导，则下列选项不一定正确的是（ ）.

(A) $\lim\limits_{x \to a} f(x) = f(a)$； (B) $\lim\limits_{x \to a} f'(x) = f'(a)$；

(C) $\lim\limits_{h \to 0} \dfrac{f(a-h) - f(a+h)}{h}$ 存在； (D) $\lim\limits_{x \to a} \dfrac{f(a) - f(x)}{x - a}$ 存在.

(2) 设 $f(x)$ 在点 x_0 处可导，且 $\lim\limits_{x \to 0} \dfrac{x}{f(x_0 - 2x) - f(x_0)} = \dfrac{1}{4}$，则 $f'(x_0)$ 等于（ ）.

(A) 4； (B) -4； (C) 2； (D) -2.

(3) 设函数 $f(x)$ 满足 $f(0) = 0$，且 $\lim\limits_{x \to 0} \dfrac{f(2x)}{x}$ 存在，则 $\lim\limits_{x \to 0} \dfrac{f(2x)}{x} = $（ ）.

(A) $f'(x)$； (B) $f'(0)$； (C) $2f'(0)$； (D) $\dfrac{1}{2}f'(0)$.

(4) 设 $f(x) = \begin{cases} \ln x, & x \geqslant 1 \\ x - 1, & x < 1 \end{cases}$，则在 $x = 1$ 处（ ）.

(A) $f(x)$ 不连续； (B) $f(x)$ 连续但不可导；

(C) $f'(1) = -1$； (D) $f'(1) = 1$.

(5) 已知函数 $y=\ln(x^2)$，则 $\mathrm{d}y=($).

    (A) $\dfrac{2}{x}\mathrm{d}x$；   (B) $\dfrac{2}{x}$；   (C) $\dfrac{1}{x^2}\mathrm{d}x$；   (D) $\dfrac{1}{x^2}$.

(6) 设 $f(x)=\begin{cases}\dfrac{|x^2-1|}{x-1} & x\neq1 \\ 2, & x=1\end{cases}$，则 $f(x)$ 在 $x=1$ 处（   ).

    (A) 不连续；   (B) 连续但不可导；

    (C) 可导；   (D) 不确定.

(7) 设 $f(x)=\arctan\dfrac{1}{x}$，则 $\lim\limits_{\Delta x\to0}\dfrac{f(a)-f(a-2\Delta x)}{\Delta x}=($).

    (A) $\dfrac{1}{1+a^2}$；   (B) $-\dfrac{1}{1+a^2}$；

    (C) $\dfrac{2}{1+a^2}$；   (D) $-\dfrac{2}{1+a^2}$.

(8) 设 $y=f(x)$ 在点 x_0 处可微，$\Delta y=f(x_0+\Delta x)-f(x_0)$，则当 $\Delta x\to0$ 时，下列结论正确的是（   ).

    (A) $\mathrm{d}y$ 与 Δx 是等价无穷小量；

    (B) $\mathrm{d}y$ 是比 Δx 高阶的无穷小量；

    (C) $\Delta y-\mathrm{d}y$ 是比 Δx 高阶的无穷小量；

    (D) $\Delta y-\mathrm{d}y$ 与 Δx 是同阶无穷小量.

(9) 函数 $y=x^{\frac{2}{3}}$ 在 $x=0$ 处（   ).

    (A) 可导；   (B) 不连续；

    (C) 不可导但有切线；   (D) 不可导且无切线.

(10) 设 $y=\mathrm{e}^x+\mathrm{e}^{-x}$，则 $y^{(100)}=($).

    (A) $\mathrm{e}^x+\mathrm{e}^{-x}$；   (B) $\mathrm{e}^x-\mathrm{e}^{-x}$；

    (C) $-\mathrm{e}^x+\mathrm{e}^{-x}$；   (D) $-\mathrm{e}^x-\mathrm{e}^{-x}$.

(11) 若下列极限都存在，则下列等式成立的是（   ).

    (A) $\lim\limits_{h\to0^-}\dfrac{f(a+h)-f(a)}{h}=f'(a)$；

    (B) $\lim\limits_{x\to0}\dfrac{f(x_0)-f(x_0-x)}{x}=f'(x_0)$；

    (C) $\lim\limits_{h\to0}\dfrac{f(a+h)-f(a-h)}{2h}=f'(a)$；

    (D) $\lim\limits_{h\to0^+}\dfrac{f(a+h)-f(a)}{h}=f'(a)$.

(12) 设函数 $f(x)$ 对 $\forall x\in\mathbf{R}$ 均满足 $f(-x)=f(x)$，且 $f'(-x_0)=2$，则 $f'(x_0)=($).

    (A) 2；   (B) -2；   (C) $\dfrac{1}{2}$；   (D) $-\dfrac{1}{2}$.

(13) 在价格为 100 元时，商品的需求价格弹性为 -0.5，则商品价格上升到 101 元时，需求量(　　).

(A) 上涨 0.5%；　　　　　　　　(B) 下跌 0.5%；

(C) 上涨 50%；　　　　　　　　(D) 下跌 50%.

3. 求下列函数的导数：

(1) $y = 2^x + x^2 + \ln 2$；

(2) $y = \dfrac{1}{2}(x^2+1)\arctan^2 x + \dfrac{1}{2}\ln(1+x^2)$；

(3) $y = \sqrt{1-x^2} - \arccos\dfrac{a}{x}$，其中 $a \neq 0$；(4) $y = (\tan x)^x + x^{2x}$；

(5) $y = \sqrt{\mathrm{e}^{\frac{1}{x}}\sqrt{x\sqrt{\sin x}}}$.

4. 求下列函数的微分：

(1) $y = \ln\cos\sqrt{x} + \mathrm{e}^2$；

(2) $y = \dfrac{1}{2}\ln\tan\dfrac{x}{2} - \dfrac{\cos x}{2\sin^2 x}$；

(3) $y = x\sqrt{1-x^2} + \arcsin x$；

(4) $y = x^{x^2} + \mathrm{e}^{x^2}$；

(5) $y = \ln x + x^{\sin\frac{1}{x}}$.

5. 设 $f(x) = \begin{cases} x^2\sin\dfrac{1}{x}, & x \neq 0 \\ 0, & x = 0 \end{cases}$，试求 $f'(x)$ 的表达式，并判断 $f'(x)$ 在 $x=0$ 点是否连续. 若 $x=0$ 为间断点，试判断间断点的类型.

6. 设 $f(x)$ 为可导的偶函数，且 $\lim\limits_{x \to 1}\dfrac{f(2x-1)-f(1)}{x-1} = \dfrac{1}{2}$，求 $f'(-1)$.

7. 已知函数 $f(x) = \begin{cases} x^2, & x \leqslant 1 \\ ax + b\sqrt{x}, & x > 1 \end{cases}$ 可导，求常数 a 和 b 的值.

8. 设 $f(t) = \lim\limits_{x \to \infty}\left(1 + \dfrac{1}{x}\right)^{2xt}$，试求 $f'(x)$.

9. 已知 $y = f(x)$ 是由方程 $\sin(xy) + \mathrm{e}^y = 2x$ 确定的隐函数，求 $y = f(x)$ 在点 $\left(\dfrac{1}{2}, 0\right)$ 处的切线方程和法线方程.

10. 设 $y = f(\ln x) + \ln f(x)$，其中 $f(x)$ 二阶可导，求 $\dfrac{\mathrm{d}^2 y}{\mathrm{d}x^2}$.

11. 已知 $y = f(x)$ 由方程 $\cos(x^2+y) = x + y$ 所确定，求 $\dfrac{\mathrm{d}y}{\mathrm{d}x}$.

12. 若 $y = f(x)$ 是由方程 $\ln\sqrt{x^2+y^2} = \arctan\dfrac{y}{x}$ 所确定的隐函数，试求 $\dfrac{\mathrm{d}y}{\mathrm{d}x}$ 和 $\dfrac{\mathrm{d}^2 y}{\mathrm{d}x^2}$.

13. 若 $y = f(x)$ 是由方程 $y = 1 + x\mathrm{e}^y$ 所确定的隐函数，试求

(1) 曲线 $y = f(x)$ 在点 $x = 0$ 处的切线方程；　(2) $\dfrac{\mathrm{d}^2 y}{\mathrm{d}x^2}$.

14. 设 $y = f(x)$ 是由方程 $\mathrm{e}^x - \mathrm{e}^y = xy$ 确定的隐函数，试求

（1）曲线 $y=f(x)$ 在 $x=0$ 处的切线方程和法线方程；（2）$f''(0)$.

****15.** 已知 $y=x \cdot f\left(\dfrac{\sin x}{x}\right)$，其中 f 二阶可导，求 $\dfrac{\mathrm{d}^2 y}{\mathrm{d}x^2}$.

16. 计算 $\sqrt{1.05}$ 的近似值.

17. 某商品的需求函数为 $Q(p)=75-p^2$，其中 p 为价格，则：

（1）求 $p=4$ 时的边际需求；

（2）求 $p=4$ 时的需求价格弹性，并说明其经济意义.

3.4　习题详解

1. 填空题

（1）0.　　（2）-4.　　（3）$x^x(1+\ln x)$.　　（4）$x2^x(2+x\ln 2)$.　　（5）$n!$.

（6）-1.

提示　令 $t=\ln x$，原式 $=\lim\limits_{t\to 0}\dfrac{f(t)-1}{e^t-1}=\lim\limits_{t\to 0}\dfrac{f(t)-1}{t}=\lim\limits_{t\to 0}\dfrac{f(0+t)-f(0)}{t}=f'(0)$.

（7）$y-3e^2=6e^2(x-1)$.　　（8）$y=-\dfrac{1}{4}x+\dfrac{1}{2}$.　　（9）$(1, 6)$.

（10）$y=4x-4$.　　（11）$-\dfrac{1}{3}$.　　（12）$\dfrac{f''(\ln x)-f'(\ln x)}{x^2}$.

（13）16.　　（14）1，1.　　（15）0.03.　　（16）e^{3x}，$3e^{3x}$.

（17）$-2x$.　　（18）$-50e^{-1}$，-1.

2. 单项选择题

（1）B；　　（2）D；　　（3）C；　　（4）D；　　（5）A；　　（6）A；　　（7）D；　　（8）C；

（9）C；　　（10）A；　　（11）B；　　（12）B；　　（13）B.

3.

（1）$y'=2^x\ln 2+2x$；

（2）$y'=\arctan x+x\arctan^2 x+\dfrac{x}{1+x^2}$；

（3）$y'=-\dfrac{x}{\sqrt{1-x^2}}-\dfrac{a}{|x|\sqrt{x^2-a^2}}$；

（4）$y'=(\tan x)^x\left[\ln\tan x+\dfrac{2x}{\sin(2x)}\right]+2x^{2x}(1+\ln x)$；

（5）等式两边同时取对数，得

$$\ln y=\dfrac{1}{2x}+\dfrac{1}{4}\ln x+\dfrac{1}{8}\ln\sin x,$$

等式两边同时对 x 求导数，得

$$\dfrac{1}{y}\cdot y'=-\dfrac{1}{2x^2}+\dfrac{1}{4x}+\dfrac{1}{8}\cot x,$$

所以

$$y' = \sqrt{e^{\frac{1}{x}} \sqrt{x \sqrt{\sin x}}} \left(-\frac{1}{2x^2} + \frac{1}{4x} + \frac{1}{8} \cot x \right).$$

4.

(1) $dy = -\dfrac{\tan \sqrt{x}}{2\sqrt{x}} dx$; 　　　　　(2) $dy = \csc^3 x \, dx$;

(3) $dy = 2\sqrt{1-x^2} \, dx$; 　　　　　(4) $dy = \left[x^{x^2+1}(2\ln x + 1) + 2x e^{x^2} \right] dx$;

(5) $dy = \left[\dfrac{1}{x} + x^{\sin \frac{1}{x}} \left(\dfrac{1}{x} \sin \dfrac{1}{x} - \dfrac{\ln x}{x^2} \cos \dfrac{1}{x} \right) \right] dx$.

5. 当 $x \neq 0$ 时,

$$f'(x) = \left(x^2 \sin \frac{1}{x} \right)' = 2x \sin \frac{1}{x} + x^2 \cos \frac{1}{x} \cdot \left(\frac{1}{x} \right)' = 2x \sin \frac{1}{x} - \cos \frac{1}{x}.$$

当 $x = 0$ 时, 由于

$$\lim_{x \to 0} \frac{f(x) - f(0)}{x - 0} = \lim_{x \to 0} \frac{x^2 \sin \frac{1}{x} - 0}{x} = \lim_{x \to 0} x \sin \frac{1}{x} = 0,$$

即 $f'(0) = 0$. 因此

$$f'(x) = \begin{cases} 2x \sin \dfrac{1}{x} - \cos \dfrac{1}{x}, & x \neq 0 \\ 0, & x = 0 \end{cases}.$$

由 $\lim\limits_{x \to 0} 2x \sin \dfrac{1}{x} = 0$, $\lim\limits_{x \to 0} \cos \dfrac{1}{x}$ 不存在, 可知 $\lim\limits_{x \to 0} f'(x)$ 不存在, 从而 $f'(x)$ 在 $x = 0$ 点不连续, 且 $x = 0$ 是 $f'(x)$ 的第二类间断点.

6. 令 $t = x - 1$, 则

$$\lim_{x \to 1} \frac{f(2x-1) - f(1)}{x - 1} = \lim_{t \to 0} \frac{f(2t+1) - f(1)}{t} = 2 \lim_{t \to 0} \frac{f(2t+1) - f(1)}{2t} = 2f'(1).$$

所以 $f'(1) = \dfrac{1}{4}$, $f'(-1) = -\dfrac{1}{4}$.

　　注　这里利用了例 3.15 的结论: 可导的偶函数, 其导函数为奇函数.

7. 因为 $f(x)$ 在点 $x = 1$ 处可导, 所以 $f(x)$ 在点 $x = 1$ 处连续, 即

$$\lim_{x \to 1^-} f(x) = \lim_{x \to 1^+} f(x) = f(1).$$

由 $\lim\limits_{x \to 1^-} f(x) = \lim\limits_{x \to 1^-} x^2 = 1$, $\lim\limits_{x \to 1^+} f(x) = \lim\limits_{x \to 1^+} (ax + b\sqrt{x}) = a + b$, $f(1) = 1$ 得 $a + b = 1$.

又因为 $f(x)$ 在点 $x = 1$ 处可导, 所以 $f'_-(1) = f'_+(1)$. 而

$$f'_-(1) = \lim_{x \to 1^-} \frac{f(x) - f(1)}{x - 1} = \lim_{x \to 1^-} \frac{x^2 - 1}{x - 1} = \lim_{x \to 1^-} (x + 1) = 2,$$

$$f'_+(1) = \lim_{x \to 1^+} \frac{f(x) - f(1)}{x - 1} = \lim_{x \to 1^+} \frac{ax + b\sqrt{x} - 1}{x - 1} = \lim_{x \to 1^+} \frac{ax + b\sqrt{x} - (a + b)}{x - 1}$$

$$= \lim_{x \to 1^+} \left(a + \frac{b}{\sqrt{x} + 1} \right) = a + \frac{b}{2},$$

从而 $a + \dfrac{b}{2} = 2$. 解得 $a = 3$，$b = -2$.

8. 利用第二个重要极限，有

$$f(t) = \lim_{x \to \infty} \left(1 + \frac{1}{x}\right)^{2xt} = \lim_{x \to \infty} \left(1 + \frac{1}{x}\right)^{x \cdot (2t)} = e^{2t},$$

所以 $f'(t) = 2e^{2t}$，从而 $f'(x) = 2e^{2x}$.

9. 等式两边同时对 x 求导数，得

$$\cos(xy)(xy' + y) + y' \cdot e^y = 2,$$

因此

$$y' = \frac{2 - y\cos(xy)}{e^y + x\cos(xy)}, \quad y'\big|_{\left(\frac{1}{2}, 0\right)} = \frac{4}{3},$$

所以 $y = f(x)$ 在点 $\left(\dfrac{1}{2}, 0\right)$ 处的切线方程为

$$y - 0 = \frac{4}{3}\left(x - \frac{1}{2}\right), \quad \text{即} \quad y = \frac{4}{3}x - \frac{2}{3}.$$

$y = f(x)$ 在点 $\left(\dfrac{1}{2}, 0\right)$ 处的法线方程为

$$y - 0 = -\frac{3}{4}\left(x - \frac{1}{2}\right), \quad \text{即} \quad y = -\frac{3}{4}x + \frac{3}{8}.$$

10. $y' = \dfrac{1}{x}f'(\ln x) + \dfrac{f'(x)}{f(x)}$,

$$y'' = -\frac{1}{x^2}f'(\ln x) + \frac{1}{x^2}f''(\ln x) + \frac{f''(x)f(x) - [f'(x)]^2}{f^2(x)}.$$

11. 等式两边同时对 x 求导数，得

$$-[\sin(x^2 + y)](2x + y') = 1 + y',$$

整理可得

$$y' = -\frac{1 + 2x\sin(x^2 + y)}{1 + \sin(x^2 + y)}.$$

12. 方程化为

$$\frac{1}{2}\ln(x^2 + y^2) = \arctan\frac{y}{x},$$

等式两边同时对 x 求导数，得

$$\frac{1}{2} \cdot \frac{2x + 2yy'}{x^2 + y^2} = \frac{1}{1 + \dfrac{y^2}{x^2}} \cdot \frac{y'x - y}{x^2},$$

整理得 $x + yy' = y'x - y$，上式两边同时再对 x 求导数，得

$$1 + (y')^2 + yy'' = y''x + y' - y',$$

整理得

$$y' = \frac{x + y}{x - y}, \quad y'' = \frac{2(x^2 + y^2)}{(x - y)^3}.$$

13.（1）当 $x=0$ 时，$y=1$. 等式两边同时对 x 求导数，得
$$y'=\mathrm{e}^y+x\mathrm{e}^y y',$$
所以 $f'(0)=\mathrm{e}$，所求切线方程为 $y-1=\mathrm{e}(x-0)$，即 $y=\mathrm{e}x+1$.

（2）等式 $y'=\mathrm{e}^y+x\mathrm{e}^y y'$ 两边同时对 x 求导数，得
$$y''=\mathrm{e}^y y'+\mathrm{e}^y y'+x\mathrm{e}^y(y')^2+x\mathrm{e}^y y'',$$
解得
$$y''=\frac{\mathrm{e}^y y'(2+xy')}{1-x\mathrm{e}^y}=\frac{\mathrm{e}^{2y}(2-x\mathrm{e}^y)}{(1-x\mathrm{e}^y)^3}.$$

14.（1）当 $x=0$ 时，$y=0$. 等式两边同时对 x 求导数，得
$$\mathrm{e}^x-\mathrm{e}^y y'=y+xy',$$
所以 $y'|_{x=0}=1$，因此切线方程为 $y=x$，法线方程为 $y=-x$.

（2）方程两边 $\mathrm{e}^x-\mathrm{e}^y y'=y+xy'$ 同时对 x 求导数，得
$$\mathrm{e}^x-\mathrm{e}^y(y')^2-\mathrm{e}^y y''=2y'+xy'',$$
把 $x=0$，$y=0$，$y'|_{x=0}=1$ 代入上式得 $f''(0)=-2$.

15. $y'=f\left(\dfrac{\sin x}{x}\right)+x\cdot f'\left(\dfrac{\sin x}{x}\right)\cdot\dfrac{x\cos x-\sin x}{x^2},$
$$\frac{\mathrm{d}^2 y}{\mathrm{d}x^2}=y''=f''\left(\frac{\sin x}{x}\right)\cdot\frac{(x\cos x-\sin x)^2}{x^3}-f'\left(\frac{\sin x}{x}\right)\cdot\sin x.$$

16. 已知 $\sqrt[n]{1+x}\approx1+\dfrac{1}{n}x$，故 $\sqrt{1.05}=\sqrt{1+0.05}\approx1+\dfrac{1}{2}\times0.05=1.025$.

17.（1）$Q'(p)=-2p$，$Q'(4)=-8$.

（2）根据弹性的定义，有
$$\frac{EQ}{Ep}=Q'\frac{p}{Q}=(-2p)\frac{p}{(75-p^2)}=\frac{-2p^2}{(75-p^2)},$$
则
$$\frac{EQ}{Ep}\bigg|_{p=4}=-\frac{32}{59}\approx-0.54.$$

经济意义为：当价格上涨（或下跌）1%时，需求量将大约减少（或增加）0.54%.

填空题详解　　　　单项选择题详解

第4章

中值定理与导数的应用

4.1 内容提要

4.1.1 中值定理

1. 罗尔中值定理

若 $f(x)$ 在 $[a,b]$ 上连续,在 (a,b) 内可导,且 $f(a)=f(b)$,则至少存在一点 $\xi \in (a,b)$,使得 $f'(\xi)=0$.

2. 拉格朗日中值定理

若 $f(x)$ 在 $[a,b]$ 上连续,在 (a,b) 内可导,则至少存在一点 $\xi \in (a,b)$,使得 $f'(\xi)=\dfrac{f(b)-f(a)}{b-a}$,或 $f(b)-f(a)=f'(\xi)(b-a)$.

3. 柯西中值定理

若 $f(x)$,$g(x)$ 在 $[a,b]$ 上连续,在 (a,b) 内可导,且 $g'(x) \neq 0$,则至少存在一点 $\xi \in (a,b)$,使得 $\dfrac{f'(\xi)}{g'(\xi)}=\dfrac{f(b)-f(a)}{g(b)-g(a)}$.

4. 泰勒定理

若 $f(x)$ 在含有 x_0 的一个开区间 (a,b) 内具有 $n+1$ 阶导数,则对于任意 $x \in (a,b)$,有

$$f(x)=f(x_0)+f'(x_0)(x-x_0)+\frac{f''(x_0)}{2!}(x-x_0)^2+\cdots+\frac{f^{(n)}(x_0)}{n!}(x-x_0)^n+R_n(x),$$

其中 $R_n(x)$ 为余项.

当 $x_0=0$ 时的泰勒公式也称为**麦克劳林公式**，即

$$f(x)=f(0)+f'(0)x+\frac{f''(0)}{2!}x^2+\cdots+\frac{f^{(n)}(0)}{n!}x^n+R_n(x).$$

拉格朗日余项：$R_n(x)=\frac{f^{(n+1)}(\xi)}{(n+1)!}(x-x_0)^{n+1}$，其中 ξ 是介于 x_0 与 x 之间的某个数.

皮亚诺余项：$R_n(x)=o[(x-x_0)^n]$，$(x\to x_0)$.

4.1.2　洛必达法则

1. $\frac{0}{0}$ 型未定式

设
(1) 当 $x\to x_0$ 时，$f(x)\to 0$，$g(x)\to 0$；
(2) 在 x_0 的某个空心邻域内，$f'(x)$ 和 $g'(x)$ 都存在且 $g'(x)\neq 0$；
(3) $\lim\limits_{x\to x_0}\frac{f'(x)}{g'(x)}$ 存在或为无穷大，则

$$\lim_{x\to x_0}\frac{f(x)}{g(x)}=\lim_{x\to x_0}\frac{f'(x)}{g'(x)}.$$

2. $\frac{\infty}{\infty}$ 型未定式

设
(1) 当 $x\to\infty$ 时，$f(x)\to\infty$，$g(x)\to\infty$；
(2) 当 $|x|$ 充分大时，$f'(x)$ 和 $g'(x)$ 都存在且 $g'(x)\neq 0$；
(3) $\lim\limits_{x\to\infty}\frac{f'(x)}{g'(x)}$ 存在或为无穷大，则

$$\lim_{x\to\infty}\frac{f(x)}{g(x)}=\lim_{x\to\infty}\frac{f'(x)}{g'(x)}.$$

3. 其他类型未定式

其他类型的未定式，如 $0\cdot\infty$，$\infty-\infty$，0^0，∞^0，1^∞ 等可以转化成 $\frac{0}{0}$ 类型或者 $\frac{\infty}{\infty}$ 类型的未定式，再使用洛必达法则进行计算.

4.1.3　函数的单调区间

设函数 $y=f(x)$ 在 $[a,b]$ 上连续，在 (a,b) 内可导，
(1) 若对 $\forall x\in(a,b)$ 有 $f'(x)\geq 0$，但等号仅在有限个点处成立，则 $y=f(x)$ 在 $[a,b]$ 上单调增加；
(2) 若对 $\forall x\in(a,b)$ 有 $f'(x)\leq 0$，但等号仅在有限个点处成立，则 $y=f(x)$ 在 $[a,b]$ 上单调减少.

4.1.4　函数的极值

1．必要条件

若 $f(x)$ 在 x_0 处可导，且在 x_0 处取得极值，则 $f'(x_0)=0$.

2．第一充分条件

设函数 $f(x)$ 在 x_0 的某个邻域内连续，

（1）若在点 x_0 的左邻域内 $f'(x)>0$，在点 x_0 的右邻域内 $f'(x)<0$，则 $f(x)$ 在 x_0 处取得极大值 $f(x_0)$；

（2）若在点 x_0 的左邻域内 $f'(x)<0$，在点 x_0 的右邻域内 $f'(x)>0$，则 $f(x)$ 在 x_0 处取得极小值 $f(x_0)$；

（3）若在点 x_0 的某个去心邻域内，$f'(x)$ 不变号，则 $f(x)$ 在 x_0 处没有极值.

3．第二充分条件

设函数 $f(x)$ 在 x_0 处具有二阶导数，且 $f'(x_0)=0$，$f''(x_0)\neq0$，若 $f''(x_0)<0$，则 $f(x)$ 在 x_0 处取得极大值 $f(x_0)$；若 $f''(x_0)>0$，则 $f(x)$ 在 x_0 处取得极小值 $f(x_0)$.

4.1.5　函数的凹凸区间与拐点

设函数 $y=f(x)$ 在 $[a,b]$ 上连续，在 (a,b) 内具有二阶导数，

（1）若对于 $\forall x\in(a,b)$ 有 $f''(x)>0$，则 $y=f(x)$ 在 $[a,b]$ 上的图形是凹的；

（2）若对于 $\forall x\in(a,b)$ 有 $f''(x)<0$，则 $y=f(x)$ 在 $[a,b]$ 上的图形是凸的；

（3）若 $f''(x_0)=0$ 或 $f''(x_0)$ 不存在，但 $f''(x)$ 在 x_0 点的两侧变号，则 $(x_0,f(x_0))$ 为图形的拐点.

4.1.6　曲线的渐近线

1．水平渐近线

若 $\lim\limits_{x\to-\infty}f(x)=a$ 或 $\lim\limits_{x\to+\infty}f(x)=a$，则直线 $y=a$ 为函数 $y=f(x)$ 图形的水平渐近线.

2．铅直渐近线

若 $\lim\limits_{x\to x_0^+}f(x)=\infty$ 或 $\lim\limits_{x\to x_0^-}f(x)=\infty$，则直线 $x=x_0$ 为函数 $y=f(x)$ 图形的铅直渐近线（垂直渐近线）.

3．斜渐近线

若 $\lim\limits_{x\to-\infty}[f(x)-(ax+b)]=0$ 或者 $\lim\limits_{x\to+\infty}[f(x)-(ax+b)]=0$，其中 $a\neq0$，则直线

$y=ax+b$ 为函数 $y=f(x)$ 图形的斜渐近线，其中 $a=\lim\limits_{x\to-\infty}\dfrac{f(x)}{x}$，$b=\lim\limits_{x\to-\infty}[f(x)-ax]$，或者 $a=\lim\limits_{x\to+\infty}\dfrac{f(x)}{x}$，$b=\lim\limits_{x\to+\infty}[f(x)-ax]$.

4.1.7　函数作图

函数作图的步骤：

（1）确定函数 $f(x)$ 的定义域，研究函数的几何特性（如奇偶性、周期性、有界性等），并确定函数的间断点；

（2）求出 $f(x)$ 的一阶导数 $f'(x)$、二阶导数 $f''(x)$，及它们在定义域内的全部零点和无意义点；

（3）由 $f(x)$ 的间断点、驻点、一阶导数不存在的点、二阶导数为零的点及二阶导数不存在的点等将定义域分成若干个区间，在这些区间上分别讨论 $f'(x)$，$f''(x)$ 的符号，确定 $f(x)$ 的增减性与图形的凹凸性，从而确定极值与拐点；

（4）求出 $f(x)$ 的各种渐近线及确定其变化趋势；

（5）补充一些特殊点的函数值，如与坐标轴的交点等；

（6）最后勾画出一张较为精确的函数图形.

4.2　典型例题分析

4.2.1　题型一　中值定理的应用

例 4.1　若 $f(x)$ 在 $[0,1]$ 上连续，在 $(0,1)$ 内可导，且 $f(1)=0$，求证至少存在一点 $\xi\in(0,1)$，使得 $f'(\xi)=-\dfrac{f(\xi)}{\xi}$.

分析　要想证明 $f'(\xi)=-\dfrac{f(\xi)}{\xi}$，只需证明 $f(\xi)+\xi f'(\xi)=0$ 即可，而 $f(x)+xf'(x)$ 恰是 $xf(x)$ 的导数，故构造辅助函数 $g(x)=xf(x)$.

证　构造辅助函数 $g(x)=xf(x)$，由于 $g(x)$ 在 $[0,1]$ 上连续，在 $(0,1)$ 内可导，$g(1)=f(1)=0$，$g(0)=0$，且 $g'(x)=f(x)+xf'(x)$，根据罗尔中值定理，至少存在一点 $\xi\in(0,1)$，使 $g'(\xi)=0$，即 $g'(\xi)=f(\xi)+\xi f'(\xi)=0$，因此 $f'(\xi)=-\dfrac{f(\xi)}{\xi}$.

例 4.2　证明：当 $x>0$ 时，$\dfrac{x}{1+x}<\ln(1+x)<x$.

证　设 $f(t)=\ln(1+t)$，显然 $f(t)$ 在 $[0,x]$ 上满足拉格朗日中值定理的条件，因此有

$$f(x)-f(0)=f'(\xi)(x-0),\quad 0<\xi<x.$$

因为 $f(0)=0$，$f'(t)=\dfrac{1}{1+t}$，所以

$$\ln(1+x) = \frac{x}{1+\xi},$$

其中 $0 < \xi < x$. 从而

$$\frac{x}{1+x} < \frac{x}{1+\xi} < x, \quad 即 \frac{x}{1+x} < \ln(1+x) < x.$$

例 4.3　若 $f(x)$ 在 $[a,b]$ 上连续，在 (a,b) 内有二阶导数，$f(a) = f(b) = 0$，且存在一点 $c \in (a,b)$，使得 $f(c) > 0$，求证至少存在一点 $\xi \in (a,b)$，使得 $f''(\xi) < 0$.

证　由于 $f(x)$ 在 $[a,c]$ 上符合拉格朗日中值定理的条件，则至少存在一点 $\xi_1 \in (a,c)$，使

$$f'(\xi_1) = \frac{f(c) - f(a)}{c - a} = \frac{f(c)}{c - a} > 0.$$

又由于 $f(x)$ 在 $[c,b]$ 上满足拉格朗日中值定理的条件，则至少存在一点 $\xi_2 \in (c,b)$，使得

$$f'(\xi_2) = \frac{f(b) - f(c)}{b - c} = \frac{-f(c)}{b - c} < 0.$$

函数 $f'(x)$ 在 $[\xi_1, \xi_2]$ 上再利用拉格朗日中值定理，则至少存在一点 $\xi \in (\xi_1, \xi_2) \subset (a,b)$，使得

$$f''(\xi) = \frac{f'(\xi_2) - f'(\xi_1)}{\xi_2 - \xi_1} < 0.$$

例 4.4　设 $f(x)$ 在 $[a,b]$ 上连续，在 (a,b) 内可导，且 $ab > 0$，证明在 (a,b) 内至少存在两点 ξ, η，使得 $f'(\xi) = \frac{a+b}{2\eta} f'(\eta)$.

证　由于 $f(x)$ 在 $[a,b]$ 上符合拉格朗日中值定理的条件，则至少存在一点 $\xi \in (a,b)$ 使

$$f'(\xi) = \frac{f(b) - f(a)}{b - a}.$$

另一方面，$f(x)$ 与 $g(x) = x^2$ 在 $[a,b]$ 上符合柯西中值定理条件，则至少存在一点 $\eta \in (a,b)$，使得

$$\frac{f'(\eta)}{2\eta} = \frac{f(b) - f(a)}{b^2 - a^2}.$$

所以有

$$\frac{(a+b)f'(\eta)}{2\eta} = \frac{f(b) - f(a)}{b - a},$$

从而

$$f'(\xi) = \frac{a+b}{2\eta} f'(\eta).$$

4.2.2　题型二　利用洛必达法则求解标准类型未定式 $\left(\dfrac{0}{0} 与 \dfrac{\infty}{\infty}\right)$ 问题

例 4.5　求极限 $\lim\limits_{x \to 0} \dfrac{e^x + \ln(1-x) - 1}{x - \arctan x}$.

解 由于

$$\lim_{x \to 0} \frac{e^x + \ln(1-x) - 1}{x - \arctan x} = \lim_{x \to 0} \frac{e^x - \dfrac{1}{1-x}}{1 - \dfrac{1}{1+x^2}} = \lim_{x \to 0} \frac{\dfrac{e^x - x e^x - 1}{1-x}}{\dfrac{x^2}{1+x^2}}$$

$$= \lim_{x \to 0} \left(\frac{1+x^2}{1-x} \cdot \frac{e^x - x e^x - 1}{x^2} \right).$$

而极限

$$\lim_{x \to 0} \frac{e^x - x e^x - 1}{x^2} = \lim_{x \to 0} \frac{e^x - e^x - x e^x}{2x} = \lim_{x \to 0} \frac{-e^x}{2} = -\frac{1}{2},$$

所以

$$\lim_{x \to 0} \frac{e^x + \ln(1-x) - 1}{x - \arctan x} = -\frac{1}{2}.$$

例 4.6 求极限 $\displaystyle\lim_{x \to 0^+} \frac{\ln\tan 7x}{\ln\tan 2x}$.

解 $\displaystyle\lim_{x \to 0^+} \frac{\ln\tan 7x}{\ln\tan 2x} = \lim_{x \to 0^+} \frac{\dfrac{1}{\tan 7x}(\sec^2 7x) \cdot 7}{\dfrac{1}{\tan 2x}(\sec^2 2x) \cdot 2} = \lim_{x \to 0^+} \left(\frac{7}{2} \cdot \frac{\cos^2 2x}{\cos^2 7x} \cdot \frac{\tan 2x}{\tan 7x} \right) = 1.$

例 4.7 求极限 $\displaystyle\lim_{x \to +\infty} \frac{e^{2x}}{x^n}$.

解 $\displaystyle\lim_{x \to +\infty} \frac{e^{2x}}{x^n} = \lim_{x \to +\infty} \frac{2e^{2x}}{n x^{n-1}} = \lim_{x \to +\infty} \frac{2^2 e^{2x}}{n(n-1)x^{n-2}} = \lim_{x \to +\infty} \frac{2^3 e^{2x}}{n(n-1)(n-2)x^{n-3}}$

$$= \cdots = \lim_{x \to +\infty} \frac{2^n e^{2x}}{n!} = +\infty.$$

4.2.3 题型三 利用洛必达法则求解 $0 \cdot \infty$ 与 $\infty - \infty$ 类型未定式问题

例 4.8 求极限 $\displaystyle\lim_{x \to \infty} x \left(e^{\frac{1}{x}} - 1 \right)$.

解 $\displaystyle\lim_{x \to \infty} x \left(e^{\frac{1}{x}} - 1 \right) = \lim_{x \to \infty} \frac{e^{\frac{1}{x}} - 1}{\dfrac{1}{x}} = \lim_{x \to \infty} \frac{e^{\frac{1}{x}} \left(-\dfrac{1}{x^2} \right)}{-\dfrac{1}{x^2}} = 1.$

例 4.9 求极限 $\displaystyle\lim_{x \to 1} \left(\frac{x}{x-1} - \frac{1}{\ln x} \right)$.

解 $\displaystyle\lim_{x \to 1} \left(\frac{x}{x-1} - \frac{1}{\ln x} \right) = \lim_{x \to 1} \frac{x \ln x - x + 1}{(x-1)\ln x} = \lim_{x \to 1} \frac{\ln x}{\ln x + \dfrac{x-1}{x}} = \lim_{x \to 1} \frac{x \ln x}{x \ln x + x - 1}$

$$= \lim_{x \to 1} \frac{\ln x + 1}{\ln x + 2} = \frac{1}{2}.$$

4.2.4　题型四　利用洛必达法则求解幂指函数类型 0^0，∞^0 及 1^∞ 未定式问题

例 4.10　求极限 $\lim\limits_{x\to 0^+} x^{\sin x}$.

解　由于 $\lim\limits_{x\to 0^+} x^{\sin x} = \lim\limits_{x\to 0^+} e^{\sin x \ln x}$，而

$$\lim_{x\to 0^+} \sin x \ln x = \lim_{x\to 0^+} \frac{\ln x}{\dfrac{1}{\sin x}} = \lim_{x\to 0^+} \frac{\dfrac{1}{x}}{-\dfrac{\cos x}{\sin^2 x}} = \lim_{x\to 0^+} \left(-\frac{\sin x}{x} \cdot \frac{1}{\cos x} \cdot \sin x \right) = 0,$$

因此

$$\lim_{x\to 0^+} x^{\sin x} = \lim_{x\to 0^+} e^{\sin x \ln x} = e^0 = 1.$$

例 4.11　求极限 $\lim\limits_{x\to 0^+} \left(\dfrac{1}{x}\right)^{\tan x}$.

解　由于 $\lim\limits_{x\to 0^+} \left(\dfrac{1}{x}\right)^{\tan x} = \lim\limits_{x\to 0^+} e^{\tan x \ln\left(\frac{1}{x}\right)}$，而

$$\lim_{x\to 0^+} \tan x \ln\left(\frac{1}{x}\right) = \lim_{x\to 0^+} \frac{-\ln x}{\cot x} = \lim_{x\to 0^+} \frac{-\dfrac{1}{x}}{-\dfrac{1}{\sin^2 x}} = \lim_{x\to 0^+} \frac{\sin^2 x}{x} = 0,$$

因此

$$\lim_{x\to 0^+} \left(\frac{1}{x}\right)^{\tan x} = \lim_{x\to 0^+} e^{\tan x \ln\left(\frac{1}{x}\right)} = e^0 = 1.$$

例 4.12　求极限 $\lim\limits_{x\to 0} \left(\dfrac{\sin x}{x}\right)^{\frac{1}{x^2}}$.

解　由于 $\lim\limits_{x\to 0} \left(\dfrac{\sin x}{x}\right)^{\frac{1}{x^2}} = \lim\limits_{x\to 0} e^{\frac{\ln \frac{\sin x}{x}}{x^2}}$，而

$$\lim_{x\to 0} \frac{\ln \sin x - \ln x}{x^2} = \lim_{x\to 0} \frac{\dfrac{\cos x}{\sin x} - \dfrac{1}{x}}{2x} = \lim_{x\to 0} \frac{x\cos x - \sin x}{2x^2 \sin x} = \lim_{x\to 0} \frac{x\cos x - \sin x}{2x^3}$$

$$= \lim_{x\to 0} \frac{-x\sin x}{6x^2} = \lim_{x\to 0} \frac{-x^2}{6x^2} = -\frac{1}{6},$$

因此

$$\lim_{x\to 0} \left(\frac{\sin x}{x}\right)^{\frac{1}{x^2}} = e^{-\frac{1}{6}}.$$

例 4.13　求极限 $\lim\limits_{x\to 0} \left(\dfrac{a^x + b^x + c^x}{3}\right)^{\frac{1}{x}}$，其中 a，b，c 均为正数.

解　由于

$$\lim_{x\to 0}\left(\frac{a^x+b^x+c^x}{3}\right)^{\frac{1}{x}}=\lim_{x\to 0}e^{\frac{\ln\left(\frac{a^x+b^x+c^x}{3}\right)}{x}},$$

而

$$\lim_{x\to 0}\frac{\ln\left(\frac{a^x+b^x+c^x}{3}\right)}{x}=\lim_{x\to 0}\frac{\ln(a^x+b^x+c^x)-\ln 3}{x}=\lim_{x\to 0}\frac{a^x\ln a+b^x\ln b+c^x\ln c}{a^x+b^x+c^x}$$

$$=\frac{1}{3}(\ln a+\ln b+\ln c)=\frac{1}{3}\ln(abc).$$

所以

$$\lim_{x\to 0}\left(\frac{a^x+b^x+c^x}{3}\right)^{\frac{1}{x}}=e^{\frac{1}{3}\ln(abc)}=\sqrt[3]{abc}.$$

注 本例的另一种解法见第 2 章例 2.27.

4.2.5 题型五 洛必达法则的其他应用

例 4.14 讨论函数 $f(x)=\begin{cases}\left[\dfrac{(1+x)^{\frac{1}{x}}}{e}\right]^{\frac{1}{x}}, & x>0 \\ e^{-\frac{1}{2}}, & x\leqslant 0\end{cases}$ 在 $x=0$ 点的连续性.

解 当 $x=0$ 时，$f(0)=e^{-\frac{1}{2}}$；当 $x<0$ 时，$\lim\limits_{x\to 0^-}f(x)=e^{-\frac{1}{2}}$；当 $x>0$ 时，

$$\lim_{x\to 0^+}f(x)=\lim_{x\to 0^+}\left[\frac{(1+x)^{\frac{1}{x}}}{e}\right]^{\frac{1}{x}}=\lim_{x\to 0^+}e^{\frac{1}{x}\left[\frac{1}{x}\ln(1+x)-1\right]}.$$

只需计算

$$\lim_{x\to 0^+}\frac{1}{x}\left[\frac{1}{x}\ln(1+x)-1\right]=\lim_{x\to 0^+}\left[\frac{\ln(1+x)-x}{x^2}\right]=\lim_{x\to 0^+}\left(\frac{\frac{1}{1+x}-1}{2x}\right)$$

$$=\lim_{x\to 0^+}\frac{-x}{2x(1+x)}=-\frac{1}{2},$$

所以 $\lim\limits_{x\to 0^+}f(x)=e^{-\frac{1}{2}}$，由于 $\lim\limits_{x\to 0^-}f(x)=\lim\limits_{x\to 0^+}f(x)=f(0)$，因此 $f(x)$ 在 $x=0$ 处连续.

**例 4.15 设 $f(x)$ 在 $x=0$ 的某个领域内有连续的二阶导数，且

$$\lim_{x\to 0}\left[1+x+\frac{f(x)}{x}\right]^{\frac{1}{x}}=e^3,$$

求 $f(0)$，$f'(0)$ 及 $f''(0)$.

解 因为

$$\lim_{x\to 0}\left[1+x+\frac{f(x)}{x}\right]^{\frac{1}{x}}=e^{\lim\limits_{x\to 0}\frac{\ln\left[1+x+\frac{f(x)}{x}\right]}{x}}=e^3,$$

结合等价无穷小替换得

$$\lim_{x\to 0}\frac{\ln\left[1+x+\dfrac{f(x)}{x}\right]}{x}=\lim_{x\to 0}\frac{x+\dfrac{f(x)}{x}}{x}=3,$$

从而

$$\lim_{x\to 0}\frac{x^2+f(x)}{x^2}=3.$$

从而有 $\lim\limits_{x\to 0}\dfrac{f(x)}{x^2}=2$. 由 $f(x)$ 的连续性可知 $f(0)=\lim\limits_{x\to 0}f(x)=0$. 由洛必达法则可知.

$\lim\limits_{x\to 0}\dfrac{f'(x)}{2x}=2$，即 $\lim\limits_{x\to 0}\dfrac{f'(x)}{x}=4$. 由 $f'(x)$ 的连续性可知.

$$f'(0)=\lim_{x\to 0}f'(x)=\lim_{x\to 0}\frac{f'(x)}{x}\cdot x=0.$$

由洛必达法则和连续性可知 $\lim\limits_{x\to 0}\dfrac{f''(x)}{1}=\dfrac{f''(0)}{1}=4$ 所以 $f''(0)=4$.

4.2.6　题型六　不适合使用洛必达法则的极限问题

例 4.16　求极限 $\lim\limits_{x\to +\infty}\dfrac{x}{\sqrt{1+x^2}}$.

解　若使用洛必达法则有

$$\lim_{x\to +\infty}\frac{x}{\sqrt{1+x^2}}=\lim_{x\to +\infty}\frac{1}{\dfrac{2x}{2\sqrt{1+x^2}}}=\lim_{x\to +\infty}\frac{\sqrt{1+x^2}}{x},$$

其分子分母互换位置，再使用一次洛必达法则，就回到了初始状态，洛必达法则失效. 正确解法是

$$\lim_{x\to +\infty}\frac{x}{\sqrt{1+x^2}}=\lim_{x\to +\infty}\frac{1}{\sqrt{\dfrac{1}{x^2}+1}}=1.$$

例 4.17　求极限 $\lim\limits_{x\to\infty}\dfrac{3x}{4x+\sin x}$.

解　若使用洛必达法则，有

$$\lim_{x\to\infty}\frac{3x}{4x+\sin x}=\lim_{x\to\infty}\frac{3}{4+\cos x}.$$

由于第二步极限不存在，故洛必达法则失效. 正确解法是

$$\lim_{x\to\infty}\frac{3x}{4x+\sin x}=\lim_{x\to\infty}\frac{3}{4+\dfrac{1}{x}\sin x}=\frac{3}{4}.$$

例 4.18　求极限 $\lim\limits_{x\to 0}\dfrac{\sqrt{1+x\sin x}-\cos x}{\sin^2\dfrac{x}{2}}$.

解法 1　本题若直接使用洛必达法则，后面的式子会很复杂，而利用等价无穷小替

换可以更简单.

$$\lim_{x \to 0} \frac{\sqrt{1+x\sin x}-\cos x}{\sin^2\frac{x}{2}} = \lim_{x \to 0} \frac{(1+x\sin x)-\cos^2 x}{\sin^2\frac{x}{2}} \cdot \frac{1}{\sqrt{1+x\sin x}+\cos x}$$

$$= \lim_{x \to 0} \frac{\sin^2 x + x\sin x}{\sin^2\frac{x}{2}} \cdot \frac{1}{\sqrt{1+x\sin x}+\cos x},$$

这里

$$\lim_{x \to 0} \frac{1}{\sqrt{1+x\sin x}+\cos x} = \frac{1}{2},$$

而极限

$$\lim_{x \to 0} \frac{\sin^2 x + x\sin x}{\sin^2\frac{x}{2}} = \lim_{x \to 0} \frac{\sin x(\sin x + x)}{\sin^2\frac{x}{2}} = \lim_{x \to 0} \frac{x(\sin x + x)}{\frac{x^2}{4}} = \lim_{x \to 0} 4\left(\frac{\sin x}{x}+1\right) = 8,$$

所以

$$\lim_{x \to 0} \frac{\sqrt{1+x\sin x}-\cos x}{\sin^2\frac{x}{2}} = 4.$$

解法 2　原式 $= \lim_{x \to 0} \frac{(\sqrt{1+x\sin x}-1)+(1-\cos x)}{\sin^2\frac{x}{2}} = \lim_{x \to 0} \frac{\sqrt{1+x\sin x}-1}{\left(\frac{x}{2}\right)^2} + \lim_{x \to 0} \frac{1-\cos x}{\left(\frac{x}{2}\right)^2}$

$$= \lim_{x \to 0} \frac{\frac{1}{2}x^2}{\frac{1}{4}x^2} + \lim_{x \to 0} \frac{\frac{1}{2}x^2}{\frac{1}{4}x^2} = 4$$

4.2.7　题型七　函数的单调性与极值问题

例 4.19　求函数 $f(x)=(2x-5)\sqrt[3]{x^2}$ 的单调区间与极值.

解　函数的定义域为 $(-\infty,+\infty)$,所以 $f(x)$ 在 $(-\infty,+\infty)$ 内连续、可导,且

$$f(x)=2x^{\frac{5}{3}}-5x^{\frac{2}{3}}, \quad f'(x)=\frac{10}{3}x^{\frac{2}{3}}-\frac{10}{3}x^{-\frac{1}{3}}=\frac{10}{3}\cdot\frac{x-1}{\sqrt[3]{x}} \quad (x \neq 0),$$

令 $f'(x)=0$,解得驻点为 $x_1=1$. 一阶导数不存在的点为 $x_2=0$,列表讨论函数的性态,
见表 4.1。

表　4.1

x	$(-\infty,0)$	0	$(0,1)$	1	$(1,+\infty)$
$f'(x)$	+	不存在	−	0	+
$f(x)$	↗	极大值 0	↘	极小值 −3	↗

由表 4.1 可知,$f(x)$ 的单调递增区间为 $(-\infty,0]$ 和 $[1,+\infty)$,单调递减区间为

$[0，1]$；极大值为 $f(0)=0$，极小值为 $f(1)=-3$.

4.2.8　题型八　利用单调性证明不等式问题

例 4.20　设 $x>0$，$n>1$，试证明 $(1+x)^n>1+nx$.

证　设

$$f(x)=(1+x)^n-1-nx，$$

显然 $f(x)$ 在 $[0，+\infty)$ 上连续，在 $(0，+\infty)$ 内可导，且

$$f'(x)=n(1+x)^{n-1}-n=n[(1+x)^{n-1}-1]>0.$$

所以 $f(x)$ 在 $[0，+\infty)$ 上单调增加，由此可知，当 $x>0$ 时有

$$f(x)>f(0)=0.$$

即

$$f(x)=(1+x)^n-1-nx>0，$$

从而有

$$(1+x)^n>1+nx.$$

**例 4.21　证明：当 $0<x<\dfrac{\pi}{2}$ 时，$\tan x>x+\dfrac{1}{3}x^3$.

证　设 $f(x)=\tan x-x-\dfrac{1}{3}x^3$，显然 $f(x)$ 在 $\left[0，\dfrac{\pi}{2}\right)$ 上连续，且在 $\left(0，\dfrac{\pi}{2}\right)$ 内可导，

$$f(0)=0，f'(x)=\sec^2x-1-x^2=\tan^2x-x^2=(\tan x-x)(\tan x+x)，$$

要想证明 $f'(x)>0$，只需证明在 $\left[0，\dfrac{\pi}{2}\right)$ 上，$g(x)=\tan x-x>0$ 即可. 由于 $g(x)=\tan x-x$ 在 $\left[0，\dfrac{\pi}{2}\right)$ 上连续，$g(0)=0$，而在 $\left[0，\dfrac{\pi}{2}\right)$ 内可导，且

$$g'(x)=\sec^2x-1=\tan^2x>0，$$

所以 $g(x)$ 在 $\left(0，\dfrac{\pi}{2}\right)$ 内是单调增加的. 因此 $g(x)>g(0)=0$，所以 $f'(x)>0$，故 $f(x)$ 在 $\left(0，\dfrac{\pi}{2}\right)$ 内是单调增加的，有 $f(x)>f(0)=0$，即

$$\tan x-x-\dfrac{1}{3}x^3>0.$$

所以在 $\left(0，\dfrac{\pi}{2}\right)$ 内，有 $\tan x>x+\dfrac{1}{3}x^3$.

例 4.22　证明不等式 $\mathrm{e}^\pi>\pi^{\mathrm{e}}$.

分析　$\mathrm{e}^\pi>\pi^{\mathrm{e}}\Leftrightarrow\dfrac{\mathrm{e}^\pi}{\pi^{\mathrm{e}}}>1$ 或 $\mathrm{e}^\pi>\pi^{\mathrm{e}}\Leftrightarrow\pi>\mathrm{e}\ln\pi\Leftrightarrow\pi-\mathrm{e}\ln\pi>0$.

证法 1　构造辅助函数 $f(x)=\dfrac{\mathrm{e}^x}{x^{\mathrm{e}}}$，有

$$f(\mathrm{e})=\dfrac{\mathrm{e}^{\mathrm{e}}}{\mathrm{e}^{\mathrm{e}}}=1，f'(x)=\dfrac{x^{\mathrm{e}}\mathrm{e}^x-\mathrm{e}x^{\mathrm{e}-1}\mathrm{e}^x}{x^{2\mathrm{e}}}=\dfrac{x^{\mathrm{e}-1}\mathrm{e}^x(x-\mathrm{e})}{x^{2\mathrm{e}}}，$$

当 $x>\mathrm{e}$ 时，$f'(x)>0$，所以 $f(x)$ 在 $[\mathrm{e},+\infty)$ 内连续且单调增加，$f(\mathrm{e})$ 为最小值.

因此 $f(\pi)>f(\mathrm{e})$，即 $\dfrac{\mathrm{e}^{\pi}}{\pi^{\mathrm{e}}}>1$，所以有 $\mathrm{e}^{\pi}>\pi^{\mathrm{e}}$.

证法 2　构造辅助函数 $f(x)=x-\mathrm{e}\ln x$，$x>0$，由于 $f'(x)=1-\dfrac{\mathrm{e}}{x}$，令 $f'(x)=0$，解得驻点 $x=\mathrm{e}$，又因为 $f''(x)=\dfrac{\mathrm{e}}{x^{2}}>0$，故 $f''(\mathrm{e})>0$，因此函数 $f(x)$ 在 $x=\mathrm{e}$ 处取得最小值，从而 $f(\pi)>f(\mathrm{e})$，即有 $\pi-\mathrm{e}\ln\pi>0$，所以有 $\mathrm{e}^{\pi}>\pi^{\mathrm{e}}$.

4.2.9　题型九　利用函数单调性讨论函数的零点问题

**例 4.23　讨论函数 $f(x)=\dfrac{1}{x-1}+\dfrac{1}{x-2}+\dfrac{1}{x-3}$ 的零点.

解　当 $x<1$ 时，$f(x)<0$；当 $x>3$ 时，$f(x)>0$，所以 $f(x)$ 在 $(-\infty,1)$ 和 $(3,+\infty)$ 内无零点. 当 $x\in(1,3)$ 时，对函数求导得

$$f'(x)=-\frac{1}{(x-1)^{2}}-\frac{1}{(x-2)^{2}}-\frac{1}{(x-3)^{2}},$$

在 $(1,2)$ 与 $(2,3)$ 内，$f'(x)<0$，所以 $f(x)$ 在 $(1,2)$ 和 $(2,3)$ 内均单调减少. 又因为

$$\lim_{x\to1^{+}}f(x)=\lim_{x\to1^{+}}\left(\frac{1}{x-1}+\frac{1}{x-2}+\frac{1}{x-3}\right)=+\infty,$$

$$\lim_{x\to2^{-}}f(x)=\lim_{x\to2^{-}}\left(\frac{1}{x-1}+\frac{1}{x-2}+\frac{1}{x-3}\right)=-\infty,$$

所以在 $(1,2)$ 内，函数 $f(x)$ 有一个零点. 同理在 $(2,3)$ 内，函数 $f(x)$ 有一个零点. 因此 $f(x)$ 在 $(-\infty,+\infty)$ 内有两个零点，分别在 $(1,2)$ 与 $(2,3)$ 内.

4.2.10　题型十　利用极值证明不等式问题

例 4.24　证明：当 $x\neq0$ 时，有 $\mathrm{e}^{x}>1+x$.

证　设 $f(x)=\mathrm{e}^{x}-1-x$，显然 $f(x)$ 在 $(-\infty,+\infty)$ 内连续、可导，且 $f'(x)=\mathrm{e}^{x}-1$. 令 $f'(x)=\mathrm{e}^{x}-1=0$，解得唯一驻点 $x=0$，而 $f''(x)=\mathrm{e}^{x}$，$f''(0)=\mathrm{e}^{0}=1>0$. 因此 $x=0$ 为函数 $f(x)$ 的唯一极小值点，也是最小值点. 当 $x\neq0$ 时，有 $f(x)>f(0)=0$，即 $\mathrm{e}^{x}-1-x>0$.

4.2.11　题型十一　函数的凹凸性与拐点问题

例 4.25　求函数 $f(x)=(x-1)\sqrt[3]{x^{5}}$ 的凹凸区间与拐点.

解　函数 $f(x)$ 的定义域为 $(-\infty,+\infty)$，所以 $f(x)$ 在 $(-\infty,+\infty)$ 内连续，

$$f(x)=x^{\frac{8}{3}}-x^{\frac{5}{3}},\quad f'(x)=\frac{8}{3}x^{\frac{5}{3}}-\frac{5}{3}x^{\frac{2}{3}},\quad f''(x)=\frac{40}{9}x^{\frac{2}{3}}-\frac{10}{9}x^{-\frac{1}{3}}=\frac{10}{9}\cdot\frac{4x-1}{\sqrt[3]{x}},$$

解得二阶导数等于零的点 $x_{1}=\dfrac{1}{4}$ 和二阶导数不存在的点 $x_{2}=0$，列表讨论函数的性态，见表 4.2。

表 4.2

x	$(-\infty, 0)$	0	$\left(0, \dfrac{1}{4}\right)$	$\dfrac{1}{4}$	$\left(\dfrac{1}{4}, +\infty\right)$
$f''(x)$	$+$	不存在	$-$	0	$+$
$f(x)$	凹	拐点为$(0, 0)$	凸	拐点为$\left(\dfrac{1}{4}, -\dfrac{3}{16\sqrt[3]{16}}\right)$	凹

由表 4.2 可知，函数 $f(x)$ 的凹区间为 $(-\infty, 0)$ 和 $\left(\dfrac{1}{4}, +\infty\right)$，凸区间为 $\left(0, \dfrac{1}{4}\right)$；拐点为 $(0, 0)$ 和 $\left(\dfrac{1}{4}, -\dfrac{3}{16\sqrt[3]{16}}\right)$.

4.2.12　题型十二　利用凹凸性证明不等式的问题

例 4.26 证明对于 $\forall x, y \in \left(-\dfrac{\pi}{2}, \dfrac{\pi}{2}\right)$，有 $\cos\dfrac{x+y}{2} > \dfrac{\cos x + \cos y}{2}$.

证 显然函数 $f(t) = \cos t$ 在 $(-\infty, +\infty)$ 内连续、可导，且
$$f'(t) = -\sin t, \quad f''(t) = -\cos t,$$
当 $t \in \left(-\dfrac{\pi}{2}, \dfrac{\pi}{2}\right)$ 时，$f''(t) = -\cos t < 0$，因此 $f(t) = \cos t$ 在 $\left(-\dfrac{\pi}{2}, \dfrac{\pi}{2}\right)$ 内为凸的，则 $\forall x, y \in \left(-\dfrac{\pi}{2}, \dfrac{\pi}{2}\right)$，有 $f\left(\dfrac{x+y}{2}\right) > \dfrac{f(x) + f(y)}{2}$，即 $\cos\dfrac{x+y}{2} > \dfrac{\cos x + \cos y}{2}$.

4.2.13　题型十三　函数图形的渐近线问题

**例 4.27 确定函数 $f(x) = \dfrac{1}{x-1} + \ln(1 + e^{x-1})$ 的渐近线.

解 由于
$$\lim_{x \to 1} f(x) = \lim_{x \to 1}\left[\dfrac{1}{x-1} + \ln(1 + e^{x-1})\right] = \infty,$$
因此 $x = 1$ 是函数的一条铅直渐近线. 又因为
$$\lim_{x \to +\infty} f(x) = \lim_{x \to +\infty}\left[\dfrac{1}{x-1} + \ln(1 + e^{x-1})\right] = +\infty,$$
$$\lim_{x \to -\infty} f(x) = \lim_{x \to -\infty}\left[\dfrac{1}{x-1} + \ln(1 + e^{x-1})\right] = 0,$$
因此直线 $y = 0$ 是函数的一条水平渐近线. 下面讨论 $f(x)$ 的斜渐近线：
$$a = \lim_{x \to +\infty}\dfrac{f(x)}{x} = \lim_{x \to +\infty}\left[\dfrac{1}{x(x-1)} + \dfrac{\ln(1 + e^{x-1})}{x}\right],$$
显然 $\lim_{x \to +\infty}\dfrac{1}{x(x-1)} = 0$，而
$$\lim_{x \to +\infty}\dfrac{\ln(1 + e^{x-1})}{x} = \lim_{x \to +\infty}\dfrac{e^{x-1}}{1 + e^{x-1}} = 1,$$

因此 $a = \lim\limits_{x \to +\infty} \dfrac{f(x)}{x} = 1.$ 而

$$b = \lim_{x \to +\infty} [f(x) - ax] = \lim_{x \to +\infty} [f(x) - x] = \lim_{x \to +\infty} \left[\frac{1}{x-1} + \ln(1 + \mathrm{e}^{x-1}) - x \right],$$

显然 $\lim\limits_{x \to +\infty} \dfrac{1}{x-1} = 0$，又因为

$$\lim_{x \to +\infty} [\ln(1 + \mathrm{e}^{x-1}) - x] = \lim_{x \to +\infty} [\ln(1 + \mathrm{e}^{x-1}) - \ln\mathrm{e}^{x}] = \lim_{x \to +\infty} \ln \frac{1 + \mathrm{e}^{x-1}}{\mathrm{e}^{x}}$$

$$= \lim_{x \to +\infty} \ln\left(\frac{1}{\mathrm{e}^{x}} + \frac{1}{\mathrm{e}} \right) = -1,$$

即 $b = \lim\limits_{x \to +\infty} [f(x) - x] = -1$，故 $y = x - 1$ 是函数的一条斜渐近线.

注 函数 $y = f(x)$ 在同一个水平方向上 $(x \to +\infty$，或 $x \to -\infty)$，水平渐近线和斜渐近线不可能同时存在. 由于本题中当 $x \to -\infty$ 时存在水平渐近线，故函数 $y = f(x)$ 在 $x \to -\infty$ 方向上不存在斜渐近线.

4.2.14 题型十四 利用泰勒公式计算极限问题

例 4.28 求极限 $\lim\limits_{x \to 0} \dfrac{\mathrm{e}^{x^2} + 2\cos x - 3}{x^4}$.

解 可以使用泰勒公式求极限，因为

$$\mathrm{e}^{x^2} = 1 + x^2 + \frac{1}{2!}x^4 + o(x^4),$$

而

$$\cos x = 1 - \frac{1}{2!}x^2 + \frac{1}{4!}x^4 + o(x^4),$$

所以

$$\mathrm{e}^{x^2} + 2\cos x - 3 = \left[1 + x^2 + \frac{1}{2!}x^4 + o(x^4) \right] + 2\left[1 - \frac{1}{2!}x^2 + \frac{1}{4!}x^4 + o(x^4) \right] - 3$$

$$= \frac{7}{12}x^4 + o(x^4),$$

因此

$$\lim_{x \to 0} \frac{\mathrm{e}^{x^2} + 2\cos x - 3}{x^4} = \lim_{x \to 0} \frac{\frac{7}{12}x^4 + o(x^4)}{x^4} = \frac{7}{12}.$$

4.2.15 题型十五 综合问题

例 4.29 已知函数 $f(x)$ 在 $x = 0$ 处可导，且 $\lim\limits_{x \to 0}\left(\dfrac{f(x)}{x} + \dfrac{\sin x}{x^2} \right) = 1$，试求 $f'(0)$.

解 由 $\lim\limits_{x \to 0} \dfrac{\dfrac{\sin x}{x} + f(x)}{x} = 1$，可知 $\lim\limits_{x \to 0}\left(\dfrac{\sin x}{x} + f(x) \right) = 0$，从而

$$\lim_{x\to 0}f(x)=-\lim_{x\to 0}\frac{\sin x}{x}=-1.$$

又因为 $f(x)$ 在 $x=0$ 处可导，从而 $f(x)$ 在 $x=0$ 处连续，因此

$$f(0)=\lim_{x\to 0}f(x)=-1.$$

$$1=\lim_{x\to 0}\left(\frac{f(x)}{x}+\frac{\sin x}{x^2}\right)=\lim_{x\to 0}\left(\frac{f(x)+1}{x}+\frac{\sin x}{x^2}-\frac{1}{x}\right)=\lim_{x\to 0}\left(\frac{f(x)+1}{x}+\frac{\sin x-x}{x^2}\right)$$

$$=f'(0)+\lim_{x\to 0}\frac{\sin x-x}{x^2}=f'(0)+\lim_{x\to 0}\frac{\cos x-1}{2x}=f'(0)+\lim_{x\to 0}\frac{-\sin x}{2}=f'(0),$$

所以 $f'(0)=1$.

4.3 习题精选

1. 填空题

（1）函数 $f(x)=\sin^2 x$ 在区间 $\left[-\frac{\pi}{2},\frac{\pi}{2}\right]$ 上满足罗尔中值定理，则 $\xi=$ _____.

（2）函数 $f(x)=4x^3$ 在区间 $[0,1]$ 上满足拉格朗日中值定理，则 $\xi=$ _____.

（3）函数 $f(x)=\ln(x+\sqrt{1+x^2})$ 在区间 $(-\infty,+\infty)$ 内单调_____.

（4）$\lim\limits_{x\to+\infty}\dfrac{\ln\left(1+\frac{1}{x}\right)}{\operatorname{arccot}x}=$ _____.

（5）$\lim\limits_{x\to 0}\dfrac{1-e^{x^2}}{1-\cos x}=$ _____.

（6）$\lim\limits_{x\to 0^+}\dfrac{\ln x+\sin\frac{1}{x}}{\ln x+\cos\frac{1}{x}}=$ _____.

（7）$\lim\limits_{x\to+\infty}(x+e^x)^{\frac{1}{x}}=$ _____.

（8）$\lim\limits_{x\to 0}\dfrac{\tan x-x}{x-\sin x}=$ _____.

（9）$\lim\limits_{x\to 0}\left(\dfrac{1^x+3^x+9^x}{3}\right)^{\frac{1}{x}}=$ _____.

（10）函数 $f(x)=x^{\frac{1}{x}}$ 在 $x=$ _____处取得极大值.

（11）曲线 $y=(ax-b)^3$ 在点 $(1,(a-b)^3)$ 处有拐点，则 a,b 应满足关系为_____.

（12）曲线 $y=\dfrac{x+1}{x^2-x-2}$ 的水平渐近线是_____，铅直渐近线是_____.

（13）函数 $f(x)=2\sqrt{x}+\dfrac{1}{x}-3$ 在区间 $[1,4]$ 上的最大值为_____.

（14）已知函数 $f(x) = \mathrm{e}^{-x}\ln(ax)$ 在 $x = \dfrac{1}{2}$ 处取得极值，则 $a =$ _____.

2. 单项选择题

（1）若 $\lim\limits_{x \to 0}(1+3x)^{\frac{1}{x}} = \lim\limits_{x \to 0}\dfrac{\sin(\sin kx)}{x}$，则 $k = ($　　$)$.

（A）$\dfrac{1}{3}$；　　　　　　（B）3；　　　　　（C）e^3；　　　　　（D）1.

（2）曲线 $y = \dfrac{3x^3-1}{(x+1)^2}($　　$)$.

　　（A）有水平渐近线；

　　（B）仅有一条铅直渐近线；

　　（C）仅有一条斜渐近线；

　　（D）有一条斜渐近线和一条铅直渐近线.

（3）下列曲线中具有两条斜渐近线的是（　　）.

　　（A）$\ln x$；　　　　　　　　　　　（B）$\arctan x$；

　　（C）$\dfrac{(x-2)^2}{x-1}$；　　　　　　　（D）$x + \arctan x$.

（4）在区间 $[-1,1]$ 上，下列函数中不满足罗尔定理条件的是（　　）.

　　（A）$f(x) = \mathrm{e}^{x^2} - 1$；　　　　　　（B）$f(x) = \ln(1+x^2)$；

　　（C）$f(x) = \sqrt{x}$；　　　　　　　（D）$f(x) = \dfrac{1}{1+x^2}$.

（5）下列函数在指定区间上满足拉格朗日定理条件的是（　　）.

　　（A）$f(x) = \dfrac{1}{\sqrt[3]{(x-1)^2}}$，$x \in [0,2]$；　　（B）$f(x) = 1 + |x|$，$x \in [-1,1]$；

　　（C）$f(x) = \begin{cases} x+1, & x<5 \\ 1, & x \geqslant 5 \end{cases}$，$x \in [0,5]$；　（D）$f(x) = x\mathrm{e}^{-x}$，$x \in [0,1]$.

（6）下列函数中，能使用洛必达法则求解的是（　　）.

　　（A）$\lim\limits_{x \to \infty}\dfrac{x-\sin x}{x+\sin x}$；　　　　　　（B）$\lim\limits_{x \to +\infty}\dfrac{\ln(1+\mathrm{e}^x)}{\sqrt{1+x^2}}$；

　　（C）$\lim\limits_{x \to 0}\dfrac{x^2\sin\dfrac{1}{x}}{\sin x}$；　　　　　　（D）$\lim\limits_{x \to 1}\dfrac{\arctan x}{x^2-2x+1}$.

（7）在价格为 100 元时，商品的需求价格弹性为 0.5，则商品价格上升到 101 元时，需求量（　　）.

　　（A）上升 0.5%；　　（B）下降 0.5%；　　（C）上升 50%；　　（D）下降 50%.

（8）设函数 $f(x)$ 在 $[0,a]$ 上二次可微，且 $xf''(x) - f'(x) > 0$，则 $\dfrac{f'(x)}{x}$ 在 $(0,a)$ 内是（　　）.

　　（A）单调不增；　　（B）单调不减；　　（C）单调增加；　　（D）单调减少.

(9) 函数 $y = x - \ln(1 + x^2)$ 的极值是（　　）.

　　(A) $1 - \ln 2$；　　　　　(B) $-1 - \ln 2$；　　(C) 0；　　　　　　　(D) 无极值.

(10) 曲线 $y = a - \sqrt[5]{(x - b)^2}$（　　）.

　　(A) 是凹的，没有拐点；　　　　　　　(B) 是凸的，没有拐点；

　　(C) 有拐点 $(b，a)$；　　　　　　　　(D) 以上都不对.

(11) 函数 $f(x) = x^3 + ax^2 + bx + c$，其中 $a，b，c$ 为实数，当 $a^2 - 3b < 0$ 时，$f(x)$ 是（　　）.

　　(A) 增函数；　　　　　　　　　　　(B) 减函数；

　　(C) 常数；　　　　　　　　　　　　(D) 既不是增函数也不是减函数.

(12) 设函数 $f(x)$ 具有连续导数，且 $f(0) = f'(0) = 1$，则 $\lim\limits_{x \to 0} \dfrac{f(\sin x) - 1}{\ln f(x)} =$（　　）.

　　(A) -1；　　　　　　　(B) 0；　　　　　　　(C) 1；　　　　　　　(D) ∞.

3. 求下列极限：

(1) $\lim\limits_{x \to 4} \dfrac{\sqrt{2x + 1} - 3}{\sqrt{x - 2} - \sqrt{2}}$；
(2) $\lim\limits_{x \to +\infty} \dfrac{x^n}{\mathrm{e}^{3x}}$，$n$ 为正整数；
(3) $\lim\limits_{x \to 0} \dfrac{\sin(4x^2)}{\sqrt{1 + x^2} - 1}$；

(4) $\lim\limits_{x \to 0}(1 + \sin x)^{\frac{1}{x}}$；
(5) $\lim\limits_{x \to \infty}\left[x^2 \left(1 - \cos \dfrac{1}{x}\right)\right]$；
(6) $\lim\limits_{x \to 0^+}(\cot x)^{\frac{1}{\ln x}}$；

(7) $\lim\limits_{x \to 1} \dfrac{\ln \cos(x - 1)}{1 - \sin \dfrac{\pi}{2} x}$；
(8) $\lim\limits_{n \to \infty}\left(\sqrt{n + 3\sqrt{n}} - \sqrt{n - \sqrt{n}}\right)$；
(9) $\lim\limits_{x \to 0} \dfrac{\ln(1 + 5x)}{\arctan 3x}$；

(10) $\lim\limits_{x \to 0}\left(\dfrac{\mathrm{e}^x}{x} - \dfrac{1}{\mathrm{e}^x - 1}\right)$.

4. 证明下列不等式：

(1) 当 $x > 0$ 时，$1 + x\ln(x + \sqrt{1 + x^2}) > \sqrt{1 + x^2}$；

**(2) 当 $0 < x < \dfrac{\pi}{2}$ 时，$\dfrac{2}{\pi} < \dfrac{\sin x}{x} < 1$；

(3) 当 $0 < a < b$ 时，$\dfrac{b - a}{b} < \ln \dfrac{b}{a} < \dfrac{b - a}{a}$.

5. 求函数 $f(x) = \sqrt[3]{(2x - x^2)^2}$ 的单调区间、极值.

6. 求函数 $y = \dfrac{2x^2}{(1 - x)^2}$ 的单调区间、极值、凹凸区间、拐点及渐近线.

7. 某商品的需求函数为 $Q(p) = 75 - p^2$，其中 p 为价格，

(1) 求 $p = 4$ 时的边际需求；

(2) 求 $p = 4$ 时的需求价格弹性，并说明经济意义；

(3) 当 p 为多少时，总收益最大，最大值是多少？

8. 将长为 a 的一段铁丝截为两段，用一段围成一个正方形，另一段围成一个圆，为使正方形与圆的总面积最小，问两段铁丝的长度各为多少？

4.4　习题详解

1. 填空题

（1）0；　（2）$\dfrac{\sqrt{3}}{3}$；　（3）增加；　（4）1；　（5）-2；　（6）1；　（7）e；

（8）2；　（9）3；　（10）e；　（11）$a=b\neq0$；　（12）$y=0$，$x=2$；

（13）$f(4)=\dfrac{5}{4}$；　（14）$2\mathrm{e}^2$.

2. 选择题

（1）C；　（2）D；　（3）D；　（4）C；　（5）D；　（6）B；　（7）B；　（8）C；

（9）D；　（10）A；　（11）A；　（12）C.

3.

（1）$\lim\limits_{x\to4}\dfrac{\sqrt{2x+1}-3}{\sqrt{x-2}-\sqrt{2}}=\lim\limits_{x\to4}\dfrac{\dfrac{2}{2\sqrt{2x+1}}}{\dfrac{1}{2\sqrt{x-2}}}=\dfrac{2\sqrt{2}}{3}.$

（2）$\lim\limits_{x\to+\infty}\dfrac{x^n}{\mathrm{e}^{3x}}=\lim\limits_{x\to+\infty}\dfrac{nx^{n-1}}{3\mathrm{e}^{3x}}=\lim\limits_{x\to+\infty}\dfrac{n(n-1)x^{n-2}}{3^2\mathrm{e}^{3x}}=\lim\limits_{x\to+\infty}\dfrac{n!}{3^n\mathrm{e}^{3x}}=0.$

（3）$\lim\limits_{x\to0}\dfrac{\sin4x^2}{\sqrt{1+x^2}-1}=\lim\limits_{x\to0}\dfrac{8x\cos4x^2}{\dfrac{2x}{2\sqrt{1+x^2}}}=8.$　或 $\lim\limits_{x\to0}\dfrac{\sin4x^2}{\sqrt{1+x^2}-1}=\lim\limits_{x\to0}\dfrac{4x^2}{\dfrac{1}{2}x^2}=8$

（4）由于 $\lim\limits_{x\to0}(1+\sin x)^{\frac{1}{x}}=\lim\limits_{x\to0}\mathrm{e}^{\frac{\ln(1+\sin x)}{x}}$，而

$$\lim\limits_{x\to0}\dfrac{\ln(1+\sin x)}{x}=\lim\limits_{x\to0}\dfrac{\cos x}{1+\sin x}=1,$$

所以 $\lim\limits_{x\to0}(1+\sin x)^{\frac{1}{x}}=\mathrm{e}.$

（5）令 $t=\dfrac{1}{x}$，则 $\lim\limits_{x\to\infty}\left[x^2\left(1-\cos\dfrac{1}{x}\right)\right]=\lim\limits_{t\to0}\dfrac{1-\cos t}{t^2}=\lim\limits_{t\to0}\dfrac{\sin t}{2t}=\dfrac{1}{2}.$

（6）由于 $\lim\limits_{x\to0^+}(\cot x)^{\frac{1}{\ln x}}=\lim\limits_{x\to0^+}\mathrm{e}^{\ln(\cot x)^{\frac{1}{\ln x}}}=\lim\limits_{x\to0^+}\mathrm{e}^{\frac{\ln(\cot x)}{\ln x}}$，而

$$\lim\limits_{x\to0^+}\dfrac{\ln\cot x}{\ln x}=\lim\limits_{x\to0^+}\dfrac{\ln\cos x-\ln\sin x}{\ln x}=\lim\limits_{x\to0^+}\dfrac{-\dfrac{\sin x}{\cos x}-\dfrac{\cos x}{\sin x}}{\dfrac{1}{x}}=\lim\limits_{x\to0^+}-\dfrac{x}{\cos x\sin x}=-1,$$

所以 $\lim\limits_{x\to0^+}(\cot x)^{\frac{1}{\ln x}}=\mathrm{e}^{-1}.$

（7）由于

$$\lim_{x\to 1}\frac{\ln\cos(x-1)}{1-\sin\frac{\pi}{2}x}=\lim_{x\to 1}\frac{-\dfrac{\sin(x-1)}{\cos(x-1)}}{-\dfrac{\pi}{2}\cos\dfrac{\pi}{2}x}=\lim_{x\to 1}\frac{2}{\pi}\frac{1}{\cos(x-1)}\frac{\sin(x-1)}{\cos\dfrac{\pi}{2}x},$$

而

$$\lim_{x\to 1}\frac{\sin(x-1)}{\cos\dfrac{\pi}{2}x}=\lim_{x\to 1}\frac{\cos(x-1)}{-\dfrac{\pi}{2}\sin\dfrac{\pi}{2}x}=-\frac{2}{\pi},$$

所以 $\lim\limits_{x\to 1}\dfrac{\ln\cos(x-1)}{1-\sin\dfrac{\pi}{2}x}=-\dfrac{4}{\pi^2}.$

（8）$\lim\limits_{n\to\infty}(\sqrt{n+3\sqrt{n}}-\sqrt{n-\sqrt{n}})=\lim\limits_{n\to\infty}\dfrac{(n+3\sqrt{n})-(n-\sqrt{n})}{\sqrt{n+3\sqrt{n}}+\sqrt{n-\sqrt{n}}}$

$$=\lim_{n\to\infty}\frac{4\sqrt{n}}{\sqrt{n+3\sqrt{n}}+\sqrt{n-\sqrt{n}}}$$

$$=\lim_{n\to\infty}\frac{4}{\sqrt{1+3\sqrt{\dfrac{1}{n}}}+\sqrt{1-\sqrt{\dfrac{1}{n}}}}=2.$$

（9）$\lim\limits_{x\to 0}\dfrac{\ln(1+5x)}{\arctan 3x}=\lim\limits_{x\to 0}\dfrac{\dfrac{5}{1+5x}}{\dfrac{3}{1+9x^2}}=\dfrac{5}{3}.$

（10）$\lim\limits_{x\to 0}\left(\dfrac{e^x}{x}-\dfrac{1}{e^x-1}\right)=\lim\limits_{x\to 0}\dfrac{e^{2x}-e^x-x}{xe^x-x}=\lim\limits_{x\to 0}\dfrac{2e^{2x}-e^x-1}{e^x+xe^x-1}=\lim\limits_{x\to 0}\dfrac{4e^{2x}-e^x}{2e^x+xe^x}=\dfrac{3}{2}.$

4.

（1）设 $f(x)=1+x\ln(x+\sqrt{1+x^2})-\sqrt{1+x^2}$，显然 $f(x)$ 在 $[0,+\infty)$ 上连续，在 $(0,+\infty)$ 内可导，$f(0)=0$，且

$$f'(x)=\ln(x+\sqrt{1+x^2})+\frac{x}{\sqrt{1+x^2}}-\frac{x}{\sqrt{1+x^2}}=\ln(x+\sqrt{1+x^2}),$$

当 $x>0$ 时，$f'(x)>\ln 1=0$，从而 $f(x)$ 在 $[0,+\infty)$ 上单调增加；当 $x>0$ 时，有 $f(x)>f(0)=0$，即 $1+x\ln(x+\sqrt{1+x^2})-\sqrt{1+x^2}>0$，结论得证.

（2）**证法 1** 构造辅助函数

$$f(x)=\begin{cases}\dfrac{\sin x}{x}, & x\neq 0\\ 1, & x=0\end{cases},$$

显然 $f(x)$ 在 $\left[0,\dfrac{\pi}{2}\right]$ 上连续，在 $\left(0,\dfrac{\pi}{2}\right)$ 内可导，且 $f'(x)=\dfrac{x\cos x-\sin x}{x^2}$. 又记 $g(x)=$

$x\cos x-\sin x$，则 $g(x)$ 在 $\left[0,\dfrac{\pi}{2}\right]$ 上连续，在 $\left(0,\dfrac{\pi}{2}\right)$ 内可导，且当 $x\in\left(0,\dfrac{\pi}{2}\right)$ 时，

$$g'(x)=-x\sin x<0,$$

所以 $g(x)$ 在 $\left[0,\dfrac{\pi}{2}\right]$ 上单调减少，因此当 $0<x<\dfrac{\pi}{2}$ 时，$g(0)>g(x)$，即 $g(x)<0$，从

而有 $f'(x)=\dfrac{x\cos x-\sin x}{x^2}<0$，所以 $f(x)$ 在 $\left[0,\dfrac{\pi}{2}\right]$ 上单调减少．即当 $0<x<\dfrac{\pi}{2}$ 时，

$f(0)>f(x)>f\left(\dfrac{\pi}{2}\right)$，即

$$1>\frac{\sin x}{x}>\frac{\sin\dfrac{\pi}{2}}{\dfrac{\pi}{2}},$$

从而 $\dfrac{2}{\pi}<\dfrac{\sin x}{x}<1$，结论得证．

证法 2 当 $0<x<\dfrac{\pi}{2}$ 时，不等式 $\dfrac{\sin x}{x}<1$ 显然成立，这里只证明不等式 $\dfrac{2}{\pi}<\dfrac{\sin x}{x}$．

构造辅助函数

$$f(x)=\sin x-\frac{2}{\pi}x,\ x\in\left[0,\frac{\pi}{2}\right].$$

当 $0<x<\dfrac{\pi}{2}$ 时，$f'(x)=\cos x-\dfrac{2}{\pi}$，令 $f'(x)=0$，解得唯一驻点 $x_0=\arccos\dfrac{2}{\pi}$，又因为

$f''(x)=-\sin x$，因此 $f''(x_0)<0$，故函数 $f(x)$ 在 $x_0=\arccos\dfrac{2}{\pi}$ 处取得唯一极大值．由

于 $f(x)$ 在 $\left[0,\dfrac{\pi}{2}\right]$ 上连续，因此一定存在最大值和最小值，且最小值只能在 $x=0$ 或

$x=\dfrac{\pi}{2}$ 处取到．而 $f(0)=f\left(\dfrac{\pi}{2}\right)=0$，故当 $0<x<\dfrac{\pi}{2}$ 时，$f(x)>f(0)=0$，即 $\sin x-$

$\dfrac{2}{\pi}x>0$，从而有 $\dfrac{2}{\pi}<\dfrac{\sin x}{x}$ 成立．

（3）分析 $\dfrac{b-a}{b}<\ln\dfrac{b}{a}<\dfrac{b-a}{a}\Leftrightarrow\dfrac{1}{b}<\dfrac{\ln b-\ln a}{b-a}<\dfrac{1}{a}$．

证 设 $f(x)=\ln x$，显然 $f(x)$ 在区间 $[a,b]$ 上满足拉格朗日中值定理条件，且

$f'(x)=\dfrac{1}{x}$，因此至少存在一点 $\xi\in(a,b)$，使得

$$f'(\xi)=\frac{f(b)-f(a)}{b-a},\ \text{即}\ \frac{1}{\xi}=\frac{\ln b-\ln a}{b-a}.$$

而 $\dfrac{1}{b}<\dfrac{1}{\xi}<\dfrac{1}{a}$，则有 $\dfrac{1}{b}<\dfrac{\ln b-\ln a}{b-a}<\dfrac{1}{a}$，所以 $\dfrac{b-a}{b}<\ln\dfrac{b}{a}<\dfrac{b-a}{a}$．

5. 函数 $f(x)=\sqrt[3]{(2x-x^2)^2}=(2x-x^2)^{\frac{2}{3}}$ 的定义域为 $(-\infty,+\infty)$，且

$$f'(x) = \frac{4}{3}(2x - x^2)^{-\frac{1}{3}}(1-x) = \frac{4(1-x)}{3 \cdot \sqrt[3]{x(2-x)}},$$

$x=1$ 为函数的驻点，$x=0$ 与 $x=2$ 为导数不存在的点，列表讨论函数的性态，见表 4.3。

表 4.3

x	$(-\infty, 0)$	0	$(0, 1)$	1	$(1, 2)$	2	$(2, +\infty)$
$f'(x)$	$-$	不存在	$+$	0	$-$	不存在	$+$
$f(x)$	↘	极小值 0	↗	极大值 1	↘	极小值 0	↗

由表 4.3 可知，$f(x)$ 的单调递增区间为 $[0, 1]$ 和 $[2, +\infty)$，单调递减区间为 $(-\infty, 0]$ 和 $[1, 2]$；极大值为 $f(1)=1$，极小值为 $f(0)=0$.

6. 定义域为 $(-\infty, 1) \bigcup (1, +\infty)$.

$$y' = \frac{4x(1-x)^2 + 4x^2(1-x)}{(1-x)^4} = \frac{4x(1-x) + 4x^2}{(1-x)^3} = \frac{4x}{(1-x)^3}, \quad x=0 \text{ 为函数的驻点.}$$

$$y'' = \frac{4(1-x)^3 + 12x(1-x)^2}{(1-x)^6} = \frac{4 - 4x + 12x}{(1-x)^4} = \frac{4 + 8x}{(1-x)^4}, \quad \text{当 } x = -\frac{1}{2} \text{ 时，二阶导数}$$

为零.

列表讨论函数的性态，见表 4.4.

表 4.4

x	$\left(-\infty, -\frac{1}{2}\right)$	$-\frac{1}{2}$	$\left(-\frac{1}{2}, 0\right)$	0	$(0, 1)$	$(1, +\infty)$
$f'(x)$	$-$	$-$	$-$	0	$+$	$-$
$f''(x)$	$-$	0	$+$	$+$	$+$	$+$
$f(x)$	↓	$\frac{2}{9}$	↘	极小值 0	↑	↘

由表 4.4 可知，$f(x)$ 的单调递增区间为 $[0, 1)$，单调递减区间为 $(-\infty, 0]$ 和 $(1, +\infty)$；极小值 $f(0)=0$，$f(x)$ 的凹区间为 $\left[-\frac{1}{2}, 1\right)$ 和 $(1, +\infty)$，$f(x)$ 的凸区间为 $\left(-\infty, -\frac{1}{2}\right]$，拐点为 $\left(-\frac{1}{2}, \frac{2}{9}\right)$. 又因为 $\lim\limits_{x \to \infty} \frac{2x^2}{(1-x)^2} = 2$，所以 $y=2$ 为水平渐近线；因为 $\lim\limits_{x \to 1} \frac{2x^2}{(1-x)^2} = \infty$，所以直线 $x=1$ 为 $f(x)$ 的铅直渐近线.

7. (1) $Q'(p) = -2p$，$Q'(4) = -8$.

(2) $\dfrac{EQ}{Ep} = \left| \dfrac{p}{Q} Q' \right| = \left| \dfrac{p}{(75 - p^2)}(-2p) \right| = \left| \dfrac{-2p^2}{(75 - p^2)} \right|$，则 $\dfrac{EQ}{Ep}\bigg|_{p=4} = \left| -\dfrac{32}{59} \right| \approx$

0.54，即当 $p=4$ 时，价格上涨（或下跌）1%，需求量大约会减少（或增加）0.54%.

(3) $S(p) = pQ = p(75 - p^2) = 75p - p^3$，$S'(p) = 75 - 3p^2$，令 $S'(p) = 75 - 3p^2 =$

0，得到驻点为 $x_1 = 5$，$x_3 = -5$（舍去），$S''(p) = -6p$，$S''(5) = -30 < 0$，因此 $x_1 = 5$ 为极大值点也是最大值点，最大值为 $S(5) = 250$.

8. 设截取长度为 x 的一段铁丝，围成正方形，则正方形的面积为 $\left(\dfrac{x}{4}\right)^2$，另一段长度为 $a - x$ 围成一个圆，圆的半径为 $\dfrac{a-x}{2\pi}$，则圆的面积为 $\dfrac{(a-x)^2}{4\pi}$，所以两个物体的面积之和为

$$S(x) = \frac{x^2}{16} + \frac{1}{4\pi}(a-x)^2, \quad 0 < x < a.$$

令 $S'(x) = \dfrac{x}{8} - \dfrac{1}{2\pi}(a-x) = 0$，解得唯一驻点 $x = \dfrac{4a}{4+\pi}$. 因为 $S''(x) = \dfrac{1}{8} + \dfrac{1}{2\pi}$，所以

$$S''\left(\frac{4a}{4+\pi}\right) = \frac{1}{8} + \frac{1}{2\pi} > 0,$$

从而 $x = \dfrac{4a}{4+\pi}$ 为极小值点，也是最小值点，围成正方形铁丝的长度为 $\dfrac{4a}{4+\pi}$，围成圆的铁丝的长度为 $\dfrac{a\pi}{4+\pi}$.

填空题详解   单项选择题详解

第5章

不 定 积 分

5.1　内容提要

5.1.1　不定积分的概念

设函数 $f(x)$ 在区间 I 上有定义，若存在函数 $F(x)$，使得在区间 I 上有
$$F'(x) = f(x), \quad \text{或 } \mathrm{d}F(x) = f(x)\mathrm{d}x,$$
则称 $F(x)$ 是 $f(x)$ 在区间 I 上的一个原函数.

设 $F(x)$ 是 $f(x)$ 在区间 I 上的一个原函数，称 $f(x)$ 的所有原函数 $F(x)+C$ 为 $f(x)$ 在区间 I 上的不定积分，记作 $\int f(x)\mathrm{d}x$ ，即
$$\int f(x)\mathrm{d}x = F(x) + C.$$

5.1.2　不定积分的性质

(1) $\dfrac{\mathrm{d}}{\mathrm{d}x}\int f(x)\mathrm{d}x = f(x)$ 或 $\mathrm{d}\int f(x)\mathrm{d}x = f(x)\mathrm{d}x$ ；

(2) $\int f'(x)\mathrm{d}x = f(x) + C$ 或 $\int \mathrm{d}f(x) = f(x) + C$ ；

(3) $\int [af(x) \pm bg(x)]\mathrm{d}x = a\int f(x)\mathrm{d}x \pm b\int g(x)\mathrm{d}x$ $(a, b$ 不全为 $0)$.

5.1.3　基本积分公式表

(1) $\int k\mathrm{d}x = kx + C$ ，特别地，$\int 0\mathrm{d}x = C$ ；

(2) $\int x^{\alpha}\mathrm{d}x = \dfrac{1}{\alpha+1}x^{\alpha+1} + C, \quad \alpha \neq -1$ ，

特别地，$\displaystyle\int \frac{1}{x^2}\mathrm{d}x = -\frac{1}{x} + C$，$\displaystyle\int \frac{1}{\sqrt{x}}\mathrm{d}x = 2\sqrt{x} + C$；

(3) $\displaystyle\int \frac{1}{x}\mathrm{d}x = \ln \mid x \mid + C$；

(4) $\displaystyle\int a^x \mathrm{d}x = \frac{1}{\ln a}a^x + C$，特别地，$\displaystyle\int \mathrm{e}^x \mathrm{d}x = \mathrm{e}^x + C$；

(5) $\displaystyle\int \cos x \, \mathrm{d}x = \sin x + C$，$\displaystyle\int \sin x \, \mathrm{d}x = -\cos x + C$；

(6) $\displaystyle\int \tan x \, \mathrm{d}x = -\ln \mid \cos x \mid + C$，$\displaystyle\int \cot x \, \mathrm{d}x = \ln \mid \sin x \mid + C$；

(7) $\displaystyle\int \sec^2 x \, \mathrm{d}x = \int \frac{1}{\cos^2 x}\mathrm{d}x = \tan x + C$，$\displaystyle\int \csc^2 x \, \mathrm{d}x = \int \frac{1}{\sin^2 x}\mathrm{d}x = -\cot x + C$；

(8) $\displaystyle\int \sec x \cdot \tan x \, \mathrm{d}x = \sec x + C$，$\displaystyle\int \csc x \cdot \cot x \, \mathrm{d}x = -\csc x + C$；

(9) $\displaystyle\int \sec x \, \mathrm{d}x = \ln \mid \sec x + \tan x \mid + C$，$\displaystyle\int \csc x \, \mathrm{d}x = \ln \mid \csc x - \cot x \mid + C$；

(10) $\displaystyle\int \frac{1}{a^2 + x^2}\mathrm{d}x = \frac{1}{a}\arctan \frac{x}{a} + C$；

(11) $\displaystyle\int \frac{1}{a^2 - x^2}\mathrm{d}x = \frac{1}{2a}\ln \left| \frac{a + x}{a - x} \right| + C$；

(12) $\displaystyle\int \frac{1}{\sqrt{a^2 - x^2}}\mathrm{d}x = \arcsin \frac{x}{a} + C$；

(13) $\displaystyle\int \frac{1}{\sqrt{a^2 + x^2}}\mathrm{d}x = \ln \mid x + \sqrt{a^2 + x^2} \mid + C$，

$\displaystyle\int \frac{1}{\sqrt{x^2 - a^2}}\mathrm{d}x = \ln \mid x + \sqrt{x^2 - a^2} \mid + C$.

5.1.4 第一类换元积分法（凑微分法）

设 $F(u)$ 是 $f(u)$ 的一个原函数，$u = \varphi(x)$ 可导，则有

$$\int f[\varphi(x)]\varphi'(x)\mathrm{d}x = \int f[\varphi(x)]\mathrm{d}\varphi(x) \underline{\underline{u = \varphi(x)}} \int f(u)\mathrm{d}u$$
$$= F(u) + C = F[\varphi(x)] + C.$$

常见的凑微分公式（设 $f(x)$ 可积）：

(1) $\displaystyle\int f(ax + b)\mathrm{d}x = \frac{1}{a}\int f(ax + b)\mathrm{d}(ax + b)$，$\quad a \neq 0$；

(2) $\displaystyle\int \frac{1}{x}f(\ln x)\mathrm{d}x = \int f(\ln x)\mathrm{d}(\ln x)$；

(3) $\displaystyle\int x^{n-1}f(ax^n + b)\mathrm{d}x = \frac{1}{an}\int f(ax^n + b)\mathrm{d}(ax^n + b)$，

特别地，$\displaystyle\int \frac{1}{x^2}f\left(\frac{1}{x}\right)\mathrm{d}x = -\int f\left(\frac{1}{x}\right)\mathrm{d}\left(\frac{1}{x}\right)$，$\displaystyle\int \frac{1}{\sqrt{x}}f(\sqrt{x})\mathrm{d}x = 2\int f(\sqrt{x})\mathrm{d}(\sqrt{x})$，

(4) $\int a^x f(a^x)\mathrm{d}x = \dfrac{1}{\ln a}\int f(a^x)\mathrm{d}a^x$，特别地，$\int \mathrm{e}^x f(\mathrm{e}^x)\mathrm{d}x = \int f(\mathrm{e}^x)\mathrm{d}\mathrm{e}^x$；

(5) $\int \cos x \cdot f(\sin x)\mathrm{d}x = \int f(\sin x)\mathrm{d}\sin x$；

(6) $\int \sin x \cdot f(\cos x)\mathrm{d}x = -\int f(\cos x)\mathrm{d}\cos x$；

(7) $\int \sec^2 x \cdot f(\tan x)\mathrm{d}x = \int f(\tan x)\mathrm{d}\tan x$；

(8) $\int \csc^2 x \cdot f(\cot x)\mathrm{d}x = -\int f(\cot x)\mathrm{d}\cot x$；

(9) $\int \dfrac{1}{1+x^2}f(\arctan x)\mathrm{d}x = \int f(\arctan x)\mathrm{d}\arctan x$；

(10) $\int \dfrac{1}{\sqrt{1-x^2}}f(\arcsin x)\mathrm{d}x = \int f(\arcsin x)\mathrm{d}\arcsin x$；

(11) $\int \sec x\tan x \cdot f(\sec x)\mathrm{d}x = \int f(\sec x)\mathrm{d}\sec x$；

(12) $\int f'(x)f(x)\mathrm{d}x = \dfrac{1}{2}\left[f(x)\right]^2 + C$；

(13) $\int \dfrac{f'(x)}{f(x)}\mathrm{d}x = \ln|f(x)| + C$.

5.1.5 第二类换元积分法

设函数 $x=\varphi(t)$ 可导，且 $\varphi'(t)\neq 0$，如果 $f[\varphi(t)]\varphi'(t)$ 具有原函数 $F(t)$，则

$$\int f(x)\mathrm{d}x = \int f[\varphi(t)]\mathrm{d}\varphi(t) = \int f[\varphi(t)]\varphi'(t)\mathrm{d}t = F(t) + C = F[\varphi^{-1}(x)] + C,$$

其中 $t=\varphi^{-1}(x)$ 是 $x=\varphi(t)$ 的反函数.

表 5.1 给出了常用的三角代换公式.

表 5.1 常用的三角代换

$\sqrt{a^2-x^2}$	$\sqrt{a^2+x^2}$	$\sqrt{x^2-a^2}$
$x=a\sin t$，$t\in\left(-\dfrac{\pi}{2}, \dfrac{\pi}{2}\right)$	$x=a\tan t$，$t\in\left(-\dfrac{\pi}{2}, \dfrac{\pi}{2}\right)$	当 $x>a$ 时，令 $x=a\sec t$，$t\in\left(0, \dfrac{\pi}{2}\right)$①
$\mathrm{d}x=a\cos t\,\mathrm{d}t$	$\mathrm{d}x=a\sec^2 t\,\mathrm{d}t$	$\mathrm{d}x=a\sec t\tan t\,\mathrm{d}t$
$\sqrt{a^2-x^2}=a\cos t$	$\sqrt{a^2+x^2}=a\sec t$	$\sqrt{x^2-a^2}=a\tan t$
$t=\arcsin\dfrac{x}{a}$	$t=\arctan\dfrac{x}{a}$	$t=\arccos\dfrac{a}{x}$

---

① 当 $x<-a$ 时，可令 $u=-x$.

$\sqrt{a^2-x^2}$	$\sqrt{a^2+x^2}$	$\sqrt{x^2-a^2}$

（图：直角三角形，斜边 a，对边 x，底边 $\sqrt{a^2-x^2}$，角 t）　（图：直角三角形，斜边 $\sqrt{a^2+x^2}$，对边 x，底边 a，角 t）　（图：直角三角形，斜边 x，对边 $\sqrt{x^2-a^2}$，底边 a，角 t）

5.1.6　分部积分法

设函数 $u=u(x)$，$v=v(x)$ 具有连续的导数，则

$$\int uv'\mathrm{d}x = \int u\,\mathrm{d}v = uv - \int v\,\mathrm{d}u = uv - \int vu'\mathrm{d}x.$$

分部积分的两个原则：

(1) $v=v(x)$ 容易得到；　　(2) $\int vu'\mathrm{d}x$ 的计算比 $\int v'u\,\mathrm{d}x$ 简单.

5.1.7　有理函数积分法

利用多项式的除法可以将有理函数的积分转化为多项式与真分式的积分，而通过真分式的分解可以将真分式的积分转化为如下四大类简单真分式（部分分式）的积分.

(1) $\displaystyle\int \frac{A}{x-a}\mathrm{d}x$；

(2) $\displaystyle\int \frac{A}{(x-a)^n}\mathrm{d}x$　$(n>1)$；

(3) $\displaystyle\int \frac{Bx+C}{x^2+px+q}\mathrm{d}x$　$(p^2-4q<0)$；

(4) $\displaystyle\int \frac{Bx+C}{(x^2+px+q)^n}\mathrm{d}x$　$(p^2-4q<0,n>1)$.

将真分式分解为部分分式之和时，若真分式的分母中含有因式 $(x-a)^k$，则分解后的式子应该含有如下表达式

$$\frac{A_1}{x-a} + \frac{A_2}{(x-a)^2} + \cdots + \frac{A_k}{(x-a)^k},$$

若真分式的分母中含有因式 $(x^2+px+q)^k$ $(p^2-4q<0)$，则分解后的式子应该含有如下表达式

$$\frac{B_1x+C_1}{x^2+px+q} + \frac{B_2x+C_2}{(x^2+px+q)^2} + \cdots + \frac{B_kx+C_k}{(x^2+px+q)^k}.$$

5.2 典型例题分析

5.2.1 题型一 利用积分基本公式计算不定积分

例 5.1 求下列不定积分：

(1) $\int \dfrac{1}{x^2(1+x^2)}\mathrm{d}x$; (2) $\int \dfrac{1}{\sin^2 x \cos^2 x}\mathrm{d}x$.

解 (1) $\int \dfrac{1}{x^2(1+x^2)}\mathrm{d}x = \int \dfrac{1+x^2-x^2}{x^2(1+x^2)}\mathrm{d}x = \int \left(\dfrac{1}{x^2} - \dfrac{1}{1+x^2}\right)\mathrm{d}x$

$$= -\dfrac{1}{x} - \arctan x + C ;$$

(2) $\int \dfrac{1}{\sin^2 x \cos^2 x}\mathrm{d}x = \int \dfrac{\sin^2 x + \cos^2 x}{\sin^2 x \cos^2 x}\mathrm{d}x = \int \left(\dfrac{1}{\cos^2 x} + \dfrac{1}{\sin^2 x}\right)\mathrm{d}x = \tan x - \cot x + C.$

5.2.2 题型二 利用凑微分法计算不定积分

例 5.2 求下列不定积分：

(1) $\int \dfrac{1}{3x+5}\mathrm{d}x$; (2) $\int x\sqrt{x^2-4}\,\mathrm{d}x$; (3) $\int \dfrac{\ln x}{x}\mathrm{d}x$;

(4) $\int \dfrac{1}{x^2}\sin \dfrac{1}{x}\mathrm{d}x$; (5) $\int \dfrac{1}{\mathrm{e}^x - 1}\mathrm{d}x$; (6) $\int \dfrac{1}{\sqrt{x(9-x)}}\mathrm{d}x$.

解 (1) $\int \dfrac{1}{3x+5}\mathrm{d}x = \dfrac{1}{3}\int \dfrac{1}{3x+5}\mathrm{d}(3x+5) = \dfrac{1}{3}\ln|3x+5| + C$;

(2) $\int x\sqrt{x^2-4}\,\mathrm{d}x = \dfrac{1}{2}\int \sqrt{x^2-4}\,\mathrm{d}(x^2-4) = \dfrac{1}{3}(x^2-4)^{\frac{3}{2}} + C$;

(3) $\int \dfrac{\ln x}{x}\mathrm{d}x = \int \ln x\,\mathrm{d}\ln x = \dfrac{1}{2}(\ln x)^2 + C$;

(4) $\int \dfrac{1}{x^2}\sin \dfrac{1}{x}\mathrm{d}x = -\int \sin \dfrac{1}{x}\,\mathrm{d}\dfrac{1}{x} = \cos \dfrac{1}{x} + C$;

(5) $\int \dfrac{1}{\mathrm{e}^x-1}\mathrm{d}x = \int \dfrac{1-\mathrm{e}^x+\mathrm{e}^x}{\mathrm{e}^x-1}\mathrm{d}x = \int \left(\dfrac{\mathrm{e}^x}{\mathrm{e}^x-1} - 1\right)\mathrm{d}x = -x + \int \dfrac{1}{\mathrm{e}^x-1}\mathrm{d}(\mathrm{e}^x-1)$

$$= \ln|\mathrm{e}^x-1| - x + C ;$$

(6) $\int \dfrac{1}{\sqrt{x(9-x)}}\mathrm{d}x = 2\int \dfrac{1}{\sqrt{9-x}}\mathrm{d}\sqrt{x} = 2\int \dfrac{1}{\sqrt{3^2-(\sqrt{x})^2}}\mathrm{d}\sqrt{x}$

$$= 2\arcsin \dfrac{\sqrt{x}}{3} + C.$$

5.2.3 题型三 利用第二类换元积分法计算不定积分

例5.3 求下列不定积分：

(1) $\displaystyle\int \frac{1}{\sqrt{2x+5}+1}\mathrm{d}x$ ；(2) $\displaystyle\int \frac{1}{\sqrt[3]{x+1}+1}\mathrm{d}x$ ； (3) $\displaystyle\int \frac{1}{\sqrt{x}+\sqrt[3]{x}}\mathrm{d}x$ ；

(4) $\displaystyle\int \frac{1}{(1-x^2)^{\frac{3}{2}}}\mathrm{d}x$ ； (5) $\displaystyle\int \frac{1}{(1+x^2)^2}\mathrm{d}x$ ； (6) $\displaystyle\int \frac{1}{x\sqrt{x^2-1}}\mathrm{d}x$ ，$x>1$.

解 (1) 令 $t=\sqrt{2x+5}$ ，则 $x=\dfrac{1}{2}(t^2-5)$ ，$\mathrm{d}x=t\mathrm{d}t$ ，从而

$$原式=\int \frac{t}{t+1}\mathrm{d}t=\int\left(1-\frac{1}{t+1}\right)\mathrm{d}t=t-\ln|t+1|+C$$

$$=\sqrt{2x+5}-\ln(\sqrt{2x+5}+1)+C ；$$

(2) 令 $t=\sqrt[3]{x+1}$ ，有 $x=t^3-1$ ，$\mathrm{d}x=3t^2\mathrm{d}t$ ，则

$$原式=\int \frac{3t^2}{t+1}\mathrm{d}t=\int\left(\frac{3t^2-3+3}{t+1}\right)\mathrm{d}t=\int\left(3t-3+\frac{3}{t+1}\right)\mathrm{d}t$$

$$=\frac{3}{2}t^2-3t+3\ln|t+1|+C$$

$$=\frac{3}{2}\sqrt[3]{(x+1)^2}-3\sqrt[3]{x+1}+3\ln|\sqrt[3]{x+1}+1|+C ；$$

(3) 令 $t=\sqrt[6]{x}$ ，有 $x=t^6$ ，$\mathrm{d}x=6t^5\mathrm{d}t$ ，$\sqrt{x}=t^3$ ，$\sqrt[3]{x}=t^2$ ，则

$$原式=\int \frac{6t^5}{t^3+t^2}\mathrm{d}t=6\int \frac{t^3}{t+1}\mathrm{d}t=6\int \frac{t^3+1-1}{t+1}\mathrm{d}t$$

$$=6\int\left(t^2-t+1-\frac{1}{t+1}\right)\mathrm{d}t=2t^3-3t^2+6t-6\ln|t+1|+C$$

$$=2\sqrt{x}-3\sqrt[3]{x}+6\sqrt[6]{x}-6\ln(\sqrt[6]{x}+1)+C ；$$

(4) 令 $x=\sin t$ ，$t\in\left(-\dfrac{\pi}{2},\dfrac{\pi}{2}\right)$ ，有 $\mathrm{d}x=\cos t\mathrm{d}t$ ，$\sqrt{1-x^2}=\cos t$ ，则

$$原式=\int \frac{\cos t}{\cos^3 t}\mathrm{d}t=\tan t+C=\frac{\sin t}{\cos t}+C=\frac{x}{\sqrt{1-x^2}}+C ；$$

(5) 令 $x=\tan t$ ，$t\in\left(-\dfrac{\pi}{2},\dfrac{\pi}{2}\right)$ ，有 $\mathrm{d}x=\sec^2 t\mathrm{d}t$ ，$\sqrt{1+x^2}=\sec t$ ，则

$$原式=\int \frac{\sec^2 t}{\sec^4 t}\mathrm{d}t=\int \cos^2 t\mathrm{d}t=\int \frac{1+\cos 2t}{2}\mathrm{d}t$$

$$=\frac{1}{2}t+\frac{1}{4}\sin 2t+C=\frac{1}{2}t+\frac{1}{2}\sin t\cos t+C$$

$$=\frac{1}{2}\arctan x+\frac{1}{2}\frac{x}{\sqrt{1+x^2}}\frac{1}{\sqrt{1+x^2}}+C$$

$$=\frac{1}{2}\arctan x+\frac{1}{2}\frac{x}{1+x^2}+C ；$$

(6) 令 $x = \sec t$，$t \in \left(0, \dfrac{\pi}{2}\right)$，有 $\mathrm{d}x = \sec t \tan t\, \mathrm{d}t$，$\sqrt{x^2 - 1} = \tan t$，$t = \arccos \dfrac{1}{x}$，则

原式 $= \displaystyle\int 1 \mathrm{d}t = t + C = \arccos \dfrac{1}{x} + C$.

5.2.4 题型四 利用分部积分法计算不定积分

例 5.4 求下列不定积分：

(1) $\displaystyle\int x\, \mathrm{e}^{3x}\, \mathrm{d}x$；
(2) $\displaystyle\int x^2 \sin x\, \mathrm{d}x$；
(3) $\displaystyle\int x^4 \ln x\, \mathrm{d}x$；

(4) $\displaystyle\int x^2 \arctan x\, \mathrm{d}x$；
(5) $\displaystyle\int \sec^3 x\, \mathrm{d}x$；
(6) $\displaystyle\int x^2 (\ln x)^2\, \mathrm{d}x$；

(7) $\displaystyle\int \dfrac{x\, \mathrm{e}^x}{(1 + \mathrm{e}^x)^2}\, \mathrm{d}x$.

解 (1) $\displaystyle\int x\, \mathrm{e}^{3x}\, \mathrm{d}x = \frac{1}{3}\int x\, \mathrm{d}\mathrm{e}^{3x} = \frac{1}{3}\left(x\, \mathrm{e}^{3x} - \int \mathrm{e}^{3x}\, \mathrm{d}x\right) = \frac{1}{3}x\, \mathrm{e}^{3x} - \frac{1}{9}\mathrm{e}^{3x} + C$；

(2) $\displaystyle\int x^2 \sin x\, \mathrm{d}x = -\int x^2 \mathrm{d}\cos x = -x^2 \cos x + 2\int x \cos x\, \mathrm{d}x$

$\qquad = -x^2 \cos x + 2\displaystyle\int x\, \mathrm{d}\sin x = -x^2 \cos x + 2\left(x \sin x - \int \sin x\, \mathrm{d}x\right)$

$\qquad = -x^2 \cos x + 2x \sin x + 2\cos x + C$；

(3) $\displaystyle\int x^4 \ln x\, \mathrm{d}x = \frac{1}{5}\int \ln x\, \mathrm{d}(x^5) = \frac{1}{5}\left(x^5 \ln x - \int x^5 \cdot \frac{1}{x}\, \mathrm{d}x\right) = \frac{1}{5}x^5 \ln x - \frac{1}{25}x^5 + C$；

(4) $\displaystyle\int x^2 \arctan x\, \mathrm{d}x = \frac{1}{3}\int \arctan x\, \mathrm{d}(x^3) = \frac{1}{3}\left(x^3 \arctan x - \int \frac{x^3}{1 + x^2}\, \mathrm{d}x\right)$

$\qquad = \dfrac{1}{3}\left(x^3 \arctan x - \displaystyle\int \dfrac{x^3 + x - x}{1 + x^2}\, \mathrm{d}x\right)$

$\qquad = \dfrac{1}{3}x^3 \arctan x - \dfrac{1}{3}\displaystyle\int \left(x - \dfrac{x}{1 + x^2}\right) \mathrm{d}x$

$\qquad = \dfrac{1}{3}x^3 \arctan x - \dfrac{1}{6}x^2 + \dfrac{1}{6}\ln(1 + x^2) + C$；

(5) $\displaystyle\int \sec^3 x\, \mathrm{d}x = \int \sec x\, \mathrm{d}\tan x = \sec x \tan x - \int \tan x\, \mathrm{d}\sec x$

$\qquad = \sec x \tan x - \displaystyle\int \sec x \tan^2 x\, \mathrm{d}x = \sec x \tan x - \int \sec x\, (\sec^2 x - 1)\, \mathrm{d}x$

$\qquad = \sec x \tan x - \displaystyle\int \sec^3 x\, \mathrm{d}x + \int \sec x\, \mathrm{d}x$

$\qquad = \sec x \tan x - \displaystyle\int \sec^3 x\, \mathrm{d}x + \ln |\sec x + \tan x|$，

所以

$$\int \sec^3 x\, \mathrm{d}x = \frac{1}{2}\sec x \tan x + \frac{1}{2}\ln |\sec x + \tan x| + C；$$

(6) $\displaystyle\int x^2 (\ln x)^2\, \mathrm{d}x = \frac{1}{3}\int (\ln x)^2 \mathrm{d}(x^3) = \frac{1}{3}\left[x^3 (\ln x)^2 - 2\int x^2 \ln x\, \mathrm{d}x\right]$

$$= \frac{1}{3} x^3 (\ln x)^2 - \frac{2}{9} \int \ln x \, d(x^3) = \frac{1}{3} x^3 (\ln x)^2 - \frac{2}{9} \left(x^3 \ln x - \int x^2 \, dx \right)$$

$$= \frac{1}{3} x^3 (\ln x)^2 - \frac{2}{9} x^3 \ln x + \frac{2}{27} x^3 + C$$

$$= \frac{1}{3} x^3 \left[(\ln x)^2 - \frac{2}{3} \ln x + \frac{2}{9} \right] + C;$$

(7) $\displaystyle \int \frac{x \, e^x}{(1 + e^x)^2} dx = -\int x \, d \frac{1}{1 + e^x} = -\frac{x}{1 + e^x} + \int \frac{1}{1 + e^x} dx$

$$= -\frac{x}{1 + e^x} + \int \frac{1 + e^x - e^x}{1 + e^x} dx = -\frac{x}{1 + e^x} + \int \left(1 - \frac{e^x}{1 + e^x} \right) dx$$

$$= -\frac{x}{1 + e^x} + x - \ln(1 + e^x) + C.$$

5.2.5 题型五 对有理函数计算不定积分

例 5.5 求下列不定积分：

(1) $\displaystyle \int \frac{1}{4 - 25 x^2} dx$；　　　(2) $\displaystyle \int \frac{x + 4}{x^2 + 2x + 5} dx$；　　　(3) $\displaystyle \int \frac{x + 4}{x^2 - x - 2} dx$；

(4) $\displaystyle \int \frac{1}{x(x - 1)^2} dx$；　　　(5) $\displaystyle \int \frac{3x}{1 - x^3} dx$；　　　(6) $\displaystyle \int \frac{x^4 - 3}{x^2 + 2x + 1} dx$；

(7) $\displaystyle \int \frac{x^3 + 2x^2 + x - 5}{(x - 1)^{2015}} dx$.

解 (1) $\displaystyle \int \frac{1}{4 - 25 x^2} dx = \frac{1}{5} \int \frac{1}{2^2 - (5x)^2} d(5x) = \frac{1}{20} \ln \left| \frac{2 + 5x}{2 - 5x} \right| + C$；

(2) $\displaystyle \int \frac{x + 4}{x^2 + 2x + 5} dx = \int \frac{x + 1 + 3}{x^2 + 2x + 5} dx = \int \frac{x + 1}{x^2 + 2x + 5} dx + \int \frac{3}{x^2 + 2x + 5} dx$

$$= \frac{1}{2} \int \frac{1}{x^2 + 2x + 5} d(x^2 + 2x + 5) + 3 \int \frac{1}{(x + 1)^2 + 2^2} d(x + 1)$$

$$= \frac{1}{2} \ln(x^2 + 2x + 5) + \frac{3}{2} \arctan \frac{x + 1}{2} + C;$$

(3) 设

$$\frac{x + 4}{x^2 - x - 2} = \frac{x + 4}{(x - 2)(x + 1)} = \frac{a}{x - 2} + \frac{b}{x + 1} = \frac{(a + b)x + a - 2b}{(x - 2)(x + 1)},$$

则 $a + b = 1$，$a - 2b = 4$，解得 $a = 2$，$b = -1$，从而

$$\int \frac{x + 4}{x^2 - x - 2} dx = 2 \int \frac{1}{x - 2} dx - \int \frac{1}{x + 1} dx = 2 \ln |x - 2| - \ln |x + 1| + C$$

$$= \ln \frac{(x - 2)^2}{|x + 1|} + C;$$

(4) 设

$$\frac{1}{x(x - 1)^2} = \frac{a}{x} + \frac{b}{x - 1} + \frac{c}{(x - 1)^2} = \frac{(a + b)x^2 + (c - 2a - b)x + a}{x(x - 1)^2},$$

解得 $a=1$，$b=-1$，$c=1$，从而

$$\int \frac{1}{x(x-1)^2}\mathrm{d}x = \int \frac{1}{x}\mathrm{d}x - \int \frac{1}{x-1}\mathrm{d}x + \int \frac{1}{(x-1)^2}\mathrm{d}x$$

$$= \ln|x| - \ln|x-1| - \frac{1}{x-1} + C$$

$$= \ln\left|\frac{x}{x-1}\right| - \frac{1}{x-1} + C;$$

（5）设

$$\frac{3x}{1-x^3} = \frac{3x}{(1-x)(1+x+x^2)} = \frac{a}{1-x} + \frac{bx+c}{1+x+x^2}$$

$$= \frac{(a-b)x^2 + (a+b-c)x + a+c}{(1-x)(1+x+x^2)},$$

则 $a-b=0$，$a+b-c=3$，$a+c=0$，解得 $a=1$，$b=1$，$c=-1$，从而

$$\int \frac{3x}{1-x^3}\mathrm{d}x = \int \frac{1}{1-x}\mathrm{d}x + \int \frac{x-1}{1+x+x^2}\mathrm{d}x = -\ln|1-x| + \int \frac{x+\frac{1}{2}-\frac{3}{2}}{1+x+x^2}\mathrm{d}x$$

$$= -\ln|1-x| + \frac{1}{2}\int \frac{2x+1}{1+x+x^2}\mathrm{d}x - \frac{3}{2}\int \frac{1}{1+x+x^2}\mathrm{d}x$$

$$= -\ln|1-x| + \frac{1}{2}\int \frac{1}{1+x+x^2}\mathrm{d}(x^2+x+1) - \frac{3}{2}\int \frac{1}{\left(x+\frac{1}{2}\right)^2 + \frac{3}{4}}\mathrm{d}x$$

$$= -\ln|1-x| + \frac{1}{2}\ln(x^2+x+1) - \frac{3}{2}\times\frac{1}{\frac{\sqrt{3}}{2}}\arctan\frac{x+\frac{1}{2}}{\frac{\sqrt{3}}{2}} + C$$

$$= \ln\frac{\sqrt{x^2+x+1}}{|1-x|} - \sqrt{3}\arctan\frac{2x+1}{\sqrt{3}} + C;$$

（6）利用多项式的除法，有

$$\frac{x^4-3}{x^2+2x+1} = x^2-2x+3 - \frac{4x+6}{x^2+2x+1} = x^2-2x+3 - \frac{4x+4+2}{(x+1)^2}$$

$$= x^2-2x+3 - \frac{4}{x+1} - \frac{2}{(x+1)^2},$$

因此

$$\int \frac{x^4-3}{x^2+2x+1}\mathrm{d}x = \int \left[x^2-2x+3 - \frac{4}{x+1} - \frac{2}{(x+1)^2}\right]\mathrm{d}x$$

$$= \frac{1}{3}x^3 - x^2 + 3x - 4\ln|x+1| + \frac{2}{x+1} + C;$$

（7）令 $t=x-1$，则 $x=t+1$，从而

$$x^3+2x^2+x-5 = (t+1)^3 + 2(t+1)^2 + t+1-5 = t^3+5t^2+8t-1,$$

则

$$\int \frac{x^3 + 2x^2 + x - 5}{(x-1)^{2015}} \mathrm{d}x = \int \frac{t^3 + 5t^2 + 8t - 1}{t^{2015}} \mathrm{d}t$$

$$= \int \frac{1}{t^{2012}} \mathrm{d}t + 5\int \frac{1}{t^{2013}} \mathrm{d}t + 8\int \frac{1}{t^{2014}} \mathrm{d}t - \int \frac{1}{t^{2015}} \mathrm{d}t$$

$$= -\frac{1}{2011} \cdot \frac{1}{t^{2011}} - \frac{5}{2012} \cdot \frac{1}{t^{2012}} - \frac{8}{2013} \cdot \frac{1}{t^{2013}} + \frac{1}{2014} \cdot \frac{1}{t^{2014}} + C$$

$$= -\frac{1}{2011} \cdot \frac{1}{(x-1)^{2011}} - \frac{5}{2012} \cdot \frac{1}{(x-1)^{2012}} - \frac{8}{2013} \cdot \frac{1}{(x-1)^{2013}} +$$

$$\frac{1}{2014} \cdot \frac{1}{(x-1)^{2014}} + C.$$

5.2.6　题型六　有关三角函数的不定积分的求解

例 5.6　求下列不定积分.

(1) $\int \cos^3 x \, \mathrm{d}x$;　　　　　(2) $\int \cos^2 x \, \mathrm{d}x$;　　　　　(3) $\int \tan^4 x \, \mathrm{d}x$;

(4) $\int \cos(5x)\sin(7x) \, \mathrm{d}x$;　　(5) $\int \frac{1}{1+\sin x} \mathrm{d}x$;

**(6) $\int \frac{1}{\cos x \sqrt{\sin x}} \mathrm{d}x$;　　**(7) $\int \frac{1}{1+\sin x+\cos x} \mathrm{d}x$.

解　(1) $\int \cos^3 x \cdot \mathrm{d}x = \int (1-\sin^2 x) \mathrm{d}\sin x = \sin x - \frac{1}{3}\sin^3 x + C$;

(2) $\int \cos^2 x \, \mathrm{d}x = \int \frac{1+\cos 2x}{2} \mathrm{d}x = \int \frac{1}{2} \mathrm{d}x + \frac{1}{2}\int \cos 2x \, \mathrm{d}x = \frac{1}{2}x + \frac{1}{4}\sin 2x + C$;

(3) $\int \tan^4 x \, \mathrm{d}x = \int \tan^2 x (\sec^2 x - 1) \mathrm{d}x = \int \tan^2 x \sec^2 x \, \mathrm{d}x - \int \tan^2 x \, \mathrm{d}x$

$$= \int \tan^2 x \, \mathrm{d}\tan x - \int (\sec^2 x - 1) \mathrm{d}x = \frac{1}{3}\tan^3 x - \tan x + x + C$$;

(4) $\int \cos(5x)\sin(7x) \, \mathrm{d}x = \frac{1}{2}\int (\sin 2x + \sin 12x) \mathrm{d}x = -\frac{1}{4}\cos 2x - \frac{1}{24}\cos 12x + C$;

(5) $\int \frac{1}{1+\sin x} \mathrm{d}x = \int \frac{1-\sin x}{1-\sin^2 x} \mathrm{d}x = \int \frac{1-\sin x}{\cos^2 x} \mathrm{d}x = \int \frac{1}{\cos^2 x} \mathrm{d}x - \int \frac{\sin x}{\cos^2 x} \mathrm{d}x$

$$= \tan x + \int \frac{1}{\cos^2 x} \mathrm{d}\cos x = \tan x - \frac{1}{\cos x} + C$$;

(6) $\int \frac{1}{\cos x \sqrt{\sin x}} \mathrm{d}x = \int \frac{\cos x}{\cos^2 x \sqrt{\sin x}} \mathrm{d}x = \int \frac{1}{(1-\sin^2 x) \sqrt{\sin x}} \mathrm{d}\sin x$

$$= 2\int \frac{1}{(1-\sin^2 x)} \mathrm{d}\sqrt{\sin x} \underset{\overline{}}{t=\sqrt{\sin x}} 2\int \frac{1}{(1-t^4)} \mathrm{d}t$$

$$= \int \left(\frac{1}{1+t^2} + \frac{1}{1-t^2}\right) \mathrm{d}t = \arctan t + \frac{1}{2}\ln\left|\frac{1+t}{1-t}\right| + C$$

$$= \arctan \sqrt{\sin x} + \frac{1}{2}\ln\left|\frac{1+\sqrt{\sin x}}{1-\sqrt{\sin x}}\right| + C$$;

（7）作万能代换，令 $u = \tan \dfrac{x}{2}$，则 $\sin x = \dfrac{2u}{1+u^2}$，$\cos x = \dfrac{1-u^2}{1+u^2}$，$\mathrm{d}x = \dfrac{2}{1+u^2}\mathrm{d}u$，从而

$$\int \frac{1}{1+\sin x + \cos x}\mathrm{d}x = \int \frac{1}{1 + \dfrac{2u}{1+u^2} + \dfrac{1-u^2}{1+u^2}} \cdot \frac{2}{1+u^2}\mathrm{d}u = \int \frac{1}{1+u}\mathrm{d}u$$

$$= \ln|1+u| + C = \ln\left|1 + \tan\frac{x}{2}\right| + C.$$

5.2.7　题型七　分段函数的不定积分问题

例 5.7　设函数 $f(x) = \begin{cases} x^2 - 1, & x > 0 \\ \mathrm{e}^{3x} - 2, & x \leqslant 0 \end{cases}$，求 $\int f(x)\mathrm{d}x$.

解　当 $x > 0$ 时，$\displaystyle\int f(x)\mathrm{d}x = \int (x^2 - 1)\mathrm{d}x = \frac{1}{3}x^3 - x + C_1$.

当 $x \leqslant 0$ 时，$\displaystyle\int f(x)\mathrm{d}x = \int (\mathrm{e}^{3x} - 2)\mathrm{d}x = \frac{1}{3}\mathrm{e}^{3x} - 2x + C_2$.

由于 $\displaystyle\int f(x)\mathrm{d}x$ 在 $x = 0$ 处连续，因此 $\displaystyle\lim_{x \to 0^+}\left(\frac{1}{3}x^3 - x + C_1\right) = \lim_{x \to 0^-}\left(\frac{1}{3}\mathrm{e}^{3x} - 2x + C_2\right)$，从而 $C_1 = \dfrac{1}{3} + C_2$，因此

$$\int f(x)\mathrm{d}x = \begin{cases} \dfrac{1}{3}x^3 - x + C, & x > 0 \\ \dfrac{1}{3}\mathrm{e}^{3x} - 2x - \dfrac{1}{3} + C, & x \leqslant 0 \end{cases}.$$

例 5.8　求不定积分 $\displaystyle\int \max\{2, |x|\}\mathrm{d}x$.

解　由于

$$\max\{2, |x|\} = \begin{cases} -x, & x < -2 \\ 2, & -2 \leqslant x < 2 \\ x, & x \geqslant 2 \end{cases}$$

因此

$$\int \max\{2, |x|\}\mathrm{d}x = \begin{cases} \int(-x)\mathrm{d}x, & x < -2 \\ \int 2\mathrm{d}x, & -2 \leqslant x < 2 \\ \int x\,\mathrm{d}x, & x \geqslant 2 \end{cases} = \begin{cases} -\dfrac{1}{2}x^2 + C, & x < -2 \\ 2x + 2 + C, & -2 \leqslant x < 2 \\ \dfrac{1}{2}x^2 + 4 + C, & x \geqslant 2 \end{cases}.$$

注　为确保 $\displaystyle\int \max\{2, |x|\}\mathrm{d}x$ 在 $x = -2$ 和 $x = 2$ 处的连续性，在区间 $[-2, 2)$ 和 $[2, +\infty)$ 对应的表达式后面分别加了常数 2 和 4.

5.2.8 题型八 综合问题

例 5.9 求下列不定积分：

(1) $\int \sin \sqrt{x}\, \mathrm{d}x$；　　　　(2) $\int \dfrac{x^2 \arctan x}{1+x^2}\mathrm{d}x$；　　(3) $\int \mathrm{e}^x \left(\dfrac{1}{\sqrt{1-x^2}} + \arcsin x \right)\mathrm{d}x$；

(4) $\int \dfrac{x+1}{x(1+x\mathrm{e}^x)}\mathrm{d}x$；　　**(5) $\int \dfrac{1}{1+\tan x}\mathrm{d}x$；　　　　(6) $\int \dfrac{\sqrt{x}\,\sqrt{x+1}}{\sqrt{x}+\sqrt{x+1}}\mathrm{d}x$.

解 (1) 令 $t=\sqrt{x}$，$x=t^2$，$\mathrm{d}x=2t\,\mathrm{d}t$，则

$$原式 = 2\int t\sin t\,\mathrm{d}t = -2\int t\,\mathrm{d}\cos t = -2t\cos t + 2\int \cos t\,\mathrm{d}t$$

$$= -2t\cos t + 2\sin t + C = -2\sqrt{x}\cos\sqrt{x} + 2\sin\sqrt{x} + C；$$

(2) $原式 = \int \dfrac{(x^2+1-1)\arctan x}{1+x^2}\mathrm{d}x = \int \left(\arctan x - \dfrac{\arctan x}{1+x^2} \right)\mathrm{d}x$

$$= \int \arctan x\,\mathrm{d}x - \int \dfrac{\arctan x}{1+x^2}\mathrm{d}x = x\arctan x - \int \dfrac{x}{1+x^2}\mathrm{d}x - \int \arctan x\,\mathrm{d}\arctan x$$

$$= x\arctan x - \dfrac{1}{2}\ln(1+x^2) - \dfrac{1}{2}(\arctan x)^2 + C；$$

(3) $原式 = \int \mathrm{e}^x\,\dfrac{1}{\sqrt{1-x^2}}\mathrm{d}x + \int \mathrm{e}^x \arcsin x\,\mathrm{d}x = \int \mathrm{e}^x\,\mathrm{d}\arcsin x + \int \mathrm{e}^x \arcsin x\,\mathrm{d}x$

$$= \mathrm{e}^x \arcsin x - \int \mathrm{e}^x \arcsin x\,\mathrm{d}x + \int \mathrm{e}^x \arcsin x\,\mathrm{d}x$$

$$= \mathrm{e}^x \arcsin x + C；$$

(4) $原式 = \int \dfrac{(x+1)\mathrm{e}^x}{x\mathrm{e}^x(1+x\mathrm{e}^x)}\mathrm{d}x = \int \dfrac{(x\mathrm{e}^x)'}{x\mathrm{e}^x(1+x\mathrm{e}^x)}\mathrm{d}x = \int \dfrac{1}{x\mathrm{e}^x(1+x\mathrm{e}^x)}\mathrm{d}(x\mathrm{e}^x)$

$$\underline{t=x\mathrm{e}^x} \int \dfrac{1}{t(1+t)}\mathrm{d}t = \int \left(\dfrac{1}{t} - \dfrac{1}{t+1} \right)\mathrm{d}t = \ln|t| - \ln|1+t| + C$$

$$= \ln|x\mathrm{e}^x| - \ln|1+x\mathrm{e}^x| + C = \ln\left| \dfrac{x\mathrm{e}^x}{1+x\mathrm{e}^x} \right| + C；$$

(5) $原式 = \int \dfrac{\cos x}{\sin x + \cos x}\mathrm{d}x$. 令

$$A = \int \dfrac{\cos x}{\sin x + \cos x}\mathrm{d}x,\ B = \int \dfrac{\sin x}{\sin x + \cos x}\mathrm{d}x,$$

则

$$A + B = \int 1\,\mathrm{d}x = x + C,$$

$$A - B = \int \dfrac{\cos x - \sin x}{\sin x + \cos x}\mathrm{d}x$$

$$= \int \dfrac{1}{\sin x + \cos x}\mathrm{d}(\sin x + \cos x) = \ln|\sin x + \cos x| + C,$$

因此 $A = \dfrac{1}{2}x + \dfrac{1}{2}\ln|\sin x + \cos x| + C$，即

$$\int \frac{1}{1+\tan x}\,\mathrm{d}x = \frac{1}{2}x + \frac{1}{2}\ln|\sin x + \cos x| + C;$$

注 ① 采用类似方法可以得到 $\displaystyle\int \frac{1}{1+\cot x}\,\mathrm{d}x = \frac{1}{2}x - \frac{1}{2}\ln|\sin x + \cos x| + C$；② 本题也可以利用万能替换方法求解，请读者自行求解.

(6) 原式 $= \displaystyle\int \frac{\sqrt{x}\,\sqrt{x+1}(\sqrt{x+1}-\sqrt{x})}{(\sqrt{x}+\sqrt{x+1})(\sqrt{x+1}-\sqrt{x})}\,\mathrm{d}x = \int [\sqrt{x}\,(x+1) - x\sqrt{x+1}]\,\mathrm{d}x$

$\qquad = \displaystyle\int x^{\frac{3}{2}}\,\mathrm{d}x + \int x^{\frac{1}{2}}\,\mathrm{d}x - \int (x+1-1)\sqrt{x+1}\,\mathrm{d}x$

$\qquad = \displaystyle\int x^{\frac{3}{2}}\,\mathrm{d}x + \int x^{\frac{1}{2}}\,\mathrm{d}x - \int (x+1)^{\frac{3}{2}}\,\mathrm{d}x + \int (x+1)^{\frac{1}{2}}\,\mathrm{d}x$

$\qquad = \dfrac{2}{5}x^{\frac{5}{2}} + \dfrac{2}{3}x^{\frac{3}{2}} - \dfrac{2}{5}(x+1)^{\frac{5}{2}} + \dfrac{2}{3}(x+1)^{\frac{3}{2}} + C.$

例 5.10 设 $I_n = \displaystyle\int \cos^n x\,\mathrm{d}x$，证明：$I_n = \dfrac{1}{n}\sin x \cos^{n-1}x + \dfrac{n-1}{n}I_{n-2}$.

证 由于

$$I_n = \int \cos^n x\,\mathrm{d}x = \int \cos^{n-1}x\,\mathrm{d}\sin x = \cos^{n-1}x\sin x - \int \sin x\,\mathrm{d}\cos^{n-1}x$$

$$= \cos^{n-1}x\sin x + (n-1)\int \sin^2 x \cos^{n-2}x\,\mathrm{d}x$$

$$= \cos^{n-1}x\sin x + (n-1)\int \cos^{n-2}x\,\mathrm{d}x - (n-1)\int \cos^n x\,\mathrm{d}x,$$

因此

$$I_n = \sin x\cos^{n-1}x + (n-1)I_{n-2} - (n-1)I_n,$$

从而有 $I_n = \dfrac{1}{n}\sin x\cos^{n-1}x + \dfrac{n-1}{n}I_{n-2}$，结论得证.

5.3 习题精选

1. 填空题

(1) 若 $\displaystyle\int f(x)\,\mathrm{d}x = 2\cos \dfrac{x}{3} + C$，则 $f(x) = $ _____.

(2) 若 $f(x)$ 的一个原函数是 e^{-x}，则 $\displaystyle\int f(x)\,\mathrm{d}x = $ _____，$\displaystyle\int f'(x)\,\mathrm{d}x = $ _____，$\displaystyle\int \mathrm{e}^x f'(x)\,\mathrm{d}x = $ _____.

(3) 设 $f(x) = \sin x + \cos x$，则 $\displaystyle\int f(x)\,\mathrm{d}x = $ _____，$\displaystyle\int f'(x)\,\mathrm{d}x = $ _____.

(4) 设 $f(x) = \ln x$，则 $\displaystyle\int \mathrm{e}^{2x}f'(\mathrm{e}^x)\,\mathrm{d}x = $ _____.

(5) 若 $f(x)$ 可导，则 $\mathrm{d}\!\int \mathrm{d}f(x)=$ _____.

(6) 已知 $f(x)=\ln(1+ax^2)-b\!\int \dfrac{1}{1+ax^2}\mathrm{d}x$，且 $f'(0)=3$，$f''(0)=4$，则 $a=$ _____，$b=$ _____.

(7) 若 $f'(\mathrm{e}^x)=1+\mathrm{e}^{2x}$ 且 $f(0)=1$，则 $f(x)=$ _____.

(8) 已知 $\int xf(x)\mathrm{d}x=x\sin x-\int \sin x\,\mathrm{d}x$，则 $f(x)=$ _____.

(9) 设 $f(x)$ 可导且 $f'(x)\neq 0$，若 $\int \sin f(x)\mathrm{d}x=x\sin f(x)-\int \cos f(x)\mathrm{d}x$，则 $f(x)=$ _____.

(10) 设 $f'(\cos x)=\sin^2 x$，则 $f(x)=$ _____.

(11) $\int f'(ax+b)\mathrm{d}x=$ _____.

(12) $\int xf'(ax^2+b)\mathrm{d}x=$ _____.

(13) $\int \dfrac{f'(x)}{\sqrt{1-[f(x)]^2}}\mathrm{d}x=$ _____.

(14) $\int \mathrm{e}^{f(x)}f'(x)\mathrm{d}x=$ _____.

(15) $\int \dfrac{f'(x)}{\sqrt{f(x)}}\mathrm{d}x=$ _____.

(16) $\int \left(1+\dfrac{1}{\cos^2 x}\right)\mathrm{d}\cos x=$ _____.

(17) $\int \dfrac{\sin x}{25+\cos^2 x}\mathrm{d}x=$ _____.

(18) $\int \dfrac{\mathrm{e}^{\sin\sqrt{x}}\cos\sqrt{x}}{\sqrt{x}}\mathrm{d}x=$ _____.

(19) 若 $\int f(x)\mathrm{d}x=x^3+C$，则 $\int x^2 f(1+x^3)\mathrm{d}x=$ _____.

(20) 若 $\int f(x)\mathrm{d}x=F(x)+C$，则 $\int \dfrac{f(\ln x)}{x}\mathrm{d}x=$ _____.

(21) $\int \dfrac{\cos^3 x}{\sqrt{\sin x}}\mathrm{d}x=$ _____.

(22) $\int \dfrac{x}{x+\sqrt{x^2+1}}\mathrm{d}x=$ _____.

(23) $\int \dfrac{1}{\sqrt{\mathrm{e}^x-1}}\mathrm{d}x=$ _____.

(24) 设 $f(x)$ 的一个原函数是 $\dfrac{\sin x}{x}$，则 $\int xf'(x)\mathrm{d}x=$ _____.

(25) $\int x f''(x) \mathrm{d}x = $ _____.

2. 单项选择题

(1) 设 C 是不为 1 的常数，则下列选项中不是 $f(x) = \dfrac{1}{x}$ 的原函数的是（   ）.

    (A) $\ln|x|$；   (B) $\ln|x| + C$；

    (C) $\ln|Cx|$；   (D) $C\ln|x|$.

(2) 下列函数中原函数为 $\log_a kx \ (k \neq 0)$ 的是（   ）.

    (A) $\dfrac{k}{x}$；   (B) $\dfrac{k}{ax}$；

    (C) $\dfrac{1}{kx}$；   (D) $\dfrac{1}{x \ln a}$.

(3) 若 $f(x)$ 的一个原函数是 $\ln x$，则 $f'(x) = $（   ）.

    (A) $\dfrac{1}{x}$；   (B) $-\dfrac{1}{x^2}$；   (C) $x \ln x$；   (D) e^x.

(4) 若 $f(x)$ 的一个导函数是 $a^x \ (a > 0, \ a \neq 1)$，则 $f(x)$ 的全体原函数是（   ）.

    (A) $\dfrac{1}{\ln a} a^x + C$；   (B) $\dfrac{1}{\ln^2 a} a^x + C$；

    (C) $\dfrac{1}{\ln^2 a} a^x + C_1 x + C_2$；   (D) $a^x \ln^2 a + C_1 x + C_2$.

(5) 若 $\int f(x)\mathrm{d}x = x\ln(1+x) + C$，则 $\lim\limits_{x \to 0} \dfrac{f(x)}{x} = $（   ）.

    (A) 2；   (B) -2；   (C) 1；   (D) -1.

(6) 设 $\int f(x)\mathrm{e}^{-\frac{1}{x}}\mathrm{d}x = -\mathrm{e}^{-\frac{1}{x}} + C$，则 $f(x) = $（   ）.

    (A) $\dfrac{1}{x}$；   (B) $\dfrac{1}{x^2}$；   (C) $-\dfrac{1}{x}$；   (D) $-\dfrac{1}{x^2}$.

(7) $\int \mathrm{e}^{1-x}\mathrm{d}x = $（   ）.

    (A) $\mathrm{e}^{1-x} + C$；   (B) e^{1-x}；

    (C) $x\mathrm{e}^{1-x} + C$；   (D) $-\mathrm{e}^{1-x} + C$.

(8) 若 $\int f(x)\mathrm{d}x = F(x) + C$，则 $\int \mathrm{e}^{-x} f(\mathrm{e}^{-x})\mathrm{d}x = $（   ）.

    (A) $F(\mathrm{e}^{-x}) + C$；   (B) $F(\mathrm{e}^x) + C$；

    (C) $-F(\mathrm{e}^x) + C$；   (D) $-F(\mathrm{e}^{-x}) + C$.

(9) 若 $\int f(x)\mathrm{d}x = \sqrt{2x^2+1} + C$，则 $\int x f(2x^2+1)\mathrm{d}x = $（   ）.

    (A) $x\sqrt{2x^2+1} + C$；   (B) $\dfrac{1}{2}\sqrt{2x^2+1} + C$；

    (C) $\dfrac{1}{4}\sqrt{2x^2+1} + C$；   (D) $\dfrac{1}{4}\sqrt{2(2x^2+1)^2+1} + C$.

(10) 若 $f(x)=2^x+x^2$，则 $\int f'(2x)\,\mathrm{d}x=($　　$)$.

(A) $\dfrac{1}{2}(2^x+x^2)+C$；　　　　　　　　(B) $2^{2x}+4x^2+C$；

(C) $\dfrac{1}{2}2^{2x}+2x^2+C$；　　　　　　　(D) $\dfrac{1}{2}2^{2x}+x^2+C$.

**(11) 已知 $f'(\cos x)=\sin x$，则 $f(\cos x)=($　　$)$.

(A) $-\cos x+C$；　　　　　　　　　(B) $\cos x+C$；

(C) $\dfrac{1}{2}\sin x\cos x-\dfrac{1}{2}x+C$；　　　(D) $\dfrac{1}{2}\sin x\cos x+\dfrac{1}{2}x+C$.

(12) 设 e^{-x} 是 $f(x)$ 的一个原函数，则 $\int xf(x)\,\mathrm{d}x=($　　$)$.

(A) $\mathrm{e}^{-x}(1-x)+C$；　　　　　　　(B) $\mathrm{e}^{-x}(1+x)+C$；

(C) $\mathrm{e}^{-x}(x-1)+C$；　　　　　　　(D) $-\mathrm{e}^{-x}(1+x)+C$.

(13) $\int \mathrm{e}^{\sin x}\sin x\cos x\,\mathrm{d}x=($　　$)$.

(A) $\mathrm{e}^{\sin x}+C$；　　　　　　　　　(B) $\mathrm{e}^{\sin x}\sin x+C$；

(C) $\mathrm{e}^{\sin x}\cos x+C$；　　　　　　　(D) $\mathrm{e}^{\sin x}(\sin x-1)+C$.

3. 计算下列不定积分：

(1) $\displaystyle\int \mathrm{e}^x\sqrt{1+3\mathrm{e}^x}\,\mathrm{d}x$；　　　　　(2) $\displaystyle\int x\cot(x^2+1)\,\mathrm{d}x$；

(3) $\displaystyle\int \mathrm{e}^{\sqrt{2x-1}}\,\mathrm{d}x$；　　　　　　(4) $\displaystyle\int \dfrac{\ln x-1}{x^2}\,\mathrm{d}x$；

(5) $\displaystyle\int \mathrm{e}^{2x}\cos\mathrm{e}^x\,\mathrm{d}x$；　　　　　(6) $\displaystyle\int \dfrac{\sqrt{x^2-1}}{x}\,\mathrm{d}x$；

(7) $\displaystyle\int \dfrac{1}{(2-x)\sqrt{1-x}}\,\mathrm{d}x$；　　　(8) $\displaystyle\int \mathrm{e}^{2x}\sin^2x\,\mathrm{d}x$；

(9) $\displaystyle\int \dfrac{1}{x\sqrt{a^2-x^2}}\,\mathrm{d}x$；　　　　(10) $\displaystyle\int \dfrac{1}{x^2\sqrt{1+x^2}}\,\mathrm{d}x$；

(11) $\displaystyle\int \sqrt{\mathrm{e}^x-1}\,\mathrm{d}x$；　　　　　(12) $\displaystyle\int \dfrac{\arcsin\sqrt{x}}{\sqrt{x}}\,\mathrm{d}x$；

(13) $\displaystyle\int \dfrac{\arctan\sqrt{x}}{(1+x)\sqrt{x}}\,\mathrm{d}x$；　　　(14) $\displaystyle\int \dfrac{x^3}{1+x^2}\,\mathrm{d}x$；

(15) $\displaystyle\int \dfrac{1}{\sqrt{\mathrm{e}^x+1}}\,\mathrm{d}x$；　　　　(16) $\displaystyle\int \ln(x+\sqrt{1+x^2})\,\mathrm{d}x$；

(17) $\displaystyle\int \mathrm{e}^{2x}(\tan x+1)^2\,\mathrm{d}x$.

4. 若 $f(x)$ 的一个原函数为 $x\ln x$，求 $\int xf(x)\,\mathrm{d}x$.

5. 设某超大型设备制造企业的总收入（单位：千万元）与产量 x（单位：台）的函数关系为 $R(x)=21x-2x^2$，总成本（单位：千万元）与产量 x 的函数关系为 $C(x)=x^2+$

$3x+1$，试求：（1）利润函数；（2）边际收益函数；（3）边际成本函数；（4）产量为多少时，可获得最大利润？最大利润是多少？

5.4　习题详解

1. 填空题

（1）$-\dfrac{2}{3}\sin\dfrac{x}{3}$.

（2）$e^{-x}+C$，$-e^{-x}+C$，$x+C$.

提示　$(e^{-x})'=-e^{-x}=f(x)$.

（3）$-\cos x+\sin x+C$，$\sin x+\cos x+C$.

（4）$e^{x}+C$.

提示　$f'(x)=\dfrac{1}{x}$，$f'(e^{x})=\dfrac{1}{e^{x}}$，$e^{2x}f'(e^{x})=e^{x}$.

（5）$f'(x)dx$.

（6）2，-3.

提示　$f'(x)=\dfrac{2ax-b}{1+ax^{2}}$，$f''(x)=\dfrac{2a(1+ax^{2})-2ax(2ax-b)}{(1+ax^{2})^{2}}$.

（7）$x+\dfrac{1}{3}x^{3}+1$.

提示　$f'(x)=1+x^{2}$，$f(x)=x+\dfrac{1}{3}x^{3}+C$.

（8）$\cos x$.

提示　求导得 $xf(x)=\sin x+x\cos x-\sin x$.

（9）$\ln x+C$.

提示　求导得 $\sin f(x)=\sin f(x)+x\cos f(x)f'(x)-\cos f(x)$，$f'(x)=\dfrac{1}{x}$.

（10）$x-\dfrac{1}{3}x^{3}+C$.

提示　$f'(x)=1-x^{2}$.

（11）$\dfrac{1}{a}f(ax+b)+C$.

（12）$\dfrac{1}{2a}f(ax^{2}+b)+C$.

（13）$\arcsin f(x)+C$.

（14）$e^{f(x)}+C$.

（15）$2\sqrt{f(x)}+C$.

（16）$\cos x-\dfrac{1}{\cos x}+C$.

（17）$-\dfrac{1}{5}\arctan\dfrac{\cos x}{5}+C$.

（18）$2e^{\sin\sqrt{x}}+C$.

（19）$\dfrac{1}{3}(1+x^{3})^{3}+C$.

（20）$F(\ln x)+C$.

(21) $2\sqrt{\sin x}-\dfrac{2}{5}\sin^2 x\sqrt{\sin x}+C.$

(22) $\dfrac{1}{3}(x^2+1)\sqrt{x^2+1}-\dfrac{1}{3}x^3+C.$

提示 $\displaystyle\int\dfrac{x}{x+\sqrt{x^2+1}}dx=\int(x\sqrt{x^2+1}-x^2)dx.$

(23) $2\arctan\sqrt{e^x-1}+C.$

提示 令 $t=\sqrt{e^x-1}$，$x=\ln(t^2+1)$，$dx=\dfrac{2t}{t^2+1}dt$，则

$$\int\dfrac{1}{\sqrt{e^x-1}}dx=\int\dfrac{2}{t^2+1}dt=2\arctan t+C.$$

(24) $\cos x-2\dfrac{\sin x}{x}+C.$

提示 $\left(\dfrac{\sin x}{x}\right)'=\dfrac{x\cos x-\sin x}{x^2}=f(x)$，另一方面

$$\int xf'(x)dx=\int x\,df(x)=xf(x)-\int f(x)dx.$$

(25) $xf'(x)-f(x)+C.$

提示 $\displaystyle\int xf''(x)dx=\int x\,df'(x)=xf'(x)-\int f'(x)dx.$

2. 单项选择题

(1) D.　　　(2) D.　　　(3) B.　　　(4) C.

(5) A.

提示 $f(x)=\ln(1+x)+\dfrac{x}{1+x}.$

(6) D.

提示 $f(x)e^{-\frac{1}{x}}=-\dfrac{1}{x^2}e^{-\frac{1}{x}}.$

(7) D.　　　(8) D.　　　(9) D.

(10) C.

提示 $\displaystyle\int f'(2x)dx=\dfrac{1}{2}\int f'(2x)d(2x)=\dfrac{1}{2}f(2x)+C.$

(11) C.

提示 **解法1** 令 $t=\cos x$，$x\in(0,\pi)$，则 $f'(t)=\sqrt{1-t^2}$，因此

$$f(x)=\int\sqrt{1-x^2}dx=x\sqrt{1-x^2}+\int\dfrac{x^2}{\sqrt{1-x^2}}dx=x\sqrt{1-x^2}+\int\dfrac{x^2-1+1}{\sqrt{1-x^2}}dx$$

$$=x\sqrt{1-x^2}+\int\dfrac{1}{\sqrt{1-x^2}}dx-\int\sqrt{1-x^2}dx,$$

则有

$$f(x) = \frac{1}{2}x\sqrt{1-x^2} + \frac{1}{2}\int \frac{1}{\sqrt{1-x^2}}dx = \frac{1}{2}x\sqrt{1-x^2} - \frac{1}{2}\arccos x + C,$$

从而

$$f(\cos x) = \frac{1}{2}\sin x \cos x - \frac{1}{2}x + C.$$

解法 2 由于

$$[f(\cos x)]' = f'(\cos x)\cdot(-\sin x) = -\sin^2 x = -\frac{1-\cos 2x}{2},$$

因此

$$f(\cos x) = -\int \frac{1-\cos 2x}{2}dx = \frac{1}{2}\int(\cos 2x - 1)dx = \frac{1}{4}\sin(2x) - \frac{1}{2}x + C$$

$$= \frac{1}{2}\sin x \cos x - \frac{1}{2}x + C.$$

(12) B.

提示 $(e^{-x})' = -e^{-x} = f(x).$

(13) D.

3.

(1) $\displaystyle\int e^x\sqrt{1+3e^x}\,dx = \frac{1}{3}\int\sqrt{1+3e^x}\,d(3e^x+1) = \frac{2}{9}(1+3e^x)^{\frac{3}{2}} + C$；

(2) $\displaystyle\int x\cot(x^2+1)dx = \frac{1}{2}\int\cot(x^2+1)d(x^2+1) = \frac{1}{2}\ln|\sin(x^2+1)| + C$；

(3) 令 $t = \sqrt{2x-1}$，$x = \frac{1}{2}(t^2+1)$，$dx = t\,dt$，则

$$原式 = \int te^t\,dt = \int t\,de^t = te^t - \int e^t\,dt = te^t - e^t + C = (\sqrt{2x-1}-1)e^{\sqrt{2x-1}} + C;$$

(4) $\displaystyle\int \frac{\ln x - 1}{x^2}dx = \int\left(\frac{\ln x}{x^2} - \frac{1}{x^2}\right)dx = -\int\ln x\,d\frac{1}{x} - \int\frac{1}{x^2}dx$

$$= -\left(\frac{\ln x}{x} - \int\frac{1}{x^2}dx\right) - \int\frac{1}{x^2}dx = -\frac{\ln x}{x} + C;$$

(5) $\displaystyle\int e^{2x}\cos e^x\,dx = \int e^x\,d\sin e^x = e^x\sin e^x - \int\sin e^x\,de^x = e^x\sin e^x + \cos e^x + C;$

(6) 令 $x = \sec t$，$dx = \sec t\tan t\,dt$，因此

$$原式 = \int\tan^2 t\,dt = \int(\sec^2 t - 1)dt = \tan t - t + C = \sqrt{x^2-1} - \arccos\frac{1}{x} + C;$$

(7) 令 $t = \sqrt{1-x}$，$x = 1 - t^2$，$dx = -2t\,dt$，则

$$原式 = \int\frac{-2t}{(2-1+t^2)t}dt = -2\int\frac{1}{1+t^2}dt = -2\arctan t + C = -2\arctan\sqrt{1-x} + C;$$

(8) $\displaystyle\int e^{2x}\sin^2 x\,dx = \int e^{2x}\frac{1-\cos 2x}{2}dx = \frac{1}{2}\int e^{2x}dx - \frac{1}{2}\int e^{2x}\cos(2x)dx$，这里

$\dfrac{1}{2}\displaystyle\int e^{2x}dx = \dfrac{1}{4}e^{2x} + C$，而

$$\frac{1}{2}\int e^{2x}\cos(2x)\,dx = \frac{1}{4}\int e^{2x}\cos(2x)\,d(2x) \underset{t=2x}{=\!=\!=} \frac{1}{4}\int e^{t}\cos t\,dt,$$

由于

$$\int e^{t}\cos t\,dt = \int \cos t\,de^{t} = e^{t}\cos t - \int e^{t}\,d\cos t = e^{t}\cos x + \int e^{t}\sin t\,dt$$

$$= e^{t}\cos x + \int \sin t\,de^{t} = e^{t}\cos x + e^{t}\sin t - \int e^{t}\cos t\,dt,$$

所以 $\displaystyle\int e^{t}\cos t\,dt = \frac{1}{2}e^{t}(\cos t + \sin t) + C$ ，从而

$$\int e^{2x}\sin^{2}x\,dx = \frac{1}{4}e^{2x} - \frac{1}{8}e^{2x}[\cos(2x) + \sin(2x)] + C;$$

(9) 令 $x = a\sin t$ ，$t \in \left(-\dfrac{\pi}{2}, \dfrac{\pi}{2}\right)$ ，$\sqrt{a^{2}-x^{2}} = a\cos t$ ，$dx = a\cos t\,dt$ ，则

$$原式 = \int \frac{1}{a\sin t}\,dt = \frac{1}{a}\ln|\csc t - \cot t| + C = \frac{1}{a}\ln\left|\frac{a - \sqrt{a^{2}-x^{2}}}{x}\right| + C;$$

(10) 令 $x = \tan t$ ，$dx = \sec^{2}t\,dt$ ，则

$$原式 = \int \frac{\sec^{2}t}{\tan^{2}t\,\sec t}\,dt = \int \frac{\cos t}{\sin^{2}t}\,dt = \int \frac{1}{\sin^{2}t}\,d\sin t = -\frac{1}{\sin t} + C = -\frac{\sqrt{1+x^{2}}}{x} + C;$$

(11) 令 $t = \sqrt{e^{x}-1}$ ，$x = \ln(t^{2}+1)$ ，$dx = \dfrac{2t}{t^{2}+1}\,dt$ ，则

$$原式 = \int \frac{2t^{2}}{t^{2}+1}\,dt = \int \frac{2t^{2}+2-2}{t^{2}+1}\,dt = \int\left(2 - \frac{2}{t^{2}+1}\right)dt = 2t - 2\arctan t + C$$

$$= 2\sqrt{e^{x}-1} - 2\arctan\sqrt{e^{x}-1} + C;$$

(12) $\displaystyle\int \frac{\arcsin\sqrt{x}}{\sqrt{x}}\,dx = 2\int \arcsin\sqrt{x}\,d\sqrt{x}$ ，令 $t = \sqrt{x}$ ，则

$$\int \arcsin\sqrt{x}\,d\sqrt{x} = \int \arcsin t\,dt = t\arcsin t - \int \frac{t}{\sqrt{1-t^{2}}}\,dt$$

$$= t\arcsin t + \sqrt{1-t^{2}} + C,$$

所以

$$\int \frac{\arctan\sqrt{x}}{\sqrt{x}}\,dx = 2\sqrt{x}\arcsin\sqrt{x} + 2\sqrt{1-x} + C;$$

(13) $\displaystyle\int \frac{\arctan\sqrt{x}}{(1+x)\sqrt{x}}\,dx = 2\int \frac{\arctan\sqrt{x}}{(1+x)}\,d\sqrt{x} = 2\int \arctan\sqrt{x}\,d(\arctan\sqrt{x})$

$$= (\arctan\sqrt{x})^{2} + C;$$

(14) $\displaystyle\int \frac{x^{3}}{1+x^{2}}\,dx = \frac{1}{2}\int \frac{x^{2}}{1+x^{2}}\,dx^{2} = \frac{1}{2}\int\left(1 - \frac{1}{1+x^{2}}\right)dx^{2} = \frac{1}{2}x^{2} - \frac{1}{2}\ln(1+x^{2}) + C;$

(15) 令 $t = \sqrt{e^{x}+1}$ ，$x = \ln(t^{2}-1)$ ，$dx = \dfrac{2t}{t^{2}-1}\,dt$ ，则

$$原式 = 2\int \frac{1}{t^2-1}dx = -2\int \frac{1}{1-t^2}dx = -\ln\left|\frac{1+t}{1-t}\right| + C$$

$$= \ln\left|\frac{1-t}{1+t}\right| + C = \ln\left|\frac{1-\sqrt{e^x+1}}{1+\sqrt{e^x+1}}\right| + C;$$

$(16)\displaystyle\int \ln(x+\sqrt{1+x^2})dx = x\ln(x+\sqrt{1+x^2}) - \int \frac{x}{\sqrt{1+x^2}}dx$

$$= x\ln(x+\sqrt{1+x^2}) - \frac{1}{2}\int \frac{1}{\sqrt{1+x^2}}d(1+x^2)$$

$$= x\ln(x+\sqrt{1+x^2}) - \sqrt{1+x^2} + C;$$

$(17)\displaystyle\int e^{2x}(\tan x+1)^2 dx = \int e^{2x}(\tan^2 x + 1 + 2\tan x)dx = \int e^{2x}(\sec^2 x + 2\tan x)dx$

$$= \int e^{2x}\sec^2 x\,dx + 2\int e^{2x}\tan x\,dx = \int e^{2x}d\tan x + 2\int e^{2x}\tan x\,dx$$

$$= e^{2x}\tan x - 2\int e^{2x}\tan x\,dx + 2\int e^{2x}\tan x\,dx = e^{2x}\tan x + C.$$

4. 由于 $(x\ln x)' = \ln x + 1 = f(x)$，则

$$\int xf(x)dx = \int (x\ln x + x)dx = \frac{1}{2}\int \ln x\,dx^2 + \frac{1}{2}x^2 + C$$

$$= \frac{1}{2}\left(x^2\ln x - \int x\,dx\right) + \frac{1}{2}x^2 + C = \frac{1}{2}x^2\ln x + \frac{1}{4}x^2 + C.$$

5. （1）利润函数为

$$L(x) = R(x) - C(x) = (21x - 2x^2) - (x^2 + 3x + 1) = 18x - 3x^2 - 1;$$

（2）边际收益函数为

$$R'(x) = 21 - 4x;$$

（3）边际成本函数为

$$C'(x) = 2x + 3;$$

（4）由于

$$L'(x) = R'(x) - C'(x) = 21 - 4x - (2x+3) = 18 - 6x,$$

令 $L'(x) = 0$，解得唯一驻点 $x=3$，又因为 $L''(x) = -6$，$L''(3) = -6 < 0$，因此 $x=3$ 为利润函数 $L(x)$ 的最大值点，最大利润为 $L(3) = 26$，即当产量 $x=3$（台）时，利润最大，最大利润为 26（千万元）.

填空题详解　　　　　　　　　单项选择题详解

第6章

定 积 分

6.1 内容提要

6.1.1 定积分的定义

设函数 $y=f(x)$ 在 $[a,b]$ 上有定义，在 (a,b) 内任意插入 $n-1$ 个分点 $x_1,x_2,\cdots,$ x_{n-1}，使得

$$a=x_0<x_1<x_2<\cdots<x_{n-1}<x_n=b,$$

在第 i 个小区间 $[x_{i-1},x_i]$ 上任取一点 ξ_i，记 $\Delta x_i=x_i-x_{i-1}(i=1,2,\cdots;n)$，作和式 $\sum\limits_{i=1}^{n}f(\xi_i)\Delta x_i$，令 $\lambda=\max\{\Delta x_1,\Delta x_2,\cdots,\Delta x_n\}$，若不论区间 $[a,b]$ 如何划分，点 ξ_i 如何选取，极限 $\lim\limits_{\lambda\to 0}\sum\limits_{i=1}^{n}f(\xi_i)\Delta x_i$ 存在且为同一个常数 I，则称极限值 I 为 $y=f(x)$ 在区间 $[a,b]$ 上的定积分，记为 $\int_a^b f(x)\mathrm{d}x$，即

$$\int_a^b f(x)\mathrm{d}x=\lim_{\lambda\to 0}\sum_{i=1}^{n}f(\xi_i)\Delta x_i.$$

此时也称函数 $y=f(x)$ 在 $[a,b]$ 上可积，其中 $f(x)$ 称为被积函数，x 称为积分变量，$f(x)\mathrm{d}x$ 称为被积表达式，a 称为积分下限，b 称为积分上限，$[a,b]$ 称为积分区间，$\sum\limits_{i=1}^{n}f(\xi_i)\Delta x_i$ 称为 $y=f(x)$ 在 $[a,b]$ 上的积分和.

关于定积分的几个注解：

(1) 若函数 $f(x)$ 在 $[a,b]$ 上可积，则积分值 I 的大小仅与被积函数 $f(x)$ 和区间 $[a,b]$ 有关系，与积分变量的记法符号无关，例如

$$\int_a^b f(x)\mathrm{d}x=\int_a^b f(u)\mathrm{d}u=\int_a^b f(t)\mathrm{d}t.$$

(2) 当 $f(x)$ 在区间 $[a,b]$ 上无界时，对于任意大的 $M>0$，总可以选取适当的点

ξ_i（$i=1$，2，$\cdots$，n），使得 $\left| \sum\limits_{i=1}^{n} f(\xi_i)\Delta x_i \right| > M$，从而极限 $\lim\limits_{\lambda \to 0} \sum\limits_{i=1}^{n} f(\xi_i)\Delta x_i$ 不存在，故函数 $f(x)$ 在 $[a，b]$ 上不可积. 因此无界函数一定不可积，或者说函数有界是函数可积的必要条件.

（3）若 $y=f(x)$ 在 $[a，b]$ 上连续,或在 $[a，b]$ 上有界且只有有限个间断点，则 $y=f(x)$ 在 $[a，b]$ 上可积.

（4）规定 $\int_a^a f(x)\mathrm{d}x = 0$，$\int_a^b f(x)\mathrm{d}x = -\int_b^a f(x)\mathrm{d}x$.

6.1.2　定积分的几何意义与物理意义

（1）若 $f(x) \geqslant 0$，则 $\int_a^b f(x)\mathrm{d}x$ 表示由 $y=f(x)$，$x=a$，$x=b$ 及 x 轴围成的曲边梯形的面积.

（2）若 $f(x) \leqslant 0$，则 $\int_a^b f(x)\mathrm{d}x$ 表示由 $y=f(x)$，$x=a$，$x=b$ 及 x 轴围成的曲边梯形面积的负值.

（3）若 $f(x)$ 在 $[a，b]$ 上有正有负，则 $\int_a^b f(x)\mathrm{d}x$ 表示由 $y=f(x)$，$x=a$，$x=b$ 及 x 轴围成平面图形面积的代数和，即等于 x 轴上方的平面图形面积减去 x 轴下方的平面图形面积，如图 6.1 所示，$\int_a^b f(x)\mathrm{d}x = A_1 - A_2 + A_3$.

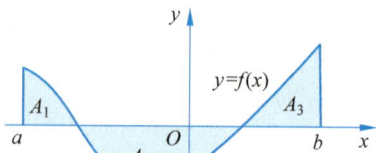

图　6.1

（4）定积分的物理意义：$\int_a^b v(t)\mathrm{d}t$ 表示作变速直线运动的物体以速度 $v=v(t)$ 在时间段 $[a，b]$ 上所走过的路程.

6.1.3　定积分的性质

假设本小节所涉及的定积分都存在，则有：

（1）（线性性质）设 k 和 l 为常数，则 $\int_a^b [kf(x) \pm lg(x)]\mathrm{d}x$ 存在，且有

$$\int_a^b [kf(x) \pm lg(x)]\mathrm{d}x = k\int_a^b f(x)\mathrm{d}x \pm l\int_a^b g(x)\mathrm{d}x.$$

（2）（定积分对积分区间的可加性）对于任意的实数 a，b 和 c，有

$$\int_a^b f(x)\mathrm{d}x = \int_a^c f(x)\mathrm{d}x + \int_c^b f(x)\mathrm{d}x.$$

（3）（保号性）设 $f(x)$ 在区间 $[a，b]$ 上满足 $f(x) \geqslant 0$，则 $\int_a^b f(x)\mathrm{d}x \geqslant 0$.

（4）（保号性）若 $f(x)$ 在 $[a，b]$ 上连续，$f(x) \geqslant 0$，且 $f(x)$ 不恒等于 0，则 $\int_a^b f(x)\mathrm{d}x > 0$.

(5) 若对于 $\forall x \in [a, b]$，有 $f(x) \leqslant g(x)$，则 $\int_a^b f(x)\mathrm{d}x \leqslant \int_a^b g(x)\mathrm{d}x$.

(6) 若 $f(x)$ 和 $g(x)$ 在 $[a, b]$ 上连续，对于 $\forall x \in [a, b]$，有 $f(x) \leqslant g(x)$，且 $f(x)$ 不恒等于 $g(x)$，则 $\int_a^b f(x)\mathrm{d}x < \int_a^b g(x)\mathrm{d}x$.

(7) (估值定理) 若对于 $\forall x \in [a, b]$，有 $m \leqslant f(x) \leqslant M$，则

$$m(b-a) \leqslant \int_a^b f(x)\mathrm{d}x \leqslant M(b-a).$$

(8) (积分中值定理) 若函数 $f(x)$ 在 $[a, b]$ 上连续，则至少存在一点 $\xi \in [a, b]$，使得

$$\int_a^b f(x)\mathrm{d}x = f(\xi)(b-a).$$

这里 $f(\xi) = \dfrac{1}{b-a}\int_a^b f(x)\mathrm{d}x$，也将其称为 $f(x)$ 在 $[a, b]$ 上的积分均值或平均值.

注 在积分中值定理中，也可以在开区间 (a, b) 内找到一点 ξ，使得 $\int_a^b f(x)\mathrm{d}x = f(\xi)(b-a)$. 该结论的证明需要用到变上限积分函数，见例 6.22.

6.1.4 变上限积分函数

设 $y = f(x)$ 在 $[a, b]$ 上可积，对于 $\forall x \in [a, b]$，$\Phi(x) = \int_a^x f(x)\mathrm{d}x = \int_a^x f(t)\mathrm{d}t$ 称为 $f(x)$ 的变上限函数(也称为积分上限函数). 若 $y = f(x)$ 连续，则变上限积分函数 $\int_a^x f(t)\mathrm{d}t$ 可导，且

$$\frac{\mathrm{d}}{\mathrm{d}x}\Phi(x) = \frac{\mathrm{d}}{\mathrm{d}x}\int_a^x f(t)\mathrm{d}t = f(x).$$

一般地，若 $f(t)$ 连续，函数 $g(x)$ 和 $h(x)$ 可导，则

$$\frac{\mathrm{d}}{\mathrm{d}x}\int_a^{g(x)} f(t)\mathrm{d}t = f[g(x)] \cdot g'(x);$$

$$\frac{\mathrm{d}}{\mathrm{d}x}\int_{g(x)}^{h(x)} f(t)\mathrm{d}t = f[h(x)]h'(x) - f[g(x)]g'(x).$$

6.1.5 牛顿-莱布尼茨公式

若 $y = f(x)$ 连续，$F(x)$ 为 $f(x)$ 的一个原函数，则

$$\int_a^b f(x)\mathrm{d}x = F(x)\Big|_a^b = F(b) - F(a).$$

6.1.6 定积分的换元法

若函数 $f(x)$ 在 $[a, b]$ 上连续，$x = \varphi(t)$ 在 $[\alpha, \beta]$ 上单调，且满足 $\varphi(\alpha) = a$，$\varphi(\beta) = b$，且 $\varphi'(t)$ 连续，则 $\int_a^b f(x)\mathrm{d}x = \int_\alpha^\beta f[\varphi(t)]\varphi'(t)\mathrm{d}t$.

6.1.7 定积分的分部积分法

设 $u=u(x)$，$v=v(x)$ 在 $[a,b]$ 上有连续的导数，则 $\int_a^b u\,\mathrm{d}v = uv\Big|_a^b - \int_a^b v\,\mathrm{d}u$.

6.1.8 无穷限的广义积分

设函数 $y=f(x)$ 在 $[a,+\infty)$ 上有定义，若对于任意的实数 $b>a$，函数 $f(x)$ 在 $[a,b]$ 上可积，且 $\lim\limits_{b\to+\infty}\int_a^b f(x)\mathrm{d}x$ 存在，则称此极限值为函数 $f(x)$ 在 $[a,+\infty)$ 上的广义积分（或反常积分），记作 $\int_a^{+\infty}f(x)\mathrm{d}x$，即

$$\int_a^{+\infty}f(x)\mathrm{d}x = \lim_{b\to+\infty}\int_a^b f(x)\mathrm{d}x.$$

此时也称广义积分 $\int_a^{+\infty}f(x)\mathrm{d}x$ 收敛. 若上述极限不存在，也称广义积分 $\int_a^{+\infty}f(x)\mathrm{d}x$ 发散. 类似地可以作如下定义

$$\int_{-\infty}^a f(x)\mathrm{d}x = \lim_{b\to-\infty}\int_b^a f(x)\mathrm{d}x.$$

若对某个常数 c，广义积分 $\int_{-\infty}^c f(x)\mathrm{d}x$ 和 $\int_c^{+\infty}f(x)\mathrm{d}x$ 都收敛，则称广义积分 $\int_{-\infty}^{+\infty}f(x)\mathrm{d}x$ 收敛，且

$$\int_{-\infty}^{+\infty}f(x)\mathrm{d}x = \int_{-\infty}^c f(x)\mathrm{d}x + \int_c^{+\infty}f(x)\mathrm{d}x.$$

6.1.9 无界函数的广义积分

若函数 $y=f(x)$ 在 $x=b$ 的任一个邻域内无界，则称 $x=b$ 为函数 $f(x)$ 的瑕点. 若函数在 $[a,b)$ 上有定义，$x=b$ 为 $f(x)$ 的瑕点，对于任意的 $\varepsilon>0$，$f(x)$ 在 $[a,b-\varepsilon]$ 上可积，且 $\lim\limits_{\varepsilon\to0^+}\int_a^{b-\varepsilon}f(x)\mathrm{d}x$ 存在，则称此极限值为函数 $f(x)$ 在 $[a,b)$ 上的广义积分，也称为瑕积分，记为 $\int_a^b f(x)\mathrm{d}x$，即

$$\int_a^b f(x)\mathrm{d}x = \lim_{\varepsilon\to0^+}\int_a^{b-\varepsilon}f(x)\mathrm{d}x.$$

此时也称瑕积分 $\int_a^b f(x)\mathrm{d}x$ 收敛. 若上述极限不存在，也称瑕积分 $\int_a^b f(x)\mathrm{d}x$ 发散. 若 a 为瑕点，可以类似地定义

$$\int_a^b f(x)\mathrm{d}x = \lim_{\varepsilon\to0^+}\int_{a+\varepsilon}^b f(x)\mathrm{d}x.$$

若对某个 $c\in(a,b)$，且 c 为瑕点，$\int_a^c f(x)\mathrm{d}x$ 和 $\int_c^b f(x)\mathrm{d}x$ 都收敛，则称瑕积分 $\int_a^b f(x)\mathrm{d}x$ 收敛，且

$$\int_a^b f(x)\mathrm{d}x = \int_a^c f(x)\mathrm{d}x + \int_c^b f(x)\mathrm{d}x = \lim_{\varepsilon_1 \to 0^+}\int_a^{c-\varepsilon_1} f(x)\mathrm{d}x + \lim_{\varepsilon_2 \to 0^+}\int_{c+\varepsilon_2}^b f(x)\mathrm{d}x.$$

6.1.10　Γ 函数

对于 $\forall t > 0$，Γ 函数的定义为：$\Gamma(t) = \int_0^{+\infty} x^{t-1}\mathrm{e}^{-x}\mathrm{d}x$.

Γ 函数的性质主要包括：

$\Gamma(1) = 1$；$\Gamma\left(\dfrac{1}{2}\right) = \sqrt{\pi}$；$\Gamma(t+1) = t\Gamma(t)$；$\Gamma(n+1) = n\Gamma(n)$；$\Gamma(n+1) = n!$.

6.1.11　定积分的几何应用

1. 平面图形的面积

曲边梯形 $f_1(x) \leqslant y \leqslant f_2(x)$，$a \leqslant x \leqslant b$ 的面积为 $A = \int_a^b [f_2(x) - f_1(x)]\mathrm{d}x$（图 6.2）.

曲边梯形 $g_1(y) \leqslant x \leqslant g_2(y)$，$c \leqslant y \leqslant d$ 面积为 $A = \int_c^d [g_2(y) - g_1(y)]\mathrm{d}y$（图 6.3）.

曲边扇形 $0 \leqslant r \leqslant r(\theta)$，$\alpha \leqslant \theta \leqslant \beta$ 的面积为 $A = \dfrac{1}{2}\int_\alpha^\beta [r(\theta)]^2\mathrm{d}\theta$（图 6.4）.

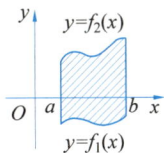
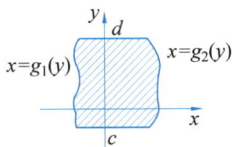
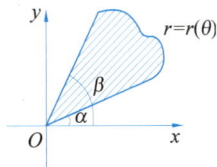

图　6.2　　　　　　　　图　6.3　　　　　　　　图　6.4

2. 平行截面面积已知的立体的体积

设一立体位于过 $[a,b]$ 的端点且垂直于 x 轴的两个平面之间，$A(x)$ 表示过点 x 且垂直于 x 轴的截面面积，则该立体的体积为

$$V = \int_a^b A(x)\mathrm{d}x.$$

3. 旋转体的体积

由平面图形 $0 \leqslant y \leqslant f(x)$，$a \leqslant x \leqslant b$（图 6.5）绕 x 轴旋转形成的旋转体的体积为

$$V = \pi\int_a^b f^2(x)\mathrm{d}x.$$

由平面图形 $0 \leqslant x \leqslant g(y)$，$c \leqslant y \leqslant d$（图 6.6）绕 y 轴旋转形成的旋转体的体积为

$$V = \pi\int_c^d g^2(y)\mathrm{d}y.$$

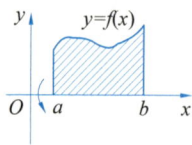

图 6.5

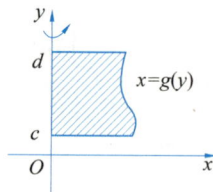

图 6.6

6.1.12 定积分的经济应用

（1）设某产品的总产量 Q 是时间 t 的函数，即 $Q=Q(t)$，记 t_0 为时间起点且总产量的变化率 $Q'(t)$ 连续，则 t 时刻的总产量为

$$Q(t)=Q(t_0)+\int_{t_0}^{t}Q'(x)\mathrm{d}x.$$

（2）已知边际成本函数 $C'(Q)$ 连续，其中 Q 为产量，则成本函数为

$$C(Q)=C(0)+\int_{0}^{Q}C'(x)\mathrm{d}x,$$

其中 $C(0)$ 为产量为 0 时的成本，即固定成本.

采用类似方法可以利用边际收益函数求总收益，利用边际利润函数求总利润等.

6.1.13 几个重要的结论

（1）设 $f(x)$ 在 $[-a,a]$ 上连续，若 $f(x)$ 为奇函数，则 $\int_{-a}^{a}f(x)\mathrm{d}x=0$；若 $f(x)$ 为偶函数，则 $\int_{-a}^{a}f(x)\mathrm{d}x=2\int_{0}^{a}f(x)\mathrm{d}x.$

（2）设 $f(x)$ 在 $(-\infty,+\infty)$ 内连续，且 $f(x)$ 是周期为 T 的周期函数，对于任意的实数 a 和正整数 n 有

$$\int_{a}^{a+T}f(x)\mathrm{d}x=\int_{0}^{T}f(x)\mathrm{d}x,\quad \int_{0}^{nT}f(x)\mathrm{d}x=n\int_{0}^{T}f(x)\mathrm{d}x.$$

（3）若 $f(x)$ 在 $[0,1]$ 上连续，则有

$$\int_{0}^{\frac{\pi}{2}}f(\sin x)\mathrm{d}x=\int_{0}^{\frac{\pi}{2}}f(\cos x)\mathrm{d}x;$$

$$\int_{0}^{\pi}xf(\sin x)\mathrm{d}x=\frac{\pi}{2}\int_{0}^{\pi}f(\sin x)\mathrm{d}x=\pi\int_{0}^{\frac{\pi}{2}}f(\sin x)\mathrm{d}x.$$

6.2 典型例题分析

6.2.1 题型一 利用几何意义计算定积分

例 6.1 利用定积分的几何意义求解下列积分：

（1）$\int_{-a}^{a}\sqrt{a^2-x^2}\,\mathrm{d}x$，$a>0$；　　　　（2）$\int_{0}^{2\pi}\sin x\,\mathrm{d}x.$

解　（1）积分 $\int_{-a}^{a}\sqrt{a^{2}-x^{2}}\,\mathrm{d}x$ 等于由曲线 $f(x)=\sqrt{a^{2}-x^{2}}$ 与 x 轴围成的半圆的面积，如图 6.7 所示，由于整圆的面积为 πa^{2}，因此 $\int_{-a}^{a}\sqrt{a^{2}-x^{2}}\,\mathrm{d}x=\dfrac{1}{2}\pi a^{2}$.

（2）设 $f(x)=\sin x$，曲线 $f(x)=\sin x$ 与 x 轴在区间 $[0,2\pi]$ 围成的平面图形如图 6.8 所示，根据对称性得，$\int_{0}^{2\pi}\sin x\,\mathrm{d}x=0$.

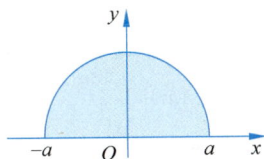

图　6.7

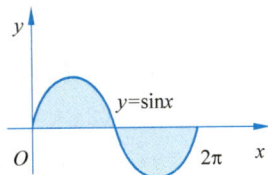

图　6.8

6.2.2　题型二　有关定积分性质的问题

例 6.2　已知连续函数 $f(x)$ 满足 $f(x)=x-2x^{2}\int_{0}^{1}f(x)\,\mathrm{d}x$，求 $f(x)$ 的表达式.

解　由于定积分是一个常数，因此设 $\int_{0}^{1}f(x)\,\mathrm{d}x=A$，则原式可记为：
$$f(x)=x-2Ax^{2},$$
对等式两边同时取定积分，得
$$\int_{0}^{1}f(x)\,\mathrm{d}x=\int_{0}^{1}x\,\mathrm{d}x-2A\int_{0}^{1}x^{2}\,\mathrm{d}x,$$
因此有 $A=\dfrac{1}{2}-\dfrac{2}{3}A$，解得 $A=\dfrac{3}{10}$，从而 $f(x)=x-\dfrac{3}{5}x^{2}$.

例 6.3　证明不等式 $\dfrac{1}{2}<\int_{0}^{1/2}\dfrac{1}{\sqrt{1-x^{n}}}\,\mathrm{d}x<\dfrac{\pi}{6}$，其中 $n>2$ 为正整数.

证　由于当 $x\in\left[0,\dfrac{1}{2}\right]$，$n>2$ 时，
$$1\leqslant\frac{1}{\sqrt{1-x^{n}}}\leqslant\frac{1}{\sqrt{1-x^{2}}},$$
且等号当且仅当 $x=0$ 时成立，根据定积分的保号性，有
$$\frac{1}{2}=\int_{0}^{1/2}\mathrm{d}x<\int_{0}^{1/2}\frac{1}{\sqrt{1-x^{n}}}\,\mathrm{d}x<\int_{0}^{1/2}\frac{1}{\sqrt{1-x^{2}}}\,\mathrm{d}x=\frac{\pi}{6},$$
结论得证.

例 6.4　设 $f(x)$ 可导，且 $\lim\limits_{x\to+\infty}f(x)=\dfrac{1}{6}$，求极限 $\lim\limits_{x\to+\infty}\int_{x}^{x+2}tf(t)\arctan\left(\dfrac{3t}{t^{2}+2}\right)\mathrm{d}t$.

解　根据积分中值定理，至少存在一点 $\xi\in(x,x+2)$，使得
$$\int_{x}^{x+2}tf(t)\arctan\left(\frac{3t}{t^{2}+2}\right)\mathrm{d}t=2\xi f(\xi)\arctan\left(\frac{3\xi}{\xi^{2}+2}\right),$$

由夹逼定理可知，当 $x \to +\infty$ 时，$\xi \to +\infty$，且 $\dfrac{3\xi}{\xi^2+2} \to 0^+$，因此

$$原极限 = \lim_{\xi \to +\infty} 2\xi f(\xi) \arctan\left(\frac{3\xi}{\xi^2+2}\right) = \lim_{\xi \to +\infty} 2f(\xi) \frac{3\xi^2}{\xi^2+2} = 6 \times \frac{1}{6} = 1.$$

6.2.3 题型三 变限积分问题

例 6.5 已知 $\displaystyle\int_0^{2x} f(t)\mathrm{d}t = x^2\cos(4x)$，试求 $f(x)$ 的表达式.

解 等式两边同时对 x 求导数，得

$$2f(2x) = 2x\cos(4x) - 4x^2\sin(4x),$$

令 $t = 2x$，则有 $2f(t) = t\cos(2t) - t^2\sin(2t)$，故

$$f(x) = \frac{x}{2}\left[\cos(2x) - x\sin(2x)\right].$$

例 6.6 求由方程 $\displaystyle\int_0^y t\mathrm{e}^t \mathrm{d}t + \int_x^{x^2} (\sqrt{1+t}\cos t)\mathrm{d}t = 1$ 所确定的隐函数 $y = f(x)$ 的导数 $\dfrac{\mathrm{d}y}{\mathrm{d}x}$.

解 等式两边同时对 x 求导数，并将 y 视为 x 的函数，得

$$y\mathrm{e}^y \cdot y' + 2x\sqrt{1+x^2}\cos(x^2) - \sqrt{1+x}\cos x = 0,$$

因此

$$y' = \frac{\sqrt{1+x}\cos x - 2x\sqrt{1+x^2}\cos(x^2)}{y\mathrm{e}^y}.$$

例 6.7 设 $f(x) = \displaystyle\int_0^{2x} (2x-t)\varphi(t)\mathrm{d}t$，其中 $\varphi(t)$ 为连续函数，试求 $f'(x)$.

解 由题意，有

$$f(x) = 2x\int_0^{2x} \varphi(t)\mathrm{d}t - \int_0^{2x} t\varphi(t)\mathrm{d}t,$$

因此

$$f'(x) = 2\int_0^{2x} \varphi(t)\mathrm{d}t + 4x\varphi(2x) - 4x\varphi(2x) = 2\int_0^{2x} \varphi(t)\mathrm{d}t.$$

例 6.8 求极限 $\displaystyle\lim_{x \to 0} \frac{\displaystyle\int_0^{\sin^2 x} \ln(1+t)\mathrm{d}t}{(\sqrt{1+x^2}-1) \cdot \displaystyle\int_0^x \arcsin t\, \mathrm{d}t}$.

解 由于

$$\lim_{x \to 0} \frac{\displaystyle\int_0^x \arcsin t\, \mathrm{d}t}{x^2} = \lim_{x \to 0} \frac{\arcsin x}{2x} = \frac{1}{2},$$

所以当 $x \to 0$ 时，$\displaystyle\int_0^x \arcsin t\, \mathrm{d}t \sim \frac{1}{2}x^2$. 结合等价无穷小量替换法则和洛必达法则，有

$$\text{原极限} = 4\lim_{x \to 0} \frac{\displaystyle\int_0^{\sin^2 x} \ln(1+t)\,\mathrm{d}t}{x^4} = 4\lim_{x \to 0} \frac{\ln(1+\sin^2 x) \cdot 2\sin x \cos x}{4x^3}$$

$$= \lim_{x \to 0} \frac{2\sin^3 x \cos x}{x^3} = \lim_{x \to 0} \frac{2x^3 \cos x}{x^3} = 2.$$

例 6.9　求二阶导数 $\dfrac{\mathrm{d}^2}{\mathrm{d}x^2} \displaystyle\int_0^{2x} \int_0^{\sin t} \sqrt{1+3u^4}\,\mathrm{d}u\,\mathrm{d}t.$

解　令 $f(x) = \displaystyle\int_0^{2x} \int_0^{\sin t} \sqrt{1+3u^4}\,\mathrm{d}u\,\mathrm{d}t$，则

$$f(x) = \int_0^{2x} \left(\int_0^{\sin t} \sqrt{1+3u^4}\,\mathrm{d}u \right)\mathrm{d}t,$$

因此根据复合函数求导法则，有

$$f'(x) = 2\int_0^{\sin(2x)} \sqrt{1+3u^4}\,\mathrm{d}u, \quad f''(x) = 4\cos(2x)\sqrt{1+3\big[\sin(2x)\big]^4}.$$

例 6.10　设函数 $f(x)$ 在实数域 **R** 内连续，且满足 $\displaystyle\int_0^x tf(x-t)\,\mathrm{d}t = \dfrac{1}{6}x^3$，试求 $f(x)$.

分析　由于被积函数中同时含有变量 x 和积分变量 t，因此需要进行积分变量替换.

解　令 $u = x - t$，则 $t = x - u$，$\mathrm{d}t = -\mathrm{d}u$，当 $t = 0$ 时，$u = x$；当 $t = x$ 时，$u = 0$. 因此

$$\int_0^x tf(x-t)\,\mathrm{d}t = -\int_x^0 (x-u)f(u)\,\mathrm{d}u = \int_0^x (x-u)f(u)\,\mathrm{d}u,$$

$$= x\int_0^x f(u)\,\mathrm{d}u - \int_0^x uf(u)\,\mathrm{d}u,$$

即有

$$x\int_0^x f(u)\,\mathrm{d}u - \int_0^x uf(u)\,\mathrm{d}u = \frac{1}{6}x^3.$$

等式两边同时对 x 求导数，得

$$\int_0^x f(u)\,\mathrm{d}u + xf(x) - xf(x) = \frac{1}{2}x^2,$$

从而 $\displaystyle\int_0^x f(u)\,\mathrm{d}u = \dfrac{1}{2}x^2$，故 $f(x) = x$.

6.2.4　题型四　利用换元法、分部积分法求解定积分

例 6.11　计算下列定积分：

(1) $\displaystyle\int_0^{\frac{\pi}{2}} \frac{\sin^3 x}{3+\sin^2 x}\,\mathrm{d}x$；

(2) $\displaystyle\int_0^1 \frac{\sqrt{x}}{1+\sqrt{x}}\,\mathrm{d}x$；

(3) $\displaystyle\int_0^a \frac{1}{x+\sqrt{a^2-x^2}}\,\mathrm{d}x$，$a > 0$；

(4) $\displaystyle\int_0^{\frac{\pi}{4}} \frac{x}{1+\cos(2x)}\,\mathrm{d}x$.

解　（1）原式 $= -\int_0^{\frac{\pi}{2}} \frac{\sin^2 x}{3+\sin^2 x} \mathrm{d}(\cos x) = -\int_0^{\frac{\pi}{2}} \frac{1-\cos^2 x}{4-\cos^2 x} \mathrm{d}(\cos x) = -\int_1^0 \frac{1-t^2}{4-t^2} \mathrm{d}t$

$$= \int_0^1 \frac{4-t^2-3}{4-t^2} \mathrm{d}t = \int_0^1 \left(1 - \frac{3}{4-t^2}\right) \mathrm{d}t$$

$$= \left(t - \frac{3}{4} \ln \left| \frac{2+t}{2-t} \right| \right) \Big|_0^1 = 1 - \frac{3}{4} \ln 3.$$

（2）令 $t = \sqrt{x}$，则

$$原式 = \int_0^1 \frac{t}{1+t} \cdot 2t \, \mathrm{d}t = 2\int_0^1 \frac{t^2-1+1}{1+t} \mathrm{d}t = 2\int_0^1 \left(t-1+\frac{1}{1+t}\right) \mathrm{d}t$$

$$= \left[t^2 - 2t + 2\ln(1+t)\right]_0^1 = 2\ln 2 - 1.$$

（3）令 $x = a\sin t$，当 $x=0$ 时，$t=0$；当 $x=a$ 时，$t=\frac{\pi}{2}$. 此时 $\sqrt{a^2-x^2} = a\cos t$，$\mathrm{d}x = a\cos t \, \mathrm{d}t$，因此

$$原式 = \int_0^{\frac{\pi}{2}} \frac{a\cos t}{a\sin t + a\cos t} \mathrm{d}t = \int_0^{\frac{\pi}{2}} \frac{\cos t}{\sin t + \cos t} \mathrm{d}t$$

$$= \frac{1}{2} \int_0^{\frac{\pi}{2}} \frac{(\sin t + \cos t) + (\cos t - \sin t)}{\sin t + \cos t} \mathrm{d}t$$

$$= \frac{\pi}{4} + \int_0^{\frac{\pi}{2}} \frac{\cos t - \sin t}{\sin t + \cos t} \mathrm{d}t = \frac{\pi}{4} + \int_0^{\frac{\pi}{2}} \frac{1}{\sin t + \cos t} \mathrm{d}(\sin t + \cos t)$$

$$= \frac{\pi}{4} + \ln(\sin t + \cos t) \Big|_0^{\frac{\pi}{2}} = \frac{\pi}{4}.$$

（4）原式 $= \frac{1}{2} \int_0^{\frac{\pi}{4}} \frac{x}{\cos^2 x} \mathrm{d}x = \frac{1}{2} \int_0^{\frac{\pi}{4}} x \, \mathrm{d}(\tan x) = \frac{1}{2} x \tan x \Big|_0^{\frac{\pi}{4}} - \frac{1}{2} \int_0^{\frac{\pi}{4}} \tan x \, \mathrm{d}x$

$$= \frac{\pi}{8} - \frac{1}{2} \left(-\ln|\cos x|\right)_0^{\frac{\pi}{4}} = \frac{\pi}{8} - \frac{\ln 2}{4}.$$

例 6.12　设函数 $f(x)$ 在 $[0,1]$ 上连续，证明下列结论：

（1）$\int_0^{\frac{\pi}{2}} f(\sin x) \mathrm{d}x = \int_0^{\frac{\pi}{2}} f(\cos x) \mathrm{d}x$；

（2）$\int_0^{\pi} x f(\sin x) \mathrm{d}x = \frac{\pi}{2} \int_0^{\pi} f(\sin x) \mathrm{d}x = \pi \int_0^{\frac{\pi}{2}} f(\sin x) \mathrm{d}x$.

证　（1）令 $x = \frac{\pi}{2} - t$，当 $x=0$ 时，$t = \frac{\pi}{2}$；当 $x = \frac{\pi}{2}$ 时，$t=0$. $\mathrm{d}x = -\mathrm{d}t$，因此

$$\int_0^{\frac{\pi}{2}} f(\sin x) \mathrm{d}x = -\int_{\frac{\pi}{2}}^0 f(\cos t) \mathrm{d}t = \int_0^{\frac{\pi}{2}} f(\cos t) \mathrm{d}t = \int_0^{\frac{\pi}{2}} f(\cos x) \mathrm{d}x.$$

（2）首先证明 $\int_0^{\pi} x f(\sin x) \mathrm{d}x = \frac{\pi}{2} \int_0^{\pi} f(\sin x) \mathrm{d}x$. 令 $x = \pi - t$，当 $x=0$ 时，$t=\pi$；当 $x=\pi$ 时，$t=0$. $\mathrm{d}x = -\mathrm{d}t$，因此

$$\int_0^{\pi} x f(\sin x) \mathrm{d}x = -\int_{\pi}^0 (\pi-t) f[\sin(\pi-t)] \mathrm{d}t = \int_0^{\pi} (\pi-t) f(\sin t) \mathrm{d}t$$

$$=\pi\int_0^\pi f(\sin t)\mathrm{d}t-\int_0^\pi tf(\sin t)\mathrm{d}t,$$

故有

$$\int_0^\pi xf(\sin x)\mathrm{d}x=\frac{\pi}{2}\int_0^\pi f(\sin x)\mathrm{d}x.$$

下面证明 $\frac{\pi}{2}\int_0^\pi f(\sin x)\mathrm{d}x=\pi\int_0^{\frac{\pi}{2}}f(\sin x)\mathrm{d}x$ 成立.

只需证明结论 $\int_0^\pi f(\sin x)\mathrm{d}x=2\int_0^{\frac{\pi}{2}}f(\sin x)\mathrm{d}x$ 成立即可. 根据积分对区间的可加性,有

$$\int_0^\pi f(\sin x)\mathrm{d}x=\int_0^{\frac{\pi}{2}}f(\sin x)\mathrm{d}x+\int_{\frac{\pi}{2}}^\pi f(\sin x)\mathrm{d}x.$$

令 $t=\pi-x$,当 $x=\frac{\pi}{2}$ 时,$t=\frac{\pi}{2}$,当 $x=\pi$ 时,$t=0$. $\mathrm{d}x=-\mathrm{d}t$,则

$$\int_{\frac{\pi}{2}}^\pi f(\sin x)\mathrm{d}x=-\int_{\frac{\pi}{2}}^0 f(\sin t)\mathrm{d}t=\int_0^{\frac{\pi}{2}}f(\sin t)\mathrm{d}t=\int_0^{\frac{\pi}{2}}f(\sin x)\mathrm{d}x,$$

从而有

$$\int_0^\pi f(\sin x)\mathrm{d}x=2\int_0^{\frac{\pi}{2}}f(\sin x)\mathrm{d}x,$$

结论得证.

例 6.13　计算定积分 $\int_0^\pi \frac{x\sin^{2n}x}{\sin^{2n}x+\cos^{2n}x}\mathrm{d}x$,其中 n 为正整数.

解　记 $I_n=\int_0^\pi \frac{x\sin^{2n}x}{\sin^{2n}x+\cos^{2n}x}\mathrm{d}x$,由于 $\cos^{2n}x=(\cos^2 x)^n=(1-\sin^2 x)^n$,由例 6.12 的结论(2)即:$\int_0^\pi xf(\sin x)\mathrm{d}x=\pi\int_0^{\frac{\pi}{2}}f(\sin x)\mathrm{d}x$,可得

$$I_n=\pi\int_0^{\pi/2}\frac{\sin^{2n}x}{\sin^{2n}x+\cos^{2n}x}\mathrm{d}x.$$

又根据例 6.12 的结论(1)可知

$$I_n=\pi\int_0^{\pi/2}\frac{\cos^{2n}x}{\cos^{2n}x+\sin^{2n}x}\mathrm{d}x.$$

于是 $2I_n=\pi\int_0^{\pi/2}\mathrm{d}x=\frac{\pi^2}{2}$,故 $I_n=\frac{\pi^2}{4}$.

6.2.5　题型五　利用奇偶性、周期性计算定积分

例 6.14　求解定积分 $\int_{-1}^1 \frac{x^2+\ln(1+x^2)\arctan x}{1+\sqrt{1-x^2}}\mathrm{d}x$.

解　原式 $=\int_{-1}^1 \frac{x^2}{1+\sqrt{1-x^2}}\mathrm{d}x+\int_{-1}^1 \frac{\ln(1+x^2)\arctan x}{1+\sqrt{1-x^2}}\mathrm{d}x$

$$= 2\int_0^1 \frac{x^2}{1+\sqrt{1-x^2}}\mathrm{d}x + 0 = 2\int_0^1 \frac{x^2(1-\sqrt{1-x^2})}{x^2}\mathrm{d}x$$

$$= 2\int_0^1 (1-\sqrt{1-x^2})\mathrm{d}x = 2 - 2\int_0^1 \sqrt{1-x^2}\,\mathrm{d}x$$

$$= 2 - 2 \cdot \frac{\pi}{4} = 2 - \frac{\pi}{2}.$$

注　由积分的几何意义知 $\int_0^1 \sqrt{1-x^2}\,\mathrm{d}x = \dfrac{\pi}{4}$.

例 6.15　求解定积分 $I = \int_0^{2016\pi} \sqrt{1-\cos(2x)}\,\mathrm{d}x$.

解　由于函数 $\sqrt{1-\cos(2x)}$ 的周期为 π，因此

$$I = 2016\int_0^\pi \sqrt{1-\cos(2x)}\,\mathrm{d}x = 2016\int_0^\pi \sqrt{2}\,\sin x\,\mathrm{d}x = 4032\sqrt{2}.$$

6.2.6　题型六　分段函数积分问题

例 6.16　设 $f(x) = \begin{cases} x^2+1, & -1 \leqslant x \leqslant 0 \\ 2-x, & 0 < x \leqslant 1 \end{cases}$，求 $\int_{-1}^1 f(x)\mathrm{d}x$.

解　$\int_{-1}^1 f(x)\mathrm{d}x = \int_{-1}^0 f(x)\mathrm{d}x + \int_0^1 f(x)\mathrm{d}x = \int_{-1}^0 (x^2+1)\mathrm{d}x + \int_0^1 (2-x)\mathrm{d}x$

$$= \frac{4}{3} + \frac{3}{2} = \frac{17}{6}.$$

例 6.17　求解定积分 $\int_0^\pi \sqrt{1+\cos(2x)}\,\mathrm{d}x$.

解　原式 $= \int_0^\pi \sqrt{2\cos^2 x}\,\mathrm{d}x = \sqrt{2}\int_0^\pi |\cos x|\,\mathrm{d}x = \sqrt{2}\int_0^{\frac{\pi}{2}} \cos x\,\mathrm{d}x - \sqrt{2}\int_{\frac{\pi}{2}}^\pi \cos x\,\mathrm{d}x$

$$= \sqrt{2} + \sqrt{2} = 2\sqrt{2}.$$

例 6.18　求解定积分 $\int_{-1}^3 \max\{x, x^2\}\mathrm{d}x$.

解　由于

$$\max\{x, x^2\} = \begin{cases} x^2, & -1 \leqslant x \leqslant 0 \\ x, & 0 < x \leqslant 1 \\ x^2, & 1 < x \leqslant 3 \end{cases},$$

因此

$$\int_{-1}^3 \max\{x, x^2\}\mathrm{d}x = \int_{-1}^0 x^2\mathrm{d}x + \int_0^1 x\,\mathrm{d}x + \int_1^3 x^2\mathrm{d}x = \frac{1}{3} + \frac{1}{2} + \frac{26}{3} = \frac{19}{2}.$$

6.2.7　题型七　利用定积分的定义求极限

如果函数 $f(x)$ 在 $[0,1]$ 上可积，根据定积分的定义，有

$$\int_0^1 f(x)\mathrm{d}x = \lim_{\lambda \to 0} \sum_{i=1}^n f(\xi_i)\Delta x_i.$$

不论区间$[0,1]$如何划分,点$\xi_i(i=1,2,\cdots,n)$如何选取,极限$\lim\limits_{\lambda\to0}\sum\limits_{i=1}^{n}f(\xi_i)\Delta x_i$都存在且相等,因此在$\int_0^1f(x)\mathrm{d}x$存在的前提下,我们可以选取一种简单的区间划分方式和一种简单的ξ_i($i=1,2,\cdots,n$)的选取方式即可. 特别地,将$[0,1]$进行n等分,每个小区间的长度都等于$\dfrac{1}{n}$,即$\Delta x_i=\dfrac{1}{n}$,选取ξ_i为每个小区间的右端点值,即$\xi_i=\dfrac{i}{n}$,则

$$\lim_{n\to\infty}\frac{1}{n}\cdot\sum_{i=1}^{n}f\left(\frac{i}{n}\right)=\int_0^1f(x)\mathrm{d}x.$$

一般地,若函数$f(x)$在$[a,b]$上可积,则有

$$\lim_{n\to\infty}\frac{b-a}{n}\cdot\sum_{i=1}^{n}f\left[a+(b-a)\cdot\frac{i}{n}\right]=\int_a^bf(x)\mathrm{d}x.$$

例 6.19 求极限$\lim\limits_{n\to\infty}\left(\dfrac{1}{n+1}+\dfrac{1}{n+2}+\cdots+\dfrac{1}{n+n}\right)$.

分析 记$x_n=\dfrac{1}{n+1}+\dfrac{1}{n+2}+\cdots+\dfrac{1}{n+n}$,如果采用放缩方法,则有

$$\frac{1}{2}=\frac{n}{n+n}\leqslant x_n\leqslant\frac{n}{n+1},$$

显然$\lim\limits_{n\to\infty}\dfrac{n}{n+1}=1$,$\lim\limits_{n\to\infty}\dfrac{1}{2}=\dfrac{1}{2}$,不等式两边的极限不相等,故夹逼定理方法失效. 本题需要利用定积分的定义来求解.

解 分子分母同时除以n,则

$$\begin{aligned}\text{原式}&=\lim_{n\to\infty}\left(\frac{1}{1+\dfrac{1}{n}}+\frac{1}{1+\dfrac{2}{n}}+\cdots+\frac{1}{1+\dfrac{n}{n}}\right)\cdot\frac{1}{n}\\&=\lim_{n\to\infty}\frac{1}{n}\cdot\sum_{i=1}^{n}\frac{1}{1+\dfrac{i}{n}}\\&=\int_0^1\frac{1}{1+x}\mathrm{d}x=\ln(1+x)\Big|_0^1=\ln2.\end{aligned}$$

例 6.20 求极限$\lim\limits_{n\to\infty}\left(\sqrt{\dfrac{n+1}{n^3}}+\sqrt{\dfrac{n+2}{n^3}}+\cdots+\sqrt{\dfrac{n+n}{n^3}}\right)$.

解 $\text{原式}=\lim\limits_{n\to\infty}\left(\sqrt{1+\dfrac{1}{n}}+\sqrt{1+\dfrac{2}{n}}+\cdots+\sqrt{1+\dfrac{n}{n}}\right)\cdot\dfrac{1}{n}=\lim\limits_{n\to\infty}\dfrac{1}{n}\cdot\sum\limits_{i=1}^{n}\sqrt{1+\dfrac{i}{n}}$

$=\displaystyle\int_0^1\sqrt{1+x}\,\mathrm{d}x=\dfrac{2}{3}(2\sqrt{2}-1).$

6.2.8 题型八 积分等式问题

例 6.21 若$f(x)$在$[0,\pi]$上具有二阶连续导数,且$f(0)=a$,$f(\pi)=b$,证明

$$\int_0^\pi[f(x)+f''(x)]\sin x\,\mathrm{d}x=a+b.$$

证 由于

$$\int_0^\pi f''(x)\sin x \,dx = \int_0^\pi \sin x \,df'(x) = f'(x)\sin x \Big|_0^\pi - \int_0^\pi f'(x)\cos x \,dx$$

$$= -\int_0^\pi \cos x \,df(x) = -f(x)\cos x \Big|_0^\pi - \int_0^\pi f(x)\sin x \,dx$$

$$= f(\pi) + f(0) - \int_0^\pi f(x)\sin x \,dx$$

因此

$$\int_0^\pi [f(x) + f''(x)]\sin x \,dx = a + b.$$

例 6.22 若函数 $f(x)$ 在 $[a,b]$ 上连续,则至少存在一点 $\xi \in (a,b)$,使得

$$\int_a^b f(x)\,dx = f(\xi)(b-a).$$

证 设 $F(x) = \int_a^x f(x)\,dx$,由于 $f(x)$ 在 $[a,b]$ 上连续,因此 $F(x)$ 在 $[a,b]$ 上连续、可导,且 $F'(x) = f(x)$,由拉格朗日中值定理可知,至少存在一点 $\xi \in (a,b)$,使得

$$F(b) - F(a) = F'(\xi)(b-a),$$

即

$$\int_a^b f(x)\,dx - \int_a^a f(x)\,dx = \int_a^b f(x)\,dx = f(\xi)(b-a),$$

结论得证.

**例 6.23 设 $f(x)$ 在 $[0,1]$ 上可导,且满足 $f(1) = 2\int_0^{\frac{1}{2}} x f(x)\,dx$. 证明至少存在一点 $\xi \in (0,1)$,使得 $\xi f'(\xi) + f(\xi) = 0$.

证 构造辅助函数 $F(x) = x f(x)$,则 $F(x)$ 在 $[0,1]$ 上连续,在 $(0,1)$ 内可导. 由积分中值定理可知,至少存在一点 $x_0 \in \left(0, \dfrac{1}{2}\right)$,使得

$$2\int_0^{\frac{1}{2}} x f(x)\,dx = x_0 f(x_0),$$

从而有 $F(1) = f(1) = F(x_0)$,故 $F(x)$ 在 $[x_0, 1]$ 上满足罗尔定理的条件,由罗尔定理可知,至少存在一点 $\xi \in (x_0, 1) \subset (0,1)$,使得 $F'(\xi) = 0$,即有 $\xi f'(\xi) + f(\xi) = 0$,结论得证.

6.2.9 题型九 积分不等式问题

例 6.24 若 $f(x)$ 和 $g(x)$ 在 $[a,b]$ 上可积,试证明

$$\left[\int_a^b f(x)g(x)\,dx\right]^2 \leqslant \int_a^b f^2(x)\,dx \cdot \int_a^b g^2(x)\,dx.$$

证 对于任意的实数 λ,$\int_a^b [f(x) - \lambda g(x)]^2\,dx \geqslant 0$,而

$$\int_a^b [f(x) - \lambda g(x)]^2\,dx = \lambda^2 \int_a^b g^2(x)\,dx - 2\lambda \int_a^b f(x)g(x)\,dx + \int_a^b f^2(x)\,dx \geqslant 0,$$

上式是关于 λ 的二次三项式,所以判别式

$$\Delta = 4\left[\int_a^b f(x)g(x)\mathrm{d}x\right]^2 - 4\int_a^b f^2(x)\mathrm{d}x \cdot \int_a^b g^2(x)\mathrm{d}x \leqslant 0,$$

从而

$$\left[\int_a^b f(x)g(x)\mathrm{d}x\right]^2 \leqslant \int_a^b f^2(x)\mathrm{d}x \cdot \int_a^b g^2(x)\mathrm{d}x.$$

注 上述不等式也称为柯西-施瓦兹不等式.

**例 6.25 设 $f(x)$ 和 $g(x)$ 在 $[a,b]$ 上连续,$f(x)$ 单调递增,$0 \leqslant g(x) \leqslant 1$,证明:

(1) $0 \leqslant \displaystyle\int_a^x g(t)\mathrm{d}t \leqslant x-a$,$x \in [a,b]$;

(2) $\displaystyle\int_a^{a+\int_a^b g(t)\mathrm{d}t} f(x)\mathrm{d}x \leqslant \int_a^b f(x)g(x)\mathrm{d}x.$

证 (1) 当 $x \in [a,b]$ 时,函数 $g(x)$ 在 $[a,x]$ 上使用积分中值定理,则至少存在一点 $\xi \in [a,x]$,使得

$$\int_a^x g(t)\mathrm{d}t = g(\xi)(x-a),$$

又因为 $0 \leqslant g(x) \leqslant 1$,因此 $0 \leqslant g(\xi)(x-a) \leqslant x-a$,结论(1)得证.

(2) 构造辅助函数

$$F(x) = \int_a^x f(t)g(t)\mathrm{d}t - \int_a^{a+\int_a^x g(t)\mathrm{d}t} f(u)\mathrm{d}u,$$

当 $x \in (a,b)$ 时,

$$F'(x) = f(x)g(x) - f\left(a+\int_a^x g(t)\mathrm{d}t\right)g(x) \geqslant f(x)g(x) - f(a+x-a)g(x) = 0,$$

所以 $F(x)$ 在 $[a,b]$ 上单调递增,因此 $F(b) \geqslant F(a) = 0$,结论(2)得证.

6.2.10 题型十 广义积分问题

例 6.26 求解广义积分 $\displaystyle\int_0^1 \ln\frac{1}{1-x^2}\mathrm{d}x.$

解 原式 $= -\displaystyle\int_0^1 \ln(1-x^2)\mathrm{d}x = -\int_0^1 \ln[(1-x)(1+x)]\mathrm{d}x$

$$= -\int_0^1 \ln(1-x)\mathrm{d}x - \int_0^1 \ln(1+x)\mathrm{d}x,$$

结合定积分的分部积分法,有

$$\int_0^1 \ln(1+x)\mathrm{d}x = x\ln(1+x)\Big|_0^1 - \int_0^1 \frac{x}{1+x}\mathrm{d}x = \ln 2 - \int_0^1 \frac{x+1-1}{1+x}\mathrm{d}x$$

$$= \ln 2 - (1-\ln 2) = 2\ln 2 - 1.$$

令 $t = 1-x$,则瑕积分

$$\int_0^1 \ln(1-x)\mathrm{d}x = -\int_1^0 \ln t\,\mathrm{d}t = \int_0^1 \ln t\,\mathrm{d}t = \lim_{\varepsilon \to 0^+}\int_\varepsilon^1 \ln t\,\mathrm{d}t$$

$$= \lim_{\varepsilon \to 0^+}\left(t\ln t\,\Big|_\varepsilon^1 - \int_\varepsilon^1 \mathrm{d}t\right) = \lim_{\varepsilon \to 0^+}[-\varepsilon\ln\varepsilon - (1-\varepsilon)] = -1,$$

所以

$$\int_0^1 \ln\frac{1}{1-x^2}dx = -2\ln2 + 1 + 1 = 2(1-\ln2).$$

例 6.27 $\displaystyle\int_1^{+\infty} \frac{\ln x}{(1+x)^2}dx = $ _____.

解 原式 $= \displaystyle\int_1^{+\infty} \frac{\ln x}{(1+x)^2}dx = -\int_1^{+\infty} \ln x\, d(1+x)^{-1}$

$$= -\frac{\ln x}{1+x}\Big|_1^{+\infty} + \int_1^{+\infty} \frac{1}{1+x}\cdot\frac{1}{x}dx$$

$$= \int_1^{+\infty}\left(\frac{1}{x}-\frac{1}{1+x}\right)dx = \Big[\ln x - \ln(1+x)\Big]\Big|_1^{+\infty} = \ln\frac{x}{1+x}\Big|_1^{+\infty} = \ln2.$$

例 6.28 若等式 $\displaystyle\int_{-\infty}^a x\,e^{2x}dx = \lim_{x\to+\infty}\left(\frac{x+a}{x-a}\right)^x$ 成立，求常数 a.

解 当 $a=0$ 时，题设等式不成立，故 $a\neq0$. 由于

$$\int_{-\infty}^a x\,e^{2x}dx = \lim_{b\to-\infty}\int_b^a x\,e^{2x}dx = \lim_{b\to-\infty}\frac{1}{2}\int_b^a x\,de^{2x} = \frac{1}{2}\lim_{b\to-\infty}\left[(x\,e^{2x})\Big|_b^a - \int_b^a e^{2x}dx\right]$$

$$= \frac{1}{2}\lim_{b\to-\infty}\left[a\,e^{2a} - b\,e^{2b} - \frac{1}{2}e^{2a} + \frac{1}{2}e^{2b}\right] = \frac{1}{2}a\,e^{2a} - \frac{1}{4}e^{2a},$$

而

$$\lim_{x\to+\infty}\left(\frac{x+a}{x-a}\right)^x = \lim_{x\to+\infty}\left(1+\frac{2a}{x-a}\right)^x = \lim_{x\to+\infty}\left(1+\frac{2a}{x-a}\right)^{\frac{x-a}{2a}\cdot\frac{2ax}{x-a}} = e^{2a},$$

所以 $\frac{1}{2}a\,e^{2a} - \frac{1}{4}e^{2a} = e^{2a}$，解得 $a = \frac{5}{2}$.

例 6.29 讨论广义积分 $\displaystyle\int_2^{+\infty} \frac{dx}{x(\ln x)^k}$ 的敛散性，其中 k 为整数.

解 当 $k=1$ 时，$\displaystyle\int_2^{+\infty} \frac{dx}{x\ln x} = \int_2^{+\infty}\frac{1}{\ln x}d(\ln x) = \lim_{b\to+\infty}\big[\ln\ln x\big]\Big|_2^b = \infty$.

当 $k\neq1$ 时，原式 $= \displaystyle\lim_{b\to+\infty}\int_2^b \frac{1}{(\ln x)^k}d(\ln x) = \lim_{b\to+\infty}\left[\frac{1}{1-k}(\ln x)^{1-k}\right]\Big|_2^b$

$$= \begin{cases} \dfrac{1}{k-1}(\ln2)^{1-k}, & k>1 \\ \infty, & k<1 \end{cases}.$$

综上，当 $k\leqslant1$ 时，广义积分 $\displaystyle\int_2^{+\infty} \frac{dx}{x(\ln x)^k}$ 发散，当 $k>1$ 时，该广义积分收敛.

6.2.11 题型十一 积分的应用问题

例 6.30 求由曲线 $y=x\,e^x$ 和曲线 $y=e^x$ 所围成的向左无限延伸的平面图形的面积 S.

解 求出交点 $(1, e)$，根据广义积分的几何意义，有

$$S = \int_{-\infty}^{1} (e^x - x e^x) dx = \lim_{b \to -\infty} \int_{b}^{1} (1-x) e^x dx = \lim_{b \to -\infty} \int_{b}^{1} (1-x) de^x$$

$$= \lim_{b \to -\infty} \left[(1-x) e^x \Big|_{b}^{1} + \int_{b}^{1} e^x dx \right]$$

$$= \lim_{b \to -\infty} \left[-(1-b) e^b + e - e^b \right] = e.$$

例 6.31 设 D 是由 $y = x^{\frac{1}{3}}$，$x = a\ (a > 0)$ 及 x 轴围成的平面图形，V_x 和 V_y 分别是 D 绕 x 轴和 y 轴旋转一周得到的旋转体的体积，若 $V_y = 10 V_x$，求 a 的值.

解 根据旋转体体积的计算公式，有

$$V_x = \int_{0}^{a} \pi \left(x^{\frac{1}{3}} \right)^2 dx = \pi \cdot \frac{3}{5} a^{\frac{5}{3}},$$

$$V_y = \pi \cdot a^2 a^{\frac{1}{3}} - \int_{0}^{a^{\frac{1}{3}}} \pi (y^3)^2 dy,$$

解得 $V_y = \pi \cdot a^2 a^{\frac{1}{3}} - \frac{1}{7} \pi \cdot a^{\frac{7}{3}}$，由题设 $V_y = 10 V_x$，可解得 $a = 7\sqrt{7}$.

例 6.32 已知某产品的边际收益为 $R'(Q) = 10 - 2Q$，其中 Q 为产量，试求该产品的总收益和平均收益.

解 总收益函数为

$$R = \int_{0}^{Q} R'(Q) dQ = \int_{0}^{Q} (10 - 2Q) dQ = 10Q - Q^2.$$

平均收益为

$$\bar{R} = \frac{R}{Q} = 10 - Q.$$

6.3 习题精选

1. 填空题

(1) 函数 $f(x)$ 在 $[a, b]$ 上有界是 $f(x)$ 在 $[a, b]$ 上可积的 _____ 条件，函数 $f(x)$ 在 $[a, b]$ 上连续是 $f(x)$ 在 $[a, b]$ 上可积的 _____ 条件.

(2) 若 $\int_{0}^{x} f(t) dt = x^2 \sin x$，则 $f\left(\frac{\pi}{2} \right) =$ _____.

(3) 若 $\int_{0}^{x^2} f(t) dt = x^2(1+x)$，则 $f(0) =$ _____.

(4) 极限 $\lim_{n \to \infty} \int_{0}^{1} \frac{n}{1 + n^2 x^2} dx =$ _____.

(5) 极限 $\lim_{x \to 0} \dfrac{\int_{0}^{x^2} \ln(1+t) dt}{1 - e^{x^3}} =$ _____.

(6) $\dfrac{d}{dx} \int_{0}^{1} \sin x\, dx =$ _____.

(7) 已知 n 为正整数，函数 $f(x)$ 满足 $n\int_0^1 x f''(2x)\mathrm{d}x = \int_0^2 t f''(t)\mathrm{d}t$ ，则 $n =$ _____.

(8) $\int_{-1}^1 \left[x^7 \ln(1+x^2) + \sqrt{1-x^2} \right]\mathrm{d}x =$ _____.

(9) 已知 $f(0)=a$ ，$f(1)=b$ ，$f'(1)=c$ ，则 $\int_0^1 x f''(x)\mathrm{d}x =$ _____.

(10) 设函数 $f(x)$ 在 $[-2,2]$ 上连续，则 $\int_{-2}^2 x[f(x)+f(-x)]\mathrm{d}x =$ _____.

(11) 已知连续函数 $f(x)$ 满足 $f(x) = \dfrac{1}{1+x^2} + \int_0^1 x f(t)\mathrm{d}t$ ，则 $\int_0^1 f(x)\mathrm{d}x =$ _____.

(12) $\int_{-\frac{\pi}{2}}^{\frac{\pi}{2}} \sqrt{\cos x - \cos^3 x}\ \mathrm{d}x =$ _____.

(13) $\int_0^4 \mathrm{e}^{\sqrt{2x+1}}\ \mathrm{d}x =$ _____.

(14) 已知广义积分 $\int_{-\infty}^{+\infty} \mathrm{e}^{k|x|}\ \mathrm{d}x = 2$ ，则 $k =$ _____.

(15) 设 D 是由 $xy+1=0$ ，$y+x=0$ ，$y=2$ 围成的平面有界区域，则 D 的面积 $=$ _____.

(16) 已知某商品的边际成本为 $C'(Q)=20\mathrm{e}^{0.5Q}-2Q$ ，且固定成本为 100 ，则总成本函数为 _____.

2. 单项选择题

(1) 下列积分中，积分值为零的是（ ）.

    (A) $\int_0^1 \ln x\ \mathrm{d}x$ ；   (B) $\int_{-1}^1 x \sin^2 x\ \mathrm{d}x$ ；

    (C) $\int_{-1}^1 \dfrac{1}{x}\mathrm{d}x$ ；   (D) $\int_{-1}^1 \mathrm{e}^x\ \mathrm{d}x$.

(2) 已知 $F'(x)=f(x)$ ，则 $\int_a^b f(x+a)\mathrm{d}x =$ （ ）.

    (A) $F(b)-F(a)$ ；   (B) $F(b+a)-F(a)$ ；

    (C) $F(b+a)-F(2a)$ ；   (D) $F(b)-F(2a)$.

(3) 函数 $f(x)=\sin(2x)$ 在区间 $\left[0, \dfrac{\pi}{2}\right]$ 上的积分均值为（ ）.

    (A) $-\dfrac{2}{\pi}$ ；   (B) $\dfrac{2}{\pi}$ ；   (C) $\dfrac{\pi}{2}$ ；   (D) π .

(4) $\lim\limits_{x\to 0^+} \dfrac{\int_0^{\ln 2}(1-\cos\sqrt{x})\mathrm{d}x}{x^2} =$ （ ）.

    (A) 1 ；   (B) $\ln 2$ ；   (C) 0 ；   (D) 不存在.

(5) 设 $f(x) = \int_0^x (t-1)\mathrm{e}^t\mathrm{d}t$ ，则 $f(x)$ 有（ ）.

　　　　(A) 极小值 $2-e$;　　　　　　　　　　(B) 极小值 $e-2$;

　　　　(C) 极大值 $2-e$;　　　　　　　　　　(D) 极大值 $e-2$.

(6) 设 $I_1=\displaystyle\int_0^{\frac{\pi}{2}}x\,\mathrm{d}x$, $I_2=\displaystyle\int_0^{\frac{\pi}{2}}\sin x\,\mathrm{d}x$, $I_3=\displaystyle\int_0^{\frac{\pi}{2}}\sin(\sin x)\,\mathrm{d}x$, 则三者之间的大小关系为(　　).

　　　　(A) $I_1<I_2<I_3$;　　　　　　　　　　(B) $I_2<I_1<I_3$;

　　　　(C) $I_3<I_2<I_1$;　　　　　　　　　　(D) $I_2<I_3<I_1$.

(7) 设函数 $f(x)$ 在 $[-1,1]$ 上连续, 则 $\displaystyle\int_{-1}^1 f(x)\,\mathrm{d}x=$(　　).

　　　　(A) $\displaystyle\int_{-1}^0[f(x)+f(-x)]\,\mathrm{d}x$;　　　　(B) $\displaystyle\int_0^1[f(x)-f(-x)]\,\mathrm{d}x$;

　　　　(C) 0;　　　　　　　　　　　　　　　(D) $2\displaystyle\int_0^1 f(x)\,\mathrm{d}x$.

(8) $\displaystyle\int_0^{+\infty}x^n\mathrm{e}^{-x}\,\mathrm{d}x=$(　　)(其中 n 为正整数).

　　　　(A) $n!$;　　　　　(B) $(n+1)!$;　　　　(C) $(n-1)!$;　　　　(D) n.

(9) 下列广义积分等于零的是(　　).

　　　　(A) $\displaystyle\int_{-\infty}^{+\infty}\dfrac{x}{1+x^2}\,\mathrm{d}x$;　　　　　　(B) $\displaystyle\int_{-1}^1\dfrac{1}{x}\,\mathrm{d}x$;

　　　　(C) $\displaystyle\int_{-1}^1\dfrac{1}{\sqrt[3]{x}}\,\mathrm{d}x$;　　　　　　　(D) $\displaystyle\int_{-1}^1\dfrac{1}{x^3}\,\mathrm{d}x$.

(10) 设 $p>0$, 若广义积分 $\displaystyle\int_1^{+\infty}\dfrac{1}{x^p}\,\mathrm{d}x$ 收敛, 则 p 的取值范围为(　　).

　　　　(A) $p\leqslant1$;　　　　(B) $p\geqslant1$;　　　　(C) $p<1$;　　　　(D) $p>1$.

(11) 设 $p>0$, 若广义积分 $\displaystyle\int_1^2\dfrac{1}{(x-1)^p}\,\mathrm{d}x$ 收敛, 则 p 的取值范围为(　　).

　　　　(A) $p\leqslant1$;　　　　(B) $p\geqslant1$;　　　　(C) $p<1$;　　　　(D) $p>1$.

(12) 下列广义积分发散的是(　　).

　　　　(A) $\displaystyle\int_{-\infty}^{+\infty}\dfrac{1}{1+x^2}\,\mathrm{d}x$;　　　　　(B) $\displaystyle\int_0^1\dfrac{1}{\sqrt{1-x^2}}\,\mathrm{d}x$;

　　　　(C) $\displaystyle\int_0^{+\infty}\mathrm{e}^{-x}\,\mathrm{d}x$;　　　　　　　(D) $\displaystyle\int_e^{+\infty}\dfrac{\ln x}{x}\,\mathrm{d}x$.

3. 比较 $\displaystyle\int_0^{\frac{\pi}{2}}\sin(\sin x)\,\mathrm{d}x$, $\displaystyle\int_0^{\frac{\pi}{2}}\tan x\,\mathrm{d}x$ 及 $\displaystyle\int_0^{\frac{\pi}{2}}\tan(\sin x)\,\mathrm{d}x$ 的大小关系.

4. 求解下列极限:

(1) $\lim\limits_{x\to0}\dfrac{\displaystyle\int_0^{x^2}(1-\cos\sqrt{t})\,\mathrm{d}t}{x^4}$;　　　　　(2) $\lim\limits_{x\to0}\dfrac{\displaystyle\int_0^{\sin x}\ln(1+t^2)\,\mathrm{d}t}{1-\sqrt{1-x^3}}$.

5. 求解下列函数的导数(其中 $f(x)$ 为连续函数):

(1) $y=\displaystyle\int_0^x t^2 f(t)\,\mathrm{d}t$;　　　　　　　(2) $y=\displaystyle\int_{\sin x}^x t^2 f(t)\,\mathrm{d}t$;

(3) $y = \displaystyle\int_0^x x^2 f(t)\,\mathrm{d}t$；　　　　　　(4) $y = \displaystyle\int_0^x (x-t)^2 f(t)\,\mathrm{d}t$.

6. 计算下列定积分：

(1) $\displaystyle\int_{-1}^1 |x^2 - 2x|\,\mathrm{d}x$；　　　　　　(2) $\displaystyle\int_{-1}^1 \frac{x^2 \arctan x}{\sqrt{1+x^2}}\,\mathrm{d}x$；

(3) $\displaystyle\int_1^3 \frac{1}{(1+x)\sqrt{x}}\,\mathrm{d}x$；　　　　(4) $\displaystyle\int_{\ln 2}^{\ln 4} \frac{1}{\sqrt{\mathrm{e}^x - 1}}\,\mathrm{d}x$；

(5) $\displaystyle\int_0^1 \frac{1}{1+\mathrm{e}^x}\,\mathrm{d}x$；　　　　　(6) $\displaystyle\int_0^1 \frac{x\,\mathrm{e}^x}{(1+\mathrm{e}^x)^2}\,\mathrm{d}x$；

(7) $\displaystyle\int_0^\pi x \cos^2\!\left(\frac{x}{2}\right)\mathrm{d}x$；　　　(8) $\displaystyle\int_0^\pi \mathrm{e}^{-x}\cos x\,\mathrm{d}x$.

7. 计算下列广义积分：

(1) $\displaystyle\int_{-\infty}^{+\infty} \frac{1}{x^2 + 2x + 5}\,\mathrm{d}x$；　　　(2) $\displaystyle\int_0^{+\infty} \mathrm{e}^{-\sqrt{x}}\,\mathrm{d}x$；

(3) $\displaystyle\int_1^{\mathrm{e}} \frac{1}{x\sqrt{1-\ln^2 x}}\,\mathrm{d}x$；　　**(4) $\displaystyle\int_0^1 \frac{x}{(2-x^2)\sqrt{1-x^2}}\,\mathrm{d}x$.

8. 设存在正常数 a 和 b 满足关系式 $\displaystyle\lim_{x\to 0} \frac{1}{ax - \sin x}\int_0^x \frac{t^2}{\sqrt{b+t^2}}\,\mathrm{d}t = 2$，试求 a 和 b 的值.

9. 求极限 $\displaystyle\lim_{n\to\infty}\int_0^1 \frac{x^n}{1+x^2}\,\mathrm{d}x$.

10. 求极限 $\displaystyle\lim_{n\to\infty}\frac{1}{n}\left(\sqrt{1+\cos\frac{\pi}{n}} + \sqrt{1+\cos\frac{2\pi}{n}} + \cdots + \sqrt{1+\cos\frac{n\pi}{n}}\right)$.

11. 设 $y = f(x)$ 是由方程 $\displaystyle\int_1^y \frac{\sin t}{t}\,\mathrm{d}t + \int_x^{x^2}\ln(1+t)\,\mathrm{d}t = 0$ 所确定的隐函数，求 $\dfrac{\mathrm{d}y}{\mathrm{d}x}$.

12. 求解函数 $f(x) = \displaystyle\int_0^x t\,\mathrm{e}^{-t}\ln(2+t^2)\,\mathrm{d}t$ 的极值.

13. 求解函数 $f(x) = \displaystyle\int_0^x \frac{t+2}{t^2+2t+2}\,\mathrm{d}t$ 在区间 $[0,1]$ 上的最值.

14. 已知 $f(n) = \displaystyle\int_0^{\frac{\pi}{4}} \tan^n x\,\mathrm{d}x$，证明 $f(5) + f(7) = \dfrac{1}{6}$.

15. 已知 $f(n) = \displaystyle\int_0^{\frac{\pi}{4}} \tan^n x\,\mathrm{d}x$，其中 n 为正整数，证明当 $n > 2$ 时，有

$$\frac{1}{2(n+1)} < f(n) < \frac{1}{2(n-1)}.$$

16. 设 $f(x)$ 在 $(-\infty, +\infty)$ 内连续，且 $F(x) = \displaystyle\int_0^x f(t)\,\mathrm{d}t$，试证明若 $f(x)$ 为奇函数，则 $F(x)$ 为偶函数；若 $f(x)$ 为偶函数，则 $F(x)$ 为奇函数.

17. 设函数 $f(x)$ 在 $(-\infty, +\infty)$ 内连续，试证明函数

$$F(x)=\begin{cases}\dfrac{1}{x}\displaystyle\int_0^x t^2 f(t)\,\mathrm{d}t, & x\neq 0\\[2mm] 0, & x=0\end{cases}$$

在$(-\infty,+\infty)$内连续.

18. 设函数$f(x)$在实数域 **R** 内连续，且满足$\displaystyle\int_0^x e^t f(x-t)\,\mathrm{d}t=x$，试求$f(x)$的表达式.

19. 设函数$f(x)$在$[0,1]$上连续、单调减少且取值为正，试证明对于任意的$0<a<b<1$，有如下不等式成立：

$$b\int_0^a f(x)\,\mathrm{d}x>a\int_a^b f(x)\,\mathrm{d}x.$$

20. 若k为整数，试讨论广义积分$\displaystyle\int_e^{+\infty}\frac{(\ln x)^k}{x}\,\mathrm{d}x$的敛散性.

21. 设平面图形由曲线$y=x^2$与直线$y=x$所围成，试求该平面图形的面积A，以及该平面图形分别绕x轴、y轴旋转形成的旋转体的体积V_x和V_y.

22. 设平面图形由曲线$y=\dfrac{3}{x}$和直线$x+y=4$所围成，试求该平面图形的面积A，以及该平面图形分别绕x轴、y轴旋转形成的旋转体的体积V_x和V_y.

23. 设平面图形由曲线$y=e^x$，$y=e^{-x}$及直线$y=e$所围成，试求该平面图形的面积A，以及该平面图形分别绕x轴、y轴旋转形成的旋转体的体积V_x和V_y.

24. 设某厂商当前($t=0$)的资本存量为100(单位：千万元)，如果不考虑替换和资本折旧，若该厂商以$I(t)=\dfrac{3}{5}t^2+6t$的速度(单位：千万元/年)进行新资本投资，试求5年末的计划资本存量水平.

6.4　习题详解

1. 填空题

(1) 必要，充分；　　(2) π；　　(3) 1；　　(4) $\dfrac{\pi}{2}$；

(5) 0；　　(6) 0；　　(7) 4；　　(8) $\dfrac{\pi}{2}$；

(9) $a-b+c$；　　(10) 0；　　(11) $\dfrac{\pi}{2}$；　　(12) $\dfrac{4}{3}$；

(13) $2e^3$；　　(14) -1；　　(15) $\dfrac{3}{2}-\ln2$；　(16) $40e^{0.5Q}-Q^2+60$.

2. 单项选择题

(1) B；　(2) C；　(3) B；　(4) D；　(5) A；　(6) C；　(7) A；

(8) A；　(9) C；　(10) D；　(11) C；　(12) D.

3. 当 $x \in \left(0, \dfrac{\pi}{2}\right)$ 时，有 $\sin x < x < \tan x$，因此有

$$\sin(\sin x) < \tan(\sin x) < \tan x,$$

根据定积分的保号性，有

$$\int_0^{\frac{\pi}{2}} \sin(\sin x) \mathrm{d}x < \int_0^{\frac{\pi}{2}} \tan(\sin x) \mathrm{d}x < \int_0^{\frac{\pi}{2}} \tan x \, \mathrm{d}x.$$

4.

（1）$\dfrac{1}{4}$；

（2）原式 $= 2\lim\limits_{x \to 0} \dfrac{\displaystyle\int_0^{\sin x} \ln(1+t^2)\mathrm{d}t}{x^3} = 2\lim\limits_{x \to 0} \dfrac{\ln(1+\sin^2 x) \cdot \cos x}{3x^2} = 2\lim\limits_{x \to 0} \dfrac{\sin^2 x \cdot \cos x}{3x^2} = \dfrac{2}{3}.$

5.

（1）$y' = x^2 f(x)$.

（2）$y' = x^2 f(x) - \cos x \, \sin^2 x f(\sin x)$.

（3）由于 $y = x^2 \cdot \displaystyle\int_0^x f(t)\mathrm{d}t$，因此 $y' = 2x\displaystyle\int_0^x f(t)\mathrm{d}t + x^2 f(x)$.

（4）由于

$$y = \int_0^x (x^2 - 2xt + t^2) f(t)\mathrm{d}t = x^2 \int_0^x f(t)\mathrm{d}t - 2x\int_0^x t f(t)\mathrm{d}t + \int_0^x t^2 f(t)\mathrm{d}t,$$

因此

$$\begin{aligned} y' &= 2x\int_0^x f(t)\mathrm{d}t + x^2 f(x) - 2\int_0^x t f(t)\mathrm{d}t - 2x^2 f(x) + x^2 f(x) \\ &= 2x\int_0^x f(t)\mathrm{d}t - 2\int_0^x t f(t)\mathrm{d}t. \end{aligned}$$

6.

（1）2；　　　（2）0；　　　（3）$\dfrac{\pi}{6}$；

（4）令 $t = \sqrt{e^x - 1}$，则 $x = \ln(1+t^2)$，$\mathrm{d}x = \dfrac{2t}{1+t^2}\mathrm{d}t$，当 $x = \ln 2$ 时，$t = 1$，当 $x = \ln 4$ 时，$t = \sqrt{3}$，因此

$$\int_{\ln 2}^{\ln 4} \dfrac{1}{\sqrt{e^x - 1}}\mathrm{d}x = \int_1^{\sqrt{3}} \dfrac{1}{t} \cdot \dfrac{2t}{1+t^2}\mathrm{d}t = 2\int_1^{\sqrt{3}} \dfrac{1}{1+t^2}\mathrm{d}t = \dfrac{\pi}{6};$$

（5）原式 $= \displaystyle\int_0^1 \dfrac{e^x}{(1+e^x)e^x}\mathrm{d}x = \int_0^1 \dfrac{1}{(1+e^x)e^x}\mathrm{d}(e^x) = \int_0^1 \left(\dfrac{1}{e^x} - \dfrac{1}{1+e^x}\right)\mathrm{d}(e^x)$

$\qquad = \left[x - \ln(1+e^x)\right]\Big|_0^1 = 1 - \ln(1+e) + \ln 2;$

（6）原式 $= \displaystyle\int_0^1 \dfrac{x}{(1+e^x)^2}\mathrm{d}(1+e^x) = -\int_0^1 x \, \mathrm{d}(1+e^x)^{-1}$

$\qquad = -\left[x(1+e^x)^{-1}\right]\Big|_0^1 + \int_0^1 \dfrac{1}{1+e^x}\mathrm{d}x$

$$= -\frac{1}{1+e} + 1 - \ln(1+e) + \ln 2;$$

(7) $\frac{\pi^2}{4} - 1$. 提示：原式 $= \int_0^\pi \frac{1}{2} x \left(2\cos^2\left(\frac{x}{2}\right) - 1 + 1\right) dx = \int_0^\pi \frac{1}{2} x (\cos x + 1) dx$

$$= \frac{\pi^2}{4} - 1.$$

(8) $\frac{1}{2}(e^{-\pi} + 1)$.

7.

(1) 由于

$$\int_0^{+\infty} \frac{1}{x^2 + 2x + 5} dx = \int_0^{+\infty} \frac{1}{(x+1)^2 + 4} dx = \frac{1}{2} \arctan \frac{x+1}{2} \Big|_0^{+\infty} = \frac{\pi}{4} - \frac{1}{2} \arctan\left(\frac{1}{2}\right),$$

$$\int_{-\infty}^0 \frac{1}{x^2 + 2x + 5} dx = \int_{-\infty}^0 \frac{1}{(x+1)^2 + 4} dx = \frac{1}{2} \arctan \frac{x+1}{2} \Big|_{-\infty}^0 = \frac{1}{2} \arctan\left(\frac{1}{2}\right) + \frac{\pi}{4},$$

因此

$$\int_{-\infty}^{+\infty} \frac{1}{x^2 + 2x + 5} dx = \int_0^{+\infty} \frac{1}{x^2 + 2x + 5} dx + \int_{-\infty}^0 \frac{1}{x^2 + 2x + 5} dx = \frac{\pi}{2}.$$

(2) 令 $t = \sqrt{x}$，则 $x = t^2$，因此

$$\int_0^{+\infty} e^{-\sqrt{x}} dx = 2\int_0^{+\infty} t e^{-t} dt = 2\lim_{b\to+\infty} \int_0^b t e^{-t} dt = -2\lim_{b\to+\infty} \int_0^b t \, d(e^{-t})$$

$$= -2\lim_{b\to+\infty} \left(t e^{-t} \Big|_0^b - \int_0^b e^{-t} dt\right) = -2\lim_{b\to+\infty} (b e^{-b} + e^{-b} - 1) = 2.$$

(3) $\int_1^e \frac{1}{x\sqrt{1-\ln^2 x}} dx = \int_1^e \frac{1}{\sqrt{1-\ln^2 x}} d(\ln x) = \arcsin(\ln x) \Big|_1^e = \frac{\pi}{2}.$

(4) $\int_0^1 \frac{x}{(2-x^2)\sqrt{1-x^2}} dx = \lim_{b\to1^-} \int_0^b \frac{x}{(2-x^2)\sqrt{1-x^2}} dx$

$$\xlongequal{x=\sin t} \lim_{b\to1^-} \int_0^{\arcsin b} \frac{\sin t \cos t}{(2-\sin^2 t)\cos t} dt$$

$$= -\lim_{b\to1^-} \int_0^{\arcsin b} \frac{1}{1+\cos^2 t} d(\cos t)$$

$$= -\lim_{b\to1^-} \arctan(\cos t) \Big|_0^{\arcsin b}$$

$$= -\lim_{b\to1^-} \{\arctan[\cos(\arcsin b)] - \arctan(\cos 0)\} = \frac{\pi}{4}.$$

8. 由洛必达法则，得

$$\lim_{x\to0} \frac{1}{ax - \sin x} \int_0^x \frac{t^2}{\sqrt{b+t^2}} dt = \lim_{x\to0} \frac{\int_0^x \frac{t^2}{\sqrt{b+t^2}} dt}{ax - \sin x} = \lim_{x\to0} \frac{\frac{x^2}{\sqrt{b+x^2}}}{a - \cos x} = 2,$$

由于上述分式的极限存在，且分子的极限为 0，因此分母的极限必为 0，即

$$\lim_{x \to 0}(a - \cos x) = 0,$$

从而 $a = 1$. 又因为

$$2 = \lim_{x \to 0}\frac{\dfrac{x^2}{\sqrt{b+x^2}}}{1-\cos x} = \lim_{x \to 0}\frac{x^2}{(1-\cos x)\sqrt{b+x^2}} = \lim_{x \to 0}\frac{2x^2}{x^2\sqrt{b+x^2}} = \frac{2}{\sqrt{b}},$$

所以 $b = 1$.

9. 由于当 $x \in [0, 1]$ 时，$0 \leqslant \dfrac{x^n}{1+x^2} \leqslant x^n$，因此

$$0 \leqslant \int_0^1 \frac{x^n}{1+x^2}\mathrm{d}x \leqslant \int_0^1 x^n \mathrm{d}x = \frac{1}{n+1},$$

由夹逼定理可知 $\lim\limits_{n \to \infty}\displaystyle\int_0^1 \frac{x^n}{1+x^2}\mathrm{d}x = 0$.

10. 原式 $= \lim\limits_{n \to \infty}\dfrac{1}{n}\sum\limits_{k=1}^n \sqrt{1+\cos\left(\dfrac{k}{n}\pi\right)} = \displaystyle\int_0^1 \sqrt{1+\cos(\pi x)}\,\mathrm{d}x = \frac{1}{\pi}\int_0^\pi \sqrt{1+\cos t}\,\mathrm{d}t$

$= \dfrac{2\sqrt{2}}{\pi}$.

11. 等式 $\displaystyle\int_1^y \frac{\sin t}{t}\mathrm{d}t + \int_x^{x^2} \ln(1+t)\mathrm{d}t = 0$ 两边同时对 x 求导数，得

$$\frac{\sin y}{y} \cdot y' + 2x\ln(1+x^2) - \ln(1+x) = 0,$$

因此

$$y' = \frac{y\ln(1+x) - 2xy\ln(1+x^2)}{\sin y}.$$

12. 由于 $f'(x) = xe^{-x}\ln(2+x^2)$，令 $f'(x) = 0$，得到唯一驻点 $x = 0$. 又因为当 $x > 0$ 时，$f'(x) > 0$，当 $x < 0$ 时，$f'(x) < 0$，因此 $x = 0$ 为函数 $f(x)$ 的极小值点，极小值为 $f(0) = 0$.

13. 当 $x \in (0, 1)$ 时，由于 $f'(x) = \dfrac{x+2}{x^2+2x+x} > 0$，因此 $f(x)$ 在 $[0, 1]$ 上单调递增，可得函数 $f(x)$ 在 $[0, 1]$ 上的最小值为 $f(0) = 0$，最大值为 $f(1) = \displaystyle\int_0^1 \frac{t+2}{t^2+2t+2}\mathrm{d}t$. 而

$$\int_0^1 \frac{t+2}{t^2+2t+2}\mathrm{d}t = \int_0^1 \frac{t+2}{(t+1)^2+1}\mathrm{d}t = \int_1^2 \frac{u+1}{u^2+1}\mathrm{d}u = \int_1^2 \frac{u}{u^2+1}\mathrm{d}u + \int_1^2 \frac{1}{u^2+1}\mathrm{d}u$$

$$= \frac{1}{2}\ln(u^2+1)\,\Big|_1^2 + \arctan u\,\Big|_1^2 = \frac{1}{2}\ln\frac{5}{2} + \arctan 2 - \frac{\pi}{4}.$$

因此函数 $f(x)$ 在 $[0, 1]$ 上的最大值为

$$f(1) = \frac{1}{2}\ln\frac{5}{2} + \arctan 2 - \frac{\pi}{4}.$$

14. 当 $n > 2$ 时，

$$f(n) = \int_0^{\frac{\pi}{4}} \tan^n x \, \mathrm{d}x = \int_0^{\frac{\pi}{4}} \tan^{n-2} x \cdot (\sec^2 x - 1) \, \mathrm{d}x$$

$$= \int_0^{\frac{\pi}{4}} \tan^{n-2} x \cdot \sec^2 x \, \mathrm{d}x - \int_0^{\frac{\pi}{4}} \tan^{n-2} x \, \mathrm{d}x$$

$$= \int_0^{\frac{\pi}{4}} \tan^{n-2} x \, \mathrm{d}(\tan x) - f(n-2),$$

因此

$$f(n) + f(n-2) = \frac{1}{n-1} \tan^{n-1} x \Big|_0^{\frac{\pi}{4}} = \frac{1}{n-1}.$$

故 $f(5) + f(7) = \dfrac{1}{6}$.

15. 由本节 14 题的解题过程可知，当 $n > 2$ 时，有

$$f(n) + f(n-2) = \frac{1}{n-1},$$

又因为当 $x \in \left(0, \dfrac{\pi}{4}\right)$ 时，$0 < \tan x < 1$，因此 $f(n)$ 单调减少，所以

$$2f(n) < \frac{1}{n-1} < 2f(n-2),$$

故有 $f(n) < \dfrac{1}{2(n-1)}$，$\dfrac{1}{2(n-1)} < f(n-2)$，从而 $\dfrac{1}{2(n+1)} < f(n)$，结论得证.

16. 由于

$$F(-x) = \int_0^{-x} f(t) \, \mathrm{d}t \underline{\underline{u = -t}} -\int_0^x f(-u) \, \mathrm{d}u,$$

若 $f(x)$ 为奇函数，则 $F(-x) = F(x)$，从而 $F(x)$ 为偶函数；若 $f(x)$ 为偶函数，则 $F(-x) = -F(x)$，即 $F(x)$ 为奇函数.

17. 由于

$$\lim_{x \to 0} F(x) = \lim_{x \to 0} \frac{\displaystyle\int_0^x t^2 f(t) \, \mathrm{d}t}{x} = \lim_{x \to 0} x^2 f(x) = 0 = F(0),$$

所以 $F(x)$ 在 $x = 0$ 处连续，从而 $F(x)$ 在 $(-\infty, +\infty)$ 内连续.

18. 令 $u = x - t$，则 $t = x - u$，$\mathrm{d}t = -\mathrm{d}u$，当 $t = 0$ 时，$u = x$；当 $t = x$ 时，$u = 0$. 因此

$$\int_0^x \mathrm{e}^t f(x-t) \, \mathrm{d}t = -\int_x^0 \mathrm{e}^{x-u} f(u) \, \mathrm{d}u = \mathrm{e}^x \int_0^x \mathrm{e}^{-u} f(u) \, \mathrm{d}u,$$

可得 $\mathrm{e}^x \displaystyle\int_0^x \mathrm{e}^{-u} f(u) \, \mathrm{d}u = x$，即有

$$\int_0^x \mathrm{e}^{-u} f(u) \, \mathrm{d}u = x \mathrm{e}^{-x}.$$

等式两边同时对 x 求导数，得

$$\mathrm{e}^{-x} f(x) = \mathrm{e}^{-x} - x \mathrm{e}^{-x} = (1-x) \mathrm{e}^{-x},$$

故 $f(x) = 1 - x$.

19. 由积分中值定理可知，存在 $\xi_1 \in [0, a]$，$\xi_2 \in [a, b]$，使得

$$b\int_0^a f(x)\mathrm{d}x = baf(\xi_1), \quad a\int_a^b f(x)\mathrm{d}x = a(b-a)f(\xi_2),$$

由于 $f(x)$ 单调减少，且 $\xi_1 \leqslant \xi_2$，因此 $f(\xi_1) \geqslant f(\xi_2) > 0$，故有

$$baf(\xi_1) > a(b-a)f(\xi_2),$$

从而不等式 $b\displaystyle\int_0^a f(x)\mathrm{d}x > a\int_a^b f(x)\mathrm{d}x$ 成立.

20. 当 $k \neq -1$ 时，

$$原式 = \int_e^{+\infty} (\ln x)^k \mathrm{d}(\ln x) = \frac{1}{k+1}(\ln x)^{k+1}\bigg|_e^{+\infty} = \begin{cases} +\infty, & k > -1 \\ -\dfrac{1}{k+1}, & k < -1 \end{cases},$$

当 $k = -1$ 时，原式 $= \displaystyle\int_e^{+\infty} \frac{1}{x\ln x}\mathrm{d}x = \int_e^{+\infty} \frac{1}{\ln x}\mathrm{d}(\ln x) = \ln(\ln x)\bigg|_e^{+\infty} = +\infty$，积分发散.

综上所述，当 $k \geqslant -1$ 时，广义积分发散；当 $k < -1$ 时，广义积分收敛.

21. $A = \dfrac{1}{6}$；$V_x = \dfrac{2}{15}\pi$；$V_y = \dfrac{1}{6}\pi$.

22. $A = 4 - 3\ln 3$；$V_x = \dfrac{8}{3}\pi$；$V_y = \dfrac{8}{3}\pi$.

23. $A = 2$；$V_x = \pi(1 + e^2)$；$V_y = \pi(e - 2)$.

24. $K(5) = K(0) + \displaystyle\int_0^5 I(t)\mathrm{d}t = 100 + \int_0^5 \left(\frac{3}{5}t^2 + 6t\right)\mathrm{d}t = 200$（千万元）.

填空题详解

单项选择题详解

第7章

多元函数微积分学

7.1 内容提要

7.1.1 二元函数的定义

设 D 是平面上的一个非空点集,如果对于每一个点 $P(x,y) \in D$,按照对应法则 f,总有唯一确定的 z 与之对应,则称 f 是定义在点集 D 上的二元函数,记作 $z = f(x,y)$ 或 $z = f(P)$,点集 D 称为函数的定义域,也记作 $D(f)$ 或者 D_f,x 与 y 称为自变量,z 称为因变量,数集

$$\{z \mid z = f(x,y), (x,y) \in D_f\}$$

称为函数的值域,记作 $Z(f)$ 或者 Z_f.

设函数 $z = f(x,y)$ 的定义域为 D_f,对于任意取定的点 $P(x,y) \in D_f$,对应的函数值为 $z = f(x,y)$. 这样,以 x 为横坐标、以 y 为纵坐标、以 z 为竖坐标在空间就确定了一点 $M(x,y,z)$,当 (x,y) 取遍 D_f 上所有点时,得到一个三维空间的点集

$$\{(x,y,z) \mid z = f(x,y), (x,y) \in D_f\},$$

这个点集称为二元函数 $z = f(x,y)$ 在三维空间中的图形,通常二元函数的图形是空间中的一个曲面.

7.1.2 二元函数的极限与连续

1. 二元函数的极限

设二元函数 $z = f(x,y)$ 在点 $P_0(x_0,y_0)$ 的某个去心邻域内有定义,A 为某个确定的常数,如果对于 $\forall \varepsilon > 0$,$\exists \delta > 0$,使得对于满足不等式

$$0 < |PP_0| = \sqrt{(x-x_0)^2 + (y-y_0)^2} < \delta$$

的一切点 $P(x,y)$,都有 $|f(x,y) - A| < \varepsilon$ 成立,则称 $P \to P_0$ 时函数 $z = f(x,y)$ 的

极限为 A，记作

$$\lim_{P \to P_0} f(P) = A，\text{或} \lim_{\substack{x \to x_0 \\ y \to y_0}} f(x, y) = A，\text{或} \lim_{(x, y) \to (x_0, y_0)} f(x, y) = A.$$

2. 二元函数的连续性

设二元函数 $z = f(x, y)$ 在点 $P_0(x_0, y_0)$ 的某个邻域内有定义，如果

$$\lim_{\substack{x \to x_0 \\ y \to y_0}} f(x, y) = f(x_0, y_0)，$$

则称二元函数 $z = f(x, y)$ 在点 $P_0(x_0, y_0)$ 处连续.

7.1.3 偏导数

设二元函数 $z = f(x, y)$ 在点 $P_0(x_0, y_0)$ 的某个邻域内有定义，当自变量 y 固定在 y_0，而 x 在 x_0 处有增量 Δx 时，相应地二元函数有偏增量

$$\Delta_x z = f(x_0 + \Delta x, y_0) - f(x_0, y_0)，$$

如果极限

$$\lim_{\Delta x \to 0} \frac{\Delta_x z}{\Delta x} = \lim_{\Delta x \to 0} \frac{f(x_0 + \Delta x, y_0) - f(x_0, y_0)}{\Delta x}$$

存在，则称此极限为二元函数 $z = f(x, y)$ 在点 $P_0(x_0, y_0)$ 处对 x 的偏导数，记作

$$\left. \frac{\partial z}{\partial x} \right|_{\substack{x = x_0 \\ y = y_0}}, \quad \left. \frac{\partial z}{\partial x} \right|_{(x_0, y_0)}, \quad \frac{\partial f(x_0, y_0)}{\partial x}, \quad z'_x(x_0, y_0), \quad f'_x(x_0, y_0).$$

同样，可以定义对 y 的偏导数

$$\lim_{\Delta y \to 0} \frac{\Delta_y z}{\Delta y} = \lim_{\Delta y \to 0} \frac{f(x_0, y_0 + \Delta y) - f(x_0, y_0)}{\Delta y}.$$

记作 $\left. \frac{\partial z}{\partial y} \right|_{\substack{x = x_0 \\ y = y_0}}, \left. \frac{\partial z}{\partial y} \right|_{(x_0, y_0)}, \quad \frac{\partial f(x_0, y_0)}{\partial y}, \quad z'_y(x_0, y_0), \quad f'_y(x_0, y_0).$

如果函数 $z = f(x, y)$ 在区域 D 内每一点 (x, y) 处对 x 的偏导数都存在，那么这个偏导数还是关于 x, y 的二元函数，并称其为函数 $z = f(x, y)$ 对自变量 x 的偏导函数，记作

$$\frac{\partial z}{\partial x}, \quad \frac{\partial f}{\partial x}, \quad z'_x(x, y), \quad f'_x(x, y).$$

类似地，可以定义函数 $z = f(x, y)$ 对自变量 y 的偏导函数，记作

$$\frac{\partial z}{\partial y}, \quad \frac{\partial f}{\partial y}, \quad z'_y(x, y), \quad f'_y(x, y).$$

7.1.4 全微分

1. 全微分的概念

设自变量在点 (x, y) 处有改变量 $\Delta x, \Delta y$，若函数 $z = f(x, y)$ 相应的改变量可以

表示为
$$\Delta z = f(x + \Delta x, y + \Delta y) - f(x, y) = A\Delta x + B\Delta y + o(\rho), \rho \to 0$$
其中 A，B 可以是 x，y 的函数，但与 Δx，Δy 无关；$o(\rho)$ 是一个比 $\rho = \sqrt{(\Delta x)^2 + (\Delta y)^2}$ 较高阶的无穷小量，则称 $A\Delta x + B\Delta y$ 是函数 $z = f(x, y)$ 在点 (x, y) 处的全微分，记作 $\mathrm{d}z$ 或 $\mathrm{d}f(x, y)$，即
$$\mathrm{d}z = \mathrm{d}f(x, y) = A\Delta x + B\Delta y,$$
此时也称函数 $z = f(x, y)$ 在点 (x, y) 处可微.

2. 可微的充分条件与必要条件

定理 7.1　如果二元函数 $z = f(x, y)$ 在点 (x, y) 处可微，则 $z = f(x, y)$ 在点 (x, y) 处连续.

定理 7.2　如果二元函数 $z = f(x, y)$ 在点 (x, y) 处可微，则 $z = f(x, y)$ 在点 (x, y) 处的两个偏导数 $f_x'(x, y)$，$f_y'(x, y)$ 均存在.

定理 7.3　设二元函数 $z = f(x, y)$ 在点 (x, y) 某一邻域内有连续的偏导数 $f_x'(x, y)$，$f_y'(x, y)$，则函数 $z = f(x, y)$ 在点 (x, y) 处可微，并且
$$\mathrm{d}z = f_x'(x, y)\mathrm{d}x + f_y'(x, y)\mathrm{d}y, \quad \text{或} \quad \mathrm{d}z = \frac{\partial z}{\partial x}\mathrm{d}x + \frac{\partial z}{\partial y}\mathrm{d}y.$$

3. 全微分的形式不变性

设二元函数 $z = f(u, v)$ 可微，若 u，v 为自变量，则 $\mathrm{d}z = \frac{\partial z}{\partial u}\mathrm{d}u + \frac{\partial z}{\partial v}\mathrm{d}v$. 若 u，v 为中间变量，例如，$u = u(x, y)$，$v = v(x, y)$，如果 $u(x, y)$，$v(x, y)$ 分别都有连续的偏导数，则复合函数 $z = f[u(x, y), v(x, y)]$ 在 (x, y) 处的全微分仍然可以表示成 $\mathrm{d}z = \frac{\partial z}{\partial u}\mathrm{d}u + \frac{\partial z}{\partial v}\mathrm{d}v$. 即无论 u，v 是自变量还是中间变量，$\mathrm{d}z$ 总可以表示为 $\mathrm{d}z = \frac{\partial z}{\partial u}\mathrm{d}u + \frac{\partial z}{\partial v}\mathrm{d}v$.

4. 极限、连续、偏导数及可微之间的关系

设二元函数 $z = f(x, y)$ 在点 (x, y) 处的某个邻域内有定义，则函数的极限、连续、偏导数及可微之间有如图 7.1 所示的关系.

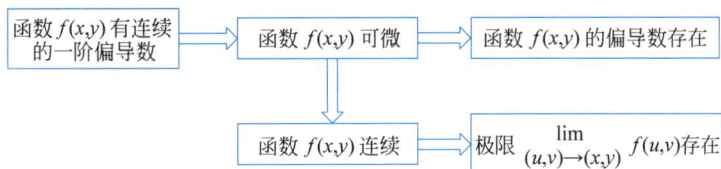

图 7.1　函数的极限、连续、偏导数及可微间的关系

7.1.5 高阶偏导数

设二元函数 $z=f(x,y)$ 在区域 D 内的偏导函数 $f'_x(x,y)$，$f'_y(x,y)$ 仍然具有偏导数，则将它们的偏导数称为 $z=f(x,y)$ 的二阶偏导数，记作

$$\frac{\partial}{\partial x}\left(\frac{\partial z}{\partial x}\right)=\frac{\partial^2 z}{\partial x^2}=f''_{xx}(x,y)=z''_{xx},\qquad \frac{\partial}{\partial y}\left(\frac{\partial z}{\partial x}\right)=\frac{\partial^2 z}{\partial x\partial y}=f''_{xy}(x,y)=z''_{xy},$$

$$\frac{\partial}{\partial x}\left(\frac{\partial z}{\partial y}\right)=\frac{\partial^2 z}{\partial y\partial x}=f''_{yx}(x,y)=z''_{yx},\qquad \frac{\partial}{\partial y}\left(\frac{\partial z}{\partial y}\right)=\frac{\partial^2 z}{\partial y^2}=f''_{yy}(x,y)=z''_{yy}.$$

类似地可以定义三阶、四阶……以及 n 阶偏导数.

定理 7.4 若二元函数 $z=f(x,y)$ 在区域 D 内的混合偏导数 $\dfrac{\partial^2 z}{\partial y\partial x}$，$\dfrac{\partial^2 z}{\partial x\partial y}$ 连续，则 $\dfrac{\partial^2 z}{\partial y\partial x}=\dfrac{\partial^2 z}{\partial x\partial y}$.

定理 7.4 说明二阶混合偏导数在连续的条件下与求导的次序无关. 上述结论可以推广到高阶偏导数的情形，即高阶混合偏导数在连续的条件下与求导的次序无关.

7.1.6 复合函数求导法则

（1）如果函数 $u=u(x,y)$，$v=v(x,y)$ 在点 (x,y) 处有连续的偏导数，函数 $z=f(u,v)$ 在对应点 (u,v) 处有连续的偏导数，那么复合函数 $z=f[u(x,y),v(x,y)]$ 在点 (x,y) 处对 x，y 的偏导数存在，且

$$\frac{\partial z}{\partial x}=\frac{\partial z}{\partial u}\cdot\frac{\partial u}{\partial x}+\frac{\partial z}{\partial v}\cdot\frac{\partial v}{\partial x},\qquad \frac{\partial z}{\partial y}=\frac{\partial z}{\partial u}\cdot\frac{\partial u}{\partial y}+\frac{\partial z}{\partial v}\cdot\frac{\partial v}{\partial y};$$

（2）如果三元复合函数 $s=f(u,v,w)$ 有连续的偏导数，而 $u=u(x,y)$，$v=v(x,y)$，$w=w(x,y)$ 也有连续的偏导数，则 $s=f[u(x,y),v(x,y),w(x,y)]$ 在点 (x,y) 处对 x，y 的偏导数存在，且

$$\frac{\partial s}{\partial x}=\frac{\partial s}{\partial u}\cdot\frac{\partial u}{\partial x}+\frac{\partial s}{\partial v}\cdot\frac{\partial v}{\partial x}+\frac{\partial s}{\partial w}\cdot\frac{\partial w}{\partial x},\qquad \frac{\partial s}{\partial y}=\frac{\partial s}{\partial u}\cdot\frac{\partial u}{\partial y}+\frac{\partial s}{\partial v}\cdot\frac{\partial v}{\partial y}+\frac{\partial s}{\partial w}\cdot\frac{\partial w}{\partial y};$$

（3）如果 $z=f(u,v)$ 有连续的偏导数，函数 $u=\varphi(x)$ 和 $v=\psi(x)$ 可导，则函数 $z=f[\varphi(x),\psi(x)]$ 对 x 的导数称为全导数，且

$$\frac{\mathrm{d}z}{\mathrm{d}x}=\frac{\partial z}{\partial u}\cdot\frac{\mathrm{d}u}{\mathrm{d}x}+\frac{\partial z}{\partial v}\cdot\frac{\mathrm{d}v}{\mathrm{d}x}.$$

7.1.7 隐函数求导法则

（1）如果二元函数 $F(x,y)$ 具有连续偏导数，且 $\dfrac{\partial F}{\partial y}\neq 0$，则方程 $F(x,y)=0$ 确定一个具有连续导数的隐函数 $y=f(x)$，且

$$\frac{\mathrm{d}y}{\mathrm{d}x}=-\frac{\dfrac{\partial F}{\partial x}}{\dfrac{\partial F}{\partial y}}.$$

（2）如果三元函数 $F(x, y, z)$ 具有连续偏导数，且 $\dfrac{\partial F}{\partial z} \neq 0$，方程 $F(x, y, z) = 0$ 确定一个具有连续偏导数的二元隐函数 $z = f(x, y)$，且

$$\frac{\partial z}{\partial x} = -\frac{\dfrac{\partial F}{\partial x}}{\dfrac{\partial F}{\partial z}}, \qquad \frac{\partial z}{\partial y} = -\frac{\dfrac{\partial F}{\partial y}}{\dfrac{\partial F}{\partial z}}.$$

7.1.8 二元函数的极值

1. 极值的概念

设二元函数 $z = f(x, y)$ 在点 (x_0, y_0) 的某一邻域内有定义，若对所有异于 (x_0, y_0) 的点 (x, y) 均有

$$f(x_0, y_0) > f(x, y) \, (f(x_0, y_0) < f(x, y)),$$

则称二元函数 $z = f(x, y)$ 在点 (x_0, y_0) 处取得极大（小）值 $f(x_0, y_0)$，称点 (x_0, y_0) 为 $z = f(x, y)$ 的极大（小）值点.

极大值、极小值统称为**极值**，取得极值的点 (x_0, y_0) 称为**极值点**.

2. 极值存在的必要条件

设二元函数 $z = f(x, y)$ 在点 (x_0, y_0) 处有极值且两个偏导数 $f'_x(x_0, y_0)$，$f'_y(x_0, y_0)$ 都存在，则

$$f'_x(x_0, y_0) = 0, \quad f'_y(x_0, y_0) = 0.$$

3. 极值存在的充分条件

设二元函数 $z = f(x, y)$ 在点 (x_0, y_0) 的某一邻域内有连续的二阶偏导数，且点 (x_0, y_0) 是驻点，设 $f''_{xx}(x_0, y_0) = A$，$f''_{xy}(x_0, y_0) = B$，$f''_{yy}(x_0, y_0) = C$，则 $z = f(x, y)$ 在点 (x_0, y_0) 是否取得极值的条件如下：

（1）当 $AC - B^2 > 0$ 时，$z = f(x, y)$ 在点 (x_0, y_0) 处取得极值，且当 $A > 0$ 时，$z = f(x, y)$ 取得极小值；$A < 0$ 时，$z = f(x, y)$ 取得极大值.

（2）当 $AC - B^2 < 0$ 时，$z = f(x, y)$ 在点 (x_0, y_0) 处没有取得极值.

（3）当 $AC - B^2 = 0$ 时，$z = f(x, y)$ 在点 (x_0, y_0) 处可能取得极值，也可能没有取得极值，要用另外的方法判断.

4. 条件极值

（1）二元函数 $z = f(x, y)$ 在条件 $\varphi(x, y) = 0$ 下的条件极值问题.

求条件极值的方法是构造一个拉格朗日函数

$$L(x, y, \lambda) = f(x, y) + \lambda \varphi(x, y),$$

$L(x, y, \lambda)$ 分别对 x，y 及 λ 求一阶偏导数，并令其为零，即

$$
\begin{cases}
L'_x(x, y, \lambda) = f'_x(x, y) + \lambda\varphi'_x(x, y) = 0 \\
L'_y(x, y, \lambda) = f'_y(x, y) + \lambda\varphi'_y(x, y) = 0, \\
L'_\lambda(x, y, \lambda) = \varphi(x, y) = 0
\end{cases}
$$

由这个方程组解出 x 和 y，则点 (x, y) 可能是函数的极值点. 至于如何确定所求的点是否是极值点，在实际问题中往往可根据问题本身的性质来判断.

（2）三元函数 $u = f(x, y, z)$ 在条件 $\varphi(x, y, z) = 0$，$\psi(x, y, z) = 0$ 下的条件极值问题.

构造拉格朗日函数

$$
L(x, y, z, \lambda, \mu) = f(x, y, z) + \lambda\varphi(x, y, z) + \mu\psi(x, y, z),
$$

求其一阶偏导数，并使其为零，求出驻点，即

$$
\begin{cases}
L'_x = f'_x(x, y, z) + \lambda\varphi'_x(x, y, z) + \mu\psi'_x(x, y, z) = 0 \\
L'_y = f'_y(x, y, z) + \lambda\varphi'_y(x, y, z) + \mu\psi'_y(x, y, z) = 0 \\
L'_z = f'_z(x, y, z) + \lambda\varphi'_z(x, y, z) + \mu\psi'_z(x, y, z) = 0, \\
L'_\lambda = \varphi(x, y, z) = 0 \\
L'_\mu = \psi(x, y, z) = 0
\end{cases}
$$

该驻点是可能的极值点，根据实际意义来判断该点是否为极值点.

7.1.9　二重积分的概念

设二元函数 $z = f(x, y)$ 在有界闭区域 D 上有定义. 将区域 D 任意分成 n 小区域，记为：$\Delta\sigma_1$，$\Delta\sigma_2$，$\cdots$，$\Delta\sigma_n$，其中 $\Delta\sigma_i$（$i = 1, 2, \cdots, n$）既表示第 i 个小区域，也表示该小区域的面积. 记 d_i 为 $\Delta\sigma_i$ 的直径，在每个 $\Delta\sigma_i$ 上任取一点 (ξ_i, η_i)，求乘积的和式 $\sum_{i=1}^{n} f(\xi_i, \eta_i)\Delta\sigma_i$（该式子称为 $f(x, y)$ 在 D 上的积分和），记 $\lambda = \max_{1 \leqslant i \leqslant n}\{d_i\}$，如果极限 $\lim_{\lambda \to 0}\sum_{i=1}^{n} f(\xi_i, \eta_i)\Delta\sigma_i$ 存在，且极限值与区域 D 的分割方法及点 (ξ_i, η_i) 的取法无关，则称函数 $f(x, y)$ 在区域 D 上是可积的，并称此极限为函数 $f(x, y)$ 在区域 D 上的二重积分，记为 $\iint\limits_D f(x, y)\,\mathrm{d}\sigma$，即

$$
\iint\limits_D f(x, y)\mathrm{d}\sigma = \lim_{\lambda \to 0}\sum_{i=1}^{n} f(\xi_i, \eta_i)\Delta\sigma_i.
$$

其中 $f(x, y)$ 称为被积函数，$f(x, y)\mathrm{d}\sigma$ 称为被积表达式，$\mathrm{d}\sigma$ 称为面积元素，x 与 y 称为积分变量，D 称为积分区域.

7.1.10　二重积分的性质

设函数 $f(x, y)$，$g(x, y)$ 在有界闭区域 D 上可积，则：

（1）设 k 为常数，则 $kf(x, y)$ 在区域 D 上可积，且

$$
\iint\limits_D kf(x, y)\mathrm{d}\sigma = k\iint\limits_D f(x, y)\mathrm{d}\sigma.
$$

（2）$f(x,y)\pm g(x,y)$ 在闭区域 D 上可积，且

$$\iint\limits_{D}[f(x,y)\pm g(x,y)]\mathrm{d}\sigma=\iint\limits_{D}f(x,y)\mathrm{d}\sigma\pm\iint\limits_{D}g(x,y)\mathrm{d}\sigma.$$

（3）如果将 D 分成两个区域 D_1 和 D_2，即 $D=D_1\bigcup D_2$，则

$$\iint\limits_{D}f(x,y)\mathrm{d}\sigma=\iint\limits_{D_1}f(x,y)\mathrm{d}\sigma+\iint\limits_{D_2}f(x,y)\mathrm{d}\sigma.$$

（4）若 $f(x,y)=1$，记 σ 为 D 的面积，则

$$\iint\limits_{D}1\mathrm{d}\sigma=\iint\limits_{D}\mathrm{d}\sigma=\sigma.$$

这个性质的几何意义是：高为 1 的平顶柱体的体积在数值上恰好等于柱体的底面积.

（5）若在 D 上有 $f(x,y)\leqslant g(x,y)$，则有

$$\iint\limits_{D}f(x,y)\mathrm{d}\sigma\leqslant\iint\limits_{D}g(x,y)\mathrm{d}\sigma.$$

（6）$|f(x,y)|$ 在区域 D 上可积，且

$$\left|\iint\limits_{D}f(x,y)\mathrm{d}\sigma\right|\leqslant\iint\limits_{D}|f(x,y)|\mathrm{d}\sigma.$$

（7）若在 D 上有 $m\leqslant f(x,y)\leqslant M$，这里 M,m 分别表示为 $f(x,y)$ 在 D 上最大值和最小值，σ 为 D 的面积，则

$$m\sigma\leqslant\iint\limits_{D}f(x,y)\mathrm{d}\sigma\leqslant M\sigma.$$

这个性质称为**估值定理**，其几何意义是明显的.

（8）（**积分中值定理**）设 $f(x,y)$ 在有界闭区域 D 上连续，σ 为 D 的面积，则至少存在一点 $(\xi,\eta)\in D$，使得

$$\iint\limits_{D}f(x,y)\mathrm{d}\sigma=f(\xi,\eta)\sigma.$$

7.1.11　利用直角坐标系计算二重积分

1. X-型区域

设积分区域为 $D=\{(x,y)\,|\,\varphi_1(x)\leqslant y\leqslant\varphi_2(x),a\leqslant x\leqslant b\}$. 如图 7.2 所示，函数 $\varphi_1(x),\varphi_2(x)$ 在区间 $[a,b]$ 上连续，此类区域称为 **X-型区域**，X-型区域的特点是穿过 D 内部且平行于 Y 轴的直线与 D 的边界相交不多于两点. 此时

$$\iint\limits_{D}f(x,y)\mathrm{d}\sigma=\int_{a}^{b}\left[\int_{\varphi_1(x)}^{\varphi_2(x)}f(x,y)\mathrm{d}y\right]\mathrm{d}x=\int_{a}^{b}\mathrm{d}x\int_{\varphi_1(x)}^{\varphi_2(x)}f(x,y)\mathrm{d}y.$$

2. Y-型区域

如果积分区间为 $D=\{(x,y)\,|\,\psi_1(y)\leqslant x\leqslant\psi_2(y),c\leqslant y\leqslant d\}$. 如图 7.3 所示，函数 $\psi_1(y)$、$\psi_2(y)$ 在区间 $[c,d]$ 上连续，此区域我们称之为 **Y-型区域**，Y-型区域的特点是穿

过 D 内部且平行于 x 轴的直线与 D 的边界相交不多于两点. 此时

$$\iint\limits_{D} f(x,y)\mathrm{d}\sigma = \int_c^d \left[\int_{\psi_1(y)}^{\psi_2(y)} f(x,y)\mathrm{d}x \right] \mathrm{d}y = \int_c^d \mathrm{d}y \int_{\psi_1(y)}^{\psi_2(y)} f(x,y)\mathrm{d}x.$$

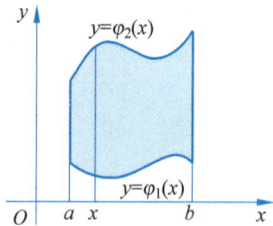

图 7.2

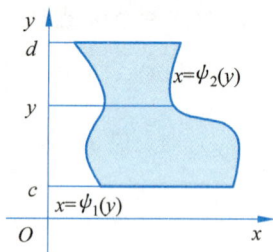

图 7.3

7.1.12 利用极坐标计算二重积分

（1）**极点 O 在区域 D 外的情形**. 设在极坐标系下区域 D 的边界曲线为 $r=r_1(\theta)$ 和 $r=r_2(\theta)$，$\alpha \leqslant \theta \leqslant \beta$，其中 $r_1(\theta)$ 和 $r_2(\theta)$ 在 $[\alpha,\beta]$ 上连续. 如图 7.4 所示，区域 D 可以表示成

$$D = \{(r,\theta) \mid r_1(\theta) \leqslant r \leqslant r_2(\theta), \alpha \leqslant \theta \leqslant \beta\},$$

于是

$$\iint\limits_{D} f(x,y)\mathrm{d}\sigma = \iint\limits_{D} f(r\cos\theta, r\sin\theta)r\mathrm{d}r\mathrm{d}\theta$$
$$= \int_\alpha^\beta \mathrm{d}\theta \int_{r_1(\theta)}^{r_2(\theta)} f(r\cos\theta, r\sin\theta)r\mathrm{d}r.$$

（2）**极点 O 在区域 D 的边界上的情形**. 如图 7.5 所示，区域 D 可以表示成

$$D = \{(r,\theta) \mid 0 \leqslant r \leqslant r(\theta), \alpha \leqslant \theta \leqslant \beta\},$$

于是

$$\iint\limits_{D} f(x,y)\mathrm{d}\sigma = \iint\limits_{D} f(r\cos\theta, r\sin\theta)r\mathrm{d}r\mathrm{d}\theta$$
$$= \int_\alpha^\beta \mathrm{d}\theta \int_0^{r(\theta)} f(r\cos\theta, r\sin\theta)r\mathrm{d}r.$$

（3）**极点 O 在区域 D 内的情形**. 如图 7.6 所示，区域 D 可以表示成

$$D = \{(r,\theta) \mid 0 \leqslant r \leqslant r(\theta), 0 \leqslant \theta \leqslant 2\pi\},$$

于是

$$\iint\limits_{D} f(x,y)\mathrm{d}\sigma = \iint\limits_{D} f(r\cos\theta, r\sin\theta)r\mathrm{d}r\mathrm{d}\theta$$
$$= \int_0^{2\pi} \mathrm{d}\theta \int_0^{r(\theta)} f(r\cos\theta, r\sin\theta)r\mathrm{d}r.$$

注 当区域 D 是圆或圆的一部分，或者区域 D 的边界方程用极坐标表示较为简单，或者被积函数为 $f(x^2+y^2)$，$f\left(\dfrac{x}{y}\right)$，$f\left(\dfrac{y}{x}\right)$ 等形式时，一般采用极坐标计算二重积分.

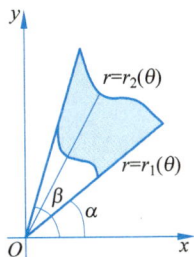

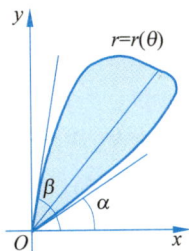

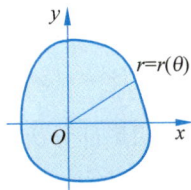

图 7.4 图 7.5 图 7.6

在二重积分的计算中,二重积分的对称性原理应用广泛,感兴趣的读者可以扫描二维码进行学习.

7.2 典型例题分析

7.2.1 题型一 二元函数表达式的求解问题

例 7.1 设 $u(x, y) = y^2 F(3x+2y)$,若 $u\left(x, \dfrac{1}{2}\right) = x^2$,求 $u(x, y)$ 的表达式.

解 由 $u\left(x, \dfrac{1}{2}\right) = x^2$,得 $F(3x+1) = 4x^2$,设 $t = 3x+1$,则 $x = \dfrac{t-1}{3}$,于是 $F(t) = \dfrac{4}{9}(t-1)^2$,故

$$F(3x+2y) = \frac{4}{9}(3x+2y-1)^2.$$

从而

$$u(x, y) = \frac{4}{9}y^2(3x+2y-1)^2.$$

7.2.2 题型二 函数的定义域的求解

例 7.2 求函数 $z = \sqrt{\dfrac{x^2+y^2-x}{2x-x^2-y^2}}$ 的定义域.

解 显然定义域中的点应满足

$$\begin{cases} x^2+y^2-x \geqslant 0 \\ 2x-x^2-y^2 > 0 \end{cases}, \quad 或 \begin{cases} x^2+y^2-x \leqslant 0 \\ 2x-x^2-y^2 < 0 \end{cases}.$$

整理得

$$\begin{cases} \left(x-\dfrac{1}{2}\right)^2+y^2 \geqslant \dfrac{1}{4} \\ (x-1)^2+y^2 < 1 \end{cases}, \quad 或 \begin{cases} \left(x-\dfrac{1}{2}\right)^2+y^2 \leqslant \dfrac{1}{4} \\ (x-1)^2+y^2 > 1 \end{cases}.$$

如图 7.7 所示，集合 $\left\{(x, y) \left| \left(x-\dfrac{1}{2}\right)^2+y^2 \leqslant \dfrac{1}{4} \text{ 且 } (x-1)^2+y^2>1 \right.\right\}$ 为空集，因此函数的定义域为

$$D = \left\{(x, y) \left| \left(x-\dfrac{1}{2}\right)^2+y^2 \geqslant \dfrac{1}{4} \text{ 且 } (x-1)^2+y^2<1 \right.\right\},$$

如图 7.7 中阴影部分所示.

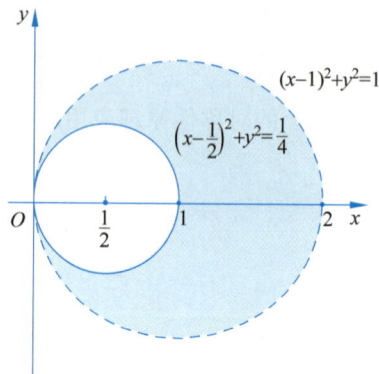

图　7.7

7.2.3　题型三　二元函数极限的存在性问题

例 7.3　设 $f(x, y)=(x^2+y^2)\sin\dfrac{1}{x^2+y^2}$，$x^2+y^2 \neq 0$，证明 $\lim\limits_{\substack{x \to 0 \\ y \to 0}} f(x, y)=0$.

证　由于

$$\left| (x^2+y^2)\sin\dfrac{1}{x^2+y^2}-0 \right| = |x^2+y^2| \cdot \left| \sin\dfrac{1}{x^2+y^2} \right| \leqslant x^2+y^2,$$

所以对 $\forall \varepsilon>0$，取 $\delta=\sqrt{\varepsilon}$，则当 $0<\sqrt{(x-0)^2+(y-0)^2}<\delta$ 时，总有

$$\left| (x^2+y^2)\sin\dfrac{1}{x^2+y^2}-0 \right| < \varepsilon$$

成立，因此 $\lim\limits_{\substack{x \to 0 \\ y \to 0}} f(x, y)=0$.

例 7.4　证明极限 $\lim\limits_{(x, y) \to (0, 0)} \dfrac{\sqrt{xy+1}-1}{x+y}$ 不存在.

证　当 $y=x$ 且 $x \to 0$ 时，

$$\lim\limits_{\substack{y=x \\ x \to 0}} \dfrac{\sqrt{xy+1}-1}{x+y} = \lim\limits_{x \to 0} \dfrac{\sqrt{x^2+1}-1}{2x} = \lim\limits_{x \to 0} \dfrac{x^2}{2x(\sqrt{x^2+1}+1)} = 0,$$

而当 $y=x^2-x$ 且 $x \to 0$ 时，

$$\lim\limits_{\substack{y=x^2-x \\ x \to 0}} \dfrac{\sqrt{xy+1}-1}{x+y} = \lim\limits_{x \to 0} \dfrac{\sqrt{x^3-x^2+1}-1}{x^2} = \lim\limits_{x \to 0} \dfrac{x^3-x^2}{x^2(\sqrt{x^3-x^2+1}+1)} = -\dfrac{1}{2},$$

所以极限不存在.

7.2.4 题型四 偏导数的求解问题

例 7.5 设 $z=(1+xy)^y$, 求 $\dfrac{\partial z}{\partial x}\Big|_{\substack{x=1\\y=1}}$, $\dfrac{\partial z}{\partial y}\Big|_{\substack{x=1\\y=1}}$.

解 $\dfrac{\partial z}{\partial x}=y^2(1+xy)^{y-1}$, $\dfrac{\partial z}{\partial x}\Big|_{\substack{x=1\\y=1}}=1$.

而 $z=(1+xy)^y=\mathrm{e}^{y\ln(1+xy)}$, 因此

$$\frac{\partial z}{\partial y}=\mathrm{e}^{y\ln(1+xy)}\left[\ln(1+xy)+\frac{xy}{1+xy}\right]=(1+xy)^y\left[\ln(1+xy)+\frac{xy}{1+xy}\right],$$

故 $\dfrac{\partial z}{\partial y}\Big|_{\substack{x=1\\y=1}}=2\ln2+1$.

例 7.6 设 $z=\dfrac{y}{\sqrt{x^2+y^2}}$, 求 $\dfrac{\partial z}{\partial x}$, $\dfrac{\partial z}{\partial y}$.

解 $\dfrac{\partial z}{\partial x}=-\dfrac{\dfrac{2xy}{2\sqrt{x^2+y^2}}}{x^2+y^2}=-\dfrac{xy}{(x^2+y^2)^{\frac{3}{2}}}$,

$$\frac{\partial z}{\partial y}=\frac{\sqrt{x^2+y^2}-\dfrac{2y^2}{2\sqrt{x^2+y^2}}}{x^2+y^2}=\frac{x^2}{(x^2+y^2)^{\frac{3}{2}}}.$$

例 7.7 设 $f(x,y)=\begin{cases}\dfrac{xy}{x^2+y^2}, & x^2+y^2\neq0\\ 0, & x^2+y^2=0\end{cases}$, 求 $f'_x(x,y)$, $f'_y(x,y)$.

解 当 $x^2+y^2\neq0$ 时,

$$f'_x(x,y)=y\frac{(x^2+y^2)-2x^2}{(x^2+y^2)^2}=\frac{y(y^2-x^2)}{(x^2+y^2)^2},$$

$$f'_y(x,y)=x\frac{(x^2+y^2)-2y^2}{(x^2+y^2)^2}=\frac{x(x^2-y^2)}{(x^2+y^2)^2},$$

当 $x^2+y^2=0$ 时,

$$f'_x(0,0)=\lim_{\Delta x\to0}\frac{f(0+\Delta x,0)-f(0,0)}{\Delta x}=0,$$

$$f'_y(0,0)=\lim_{\Delta y\to0}\frac{f(0,0+\Delta y)-f(0,0)}{\Delta y}=0,$$

因此

$$f'_x(x,y)=\begin{cases}\dfrac{y(y^2-x^2)}{(x^2+y^2)^2}, & x^2+y^2\neq0\\ 0, & x^2+y^2=0\end{cases}, \quad f'_y(x,y)=\begin{cases}\dfrac{x(x^2-y^2)}{(x^2+y^2)^2}, & x^2+y^2\neq0\\ 0, & x^2+y^2=0\end{cases}.$$

7.2.5 题型五 利用定义讨论函数在某点处是否可微

例 7.8 试讨论 $f(x,y)=\begin{cases} xy\sin\dfrac{1}{x^2+y^2}, & x^2+y^2\neq 0 \\ 0, & x^2+y^2=0 \end{cases}$ 在点 $(0,0)$ 处是否可微.

解 根据偏导数的定义，有

$$f'_x(0,0)=\lim_{\Delta x\to 0}\frac{f(0+\Delta x,0)-f(0,0)}{\Delta x}=0,$$

$$f'_y(0,0)=\lim_{\Delta y\to 0}\frac{f(0,0+\Delta y)-f(0,0)}{\Delta y}=0,$$

$f(x,y)$ 在点 $(0,0)$ 处的全增量为

$$\Delta z=f(0+\Delta x,0+\Delta y)-f(0,0)=\Delta x\Delta y\sin\frac{1}{(\Delta x)^2+(\Delta y)^2}.$$

根据全微分的定义，函数 $f(x,y)$ 在点 $(0,0)$ 处是否可微，只需证明当 $(\Delta x,\Delta y)\to$ $(0,0)$ 时，$\Delta z-f'_x(0,0)\Delta x-f'_y(0,0)\Delta y$ 是否为 $\rho=\sqrt{(\Delta x)^2+(\Delta y)^2}$ 的高阶无穷小量. 而

$$\Delta z-f'_x(0,0)\Delta x-f'_y(0,0)\Delta y=\Delta x\Delta y\sin\frac{1}{(\Delta x)^2+(\Delta y)^2},$$

因此只需讨论极限 $\lim\limits_{\substack{\Delta x\to 0 \\ \Delta y\to 0}}\dfrac{\Delta x\Delta y\sin\dfrac{1}{(\Delta x)^2+(\Delta y)^2}}{\sqrt{(\Delta x)^2+(\Delta y)^2}}$ 是否为零. 显然

$$0\leqslant\left|\frac{\Delta x\Delta y\sin\dfrac{1}{(\Delta x)^2+(\Delta y)^2}}{\sqrt{(\Delta x)^2+(\Delta y)^2}}\right|\leqslant\left|\frac{\Delta x\Delta y}{\sqrt{(\Delta x)^2+(\Delta y)^2}}\right|\leqslant\frac{(\Delta x)^2+(\Delta y)^2}{\sqrt{(\Delta x)^2+(\Delta y)^2}}$$

$$\leqslant\sqrt{(\Delta x)^2+(\Delta y)^2},$$

由夹逼定理可知 $\lim\limits_{\substack{\Delta x\to 0 \\ \Delta y\to 0}}\dfrac{\Delta x\Delta y\sin\dfrac{1}{(\Delta x)^2+(\Delta y)^2}}{\sqrt{(\Delta x)^2+(\Delta y)^2}}=0$，因此有

$$\Delta z-f'_x(0,0)\Delta x-f'_y(0,0)\Delta y=o(\rho),\ (\Delta x,\Delta y)\to(0,0).$$

所以 $f(x,y)$ 在点 $(0,0)$ 处可微.

7.2.6 题型六 全微分的求解问题

例 7.9 设 $z=\arctan\dfrac{x+y}{x-y}$，求 $\mathrm{d}z$.

解 由于

$$\frac{\partial z}{\partial x}=\frac{1}{1+\left(\dfrac{x+y}{x-y}\right)^2}\cdot\frac{(x-y)-(x+y)}{(x-y)^2}=-\frac{y}{x^2+y^2},$$

$$\frac{\partial z}{\partial y}=\frac{1}{1+\left(\dfrac{x+y}{x-y}\right)^2}\cdot\frac{(x-y)+(x+y)}{(x-y)^2}=\frac{x}{x^2+y^2},$$

因此,由全微分定义得

$$dz = \frac{\partial z}{\partial x}dx + \frac{\partial z}{\partial y}dy = -\frac{y}{x^2+y^2}dx + \frac{x}{x^2+y^2}dy.$$

7.2.7 题型七 复合函数的偏导数的证明与计算

例 7.10 如果 $z = \frac{y^2}{2x} + \phi(xy)$,其中 ϕ 为可微函数,求证

$$x^2\frac{\partial z}{\partial x} - xy\frac{\partial z}{\partial y} + \frac{3}{2}y^2 = 0.$$

证 函数 z 对 x,y 的偏导数为

$$\frac{\partial z}{\partial x} = -\frac{y^2}{2x^2} + y\phi'(xy), \qquad \frac{\partial z}{\partial y} = \frac{y}{x} + x\phi'(xy),$$

所以有

$$x^2\frac{\partial z}{\partial x} = -\frac{y^2}{2} + x^2 y\phi'(xy), \qquad xy\frac{\partial z}{\partial y} = y^2 + x^2 y\phi'(xy),$$

两式相减得

$$x^2\frac{\partial z}{\partial x} - xy\frac{\partial z}{\partial y} = -\frac{3y^2}{2},$$

即有 $x^2\frac{\partial z}{\partial x} - xy\frac{\partial z}{\partial y} + \frac{3}{2}y^2 = 0$,结论得证.

例 7.11 求 $z = (5x+2y^2)^{3x^2-2y}$ 的偏导数.

解 设 $u = 5x+2y^2$,$v = 3x^2-2y$,则 $z = u^v$,且

$$\frac{\partial z}{\partial u} = vu^{v-1}, \quad \frac{\partial z}{\partial v} = u^v\ln u, \quad \frac{\partial u}{\partial x} = 5, \quad \frac{\partial u}{\partial y} = 4y, \quad \frac{\partial v}{\partial x} = 6x, \quad \frac{\partial v}{\partial y} = -2,$$

根据复合函数的链式法则有

$$\frac{\partial z}{\partial x} = \frac{\partial z}{\partial u}\cdot\frac{\partial u}{\partial x} + \frac{\partial z}{\partial v}\cdot\frac{\partial v}{\partial x} = 5vu^{v-1} + 6xu^v\ln u$$

$$= 5(3x^2-2y)(5x+2y^2)^{3x^2-2y-1} + 6x(5x+2y^2)^{3x^2-2y}\ln(5x+2y^2),$$

$$\frac{\partial z}{\partial y} = \frac{\partial z}{\partial u}\cdot\frac{\partial u}{\partial y} + \frac{\partial z}{\partial v}\cdot\frac{\partial v}{\partial y} = 4yvu^{v-1} + (-2)u^v\ln u$$

$$= 4y(3x^2-2y)(5x+2y^2)^{3x^2-2y-1} - 2(5x+2y^2)^{3x^2-2y}\ln(5x+2y^2).$$

7.2.8 题型八 抽象复合函数的高阶偏导数的求解问题

例 7.12 设 $z = f(x^2-y^2, xy)$,且 f 具有连续的二阶偏导数,求 $\frac{\partial z}{\partial x}$,$\frac{\partial z}{\partial y}$,$\frac{\partial^2 z}{\partial x^2}$ 和 $\frac{\partial^2 z}{\partial x\partial y}$.

解 引进符号:f_1' 表示 f 对第一个中间变量的偏导数,f_2' 表示 f 对第二个中间变量的偏导数,则

$$\frac{\partial z}{\partial x}=2xf'_1+yf'_2, \quad \frac{\partial z}{\partial y}=-2yf'_1+xf'_2,$$

这里 $f'_1=f'_1(x^2-y^2, xy)$，$f'_2=f'_2(x^2-y^2, xy)$，即 f'_1 与 f'_2 仍是复合函数.

再引进符号：f''_{11} 表示 f'_1 再对第一个中间变量求偏导数，f''_{12} 表示 f'_1 再对第二个中间变量求偏导数；类似地定义 f''_{21} 和 f''_{22}，从而

$$\frac{\partial^2 z}{\partial x^2}=2f'_1+2x(2xf''_{11}+yf''_{12})+y(2xf''_{21}+yf''_{22})$$

$$=2f'_1+4x^2f''_{11}+2xy(f''_{12}+f''_{21})+y^2f''_{22}$$

$$=2f'_1+4x^2f''_{11}+4xyf''_{12}+y^2f''_{22},$$

$$\frac{\partial^2 z}{\partial x\partial y}=2x(-2yf''_{11}+xf''_{12})+f'_2+y(-2yf''_{21}+xf''_{22})$$

$$=f'_2-4xyf''_{11}+2x^2f''_{12}-2y^2f''_{21}+xyf''_{22}$$

$$=f'_2-4xyf''_{11}+2(x^2-y^2)f''_{12}+xyf''_{22}.$$

7.2.9　题型九　隐函数偏导数的求解问题

例 7.13　设方程 $F\left(\dfrac{y}{x}, \dfrac{z}{x}\right)=0$ 确定隐函数 $z=f(x, y)$，其中 F 具有连续的一阶偏导数，求 $x\dfrac{\partial z}{\partial x}+y\dfrac{\partial z}{\partial y}$.

解法 1　记 $G(x, y, z)=F\left(\dfrac{y}{x}, \dfrac{z}{x}\right)$，$G(x, y, z)$ 分别对 x, y, z 求偏导数，得

$$G'_x=-\frac{y}{x^2}F'_1-\frac{z}{x^2}F'_2, \quad G'_y=\frac{1}{x}F'_1, \quad G'_z=\frac{1}{x}F'_2,$$

因此

$$\frac{\partial z}{\partial x}=-\frac{G'_x}{G'_z}=\frac{yF'_1+zF'_2}{xF'_2}, \quad \frac{\partial z}{\partial y}=-\frac{G'_y}{G'_z}=-\frac{F'_1}{F'_2},$$

故有

$$x\frac{\partial z}{\partial x}+y\frac{\partial z}{\partial y}=\frac{yF'_1+zF'_2}{F'_2}-\frac{yF'_1}{F'_2}=z.$$

解法 2　方程 $F\left(\dfrac{y}{x}, \dfrac{z}{x}\right)=0$ 两端同时对 x、y 分别求偏导数，并将 z 视为 x, y 的二元函数，得

$$-\frac{y}{x^2}F'_1+F'_2\frac{xz'_x-z}{x^2}=0, \quad \frac{1}{x}F'_1+F'_2\frac{z'_y}{x}=0,$$

解得

$$z'_x=\frac{yF'_1+zF'_2}{xF'_2}, \quad z'_y=-\frac{F'_1}{F'_2},$$

因此

$$x\frac{\partial z}{\partial x}+y\frac{\partial z}{\partial y}=\frac{yF'_1+zF'_2}{F'_2}-\frac{yF'_1}{F'_2}=z.$$

7.2.10 题型十 函数的无条件极值问题

例 7.14 求函数 $f(x,y)=x^3+y^3-3xy$ 的极值点和极值.

解 先求函数 $f(x,y)$ 的偏导数，并令其为 0，有

$$f'_x(x,y)=3x^2-3y=0, \quad f'_y(x,y)=3y^2-3x=0,$$

解得驻点 $(0,0)$ 及 $(1,1)$，而二阶偏导数

$$f''_{xx}(x,y)=6x, \quad f''_{xy}(x,y)=-3, \quad f''_{yy}(x,y)=6y,$$

在点 $(0,0)$ 处，

$$A=f''_{xx}(0,0)=0, \quad B=f''_{xy}(0,0)=-3, \quad C=f''_{yy}(0,0)=0, \quad AC-B^2=-9<0,$$

所以 $(0,0)$ 点不是极值点.

在点 $(1,1)$ 处，

$$A=f''_{xx}(1,1)=6, \quad B=f''_{xy}(1,1)=-3, \quad C=f''_{yy}(1,1)=6,$$
$$AC-B^2=36-9=27>0, \text{且} A=6>0,$$

则 $(1,1)$ 是极小值点，且极小值为 $f(1,1)=-1$.

7.2.11 题型十一 实际应用题

例 7.15 某厂要用铁板做成一个体积为 2 立方米的有盖长方体水箱. 问当长、宽、高各取怎样的尺寸时，才能使用料最省？

解 设水箱的长为 x 米，宽为 y 米，则高为 $\dfrac{2}{xy}$ 米. 此水箱所用材料的面积为

$$A(x,y)=2\left(xy+y\,\frac{2}{xy}+x\,\frac{2}{xy}\right)=2\left(xy+\frac{2}{x}+\frac{2}{y}\right), \quad x>0, y>0,$$

令偏导数等于零得

$$A'_x(x,y)=2\left(y-\frac{2}{x^2}\right)=0, \quad A'_y(x,y)=2\left(x-\frac{2}{y^2}\right)=0,$$

解此方程组，得 $x=\sqrt[3]{2}, y=\sqrt[3]{2}$.

由题意可知，水箱所用材料面积的最小值一定存在，并在开区域 $D=\{(x,y)|x>0, y>0\}$ 内取得. 又因函数在 D 内只有唯一的驻点 $(\sqrt[3]{2},\sqrt[3]{2})$，因此当 $x=\sqrt[3]{2}, y=\sqrt[3]{2}$ 时，A 取得最小值. 也就是说，当水箱长为 $\sqrt[3]{2}$ 米、宽为 $\sqrt[3]{2}$ 米、高为 $\sqrt[3]{2}$ 米时，水箱所用材料最省.

例 7.16 求表面积为 $a^2(a>0)$ 而体积为最大时的长方体的体积.

解 设长方体的三条棱长分别为 x,y,z，则体积为

$$V=xyz, \quad x>0, y>0, z>0.$$

由条件可知自变量 x,y,z 应满足条件 $2(xy+yz+xz)=a^2$.

构造拉格朗日函数

$$L(x,y,z,\lambda)=xyz+\lambda[2(xy+yz+xz)-a^2],$$

求该函数对 x,y,z,λ 的偏导数，并使之为零，得到

$$\frac{\partial L}{\partial x} = yz + 2\lambda(y + z) = 0, \quad \frac{\partial L}{\partial y} = xz + 2\lambda(x + z) = 0,$$

$$\frac{\partial L}{\partial z} = xy + 2\lambda(x + y) = 0, \quad \frac{\partial L}{\partial \lambda} = 2(xy + yz + xz) - a^2 = 0,$$

整理得到

$$\frac{x}{y} = \frac{x + z}{y + z}, \quad \frac{y}{z} = \frac{x + y}{x + z}.$$

解得 $x = y = z$，所以 $x = y = z = \frac{\sqrt{6}}{6}a$．这是唯一的驻点，由问题本身可知最大值一定存在，所以最大值就在该驻点处取得．即在表面积为 a^2 的长方体中，以棱长为 $\frac{\sqrt{6}}{6}a$ 的正方体的体积为最大，最大体积为 $V = \frac{\sqrt{6}}{36}a^3$．

7.2.12　题型十二　二次积分的换序问题

例 7.17　交换二次积分 $\int_0^1 \mathrm{d}y \int_{\sqrt{1-y^2}}^{y+1} f(x, y) \mathrm{d}x$ 的积分次序．

解　积分区域 $D = \{(x, y) | \sqrt{1-y^2} \leqslant x \leqslant y+1, 0 \leqslant y \leqslant 1\}$ 是 Y-型区域．要改变为 X-型区域，即先对 x 后对 y 积分，由图 7.8 可知：

$$D = D_1 \bigcup D_2.$$

其中

$$D_1 = \{(x, y) | \sqrt{1-x^2} \leqslant y \leqslant 1, 0 \leqslant x \leqslant 1\},$$
$$D_2 = \{(x, y) | x - 1 \leqslant y \leqslant 1, 1 \leqslant x \leqslant 2\}.$$

因此

$$\int_0^1 \mathrm{d}y \int_{\sqrt{1-y^2}}^{y+1} f(x, y)\mathrm{d}x = \int_0^1 \mathrm{d}x \int_{\sqrt{1-x^2}}^1 f(x, y)\mathrm{d}y + \int_1^2 \mathrm{d}x \int_{x-1}^1 f(x, y)\mathrm{d}y.$$

例 7.18　交换二次积分 $\int_0^2 \mathrm{d}x \int_{-\sqrt{2x}}^{\sqrt{2x}} f(x, y)\mathrm{d}y + \int_2^8 \mathrm{d}x \int_{x-4}^{\sqrt{2x}} f(x, y) \mathrm{d}y$ 的积分次序．

解　积分区域 D 由两部分组成，为 X-型区域，如图 7.9 所示．有

$$D_1 = \{(x, y) | -\sqrt{2x} \leqslant y \leqslant \sqrt{2x}, 0 \leqslant x \leqslant 2\},$$
$$D_2 = \{(x, y) | x - 4 \leqslant y \leqslant \sqrt{2x}, 2 \leqslant x \leqslant 8\}.$$

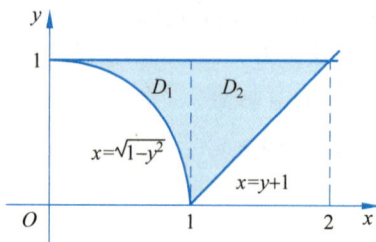

图　7.8

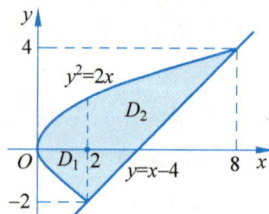

图　7.9

将 D 改为 Y-型区域：

$$D = D_1 \bigcup D_2 = \left\{ (x, y) \mid \frac{1}{2}y^2 \leqslant x \leqslant y+4, -2 \leqslant y \leqslant 4 \right\},$$

则积分为

$$\int_0^2 dx \int_{-\sqrt{2x}}^{\sqrt{2x}} f(x, y) dy + \int_2^8 dx \int_{x-4}^{\sqrt{2x}} f(x, y) dy = \int_{-2}^4 dy \int_{\frac{1}{2}y^2}^{y+4} f(x, y) dx.$$

7.2.13 题型十三 二重积分的求解问题

例 7.19 计算二重积分 $\iint\limits_D |y - x^2| \, dx \, dy$，其中 $D = \{(x, y) \mid 0 \leqslant x \leqslant 1, 0 \leqslant y \leqslant 1\}$.

解 由于

$$|y - x^2| = \begin{cases} y - x^2, & y \geqslant x^2 \\ x^2 - y, & y < x^2 \end{cases},$$

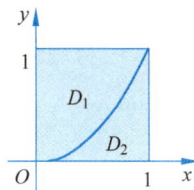

图 7.10

曲线 $y = x^2$ 将区域分成两部分 D_1 和 D_2，如图 7.10 所示，有

$$D_1 = \{(x, y) \mid x^2 \leqslant y \leqslant 1, 0 \leqslant x \leqslant 1\},$$
$$D_2 = \{(x, y) \mid 0 \leqslant y \leqslant x^2, 0 \leqslant x \leqslant 1\}.$$

由积分区域的可加性，有

$$\iint\limits_D |y - x^2| \, dx \, dy = \iint\limits_{D_1} (y - x^2) \, dx \, dy + \iint\limits_{D_2} (x^2 - y) \, dx \, dy$$

$$= \int_0^1 dx \int_{x^2}^1 (y - x^2) \, dy + \int_0^1 dx \int_0^{x^2} (x^2 - y) \, dy$$

$$= \int_0^1 \left(\frac{1}{2}y^2 - x^2 y \right) \Big|_{x^2}^1 dx + \int_0^1 \left(x^2 y - \frac{1}{2}y^2 \right) \Big|_0^{x^2} dx$$

$$= \int_0^1 \left(\frac{1}{2} - x^2 + x^4 \right) dx = \left(\frac{1}{2}x - \frac{1}{3}x^3 + \frac{1}{5}x^5 \right) \Big|_0^1 = \frac{11}{30}.$$

7.2.14 题型十四 利用极坐标计算二重积分

例 7.20 计算 $\iint\limits_D \sqrt{x^2 + y^2} \, dx \, dy$，其中区域 D 是圆 $x^2 + y^2 = 2y$ 围成的区域.

解 如图 7.11 所示，圆 $x^2 + y^2 = 2y$ 方程的极坐标方程为 $r = 2\sin\theta$，且 $0 \leqslant \theta \leqslant \pi$，所以

$$\iint\limits_D \sqrt{x^2 + y^2} \, dx \, dy = \iint\limits_D r \cdot r \, dr \, d\theta = \int_0^\pi d\theta \int_0^{2\sin\theta} r^2 \, dr$$

$$= \int_0^\pi \left(\frac{r^3}{3} \right) \Big|_0^{2\sin\theta} d\theta = \frac{8}{3} \int_0^\pi \sin^3\theta \, d\theta$$

$$= \frac{8}{3} \int_0^\pi (\cos^2\theta - 1) \, d\cos\theta = \frac{8}{3} \left(\frac{1}{3}\cos^3\theta - \cos\theta \right) \Big|_0^\pi$$

$$= \frac{8}{3} \times \frac{4}{3} = \frac{32}{9}.$$

例 7.21　计算 $\iint\limits_D x^2 y\,\mathrm{d}x\,\mathrm{d}y$，其中区域 D 为 $1\leqslant x^2+y^2\leqslant 4$ 在第一象限的部分区域.

解　如图 7.12 所示，区域 D 为圆环在第一象限的部分，因此

$$\iint\limits_D x^2 y\,\mathrm{d}x\,\mathrm{d}y = \int_0^{\frac{\pi}{2}} \cos^2\theta\sin\theta\,\mathrm{d}\theta \int_1^2 r^4\,\mathrm{d}r = \int_0^{\frac{\pi}{2}} \cos^2\theta\sin\theta\cdot\frac{r^5}{5}\Big|_1^2\,\mathrm{d}\theta$$

$$= -\frac{31}{5}\int_0^{\frac{\pi}{2}} \cos^2\theta\,\mathrm{d}\cos\theta = -\frac{31}{5}\cdot\frac{1}{3}\cos^3\theta\Big|_0^{\frac{\pi}{2}} = \frac{31}{15}.$$

例 7.22　$\iint\limits_D \mathrm{e}^{\frac{y}{x}}\,\mathrm{d}x\,\mathrm{d}y$，其中区域为 $D=\{(x,\,y)\,|\,0\leqslant y\leqslant x,\ 1\leqslant x\leqslant 2\}$.

解　如图 7.13 所示，在极坐标系下区域

$$D = \left\{(r,\,\theta)\,\Big|\,\frac{1}{\cos\theta}\leqslant r\leqslant\frac{2}{\cos\theta},\quad 0\leqslant\theta\leqslant\frac{\pi}{4}\right\}.$$

则

$$\iint\limits_D \mathrm{e}^{\frac{y}{x}}\,\mathrm{d}x\,\mathrm{d}y = \int_0^{\frac{\pi}{4}} \mathrm{e}^{\tan\theta}\,\mathrm{d}\theta\int_{\frac{1}{\cos\theta}}^{\frac{2}{\cos\theta}} r\,\mathrm{d}r = \int_0^{\frac{\pi}{4}} \mathrm{e}^{\tan\theta}\cdot\frac{r^2}{2}\Big|_{\frac{1}{\cos\theta}}^{\frac{2}{\cos\theta}}\,\mathrm{d}\theta$$

$$= \frac{3}{2}\int_0^{\frac{\pi}{4}} \mathrm{e}^{\tan\theta}\cdot\frac{1}{\cos^2\theta}\,\mathrm{d}\theta = \frac{3}{2}\mathrm{e}^{\tan\theta}\Big|_0^{\frac{\pi}{4}} = \frac{3}{2}(\mathrm{e}-1).$$

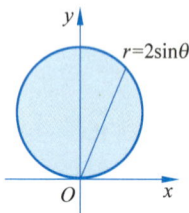

图　7.11

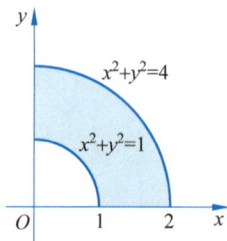

图　7.12

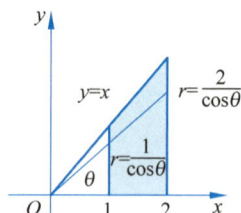

图　7.13

7.3　习题精选

1. 填空题

(1) 函数 $z=\dfrac{1}{\ln\sqrt{x-y^2}}$ 的定义域是_____.

(2) 已知函数 $f(x+y,\,x-y)=x^2-y^2$，则 $\dfrac{\partial f(x,\,y)}{\partial x}+\dfrac{\partial f(x,\,y)}{\partial y}=$_____.

(3) 设 $z=\ln(x+\ln y)$，则 $\dfrac{\partial z}{\partial x}=$_____，$\dfrac{\partial z}{\partial y}=$_____.

(4) 设 $u=\sqrt{x^2+y^2+z^2}$，则 $\dfrac{\partial u}{\partial y}=$_____.

(5) 设 $f(x,\,y)=\mathrm{e}^{-x}\sin(x+2y)$，则 $f'_x\left(0,\,\dfrac{\pi}{4}\right)=$_____.

(6) 设 $z = xyf\left(\dfrac{y}{x}\right)$，$f$ 可导，则 $xz'_x + yz'_y = $ _____.

(7) 若 $z = \dfrac{y}{f(x^2 - y^2)}$，$f$ 可导且 $f \neq 0$，则 $\dfrac{1}{x} \cdot \dfrac{\partial z}{\partial x} + \dfrac{1}{y} \cdot \dfrac{\partial z}{\partial y} = $ _____.

(8) 设 $z = \mathrm{e}^{y\mathrm{e}^x}$，则 $\dfrac{\partial^2 z}{\partial x \partial y} = $ _____.

(9) 设 $z = x^{y^2}$，则 $\mathrm{d}z = $ _____.

(10) 设 $z = f(x, y)$ 是由方程 $\mathrm{e}^z - xyz = 0$ 给出的隐函数，则 $\mathrm{d}z = $ _____.

(11) 由方程 $x^2 + y^2 + z^2 - 2x + 2y - 4z - 10 = 0$ 所确定的隐函数 $z = z(x, y)$ 的极小值为_____，极大值为_____.

(12) 二元函数 $z = x^4 + y^4 - x^2 - 2xy - y^2$ 的极小值点为_____.

(13) 设积分区域为 $D = \{(x, y) \mid 0 \leqslant x \leqslant 1, 0 \leqslant y \leqslant 2\}$，则 $\iint\limits_{D}(x + y + 1)\,\mathrm{d}x\mathrm{d}y = $ _____.

(14) 设积分区域为 $D = \{(x, y) \mid 0 \leqslant x \leqslant 1, -1 \leqslant y \leqslant 0\}$，则 $\iint\limits_{D} y\mathrm{e}^{xy}\,\mathrm{d}x\mathrm{d}y = $ _____.

(15) 设积分区域 D 是由直线 $y = x$，y 轴与直线 $y = 1$ 所围成的区域，则 $\iint\limits_{D} y^2 \mathrm{e}^{xy}\,\mathrm{d}x\mathrm{d}y = $ _____.

(16) 设积分区域为 $D = \{(x, y) \mid 1 \leqslant x^2 + y^2 \leqslant 16\}$，则 $\iint\limits_{D} 3\mathrm{d}x\mathrm{d}y = $ _____.

(17) 交换 $\displaystyle\int_{-1}^{0} \mathrm{d}y \int_{y}^{\sqrt{-y}} f(x, y)\,\mathrm{d}x$ 的积分次序为_____.

(18) 交换二次积分的积分次序 $\displaystyle\int_{-1}^{0} \mathrm{d}y \int_{-\sqrt{1-y^2}}^{\sqrt{1-y^2}} f(x, y)\mathrm{d}x + \int_{0}^{1} \mathrm{d}y \int_{-\sqrt{1-y}}^{\sqrt{1-y}} f(x, y)\mathrm{d}x = $ _____.

(19) 交换二次积分的积分次序 $\displaystyle\int_{0}^{1} \mathrm{d}x \int_{0}^{x} f(x, y)\mathrm{d}y + \int_{1}^{2} \mathrm{d}x \int_{0}^{2-x} f(x, y)\,\mathrm{d}y = $ _____.

(20) 设积分区域 $D = \{(x, y) \mid x^2 + y^2 \leqslant a^2\}$，$a > 0$，$\iint\limits_{D} \mathrm{e}^{-(x^2+y^2)}\,\mathrm{d}x\mathrm{d}y = \dfrac{\pi}{2}$，则 $a = $ _____.

(21) 设积分区域 D 为 $x^2 + y^2 = 1$ 所包围在第一象限的部分，则 $\iint\limits_{D} xy^2\mathrm{d}\sigma$ 用直角坐标化为二次积分是_____；用极坐标化为二次积分是_____.

(22) 将 $\displaystyle\int_{0}^{R} \mathrm{d}x \int_{0}^{\sqrt{Rx-x^2}} f(x, y)\,\mathrm{d}y$ 表示成极坐标形式的二次积分为_____.

2. 单项选择题

(1) 函数 $z = \ln(y^2 - 4x + 8)$ 的定义域为(　　).

(A) $\{(x,y)\mid y^2<4(x-2)\}$;　　　　(B) $\{(x,y)\mid y^2\leqslant4(x-2)\}$;

(C) $\{(x,y)\mid y^2>4(x-2)\}$;　　　　(D) $\{(x,y)\mid y^2\geqslant4(x-2)\}$.

(2) 函数 $z=\arcsin(1-y)+\ln(x-y)$ 的定义域为(　　).

(A) $\{(x,y)\mid\mid1-y\mid\leqslant1$ 且 $x-y>0\}$;

(B) $\{(x,y)\mid\mid1-y\mid\leqslant1$ 且 $x-y\geqslant0\}$;

(C) $\{(x,y)\mid\mid1-y\mid<1$ 且 $x-y>0\}$;

(D) $\{(x,y)\mid\mid1-y\mid<1$ 且 $x-y\geqslant0\}$.

(3) 已知函数 $f(x,y)$ 在点 (x_0,y_0) 处满足 $f'_x(x_0,y_0)=0$，$f'_y(x_0,y_0)=0$，则下列结论正确的是(　　).

(A) 点 (x_0,y_0) 是 $f(x,y)$ 的驻点;

(B) 点 (x_0,y_0) 是 $f(x,y)$ 的极值点;

(C) $z=f(x,y)$ 在 (x_0,y_0) 处连续;

(D) 点 (x_0,y_0) 不是 $f(x,y)$ 的极值点.

(4) 设函数 $z=f(x,y)$ 在点 (x_0,y_0) 处的偏导数都存在，则下列结论正确的是(　　).

(A) $f(x,y)$ 在点 (x_0,y_0) 处必连续;

(B) $f(x,y)$ 在点 (x_0,y_0) 处必可微;

(C) $\lim\limits_{\substack{x\to x_0\\y\to y_0}}f(x,y)$ 一定存在;

(D) 都不一定.

(5) 若 $z=f(x,y)$ 满足 $f'_x(x_0,y_0)=f'_y(x_0,y_0)$，则下列结论正确的是(　　).

(A) $\lim\limits_{\substack{x\to x_0\\y\to y_0}}f(x,y)=f(x_0,y_0)$;

(B) $z=f(x,y)$ 在点 (x_0,y_0) 处可微;

(C) $\lim\limits_{\Delta x\to0}\Delta_xz=0$，$\lim\limits_{\Delta y\to0}\Delta_yz=0$;

(D) 以上结论不一定成立.

(6) 对于二元函数 $z=f(x,y)$，下列结论正确的是(　　).

(A) 若 $\dfrac{\partial^2z}{\partial x\partial y}$ 与 $\dfrac{\partial^2z}{\partial y\partial x}$ 存在，则 $\dfrac{\partial^2z}{\partial x\partial y}=\dfrac{\partial^2z}{\partial y\partial x}$;

(B) 若 $\dfrac{\partial z}{\partial x}$，$\dfrac{\partial z}{\partial y}$ 存在，则函数 $z=f(x,y)$ 可微;

(C) 若 $\dfrac{\partial z}{\partial x}$，$\dfrac{\partial z}{\partial y}$ 连续，则函数 $z=f(x,y)$ 可微;

(D) $\lim\limits_{\substack{x\to x_0\\y\to y_0}}f(x,y)=A$ 的充要条件是 $\lim\limits_{x\to x_0}f(x,y_0)=A$ 且 $\lim\limits_{y\to y_0}f(x_0,y)=A$.

(7) 设 $f(x,y)=x\sin y^2$，则 $f'_x(0,1)=($　　$)$.

(A) 1;　　　　　(B) 0;　　　　　(C) $\sin1$;　　　　　(D) $\cos1$.

(8) 设 $z=\mathrm{e}^{-\sin^2(xy^2)}$，则 $\dfrac{\partial z}{\partial y}=($　　$)$.

(A) $\mathrm{e}^{-\sin^2(xy^2)}$； (B) $-\mathrm{e}^{-\cos^2(xy^2)}$；

(C) $-2xy\sin(2xy^2)\mathrm{e}^{-\sin^2(xy^2)}$； (D) $-4xy\sin(xy^2)\mathrm{e}^{-\sin^2(xy^2)}$.

(9) 已知 $z=\arcsin\dfrac{x}{\sqrt{x^2+y^2}}$，则 $\dfrac{\partial z}{\partial x}=($ $)$.

(A) $\dfrac{y}{x^2+y^2}$； (B) $-\dfrac{y}{x^2+y^2}$；

(C) $\dfrac{|y|}{x^2+y^2}$； (D) $\dfrac{1}{x^2+y^2}$.

(10) 设 $z=\ln(\mathrm{e}^x+\mathrm{e}^y)$，则 $\dfrac{\partial^2 z}{\partial x\partial y}=($ $)$.

(A) $\dfrac{\mathrm{e}^x}{\mathrm{e}^x+\mathrm{e}^y}$； (B) $-\dfrac{\mathrm{e}^x\mathrm{e}^y}{(\mathrm{e}^x+\mathrm{e}^y)^2}$；

(C) $\dfrac{\mathrm{e}^x\mathrm{e}^y}{(\mathrm{e}^x+\mathrm{e}^y)^2}$； (D) $\dfrac{\mathrm{e}^y}{\mathrm{e}^x+\mathrm{e}^y}$.

(11) 二元函数 $f(x,y)$ 在 (x_0,y_0) 处的偏导数存在是它在该点处可微的( )条件.

(A) 充分而不必要； (B) 必要而不充分；

(C) 充要； (D) 无关.

(12) 已知 $z=\ln(\sqrt[n]{x}+\sqrt[n]{y})$，则 $x\dfrac{\partial z}{\partial x}+y\dfrac{\partial z}{\partial y}=($ $)$.

(A) 1； (B) n；

(C) $\dfrac{1}{n}$； (D) 以上都不对.

(13) 两种相关商品的需求函数为 $\begin{cases} Q_1=a_1+b_1p_1+c_1p_2, & a_1>0 \\ Q_2=a_2+b_2p_1+c_2p_2, & a_2>0 \end{cases}$，当( )时商品互相竞争.

(A) $c_1>0$，$b_2>0$； (B) $c_1>0$，$b_2<0$；

(C) $c_1<0$，$b_2<0$； (D) $c_1<0$，$b_2>0$.

(14) 已知生产函数 $Q=200K^{\frac{1}{2}}L^{\frac{2}{3}}$，则产量对资本的偏弹性 E_K 和产量对劳动力的偏弹性 E_L 分别为( ).

(A) $\dfrac{1}{2}$，$\dfrac{2}{3}$； (B) $\dfrac{2}{3}$，$\dfrac{1}{2}$；

(C) $-\dfrac{1}{2}$，$-\dfrac{2}{3}$； (D) $-\dfrac{2}{3}$，$-\dfrac{1}{2}$.

(15) 已知 $(5,2)$ 为函数 $z=xy+\dfrac{a}{x}+\dfrac{b}{y}$ 的极值点，则 a,b 分别为( ).

(A) -50，-20； (B) 50，20；

(C) -20，-50； (D) 20，50.

(16) 当 D 为( )围成的区域时，$\displaystyle\iint_D \mathrm{d}x\,\mathrm{d}y=1$.

$$(A) \; y=x, \; x=0, \; y=\sqrt{2};$$ $$(B) \; xy=1, \; x=1, \; y=1;$$

$$(C) \; y=x^2, \; x=y^2;$$ $$(D) \; y=x, \; y=0, \; x=\frac{\sqrt{2}}{2}.$$

(17) 设积分区域 D 由直线 $y=x$，$y=x+a$，$y=a$ 及 $y=5a$ 所围成，则 $\iint\limits_{D} \mathrm{d}x\,\mathrm{d}y = $

(　　).

(A) 4；　　　　　　　　　　　　　　(B) 5；

(C) $5a^2$；　　　　　　　　　　　　(D) $4a^2$.

(18) 设积分区域 D 是以 $(0, 0)$，$(1, 1)$，$(0, 1)$ 为顶点的三角形区域，则二重积分

$\iint\limits_{D} \mathrm{e}^{y^2} \mathrm{d}x\,\mathrm{d}y = $（　　）.

(A) e^{-1}；　　　　　　　　　　　(B) $1-\mathrm{e}$；

(C) $\frac{1}{2}(\mathrm{e}-1)$；　　　　　　　　　(D) $\frac{1}{2}(1-\mathrm{e})$.

(19) 将二重积分 $\iint\limits_{D} f(x, y)\,\mathrm{d}x\,\mathrm{d}y$ 化成二次积分，其中积分区域为由 $y=x^2$，$y=4$ 所围成的在第一象限部分，下列各式中正确的是（　　）.

$$(A) \int_{x^2}^{4} \mathrm{d}x \int_{0}^{2} f(x, y)\,\mathrm{d}y;$$ $$(B) \int_{0}^{2} \mathrm{d}x \int_{0}^{4} f(x, y)\,\mathrm{d}y;$$

$$(C) \int_{0}^{4} \mathrm{d}y \int_{0}^{y} f(x, y)\,\mathrm{d}x;$$ $$(D) \int_{0}^{4} \mathrm{d}y \int_{0}^{\sqrt{y}} f(x, y)\,\mathrm{d}x.$$

(20) 若平面区域 $D=\{(x, y)|0 \leqslant x \leqslant 1, 1 \leqslant y \leqslant \mathrm{e}\}$，则二重积分 $\iint\limits_{D} \frac{x}{y} \mathrm{d}x\,\mathrm{d}y = $（　　）.

(A) $\frac{\mathrm{e}}{2}$；　　　　(B) $\frac{1}{2}$；　　　　(C) e；　　　　(D) 1.

(21) 交换二次积分 $I = \int_{0}^{1} \mathrm{d}y \int_{y^2}^{y} f(x, y)\,\mathrm{d}x$ 的积分次序，则 $I = $（　　）.

$$(A) \int_{0}^{1} \mathrm{d}x \int_{x}^{\sqrt{x}} f(x, y)\,\mathrm{d}y;$$ $$(B) \int_{0}^{1} \mathrm{d}x \int_{\sqrt{x}}^{x} f(x, y)\,\mathrm{d}y;$$

$$(C) \int_{0}^{1} \mathrm{d}x \int_{0}^{\sqrt{x}} f(x, y)\,\mathrm{d}y;$$ $$(D) \int_{0}^{1} \mathrm{d}x \int_{0}^{x} f(x, y)\,\mathrm{d}y.$$

(22) 二次积分 $\int_{0}^{\frac{\pi}{2}} \mathrm{d}\theta \int_{0}^{\cos\theta} f(r\cos\theta, r\sin\theta)\,r\,\mathrm{d}r$ 可以转换为（　　）.

$$(A) \int_{0}^{1} \mathrm{d}y \int_{0}^{\sqrt{y-y^2}} f(x, y)\,\mathrm{d}x;$$ $$(B) \int_{0}^{1} \mathrm{d}y \int_{0}^{\sqrt{1-y^2}} f(x, y)\,\mathrm{d}x;$$

$$(C) \int_{0}^{1} \mathrm{d}x \int_{0}^{1} f(x, y)\,\mathrm{d}y;$$ $$(D) \int_{0}^{1} \mathrm{d}x \int_{0}^{\sqrt{x-x^2}} f(x, y)\,\mathrm{d}y.$$

(23) 设积分区域 $D=\{(x, y)|x^2+y^2 \leqslant a^2\}$ $(a>0)$，$\iint\limits_{D} (x^2+y^2)\,\mathrm{d}x\,\mathrm{d}y = 8\pi$，则 $a = $（　　）.

(A) 1；   (B) 2；   (C) 4；   (D) 8.

(24) 若函数 $f(x, y) = x^2 - y^2$，积分区域 $D = \{(x, y) \mid 0 \leqslant x \leqslant 1, 0 \leqslant y \leqslant 1\}$，则 $\iint\limits_{D} f(x+y, x-y)\,\mathrm{d}x\,\mathrm{d}y = (\quad)$.

(A) $2\left(\int_0^1 x\,\mathrm{d}x\right)^2$；   (B) $4\int_0^1 x^2\,\mathrm{d}x$；

(C) $\left(2\int_0^1 x\,\mathrm{d}x\right)^2$；   (D) $2\int_0^1 x^2\,\mathrm{d}x$.

(25) 设 $z = f(x, y)$ 连续，且 $f(x, y) = xy + \iint\limits_{D} f(u, v)\,\mathrm{d}u\,\mathrm{d}v$，其中 D 是由 $y = 0$，$y = x^2$ 及 $x = 1$ 所围成的区域，则 $f(x, y) = (\quad)$.

(A) xy；   (B) $2xy$；

(C) $xy + \dfrac{1}{8}$；   (D) $xy + 1$.

3. 若 $f(x, y) = \dfrac{2xy}{x^2 + y^2}$，$k$ 为常数，试求 $f\left(1, \dfrac{y}{x}\right)$，$f(kx, ky)$，$f\left(\dfrac{1}{x}, \dfrac{1}{y}\right)$ 及 $f(x+y, x-y)$.

4. 由下列条件，求函数 $f(x, y)$ 的表达式：

(1) $f(x+y, x-y) = (x^2 - y^2)\mathrm{e}^{x+y}$；

(2) $f(x-y, xy) = x^2 - xy + y^2$.

5. 求下列函数的极限：

(1) $\lim\limits_{\substack{x \to 1 \\ y \to 0}} \dfrac{\mathrm{e}^x \cos y}{3x^2 + y^2 + 1}$；   (2) $\lim\limits_{\substack{x \to a \\ y \to 0}} \dfrac{\sin xy}{y}$；   (3) $\lim\limits_{\substack{x \to \infty \\ y \to a}} \left(1 + \dfrac{1}{x}\right)^{\frac{x^2}{x+y}}$.

6. 求函数 $f(x, y) = \dfrac{2x + y^2}{y^2 - 2x}$ 的间断点.

7. 求下列函数的定义域：

(1) $z = \sqrt{4 - x^2 - y^2}$；   (2) $z = \dfrac{\sqrt{4x - y^2}}{\ln(1 - x^2 - y^2)}$；

(3) $z = \arcsin\dfrac{y}{x}$；   (4) $z = \sqrt{1 - (x^2 + y^2)^2}$.

8. 求下列函数的一阶偏导数：

(1) $z = \mathrm{e}^{xy} + x^2 y$；   (2) $\mu = z^{xy}$；

(3) $z = \arctan\dfrac{x}{y}$；   (4) $z = xy\sqrt{R^2 - x^2 - y^2}$；

(5) $z = \sqrt{x}\sin\dfrac{y}{x}$；   (6) $z = \dfrac{x\mathrm{e}^y}{y^2}$.

9. 计算下列函数的全微分：

(1) $z = x^m y^n$；   (2) $z = \arctan(xy)$；

(3) $z = \mathrm{e}^{xy}$，$x = 1$，$y = 1$，$\Delta x = 0.15$，$\Delta y = 0.1$；

(4) $z = \dfrac{y}{x}$, $x = 2$, $y = 1$, $\Delta x = 0.1$, $\Delta y = 0.2$.

10. 求下列函数的二阶偏导数, 其中 f 具有二阶连续偏导数:

(1) $z = x^4 + y^4 - 4x^2y^2$;

(2) $z = \arctan \dfrac{x}{y}$;

(3) $z = \ln(x + y^2)$;

(4) $z = f(xy, x^2 + y^2)$ $\left(只求 \dfrac{\partial^2 z}{\partial x^2}, \dfrac{\partial^2 z}{\partial x \partial y}\right)$.

11. 求下列函数的偏导数(或全导数), 其中 f 具有连续偏导数.

(1) $z = u^2 \ln v$, 而 $u = \dfrac{x}{y}$, $v = 3x - 2y$;

(2) $z = e^{x-2y}$, 而 $x = \sin t$, $y = t^3$;

(3) $z = f(x^2 - y^2, e^{xy})$;

(4) $z = \dfrac{1}{x} f(x^2 - y^2)$.

12. 求下列方程所确定的隐函数的一阶偏导数:

(1) $\dfrac{x}{z} = \ln \dfrac{z}{y}$;   (2) $e^z = xyz$;

(3) 方程 $x + 2y + z = 2\sqrt{xyz}$ 确定的隐函数 $z = f(x, y)$.

13. 方程 $\ln z = x^2 + y^2$ 确定隐函数 $z = f(x, y)$, 求 $z = f(x, y)$ 的二阶偏导数.

14. 设 $u = f(x, y, z)$ 有连续的偏导数, 函数 $y = y(x)$, $z = z(x)$ 分别由 $e^{xy} - y = 0$, $e^z - xz = 0$ 所确定, 求 $\dfrac{du}{dx}$.

15. 求下列函数的极值:

(1) $f(x, y) = 4(x - y) - x^2 - y^2$;

(2) $f(x, y) = xy(a - x - y)$, $a > 0$;

(3) $f(x, y) = e^{2x}(x + y^2 + 2y)$.

16. 在半径为 a 的半球内, 内接一长方体, 问各边长为多少时, 其体积最大?

17. 设 $z = yf(x^2 - y^2)$, 其中 f 为可微函数, 试证:

$$y^2 \frac{\partial z}{\partial x} + xy \frac{\partial z}{\partial y} = xz;$$

18. 设 $z = xf\left(\dfrac{y}{x}\right) + (x-1)y\ln x$, 其中 f 为二次可微函数, 证明:

$$x^2 \frac{\partial^2 z}{\partial x^2} - y^2 \frac{\partial^2 z}{\partial y^2} = (x+1)y.$$

19. 某工厂生产的产品在甲、乙两个市场的销售量分别为 Q_1 与 Q_2, 其销售价格分别为 p_1 与 p_2, 需求函数分别为 $Q_1 = 24 - 0.2p_1$, $Q_2 = 10 - 0.05p_2$, 总成本函数为 $C = 35 + 40(Q_1 + Q_2)$, 问两个市场的定价为多少可获得利润最大? 最大利润是多少?

20. 化二重积分 $\iint\limits_{D} f(x,y)\,\mathrm{d}x\mathrm{d}y$ 为二次积分(写出两种积分次序):

(1) $D=\{(x,y)\,|\,|x|\leqslant 1,\ |y|\leqslant 1\}$;

(2) D 是由 y 轴,$y=1$ 及 $y=x$ 围成的区域;

(3) D 是由 x 轴,$y=\ln x$ 及 $x=\mathrm{e}$ 围成的区域;

(4) D 是由 x 轴、圆 $x^2+y^2-2x=0$ 在第一象限的部分以及直线 $x+y=2$ 围成的区域;

(5) D 是由 x 轴、抛物线 $y=4-x^2$ 及圆 $x^2+y^2-4y=0$ 在第二象限所围成的区域.

**21. 交换下列二次积分的积分次序:

(1) $\displaystyle\int_1^2 \mathrm{d}x\int_x^{x^2} f(x,y)\mathrm{d}y+\int_2^8 \mathrm{d}x\int_x^8 f(x,y)\,\mathrm{d}y$;

(2) $\displaystyle\int_0^1 \mathrm{d}y\int_0^y f(x,y)\mathrm{d}x+\int_1^2 \mathrm{d}y\int_0^{2-y} f(x,y)\,\mathrm{d}x$.

22. 求证:$\displaystyle\int_0^1 \mathrm{d}y\int_0^{\sqrt{y}} \mathrm{e}^y f(x)\mathrm{d}x=\int_0^1 (\mathrm{e}-\mathrm{e}^{x^2})\,f(x)\mathrm{d}x$.

23. 计算下列二重积分

(1) $\displaystyle\iint\limits_{D} x\mathrm{e}^{xy}\mathrm{d}x\mathrm{d}y$,其中 $D=\{(x,y)\,|\,-1\leqslant x\leqslant 1,\ -1\leqslant y\leqslant 0\}$;

(2) $\displaystyle\iint\limits_{D} x^3 y^2\mathrm{d}x\mathrm{d}y$,其中 D 是由 x 轴、y 轴及圆 $x^2+y^2=1$ 在第一象限的部分围成的区域;

(3) $\displaystyle\iint\limits_{D} \cos(x+y)\,\mathrm{d}x\mathrm{d}y$,其中 D 是由 y 轴、直线 $y=x$ 及 $y=\pi$ 围成的区域;

(4) $\displaystyle\iint\limits_{D} \frac{\mathrm{e}^x}{y^2}\mathrm{d}x\mathrm{d}y$,其中 $D=\{(x,y)\,|\,1\leqslant x\leqslant 2,\ \frac{1}{x}\leqslant y\leqslant 2\}$;

(5) $\displaystyle\iint\limits_{D} \sqrt{xy-x^2}\,\mathrm{d}x\mathrm{d}y$,其中 D 是由直线 $y=2x$,及 $y=x$ 和 $x=1$ 围成的区域;

(6) $\displaystyle\iint\limits_{D} \frac{\sin y}{y}\mathrm{d}x\mathrm{d}y$,其中 D 是由直线 $y=x$ 及抛物线 $x=y^2$ 围成的区域;

(7) $\displaystyle\iint\limits_{D} xy^2\mathrm{d}x\mathrm{d}y$,其中 $D=\{(x,y)\,|\,2\leqslant x^2+y^2\leqslant 4,\ 0\leqslant y\leqslant x\}$;

(8) $\displaystyle\iint\limits_{D} \mathrm{e}^{-(x^2+y^2)}\,\mathrm{d}x\mathrm{d}y$,其中 $D=\{(x,y)\,|\,x^2+y^2\leqslant R^2\}$;

(9) $\displaystyle\iint\limits_{D} \sqrt{R^2-x^2-y^2}\,\mathrm{d}x\mathrm{d}y$,其中 $D=\{(x,y)\,|\,x^2+y^2\leqslant Ry,\ R>0\}$.

7.4 习题详解

1. 填空题

(1) $\{(x,y)\,|\,x>y^2$ 且 $x\neq 1+y^2\}$.

(2) $x+y$.

(3) $\dfrac{1}{x+\ln y}$, $\dfrac{1}{xy+y\ln y}$.

(4) $\dfrac{y}{\sqrt{x^2+y^2+z^2}}$.

(5) -1.

(6) $2z$.

提示　$z'_x=yf\left(\dfrac{y}{x}\right)-\dfrac{y^2}{x}f'\left(\dfrac{y}{x}\right)$, $z'_y=xf\left(\dfrac{y}{x}\right)+yf'\left(\dfrac{y}{x}\right)$.

(7) $\dfrac{z}{y^2}$.

提示　$\dfrac{\partial z}{\partial x}=-\dfrac{2xyf'(x^2-y^2)}{[f(x^2-y^2)]^2}$, $\dfrac{\partial z}{\partial y}=\dfrac{f(x^2-y^2)+2y^2f'(x^2-y^2)}{[f(x^2-y^2)]^2}$.

(8) $e^{ye^x+x}(1+ye^x)$.

提示　$\dfrac{\partial z}{\partial x}=ye^{ye^x}\cdot e^x$, $\dfrac{\partial^2 z}{\partial x\partial y}=e^{ye^x}\cdot e^x+ye^{ye^x}\cdot e^x\cdot e^x$.

(9) $y^2x^{y^2-1}\,\mathrm{d}x+2y\cdot x^{y^2}\ln x\,\mathrm{d}y$.

提示　$\dfrac{\partial z}{\partial x}=y^2x^{y^2-1}$, $\dfrac{\partial z}{\partial y}=2y\cdot x^{y^2}\ln x$.

(10) $\dfrac{yz}{e^z-xy}\,\mathrm{d}x+\dfrac{xz}{e^z-xy}\,\mathrm{d}y$.

提示　设 $F(x,y,z)=e^z-xyz$, 则

$$\dfrac{\partial F}{\partial x}=-yz,\qquad \dfrac{\partial F}{\partial y}=-xz,\qquad \dfrac{\partial F}{\partial z}=e^z-xy,$$

因此 $\dfrac{\partial z}{\partial x}=\dfrac{yz}{e^z-xy}$, $\dfrac{\partial z}{\partial y}=\dfrac{xz}{e^z-xy}$.

(11) -2, 6.

提示　**解法 1**　设 $F(x,y,z)=x^2+y^2+z^2-2x+2y-4z-10$, $\dfrac{\partial F}{\partial x}=2x-2$, $\dfrac{\partial F}{\partial y}=2y+2$, $\dfrac{\partial F}{\partial z}=2z-4$, 从而 $\dfrac{\partial z}{\partial x}=-\dfrac{2x-2}{2z-4}$, $\dfrac{\partial z}{\partial y}=-\dfrac{2y+2}{2z-4}$, 令偏导数为零得唯一驻点为 $(1,-1)$, 代入方程得到 z 值.

解法 2　可配方 $(x-1)^2+(y+1)^2+(z-2)^2=16$, 可得: $|z-2|\leqslant 4$, 从而 $-2\leqslant z\leqslant 6$.

(12) $(1,1)$, $(-1,-1)$.

(13) 5.

提示
$$\iint\limits_{D}(x+y+1)\,\mathrm{d}x\,\mathrm{d}y=\int_0^1\mathrm{d}x\int_0^2(x+y+1)\,\mathrm{d}y=\int_0^1\left(xy+\dfrac{1}{2}y^2+y\right)\Big|_0^2\,\mathrm{d}x$$
$$=\int_0^1(2x+4)\,\mathrm{d}x.$$

(14) $-\dfrac{1}{e}$.

提示 $\displaystyle\iint\limits_{D} y\mathrm{e}^{xy}\,\mathrm{d}x\,\mathrm{d}y=\int_{-1}^{0}\mathrm{d}y\int_{0}^{1}y\mathrm{e}^{xy}\,\mathrm{d}x=\int_{-1}^{0}\left(\mathrm{e}^{xy}\right)\Big|_{0}^{1}\mathrm{d}y$

$\qquad\qquad =\displaystyle\int_{-1}^{0}(\mathrm{e}^{y}-1)\mathrm{d}y=(\mathrm{e}^{y}-y)\Big|_{-1}^{0}=-\dfrac{1}{e}.$

(15) $\dfrac{1}{2}\mathrm{e}-1$.

提示 $\displaystyle\iint\limits_{D} y^{2}\mathrm{e}^{xy}\,\mathrm{d}x\,\mathrm{d}y=\int_{0}^{1}\mathrm{d}y\int_{0}^{y}y^{2}\mathrm{e}^{xy}\,\mathrm{d}x=\int_{0}^{1}y(\mathrm{e}^{xy})\Big|_{0}^{y}\mathrm{d}y=\int_{0}^{1}y(\mathrm{e}^{y^{2}}-1)\mathrm{d}y$

$\qquad\qquad =\left(\dfrac{1}{2}\mathrm{e}^{y^{2}}-\dfrac{1}{2}y^{2}\right)\Big|_{0}^{1}=\dfrac{1}{2}\mathrm{e}-\dfrac{1}{2}-\dfrac{1}{2}.$

(16) 45π .

(17) $\displaystyle\int_{-1}^{0}\mathrm{d}x\int_{-1}^{x}f(x,y)\mathrm{d}y+\int_{0}^{1}\mathrm{d}x\int_{-1}^{-x^{2}}f(x,y)\mathrm{d}y.$

提示 积分区域如图 7.14 所示，$x=\sqrt{-y}$ ，$y=-x^{2}$.

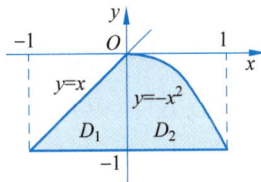

图　7.14

(18) $\displaystyle\int_{-1}^{1}\mathrm{d}x\int_{-\sqrt{1-x^{2}}}^{1-x^{2}}f(x,y)\,\mathrm{d}y.$

提示 积分区域为

$$D_{1}=\{(x,y)\mid-\sqrt{1-y^{2}}\leqslant x\leqslant\sqrt{1-y^{2}},-1\leqslant y\leqslant 0\},$$
$$D_{2}=\{(x,y)\mid-\sqrt{1-y}\leqslant x\leqslant\sqrt{1-y},0\leqslant y\leqslant 1\},$$

则

$$D_{1}\bigcup D_{2}=\{(x,y)\mid-\sqrt{1-x^{2}}\leqslant y\leqslant 1-x^{2},-1\leqslant x\leqslant 1\}.$$

(19) $\displaystyle\int_{0}^{1}\mathrm{d}y\int_{y}^{2-y}f(x,y)\mathrm{d}x.$

提示 积分区域为

$$D_{1}=\{(x,y)\mid 0\leqslant y\leqslant x,0\leqslant x\leqslant 1\},$$
$$D_{2}=\{(x,y)\mid 0\leqslant y\leqslant 2-x,1\leqslant x\leqslant 2\},$$

则

$$D_{1}\bigcup D_{2}=\{(x,y)\mid y\leqslant x\leqslant 2-y,0\leqslant y\leqslant 1\}.$$

(20) $\sqrt{\ln 2}$.

提示 $\displaystyle\iint\limits_{D}\mathrm{e}^{-(x^{2}+y^{2})}\,\mathrm{d}x\,\mathrm{d}y=\int_{0}^{2\pi}\mathrm{d}\theta\int_{0}^{a}r\mathrm{e}^{-r^{2}}\,\mathrm{d}r=(2\pi)\left(-\dfrac{1}{2}\mathrm{e}^{-r^{2}}\right)\Big|_{0}^{a}$

$\qquad\qquad =\pi(1-\mathrm{e}^{-a^{2}})=\dfrac{\pi}{2},$

则 $\mathrm{e}^{-a^{2}}=\dfrac{1}{2}$ ，$a^{2}=\ln 2$.

(21) $\displaystyle\int_{0}^{1}\mathrm{d}x\int_{0}^{\sqrt{1-x^{2}}}xy^{2}\,\mathrm{d}y\quad\left(\text{或}\int_{0}^{1}\mathrm{d}y\int_{0}^{\sqrt{1-y^{2}}}xy^{2}\,\mathrm{d}x\right)$；$\quad\displaystyle\int_{0}^{\frac{\pi}{2}}\sin^{2}\theta\cos\theta\mathrm{d}\theta\int_{0}^{1}r^{4}\,\mathrm{d}r.$

(22) $\int_0^{\frac{\pi}{2}} \mathrm{d}\theta \int_0^{R\cos\theta} rf(r\cos\theta, r\sin\theta)\,\mathrm{d}r$.

2. 单项选择题

(1) C.　　(2) A.　　(3) A.　　(4) D.　　(5) C.　　(6) C.

(7) C.　　(8) C.　　(9) C.　　(10) B.　　(11) B.　　(12) C.

(13) A.

提示　$c_1 = \dfrac{\partial Q_1}{\partial p_2} > 0$，表示在 p_1 不变的条件下，当 p_2 增加时，商品 Q_1 增加；$b_2 = \dfrac{\partial Q_2}{\partial p_2} > 0$，表示在 p_2 不变的条件下，当 p_1 增加时，商品 Q_2 增加. 两种商品可以相互取代，互相竞争.

(14) A.

提示　$E_K = \dfrac{K}{Q}Q_K'$，$E_L = \dfrac{L}{Q}Q_L'$.

(15) B.　　(16) A.　　(17) D.　　(18) C.　　(19) D.

(20) B.　　(21) A.　　(22) D.　　(23) B.　　(24) C.

(25) C.

提示　对上述等式在区域 D 上两端积分，得

$$\iint\limits_D f(x, y)\mathrm{d}x\,\mathrm{d}y = \iint\limits_D xy\,\mathrm{d}x\,\mathrm{d}y + \iint\limits_D f(u, v)\mathrm{d}u\,\mathrm{d}v \iint\limits_D \mathrm{d}x\,\mathrm{d}y,$$

而 $\iint\limits_D xy\,\mathrm{d}x\,\mathrm{d}y = \dfrac{1}{12}$，$\iint\limits_D \mathrm{d}x\,\mathrm{d}y = \dfrac{1}{3}$，代入上式解出 $\iint\limits_D f(x, y)\,\mathrm{d}x\,\mathrm{d}y$.

3. 提示　直接代入法，$f\left(1, \dfrac{y}{x}\right) = \dfrac{2\dfrac{y}{x}}{1 + \left(\dfrac{y}{x}\right)^2} = \dfrac{2xy}{x^2 + y^2} = f(x, y)$，

$$f(kx, ky) = \frac{2(kx)(ky)}{(kx)^2 + (ky)^2} = \frac{2xy}{x^2 + y^2} = f(x, y),$$

$$f\left(\frac{1}{x}, \frac{1}{y}\right) = \frac{2\left(\dfrac{1}{x}\right)\left(\dfrac{1}{y}\right)}{\left(\dfrac{1}{x}\right)^2 + \left(\dfrac{1}{y}\right)^2} = \frac{2xy}{x^2 + y^2} = f(x, y),$$

$$f(x+y, x-y) = \frac{2(x+y)(x-y)}{(x+y)^2 + (x-y)^2} = \frac{x^2 - y^2}{x^2 + y^2}.$$

4. (1) 因为 $f(x+y, x-y) = (x+y)(x-y)\mathrm{e}^{x+y}$，所以 $f(x, y) = xy\mathrm{e}^x$；

(2) 因为

$$f(x-y, xy) = x^2 - 2xy + y^2 + xy = (x-y)^2 + xy,$$

所以 $f(x, y) = x^2 + y$.

5.

(1) $\lim\limits_{\substack{x\to 1\\y\to 0}}\dfrac{\mathrm{e}^x\cos y}{3x^2+y^2+1}=\dfrac{\mathrm{e}\cos 0}{3+0^2+1}=\dfrac{\mathrm{e}}{4}$.

(2) $\lim\limits_{\substack{x\to a\\y\to 0}}\dfrac{\sin xy}{y}=\lim\limits_{\substack{x\to a\\y\to 0}}\dfrac{\sin xy}{xy}\cdot x=a$.

(3) $\lim\limits_{\substack{x\to\infty\\y\to a}}\left(1+\dfrac{1}{x}\right)^{\frac{x^2}{x+y}}=\lim\limits_{\substack{x\to\infty\\y\to a}}\left[\left(1+\dfrac{1}{x}\right)^x\right]^{\frac{x}{x+y}}=\mathrm{e}$.

6. 因为 $y^2-2x\neq 0$，所以间断点为集合，为坐标面上的一条抛物线 $D_1=\{(x,y)\mid y^2=2x\}$.

7.

(1) 因为 $4-x^2-y^2\geqslant 0\Leftrightarrow x^2+y^2\leqslant 4$，所以 $D=\{(x,y)\mid x^2+y^2\leqslant 4\}$.

(2) 因为 $\begin{cases}4x-y^2\geqslant 0\\1-x^2-y^2>0\\1-x^2-y^2\neq 1\end{cases}\Leftrightarrow\begin{cases}y^2\leqslant 4x\\x^2+y^2<1\\x^2+y^2\neq 0\end{cases}$，所以
$$D=\{(x,y)\mid x^2+y^2<1,\ x^2+y^2\neq 0,\ y^2\leqslant 4x\}.$$

(3) 因为当 $x\neq 0$ 时，$\left|\dfrac{y}{x}\right|\leqslant 1\Leftrightarrow|y|\leqslant|x|\Leftrightarrow-|x|\leqslant y\leqslant|x|$，所以 $D=\{(x,y)\mid -|x|\leqslant y\leqslant|x|\text{且 }x\neq 0\}$.

(4) 因为
$$1-(x^2+y)^2\geqslant 0\Leftrightarrow(x^2+y)^2\leqslant 1\Leftrightarrow-1\leqslant x^2+y\leqslant 1\Leftrightarrow\begin{cases}y\leqslant-x^2+1\\y\geqslant-x^2-1\end{cases},$$
所以 $D=\{(x,y)\mid y\leqslant-x^2+1,\ y\geqslant-x^2-1\}$.

8.

(1) $\dfrac{\partial z}{\partial x}=y\mathrm{e}^{xy}+2xy,\ \dfrac{\partial z}{\partial y}=x\mathrm{e}^{xy}+x^2$.

(2) $\dfrac{\partial u}{\partial x}=yz^{xy}\ln z,\ \dfrac{\partial u}{\partial y}=xz^{xy}\ln z,\ \dfrac{\partial u}{\partial z}=xyz^{xy-1}$.

(3) $\dfrac{\partial z}{\partial x}=\dfrac{1}{1+\left(\dfrac{x}{y}\right)^2}\cdot\dfrac{1}{y}=\dfrac{y}{x^2+y^2},\ \dfrac{\partial z}{\partial y}=\dfrac{1}{1+\left(\dfrac{x}{y}\right)^2}\left(-\dfrac{x}{y^2}\right)=-\dfrac{x}{x^2+y^2}$.

(4) $\dfrac{\partial z}{\partial x}=y\sqrt{R^2-x^2-y^2}-xy\dfrac{x}{\sqrt{R^2-x^2-y^2}}=\dfrac{y(R^2-x^2-y^2)-x^2y}{\sqrt{R^2-x^2-y^2}}$

$\qquad\qquad=\dfrac{y(R^2-2x^2-y^2)}{\sqrt{R^2-x^2-y^2}}$,

同理 $\dfrac{\partial z}{\partial y}=\dfrac{x(R^2-x^2-2y^2)}{\sqrt{R^2-x^2-y^2}}$.

(5) $\dfrac{\partial z}{\partial x}=\dfrac{1}{2\sqrt{x}}\sin\dfrac{y}{x}-\dfrac{y}{x\sqrt{x}}\cos\dfrac{y}{x},\ \dfrac{\partial z}{\partial y}=\dfrac{1}{\sqrt{x}}\cos\dfrac{y}{x}$.

(6) $\dfrac{\partial z}{\partial x} = \dfrac{e^y}{y^2}$, $\dfrac{\partial z}{\partial y} = x\dfrac{y^2 e^y - 2y e^y}{y^4} = \dfrac{x e^y(y-2)}{y^3}$.

9.

(1) $dz = m x^{m-1} y^n dx + n x^m y^{n-1} dy$;

(2) $dz = \dfrac{y}{1+(xy)^2} dx + \dfrac{x}{1+(xy)^2} dy$;

(3) $dz = 0.25e$;

(4) $dz = 0.075$.

10.

(1) $\dfrac{\partial z}{\partial x} = 4x^3 - 8xy^2$, $\dfrac{\partial z}{\partial y} = 4y^3 - 8x^2 y$, $\dfrac{\partial^2 z}{\partial x^2} = 12x^2 - 8y^2$, $\dfrac{\partial^2 z}{\partial x \partial y} = -16xy$, $\dfrac{\partial^2 z}{\partial y^2} = 12y^2 - 8x^2$.

(2) $\dfrac{\partial z}{\partial x} = \dfrac{y}{x^2+y^2}$, $\dfrac{\partial z}{\partial y} = -\dfrac{x}{x^2+y^2}$, $\dfrac{\partial^2 z}{\partial x^2} = -\dfrac{2xy}{(x^2+y^2)^2}$,

$\dfrac{\partial^2 z}{\partial y^2} = \dfrac{2xy}{(x^2+y^2)^2}$, $\dfrac{\partial^2 z}{\partial x \partial y} = \dfrac{(x^2+y^2)-2y^2}{(x^2+y^2)^2} = \dfrac{x^2-y^2}{(x^2+y^2)^2}$.

(3) $\dfrac{\partial z}{\partial x} = \dfrac{1}{x+y^2}$, $\dfrac{\partial z}{\partial y} = \dfrac{2y}{x+y^2}$, $\dfrac{\partial^2 z}{\partial x^2} = -\dfrac{1}{(x+y^2)^2}$,

$\dfrac{\partial^2 z}{\partial x \partial y} = -\dfrac{2y}{(x+y^2)^2}$, $\dfrac{\partial^2 z}{\partial y^2} = \dfrac{2(x+y^2)-4y^2}{(x+y^2)^2} = \dfrac{2(x-y^2)}{(x+y^2)^2}$;

(4) $\dfrac{\partial z}{\partial x} = y f_1' + 2x f_2'$,

$\dfrac{\partial^2 z}{\partial x^2} = y(y f_{11}'' + 2x f_{12}'') + 2f_2' + 2x(y f_{21}'' + 2x f_{22}'')$

$\qquad = 2f_2' + y^2 f_{11}'' + 2xy(f_{12}'' + f_{21}'') + 4x^2 f_{22}''$

$\qquad = 2f_2' + y^2 f_{11}'' + 4xy f_{12}'' + 4x^2 f_{22}''$,

$\dfrac{\partial^2 z}{\partial x \partial y} = f_1' + y(x f_{11}'' + 2y f_{12}'') + 2x(x f_{21}'' + 2y f_{22}'')$

$\qquad = f_1' + xy f_{11}'' + 2y^2 f_{12}'' + 2x^2 f_{21}'' + 4xy f_{22}''$

$\qquad = f_1' + xy f_{11}'' + 2(x^2+y^2) f_{12}'' + 4xy f_{22}''$.

11.

(1) $\dfrac{\partial z}{\partial x} = \dfrac{\partial z}{\partial u} \cdot \dfrac{\partial u}{\partial x} + \dfrac{\partial z}{\partial v} \cdot \dfrac{\partial v}{\partial x} = 2u\ln v \cdot \dfrac{1}{y} + \dfrac{u^2}{v} \cdot 3 = \dfrac{2x}{y^2}\ln(3x-2y) + \dfrac{3x^2}{y^2(3x-2y)}$,

$\dfrac{\partial z}{\partial y} = \dfrac{\partial z}{\partial u} \cdot \dfrac{\partial u}{\partial y} + \dfrac{\partial z}{\partial v} \cdot \dfrac{\partial v}{\partial y} = 2u\ln v \cdot \left(-\dfrac{x}{y^2}\right) + \dfrac{u^2}{v} \cdot (-2)$

$\qquad = -\dfrac{2x^2}{y^3}\ln(3x-2y) - \dfrac{2x^2}{y^2(3x-2y)}$.

(2) $\dfrac{dz}{dt} = \dfrac{\partial z}{\partial x} \cdot \dfrac{dx}{dt} + \dfrac{\partial z}{\partial y} \cdot \dfrac{dy}{dt} = e^{x-2y}\cos t - 6t^2 e^{x-2y} = e^{x-2y}(\cos t - 6t^2)$

$\qquad = e^{\sin t - 2t^3}(\cos t - 6t^2)$.

(3) $\dfrac{\partial z}{\partial x} = 2xf_1' + y\mathrm{e}^{xy}f_2'$,

$\dfrac{\partial z}{\partial y} = -2yf_1' + x\mathrm{e}^{xy}f_2'$.

(4) $\dfrac{\partial z}{\partial x} = -\dfrac{1}{x^2}f(x^2-y^2) + 2f'(x^2-y^2)$,

$\dfrac{\partial z}{\partial y} = -\dfrac{2y}{x}f'(x^2-y^2)$.

12. (1) 由于 $\dfrac{x}{z} = \ln z - \ln y$, $\ln z - \ln y - \dfrac{x}{z} = 0$, 故设 $F(x, y, z) = \ln z - \ln y - \dfrac{x}{z}$, 则

$$F_x' = -\dfrac{1}{z}, \quad F_y' = -\dfrac{1}{y}, \quad F_z' = \dfrac{1}{z} + \dfrac{x}{z^2} = \dfrac{x+z}{z^2},$$

因此

$$\dfrac{\partial z}{\partial x} = -\dfrac{F_x'}{F_z'} = \dfrac{z}{x+z}, \quad \dfrac{\partial z}{\partial y} = -\dfrac{F_y'}{F_z'} = \dfrac{z^2}{(x+z)y}.$$

(2) 由于 $\mathrm{e}^z - xyz = 0$, 故设 $F(x, y, z) = \mathrm{e}^z - xyz$, 则

$$F_x' = -yz, \quad F_y' = -xz, \quad F_z' = \mathrm{e}^z - xy,$$

因此

$$\dfrac{\partial z}{\partial x} = -\dfrac{F_x'}{F_z'} = \dfrac{yz}{\mathrm{e}^z - xy}, \quad \dfrac{\partial z}{\partial y} = -\dfrac{F_y'}{F_z'} = \dfrac{xz}{\mathrm{e}^z - xy}.$$

(3) 设 $F(x, y, z) = x + 2y + z - 2\sqrt{xyz}$, 则

$$F_x' = 1 - \dfrac{yz}{\sqrt{xyz}} = \dfrac{\sqrt{xyz} - yz}{\sqrt{xyz}},$$

$$F_y' = 2 - \dfrac{xz}{\sqrt{xyz}} = \dfrac{2\sqrt{xyz} - xz}{\sqrt{xyz}},$$

$$F_z' = 1 - \dfrac{xy}{\sqrt{xyz}} = \dfrac{\sqrt{xyz} - xy}{\sqrt{xyz}},$$

因此

$$\dfrac{\partial z}{\partial x} = -\dfrac{F_x'}{F_z'} = -\dfrac{\sqrt{xyz} - yz}{\sqrt{xyz} - xy}, \quad \dfrac{\partial z}{\partial y} = -\dfrac{F_y'}{F_z'} = -\dfrac{2\sqrt{xyz} - xz}{\sqrt{xyz} - xy}.$$

13. 解法 1 $F(x, y, z) = x^2 + y^2 - \ln z$, $F_x' = 2x$, $F_y' = 2y$, $F_z' = -\dfrac{1}{z}$,

$$\dfrac{\partial z}{\partial x} = -\dfrac{F_x'}{F_z'} = 2xz, \quad \dfrac{\partial z}{\partial y} = -\dfrac{F_y'}{F_z'} = 2yz,$$

$$\dfrac{\partial^2 z}{\partial x^2} = 2z + 2x\dfrac{\partial z}{\partial x} = 2z + 2x(2xz) = 2z(1+2x^2),$$

$$\frac{\partial^2 z}{\partial x \partial y} = 2x \frac{\partial z}{\partial y} = 4xyz,$$

$$\frac{\partial^2 z}{\partial y^2} = 2z + 2y \frac{\partial z}{\partial y} = 2z + 2y(2yz) = 2z(1 + 2y^2).$$

解法 2 $z = e^{x^2 + y^2}$, $\dfrac{\partial z}{\partial x} = 2x e^{x^2 + y^2}$, $\dfrac{\partial^2 z}{\partial x^2} = 2e^{x^2 + y^2} + 4x^2 e^{x^2 + y^2} = 2e^{x^2 + y^2}(1 + 2x^2)$,

$$\frac{\partial^2 z}{\partial x \partial y} = 4xy e^{x^2 + y^2}, \quad \frac{\partial z}{\partial y} = 2y e^{x^2 + y^2}, \quad \frac{\partial^2 z}{\partial y^2} = 2e^{x^2 + y^2} + 4y^2 e^{x^2 + y^2} = 2e^{x^2 + y^2}(1 + 2y^2).$$

14. 设 $F(x, y) = e^{xy} - y$, 则 $F'_x = y e^{xy}$, $F'_y = x e^{xy} - 1$, 因此

$$\frac{dy}{dx} = -\frac{F'_x}{F'_y} = \frac{y e^{xy}}{1 - x e^{xy}} = \frac{y^2}{1 - xy}.$$

设 $G(x, z) = e^z - xz$, 则 $G'_x = -z$, $G'_z = e^z - x$, 因此

$$\frac{dz}{dx} = -\frac{G'_x}{G'_z} = \frac{z}{e^z - x} = \frac{z}{x(z - 1)},$$

故

$$\frac{du}{dx} = f'_1 + f'_2 \cdot \frac{dy}{dx} + f'_3 \cdot \frac{dz}{dx} = f'_1 + f'_2 \cdot \frac{y^2}{1 - xy} + f'_3 \cdot \frac{z}{x(z - 1)}.$$

15. (1) $f'_x(x, y) = 4 - 2x$, $f'_y(x, y) = -4 - 2y$, 令偏导数为零, 得到唯一驻点 $(2, -2)$, 而 $f''_{xx}(x, y) = -2$, $f''_{xy}(x, y) = 0$, $f''_{yy}(x, y) = -2$, $AC - B^2 > 0$ 且 $A < 0$, 则点 $(2, -2)$ 为函数的极大值点, 极大值为 $f(2, -2) = 8$.

(2) $f'_x(x, y) = ay - 2xy - y^2 = y(a - 2x - y)$,

$\quad f'_y(x, y) = ax - 2xy - x^2 = x(a - 2y - x)$,

令偏导数为零, 得到 4 个驻点 $(0, 0)$, $(a, 0)$, $(0, a)$, $\left(\dfrac{a}{3}, \dfrac{a}{3}\right)$. 又因为二阶偏导数

$$f''_{xx}(x, y) = -2y, \quad f''_{xy}(x, y) = a - 2x - 2y, \quad f''_{yy}(x, y) = -2x,$$

在 $(0, 0)$, $(a, 0)$, $(0, a)$ 三个点处 $AC - B^2 < 0$, 则这三个点不是极值点.

在 $\left(\dfrac{a}{3}, \dfrac{a}{3}\right)$ 点处, $A = -\dfrac{2}{3}a$, $B = -\dfrac{1}{3}a$, $C = -\dfrac{2}{3}a$, 则 $AC - B^2 > 0$ 且 $A < 0$, 点 $\left(\dfrac{a}{3}, \dfrac{a}{3}\right)$ 为函数的极大值点, 极大值为 $f\left(\dfrac{a}{3}, \dfrac{a}{3}\right) = \dfrac{a^3}{27}$.

(3) $f'_x(x, y) = 2e^{2x}(x + y^2 + 2y) + e^{2x} = e^{2x}(2x + 2y^2 + 4y + 1)$,

$\quad f'_y(x, y) = e^{2x}(2y + 2)$,

令偏导数为零得到唯一驻点 $\left(\dfrac{1}{2}, -1\right)$, 而二阶偏导数为

$$f''_{xx}(x, y) = e^{2x}(4x + 4y^2 + 8y + 4), \quad f''_{xy}(x, y) = e^{2x}(4y + 4), \quad f''_{yy}(x, y) = 2e^{2x}.$$

在点 $\left(\dfrac{1}{2}, -1\right)$ 处, $A = 2e$, $B = 0$, $C = 2e$, 则 $AC - B^2 > 0$ 且 $A > 0$, 则点 $\left(\dfrac{1}{2}, -1\right)$ 为函数的极小值点. 极小值为 $f\left(\dfrac{1}{2}, -1\right) = -\dfrac{1}{2}e$.

16. 设长方体的边长分别为 x，y，z，则体积为 $V=xyz$，且

$$\left(\frac{1}{2}x\right)^2+\left(\frac{1}{2}y\right)^2+z^2=a^2,$$

则 $z=\sqrt{a^2-\dfrac{x^2}{4}-\dfrac{y^2}{4}}=\dfrac{1}{2}\sqrt{4a^2-x^2-y^2}$，因此

$$V=\frac{1}{2}xy\sqrt{4a^2-x^2-y^2},\quad 0<x<2a,\ 0<y<2a,\ 0<z<a,$$

令

$$\frac{\partial V}{\partial x}=\frac{1}{2}y\left(\sqrt{4a^2-x^2-y^2}-\frac{x^2}{\sqrt{4a^2-x^2-y^2}}\right)=\frac{1}{2}y\left(\frac{4a^2-2x^2-y^2}{\sqrt{4a^2-x^2-y^2}}\right)=0,$$

$$\frac{\partial V}{\partial y}=\frac{1}{2}x\left(\frac{4a^2-x^2-2y^2}{\sqrt{4a^2-x^2-y^2}}\right)=0,$$

得到唯一驻点 $\left(\dfrac{2}{\sqrt{3}}a,\dfrac{2}{\sqrt{3}}a\right)$，此时 $z=\dfrac{1}{\sqrt{3}}a$，由实际情况知 $\left(\dfrac{2}{\sqrt{3}}a,\dfrac{2}{\sqrt{3}}a\right)$ 为最大值点，最大值

为 $V=\dfrac{4}{3\sqrt{3}}a^3$.

注　本题也可利用条件极值方法求解. 构造拉格朗日函数

$$L(x,y,z,\lambda)=xyz+\lambda\left(\frac{1}{4}x^2+\frac{1}{4}y^2+z^2-a^2\right).$$

17. 由于

$$\frac{\partial z}{\partial x}=2xyf'(x^2-y^2),\quad \frac{\partial z}{\partial y}=f(x^2-y^2)-2y^2f'(x^2-y^2),$$

因此

$$y^2\frac{\partial z}{\partial x}+xy\frac{\partial z}{\partial y}=2xy^3f'(x^2-y^2)+xyf(x^2-y^2)-2xy^3f'(x^2-y^2)$$

$$=xyf(x^2-y^2)=xz.$$

18. $\dfrac{\partial z}{\partial x}=f\left(\dfrac{y}{x}\right)-\dfrac{y}{x}f'\left(\dfrac{y}{x}\right)+y\ln x+\dfrac{(x-1)y}{x}=f\left(\dfrac{y}{x}\right)-\dfrac{y}{x}f'\left(\dfrac{y}{x}\right)+y\ln x+y-\dfrac{y}{x},$

$\dfrac{\partial z}{\partial y}=f'\left(\dfrac{y}{x}\right)+(x-1)\ln x,$

$\dfrac{\partial^2 z}{\partial x^2}=-\dfrac{y}{x^2}f'\left(\dfrac{y}{x}\right)+\dfrac{y}{x^2}f'\left(\dfrac{y}{x}\right)+\dfrac{y^2}{x^3}f''\left(\dfrac{y}{x}\right)+\dfrac{y}{x}+\dfrac{y}{x^2}=\dfrac{y^2}{x^3}f''\left(\dfrac{y}{x}\right)+\dfrac{y}{x}+\dfrac{y}{x^2},$

$\dfrac{\partial^2 z}{\partial y^2}=\dfrac{1}{x}f''\left(\dfrac{y}{x}\right),$

因此

$$x^2\frac{\partial^2 z}{\partial x^2}-y^2\frac{\partial^2 z}{\partial y^2}=\frac{y^2}{x}f''\left(\frac{y}{x}\right)+xy+y-\frac{y^2}{x}f''\left(\frac{y}{x}\right)=(x+1)y.$$

19. 利润函数为

$L(p_1,p_2)=Q_1p_1+Q_2p_2-C$

$\qquad=(24p_1-0.2p_1^2)+(10p_2-0.05p_2^2)-35-40[(24-0.2p_1)+(10-0.05p_2)]$

$\qquad=-1395+32p_1+12p_2-0.2p_1^2-0.05p_2^2,$

令 $\dfrac{\partial L}{\partial p_1}=32-0.4p_1=0$，$\dfrac{\partial L}{\partial p_2}=12-0.1p_2=0$，得到唯一驻点$(80,120)$．又因为

$$\frac{\partial^2 L}{\partial p_1^2}=-0.4，\qquad \frac{\partial^2 L}{\partial p_1 \partial p_2}=0，\qquad \frac{\partial^2 L}{\partial p_2^2}=-0.1，$$

在点$(80,120)$处 $AC-B^2>0$，且 $A<0$，则$(80,120)$为极大值点，也是最大值点．最大值为 $L(80,120)=605$，即当产量为$(80,120)$时利润最大，最大利润为 605．

20. (1) $\displaystyle\iint\limits_{D} f(x,y)\mathrm{d}x\,\mathrm{d}y=\int_{-1}^{1}\mathrm{d}x\int_{-1}^{1}f(x,y)\mathrm{d}y=\int_{-1}^{1}\mathrm{d}y\int_{-1}^{1}f(x,y)\,\mathrm{d}x$；

(2) $\displaystyle\iint\limits_{D} f(x,y)\mathrm{d}x\,\mathrm{d}y=\int_{0}^{1}\mathrm{d}x\int_{x}^{1}f(x,y)\mathrm{d}y=\int_{0}^{1}\mathrm{d}y\int_{0}^{y}f(x,y)\,\mathrm{d}x$；

(3) $\displaystyle\iint\limits_{D} f(x,y)\mathrm{d}x\,\mathrm{d}y=\int_{1}^{e}\mathrm{d}x\int_{0}^{\ln x}f(x,y)\mathrm{d}y=\int_{0}^{1}\mathrm{d}y\int_{e^{y}}^{e}f(x,y)\,\mathrm{d}x$；

(4) 积分区域如图 7.15 所示，有

$$\iint\limits_{D} f(x,y)\mathrm{d}x\,\mathrm{d}y=\int_{0}^{1}\mathrm{d}x\int_{0}^{\sqrt{2x-x^2}}f(x,y)\mathrm{d}y+\int_{1}^{2}\mathrm{d}x\int_{0}^{2-x}f(x,y)\mathrm{d}y$$

$$=\int_{0}^{1}\mathrm{d}y\int_{1-\sqrt{1-y^2}}^{2-y}f(x,y)\mathrm{d}x.$$

(5) 联立方程得 $\begin{cases} y=4-x^2, \\ x^2+y^2-4y=0, \end{cases}$ 解得其交点坐标：$(-\sqrt{3},1)$（其中$(\sqrt{3},1)$在第一象限舍去），积分区域如图 7.16 所示，则

$$\iint\limits_{D} f(x,y)\mathrm{d}x\,\mathrm{d}y=\int_{-2}^{-\sqrt{3}}\mathrm{d}x\int_{0}^{4-x^2}f(x,y)\mathrm{d}y+\int_{-\sqrt{3}}^{0}\mathrm{d}x\int_{0}^{2-\sqrt{4-x^2}}f(x,y)\mathrm{d}y$$

$$=\int_{0}^{1}\mathrm{d}y\int_{-\sqrt{4-y}}^{-\sqrt{4y-y^2}}f(x,y)\mathrm{d}x.$$

21. (1) 积分区域如图 7.17 所示，记

$$D_1=\{(x,y)\mid x\leqslant y\leqslant x^2, 1\leqslant x\leqslant 2\},$$
$$D_2=\{(x,y)\mid x\leqslant y\leqslant 8, 2\leqslant x\leqslant 8\},$$
$$D_3=\{(x,y)\mid \sqrt{y}\leqslant x\leqslant y, 1\leqslant y\leqslant 4\},$$
$$D_4=\{(x,y)\mid 2\leqslant x\leqslant y, 4\leqslant y\leqslant 8\},$$

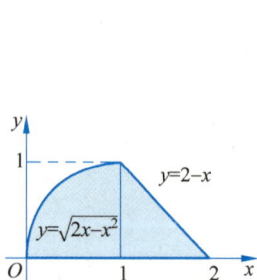

图 7.15

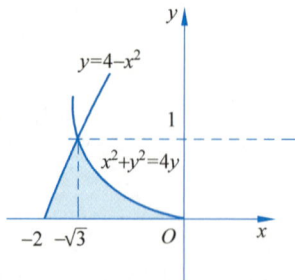

图 7.16

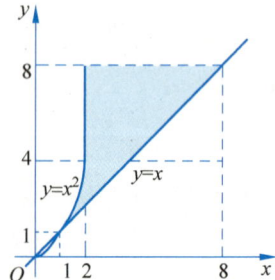

图 7.17

其中 $D_1 \bigcup D_2 = D_3 \bigcup D_4$，因此

$$原积分 = \int_1^4 \mathrm{d}y \int_{\sqrt{y}}^y f(x,y)\mathrm{d}x + \int_4^8 \mathrm{d}y \int_2^y f(x,y)\mathrm{d}x.$$

(2) $D_1 = \{(x,y) \mid 0 \leqslant x \leqslant y, \ 0 \leqslant y \leqslant 1\}$,

$\quad\quad D_2 = \{(x,y) \mid 0 \leqslant x \leqslant 2-y, \ 1 \leqslant y \leqslant 2\}$,

$\quad\quad D = \{(x,y) \mid 0 \leqslant x \leqslant 1, \ x \leqslant y \leqslant 2-x\}$,

其中 $D_1 \bigcup D_2 = D$，因此原式 $= \int_0^1 \mathrm{d}x \int_x^{2-x} f(x,y)\mathrm{d}y$.

22. 记 $D = \{(x,y) \mid 0 \leqslant x \leqslant \sqrt{y}, \ 0 \leqslant y \leqslant 1\}$，将其表示为 X 型区域

$$D = \{(x,y) \mid 0 \leqslant x \leqslant 1, \ x^2 \leqslant y \leqslant 1\},$$

因此

$$\int_0^1 \mathrm{d}y \int_0^{\sqrt{y}} \mathrm{e}^y f(x)\mathrm{d}x = \int_0^1 \mathrm{d}x \int_{x^2}^1 \mathrm{e}^y f(x)\mathrm{d}y = \int_0^1 f(x)\mathrm{d}x \int_{x^2}^1 \mathrm{e}^y \mathrm{d}y$$

$$= \int_0^1 (\mathrm{e}^y) \Big|_{x^2}^1 f(x)\mathrm{d}x = \int_0^1 (\mathrm{e} - \mathrm{e}^{x^2}) f(x)\mathrm{d}x.$$

23. (1) $\displaystyle\iint_D x\mathrm{e}^{xy}\mathrm{d}x\mathrm{d}y = \int_{-1}^1 \mathrm{d}x \int_{-1}^0 x\mathrm{e}^{xy}\mathrm{d}y = \int_{-1}^1 \mathrm{e}^{xy} \Big|_{-1}^0 \mathrm{d}x = \int_{-1}^1 (1 - \mathrm{e}^{-x})\mathrm{d}x$

$$= (x + \mathrm{e}^{-x}) \Big|_{-1}^1 = 2 + \frac{1}{\mathrm{e}} - \mathrm{e}.$$

(2) $\displaystyle\iint_D x^3 y^2 \mathrm{d}x\mathrm{d}y = \int_0^1 \mathrm{d}y \int_0^{\sqrt{1-y^2}} x^3 y^2 \mathrm{d}x = \int_0^1 y^2 \left(\frac{1}{4}x^4\right) \Big|_0^{\sqrt{1-y^2}} \mathrm{d}y$

$$= \frac{1}{4} \int_0^1 y^2 (1-y^2)^2 \mathrm{d}y = \frac{1}{4} \int_0^1 (y^6 - 2y^4 + y^2)\mathrm{d}y$$

$$= \frac{1}{4} \left(\frac{1}{7}y^7 - \frac{2}{5}y^5 + \frac{1}{3}y^3\right) \Big|_0^1 = \frac{1}{4} \left(\frac{1}{7} - \frac{2}{5} + \frac{1}{3}\right) = \frac{2}{105}.$$

(3) $\displaystyle\iint_D \cos(x+y)\mathrm{d}x\mathrm{d}y = \int_0^\pi \mathrm{d}y \int_0^y \cos(x+y)\mathrm{d}x = \int_0^\pi \sin(x+y) \Big|_0^y \mathrm{d}y$

$$= \int_0^\pi (\sin 2y - \sin y)\mathrm{d}y = \left(-\frac{1}{2}\cos 2y + \cos y\right) \Big|_0^\pi = -2.$$

(4) $\displaystyle\iint_D \frac{\mathrm{e}^x}{y^2}\mathrm{d}x\mathrm{d}y = \int_1^2 \mathrm{d}x \int_{\frac{1}{x}}^2 \frac{\mathrm{e}^x}{y^2}\mathrm{d}y = \int_1^2 \left(-\frac{\mathrm{e}^x}{y}\right) \Big|_{\frac{1}{x}}^2 \mathrm{d}x = \int_1^2 \left(x\mathrm{e}^x - \frac{1}{2}\mathrm{e}^x\right)\mathrm{d}x$

$$= \int_1^2 \left(x - \frac{1}{2}\right)\mathrm{d}\mathrm{e}^x = \left(x - \frac{1}{2}\right)\mathrm{e}^x \Big|_1^2 - \mathrm{e}^x \Big|_1^2 = \frac{1}{2}\mathrm{e}^2 + \frac{1}{2}\mathrm{e}.$$

(5) $\displaystyle\iint_D \sqrt{xy - x^2}\,\mathrm{d}x\mathrm{d}y = \int_0^1 \mathrm{d}x \int_x^{2x} \sqrt{xy - x^2}\,\mathrm{d}y = \int_0^1 \mathrm{d}x \int_x^{2x} \frac{1}{x}\sqrt{xy - x^2}\,\mathrm{d}(xy - x^2)$

$$= \int_0^1 \left[\frac{2}{3x}(xy - x^2)^{\frac{3}{2}}\right] \Big|_x^{2x} \mathrm{d}x = \int_0^1 \frac{2}{3}x^2 \mathrm{d}x = \frac{2}{9}.$$

(6) $\displaystyle\iint_D \frac{\sin y}{y}\mathrm{d}x\mathrm{d}y = \int_0^1 \mathrm{d}y \int_{y^2}^y \frac{\sin y}{y}\mathrm{d}x = \int_0^1 \frac{\sin y}{y}(y - y^2)\mathrm{d}y$

$$= \int_0^1 (1-y)\sin y\,\mathrm{d}y = -\int_0^1 (1-y)\,\mathrm{d}\cos y$$

$$= -(1-y)\cos y \big|_0^1 - \sin y \big|_0^1 = 1 - \sin 1.$$

(7) $\displaystyle\iint_D xy^2 \,dx\,dy = \int_0^{\frac{\pi}{4}} d\theta \int_{\sqrt{2}}^2 \cos\theta \sin^2\theta\, r^4 \,dr = \int_0^{\frac{\pi}{4}} \cos\theta \sin^2\theta \,d\theta \int_{\sqrt{2}}^2 r^4 \,dr$

$$= \left(\frac{1}{3}\sin^3\theta\right)\Big|_0^{\frac{\pi}{4}} \cdot \left(\frac{1}{5}r^5\right)\Big|_{\sqrt{2}}^2 = \frac{\sqrt{2}}{12} \cdot \left[\frac{1}{5}(32-4\sqrt{2})\right] = \frac{2}{15}(4\sqrt{2}-1).$$

(8) $\displaystyle\iint_D e^{-(x^2+y^2)}\,dx\,dy = \int_0^{2\pi} d\theta \int_0^R e^{-r^2} r\,dr = \pi(-e^{-r^2})\Big|_0^R = \pi(1-e^{-R^2}).$

(9) $\displaystyle\iint_D \sqrt{R^2-x^2-y^2}\,dx\,dy = \int_0^{\pi} d\theta \int_0^{R\sin\theta} \sqrt{R^2-r^2}\, r\,dr$

$$= \int_0^{\pi} d\theta \int_0^{R\sin\theta} \left(-\frac{1}{2}\right)\sqrt{R^2-r^2}\,d(R^2-r^2)$$

$$= -\frac{1}{3}\int_0^{\pi} \left[(R^2-r^2)^{\frac{3}{2}}\right]\Big|_0^{R\sin\theta} \,d\theta$$

$$= -\frac{1}{3}\int_0^{\pi} R^3(|\cos^3\theta|-1)\,d\theta$$

$$= -\frac{1}{3}R^3\left[\int_0^{\frac{\pi}{2}}(1-\sin^2\theta)\,d\sin\theta - \int_{\frac{\pi}{2}}^{\pi}(1-\sin^2\theta)\,d\sin\theta - \int_0^{\pi} 1\,d\theta\right]$$

$$= -\frac{1}{3}R^3\left[\left(\sin\theta - \frac{1}{3}\sin^3\theta\right)\Big|_0^{\frac{\pi}{2}} - \left(\sin\theta - \frac{1}{3}\sin^3\theta\right)\Big|_{\frac{\pi}{2}}^{\pi} - \pi\right]$$

$$= \frac{1}{3}R^3\pi - \frac{4}{9}R^3.$$

填空题详解

单项选择题详解

第8章

无穷级数

8.1 内容提要

8.1.1 无穷级数的概念

给定数列 $\{u_n\}$，把它们的各项依次相加得到的表达式

$$u_1 + u_2 + \cdots + u_n + \cdots$$

称为常数项无穷级数，简称级数，记为 $\displaystyle\sum_{n=1}^{\infty} u_n$，其中 u_n 称为通项或一般项.

记数列的前 n 项和为 $S_n = u_1 + u_2 + \cdots + u_n$，称 S_n 为级数 $\displaystyle\sum_{n=1}^{\infty} u_n$ 的部分和，数列 $\{S_n\}$ 称为级数 $\displaystyle\sum_{n=1}^{\infty} u_n$ 的部分和数列.

如果数列 $\{S_n\}$ 有极限，设其极限值为 S，即 $\lim\limits_{n\to\infty} S_n = S$，则称级数 $\displaystyle\sum_{n=1}^{\infty} u_n$ 收敛，极限值 S 称为级数 $\displaystyle\sum_{n=1}^{\infty} u_n$ 的和，记为

$$S = \sum_{n=1}^{\infty} u_n = u_1 + u_2 + \cdots + u_n + \cdots.$$

如果极限 $\lim\limits_{n\to\infty} S_n$ 不存在，则称级数 $\displaystyle\sum_{n=1}^{\infty} u_n$ 发散.

当级数收敛时，其部分和 S_n 是级数的和 S 的近似值. 称 $R_n = S - S_n$ 为级数的余项，即

$$R_n = S - S_n = u_{n+1} + u_{n+2} + \cdots,$$

余项的绝对值 $|R_n|$ 就是用 S_n 作为 S 的近似值所产生的误差.

8.1.2　无穷级数的性质

（1）若级数 $\sum\limits_{n=1}^{\infty} u_n$ 收敛，c 为任一常数，则 $\sum\limits_{n=1}^{\infty} cu_n$ 也收敛，且有 $\sum\limits_{n=1}^{\infty} cu_n = c\sum\limits_{n=1}^{\infty} u_n$；特别地，当 $c\neq 0$ 时，若级数 $\sum\limits_{n=1}^{\infty} u_n$ 发散，则 $\sum\limits_{n=1}^{\infty} cu_n$ 也发散.

（2）若级数 $\sum\limits_{n=1}^{\infty} u_n$ 和 $\sum\limits_{n=1}^{\infty} v_n$ 均收敛，则级数 $\sum\limits_{n=1}^{\infty} (u_n \pm v_n)$ 也收敛，且

$$\sum_{n=1}^{\infty} (u_n \pm v_n) = \sum_{n=1}^{\infty} u_n \pm \sum_{n=1}^{\infty} v_n.$$

（3）在一个级数中加上、去掉或改变有限项，级数的敛散性不变（在收敛的情况下，级数的和一般会改变）.

（4）若级数 $\sum\limits_{n=1}^{\infty} u_n$ 收敛，则对这个级数的项任意添加括号后所成的级数仍然收敛，且其和不变，反之则不一定成立.

（5）（级数收敛的必要条件）若级数 $\sum\limits_{n=1}^{\infty} u_n$ 收敛，则 $\lim\limits_{n\to\infty} u_n = 0$.

8.1.3　常见级数的敛散性

（1）（几何级数）$\sum\limits_{n=1}^{\infty} aq^{n-1} = a + aq + aq^2 + \cdots + aq^{n-1} + \cdots$，其中 $a\neq 0$，当 $|q| < 1$ 时，级数收敛，且级数的和为 $\dfrac{a}{1-q}$；当 $|q|\geqslant 1$，级数发散.

（2）（p 级数）$\sum\limits_{n=1}^{\infty} \dfrac{1}{n^p} = 1 + \dfrac{1}{2^p} + \dfrac{1}{3^p} + \cdots + \dfrac{1}{n^p} + \cdots$，当 $p > 1$ 时，级数收敛；当 $p\leqslant 1$ 时，级数发散.

（3）$\sum\limits_{n=2}^{\infty} \dfrac{1}{n\ln^p n} = \dfrac{1}{2\ln^p 2} + \dfrac{1}{3\ln^p 3} + \cdots + \dfrac{1}{n\ln^p n} + \cdots$，当 $p > 1$ 时，级数收敛；当 $p\leqslant 1$ 时，级数发散.

8.1.4　正项级数敛散性的判别法

1．收敛的充要条件

设 $\sum\limits_{n=1}^{\infty} u_n$ 为正项级数，则 $\sum\limits_{n=1}^{\infty} u_n$ 收敛 $\Leftrightarrow$ 数列 $\{S_n\}$ 有上界.

2．比较判别法

设正项级数 $\sum\limits_{n=1}^{\infty} u_n$ 和 $\sum\limits_{n=1}^{\infty} v_n$ 的通项满足关系式 $u_n \leqslant cv_n$，其中 c 为大于零的常数.

若 $\sum\limits_{n=1}^{\infty} v_n$ 收敛, 则 $\sum\limits_{n=1}^{\infty} u_n$ 收敛; 若 $\sum\limits_{n=1}^{\infty} u_n$ 发散, 则 $\sum\limits_{n=1}^{\infty} v_n$ 发散.

3. 比较判别法的极限形式

设 $\sum\limits_{n=1}^{\infty} u_n$ 和 $\sum\limits_{n=1}^{\infty} v_n$ 均为正项级数, 且 $\lim\limits_{n\to\infty}\dfrac{u_n}{v_n}=l$.

(1) 当 $0<l<+\infty$ 时, $\sum\limits_{n=1}^{\infty} v_n$ 与 $\sum\limits_{n=1}^{\infty} u_n$ 敛散性相同.

(2) 当 $l=0$ 时, 若 $\sum\limits_{n=1}^{\infty} v_n$ 收敛, 则 $\sum\limits_{n=1}^{\infty} u_n$ 收敛; 若 $\sum\limits_{n=1}^{\infty} u_n$ 发散, 则 $\sum\limits_{n=1}^{\infty} v_n$ 发散.

(3) 当 $l=+\infty$ 时, 若 $\sum\limits_{n=1}^{\infty} u_n$ 收敛, 则 $\sum\limits_{n=1}^{\infty} v_n$ 收敛; 若 $\sum\limits_{n=1}^{\infty} v_n$ 发散, 则 $\sum\limits_{n=1}^{\infty} u_n$ 发散.

4. 比值判别法(达朗贝尔判别法)

设 $\sum\limits_{n=1}^{\infty} u_n$ 为正项级数, 且有 $\lim\limits_{n\to\infty}\dfrac{u_{n+1}}{u_n}=\rho$, 则当 $\rho<1$ 时, $\sum\limits_{n=1}^{\infty} u_n$ 收敛; 当 $\rho>1$ 时, $\sum\limits_{n=1}^{\infty} u_n$ 发散; 当 $\rho=1$ 时, $\sum\limits_{n=1}^{\infty} u_n$ 可能收敛, 也可能发散, 判别法失效.

5. 根值判别法(柯西判别法)

设 $\sum\limits_{n=1}^{\infty} u_n$ 为正项级数, 且有 $\lim\limits_{n\to\infty}\sqrt[n]{u_n}=\rho$, 则当 $\rho<1$ 时, $\sum\limits_{n=1}^{\infty} u_n$ 收敛; 当 $\rho>1$ 时, $\sum\limits_{n=1}^{\infty} u_n$ 发散; 当 $\rho=1$ 时, $\sum\limits_{n=1}^{\infty} u_n$ 可能收敛, 也可能发散, 判别法失效.

8.1.5 任意项级数的敛散性

1. 交错级数的收敛性判断(莱布尼茨判别法)

设交错级数 $\sum\limits_{n=1}^{\infty}(-1)^{n-1}u_n\ (u_n\geqslant 0)$ 满足条件:

(1) $u_n\geqslant u_{n+1}$, $n=1,2,3,\cdots$,

(2) $\lim\limits_{n\to\infty}u_n=0$,

则交错级数 $\sum\limits_{n=1}^{\infty}(-1)^{n-1}u_n$ 收敛, 且其和 $S\leqslant u_1$.

2. 任意项级数的条件收敛与绝对收敛

对于任意项级数 $\sum\limits_{n=1}^{\infty} u_n$, 如果 $\sum\limits_{n=1}^{\infty}|u_n|$ 收敛, 则称级数 $\sum\limits_{n=1}^{\infty} u_n$ 为 绝对收敛. 如果

$\sum\limits_{n=1}^{\infty}|u_n|$ 发散，而 $\sum\limits_{n=1}^{\infty}u_n$ 收敛，则称 $\sum\limits_{n=1}^{\infty}u_n$ 为条件收敛.

若级数 $\sum\limits_{n=1}^{\infty}u_n$ 为绝对收敛，则 $\sum\limits_{n=1}^{\infty}u_n$ 必收敛，反之不一定成立.

对于任意项级数 $\sum\limits_{n=1}^{\infty}u_n$，若 $\lim\limits_{n\to\infty}\left|\dfrac{u_{n+1}}{u_n}\right|=\rho$，则当 $\rho<1$ 时，$\sum\limits_{n=1}^{\infty}u_n$ 绝对收敛；当 $\rho>1$ 时级数发散.

8.1.6　函数项级数的概念

设 $u_n(x)(n=1,2,\cdots)$ 为定义在区间 I 上的函数，则称

$$\sum_{n=1}^{\infty}u_n(x)=u_1(x)+u_2(x)+\cdots+u_n(x)+\cdots$$

为区间 I 上的函数项级数，若 $x_0\in I$，常数项级数 $\sum\limits_{n=1}^{\infty}u_n(x_0)$ 收敛，则称 x_0 为 $\sum\limits_{n=1}^{\infty}u_n(x)$ 的收敛点，否则称为发散点. 所有收敛点的集合称为收敛域，所有发散点的集合称为发散域. 在收敛域上，函数项级数 $\sum\limits_{n=1}^{\infty}u_n(x)$ 的和是 x 的函数，记为 $S(x)$，通常称 $S(x)$ 为函数项级数的和函数，该函数的定义域即为级数的收敛域，因此在收敛域内有

$$S(x)=u_1(x)+u_2(x)+\cdots+u_n(x)+\cdots.$$

若记 $S_n(x)$ 为 $\sum\limits_{n=1}^{\infty}u_n(x)$ 的部分和，即 $S_n(x)=u_1(x)+u_2(x)+\cdots+u_n(x)$，则在收敛域内有 $\lim\limits_{n\to\infty}S_n(x)=S(x)$.

8.1.7　幂级数的概念

形如

$$\sum_{n=0}^{\infty}a_n(x-x_0)^n=a_0+a_1(x-x_0)+\cdots+a_n(x-x_0)^n+\cdots$$

的函数项级数称为在点 x_0 处的幂级数，其中 $a_n(n=0,1,\cdots)$ 称为幂级数的系数，该形式称为幂级数的一般形式. 当 $x_0=0$ 时，幂级数化为 $\sum\limits_{n=0}^{\infty}a_nx^n$，该形式称为幂级数的标准形式.

阿贝尔（Abel）定理　如果幂级数 $\sum\limits_{n=0}^{\infty}a_nx^n$ 在 $x=x_0(x_0\neq0)$ 处收敛，则在满足不等式 $|x|<|x_0|$ 的一切 x 处幂级数绝对收敛；反之，如果幂级数 $\sum\limits_{n=0}^{\infty}a_nx^n$ 在 $x=x_0$ 处发散，则在满足不等式 $|x|>|x_0|$ 的一切 x 处幂级数发散.

由 Abel 定理可知，若 $\sum\limits_{n=0}^{\infty}a_nx^n$ 在 x 轴的正半轴上同时存在收敛点和发散点，则一定存在一个正数 R，使得 $|x|<R$ 时，级数绝对收敛；$|x|>R$ 时，级数发散；$x=R$ 或

$x=-R$ 时级数可能收敛，也可能发散. 这里的 R 称为幂级数的 **收敛半径**. 开区间 $(-R,R)$ 称为幂级数 $\sum\limits_{n=0}^{\infty}a_nx^n$ 的收敛区间. 幂级数 $\sum\limits_{n=0}^{\infty}a_nx^n$ 的收敛域只能是 $(-R,R)$，$[-R,R)$，$(-R,R]$，$[-R,R]$ 这四个区间之一.

规定，若 $\sum\limits_{n=0}^{\infty}a_nx^n$ 仅在 $x=0$ 处收敛，则收敛半径 $R=0$；若 $\sum\limits_{n=0}^{\infty}a_nx^n$ 在整个实数域上收敛，$R=+\infty$.

对于幂级数 $\sum\limits_{n=0}^{\infty}a_nx^n$，$a_n\neq0$，若 $\lim\limits_{n\to\infty}\left|\dfrac{a_{n+1}}{a_n}\right|=\rho$，则级数的收敛半径为

$$R=\begin{cases}\dfrac{1}{\rho}, & 0<\rho<+\infty \\ +\infty, & \rho=0 \\ 0, & \rho=+\infty\end{cases}.$$

对于幂级数的一般形式 $\sum\limits_{n=0}^{\infty}a_n(x-x_0)^n$，级数在开区间 (x_0-R,x_0+R) 内必绝对收敛，在两个端点 $x=x_0\pm R$ 上可能收敛也可能发散，在 $[x_0-R,x_0+R]$ 之外必发散.

8.1.8 幂级数的和函数的性质

设幂级数 $\sum\limits_{n=0}^{\infty}a_nx^n$ 的收敛域为 I，收敛半径为 R，和函数为 $S(x)$，则：

（1）$S(x)$ 在收敛域 I 上连续；

（2）$S(x)$ 在 $(-R,R)$ 内可导，且有

$$S'(x)=\Big(\sum_{n=0}^{\infty}a_nx^n\Big)'=\sum_{n=0}^{\infty}(a_nx^n)'=\sum_{n=1}^{\infty}na_nx^{n-1},$$

即幂级数可以逐项求导数，新得到的幂级数的收敛半径仍为 R，但在端点处的收敛性可能会变化；

（3）$S(x)$ 在 I 上可积，且有

$$\int_0^xS(x)\mathrm{d}x=\int_0^x\Big(\sum_{n=0}^{\infty}a_nx^n\Big)\mathrm{d}x=\sum_{n=0}^{\infty}\int_0^xa_nx^n\mathrm{d}x=\sum_{n=0}^{\infty}\frac{a_n}{n+1}x^{n+1},$$

即幂级数可以逐项积分，新得到的幂级数的收敛半径仍为 R，但在端点处的收敛性可能会变化.

8.1.9 函数的幂级数展开

设函数 $f(x)$ 在 x_0 的邻域 $(x_0-\delta,x_0+\delta)$ 内有任意阶导数，则 $f(x)$ 在点 x_0 处的泰勒级数 $\sum\limits_{n=0}^{\infty}\dfrac{f^{(n)}(x_0)}{n!}(x-x_0)^n$ 在该邻域内收敛于 $f(x)$ 的充要条件是

$$\lim_{n\to\infty}R_n(x)=0,$$

其中 $R_n(x)$ 是 $f(x)$ 在 x_0 处的泰勒余项 $R_n(x)=\dfrac{f^{(n+1)}(\xi)}{(n+1)!}(x-x_0)^{n+1}$，$\xi$ 在 x 与 x_0 之间.

8.1.10 常见的麦克劳林公式（函数在 $x_0 = 0$ 处的泰勒展开公式）

(1) $\dfrac{1}{1-x} = \sum\limits_{n=0}^{\infty} x^n$, $x \in (-1, 1)$;

(2) $e^x = \sum\limits_{n=0}^{\infty} \dfrac{x^n}{n!}$, $x \in (-\infty, +\infty)$;

(3) $\sin x = \sum\limits_{n=0}^{\infty} \dfrac{(-1)^n}{(2n+1)!} x^{2n+1}$, $x \in (-\infty, +\infty)$;

(4) $\cos x = \sum\limits_{n=0}^{\infty} \dfrac{(-1)^n}{(2n)!} x^{2n}$, $x \in (-\infty, +\infty)$;

(5) $\ln(1+x) = \sum\limits_{n=1}^{\infty} (-1)^{n-1} \dfrac{x^n}{n}$, $x \in (-1, 1]$;

(6) $(1+x)^a = 1 + \sum\limits_{n=1}^{\infty} \dfrac{\alpha(\alpha-1)\cdots(\alpha-n+1)}{n!} x^n$, $x \in (-1, 1)$.

8.2 典型例题分析

8.2.1 题型一 利用定义判定级数的敛散性

例 8.1 判定级数 $\sum\limits_{n=1}^{\infty} \dfrac{1}{n(n+1)}$ 的敛散性.

解 该级数的部分和为

$$S_n = \frac{1}{1 \times 2} + \frac{1}{2 \times 3} + \frac{1}{3 \times 4} + \cdots + \frac{1}{n(n+1)}$$

$$= \left(1 - \frac{1}{2}\right) + \left(\frac{1}{2} - \frac{1}{3}\right) + \left(\frac{1}{n} - \frac{1}{n+1}\right) = 1 - \frac{1}{n+1},$$

由 $\lim\limits_{n\to\infty} S_n = \lim\limits_{n\to\infty}\left(1 - \dfrac{1}{n+1}\right) = 1$, 级数 $\sum\limits_{n=1}^{\infty} \dfrac{1}{n(n+1)}$ 收敛于 1.

例 8.2 判定级数 $\sum\limits_{n=1}^{\infty} \ln \dfrac{n+1}{n}$ 的敛散性.

解 由于 $\ln \dfrac{n+1}{n} = \ln(n+1) - \ln n$, $(n=1, 2, \cdots)$, 所以部分和

$$S_n = \ln \frac{2}{1} + \ln \frac{3}{2} + \ln \frac{4}{3} + \cdots + \ln \frac{n+1}{n}$$

$$= (\ln 2 - \ln 1) + (\ln 3 - \ln 2) + \cdots + [\ln(n+1) - \ln n]$$

$$= \ln(n+1),$$

因为 $\lim\limits_{n\to\infty} S_n = \lim\limits_{n\to\infty} \ln(n+1) = +\infty$, 所以级数发散.

8.2.2 题型二 利用级数性质判定级数的敛散性

例 8.3 判定下列级数的敛散性:

(1) $\left(\dfrac{1}{2} + \dfrac{1}{3}\right) + \left(\dfrac{1}{4} + \dfrac{1}{9}\right) + \left(\dfrac{1}{8} + \dfrac{1}{27}\right) + \left(\dfrac{1}{16} + \dfrac{1}{81}\right) + \cdots$;

（2）$\left(\dfrac{1}{2}+\dfrac{1}{3}\right)+\left(\dfrac{1}{4}+\dfrac{1}{9}\right)+\left(\dfrac{1}{6}+\dfrac{1}{27}\right)+\left(\dfrac{1}{8}+\dfrac{1}{81}\right)+\cdots$；

（3）$\displaystyle\sum_{n=1}^{\infty}\dfrac{1}{\sqrt[n]{n}}$.

解　（1）这里 $u_n=\dfrac{1}{2^n}+\dfrac{1}{3^n}$，因为级数 $\displaystyle\sum_{n=1}^{\infty}\dfrac{1}{2^n}$ 和 $\displaystyle\sum_{n=1}^{\infty}\dfrac{1}{3^n}$ 均收敛，所以级数 $\displaystyle\sum_{n=1}^{\infty}\left(\dfrac{1}{2^n}+\dfrac{1}{3^n}\right)$ 收敛.

（2）这里 $u_n=\dfrac{1}{2n}+\dfrac{1}{3^n}$，因为 $\displaystyle\sum_{n=1}^{\infty}\dfrac{1}{n}$ 发散，所以 $\displaystyle\sum_{n=1}^{\infty}\dfrac{1}{2n}$ 也发散，而 $\displaystyle\sum_{n=1}^{\infty}\dfrac{1}{3^n}$ 收敛，所以 $\displaystyle\sum_{n=1}^{\infty}\left(\dfrac{1}{2n}+\dfrac{1}{3^n}\right)$ 发散.

（3）这里 $u_n=\dfrac{1}{\sqrt[n]{n}}$，考察函数极限：

$$\lim_{x\to+\infty}\dfrac{1}{\sqrt[x]{x}}=\lim_{x\to+\infty}x^{-\frac{1}{x}}=\lim_{x\to+\infty}\mathrm{e}^{\frac{\ln x}{x}}=\lim_{x\to+\infty}\mathrm{e}^{-\frac{1}{x}}=\mathrm{e}^{0}=1,$$

利用函数与数列的关系得 $u_n=\dfrac{1}{\sqrt[n]{n}}$ 不趋向于零，级数不满足收敛的必要条件，所以 $\displaystyle\sum_{n=1}^{\infty}\dfrac{1}{\sqrt[n]{n}}$ 发散.

8.2.3　题型三　利用比较判别法判定级数的敛散性

例 8.4　判定下列级数的敛散性：

（1）$\displaystyle\sum_{n=1}^{\infty}\dfrac{\sqrt{n^2+1}}{2n^2+1}$；　　（2）$\displaystyle\sum_{n=1}^{\infty}\dfrac{2n+1}{n^4+4n^2}$；　　（3）$\displaystyle\sum_{n=1}^{\infty}\left(1-\cos\dfrac{1}{n}\right)$.

解　（1）由于 $\dfrac{\sqrt{n^2+1}}{2n^2+1}>\dfrac{\sqrt{n^2}}{3n^2}=\dfrac{1}{3n}$，而级数 $\displaystyle\sum_{n=1}^{\infty}\dfrac{1}{n}$ 发散，所以 $\displaystyle\sum_{n=1}^{\infty}\dfrac{1}{3n}$ 也发散，由比较判别法知，$\displaystyle\sum_{n=1}^{\infty}\dfrac{\sqrt{n^2+1}}{2n^2+1}$ 发散.

（2）**解法 1**　由于 $\dfrac{2n+1}{n^4+4n^2}<\dfrac{2n+n}{n^4}=\dfrac{3}{n^3}$，而 $\displaystyle\sum_{n=1}^{\infty}\dfrac{3}{n^3}$ 是收敛的 p 级数，故由比较判别法知，$\displaystyle\sum_{n=1}^{\infty}\dfrac{2n+1}{n^4+4n^2}$ 收敛.

解法 2　由于 $\lim\limits_{n\to\infty}\dfrac{\dfrac{2n+1}{n^4+4n^2}}{\dfrac{1}{n^3}}=\lim\limits_{n\to\infty}\dfrac{2n^4+n^3}{n^4+4n^2}=2$，而 $\displaystyle\sum_{n=1}^{\infty}\dfrac{1}{n^3}$ 收敛，根据比较判别法的极

限形式可知，级数 $\displaystyle\sum_{n=1}^{\infty} \frac{2n+1}{n^4+4n^2}$ 收敛.

（3）因为当 $n \to \infty$ 时，$\left(1-\cos\dfrac{1}{n}\right) \sim \dfrac{1}{2n^2}$，即 $\displaystyle\lim_{n\to\infty} \frac{1-\cos\dfrac{1}{n}}{\dfrac{1}{2n^2}} = 1$，而 $\displaystyle\sum_{n=1}^{\infty} \frac{1}{n^2}$ 收敛，根

据比较判别法的极限形式可知，级数 $\displaystyle\sum_{n=1}^{\infty}\left(1-\cos\dfrac{1}{n}\right)$ 收敛.

8.2.4 题型四 利用比值判别法判定级数的敛散性

例 8.5 判断下列级数的敛散性：

（1）$\displaystyle\sum_{n=1}^{\infty} \frac{n^3}{3^n}$； （2）$\displaystyle\sum_{n=1}^{\infty} \frac{2^n n!}{n^n}$.

解 （1）由于

$$\lim_{n\to\infty} \frac{u_{n+1}}{u_n} = \lim_{n\to\infty} \frac{\dfrac{(n+1)^3}{3^{n+1}}}{\dfrac{n^3}{3^n}} = \frac{1}{3}\lim_{n\to\infty}\left(\frac{n+1}{n}\right)^3 = \frac{1}{3} < 1,$$

根据比值判别法可知，级数 $\displaystyle\lim_{n\to\infty} \frac{n^3}{3^n}$ 收敛.

（2）由于

$$\lim_{n\to\infty} \frac{u_{n+1}}{u_n} = \lim_{n\to\infty} \frac{\dfrac{2^{n+1}(n+1)!}{(n+1)^{n+1}}}{\dfrac{2^n n!}{n^n}} = \lim_{n\to\infty} \frac{2^{n+1}(n+1)!}{(n+1)^{n+1}} \cdot \frac{n^n}{2^n n!} = \lim_{n\to\infty} \frac{2n^n}{(n+1)^n}$$

$$= \lim_{n\to\infty} \frac{2}{\left(\dfrac{n+1}{n}\right)^n} = \lim_{n\to\infty} \frac{2}{\left(1+\dfrac{1}{n}\right)^n} = \frac{2}{e} < 1,$$

根据比值判别法知，级数 $\displaystyle\sum_{n=1}^{\infty} \frac{2^n n!}{n^n}$ 收敛.

例 8.6 判定级数 $\displaystyle\sum_{n=1}^{\infty} \frac{n \cdot \sin^2\dfrac{n\pi}{3}}{2^n}$ 的敛散性.

解 因为 $\sin^2\dfrac{n\pi}{3} \leqslant 1$，所以 $\dfrac{n \cdot \sin^2\dfrac{n\pi}{3}}{2^n} \leqslant \dfrac{n}{2^n}$，考察级数 $\displaystyle\sum_{n=1}^{\infty} \frac{n}{2^n}$，由于

$$\lim_{n\to\infty} \frac{u_{n+1}}{u_n} = \lim_{n\to\infty} \frac{\dfrac{n+1}{2^{n+1}}}{\dfrac{n}{2^n}} = \lim_{n\to\infty} \frac{1}{2} \cdot \frac{n+1}{n} = \frac{1}{2} < 1,$$

因此 $\sum\limits_{n=1}^{\infty} \dfrac{n}{2^n}$ 收敛，故由比较判别法知，级数 $\sum\limits_{n=1}^{\infty} \dfrac{n \cdot \sin^2 \dfrac{n\pi}{3}}{2^n}$ 收敛.

8.2.5 题型五 利用根值判别法判定级数的敛散性

例 8.7 判定级数 $\sum\limits_{n=1}^{\infty} \left(\dfrac{n}{2n+1}\right)^n$ 的敛散性.

解 因为

$$\lim_{n \to \infty} \sqrt[n]{u_n} = \lim_{n \to \infty} \dfrac{n}{2n+1} = \dfrac{1}{2} < 1,$$

由根值判别法知，级数 $\sum\limits_{n=1}^{\infty} \left(\dfrac{n}{2n+1}\right)^n$ 收敛.

8.2.6 题型六 级数的条件收敛与绝对收敛问题

例 8.8 判定交错级数 $\sum\limits_{n=1}^{\infty} (-1)^n 2^n \sin \dfrac{1}{3^n}$ 的敛散性，如果收敛，指出是绝对收敛还是条件收敛.

解 由于

$$\left| (-1)^n 2^n \sin \dfrac{1}{3^n} \right| = 2^n \sin \dfrac{1}{3^n} \leqslant 2^n \dfrac{1}{3^n} = \left(\dfrac{2}{3}\right)^n,$$

而几何级数 $\sum\limits_{n=1}^{\infty} \left(\dfrac{2}{3}\right)^2$ 收敛，由比较判别法知，$\sum\limits_{n=1}^{\infty} \left| (-1)^n 2^n \sin \dfrac{1}{3^n} \right|$ 收敛，故级数 $\sum\limits_{n=1}^{\infty} (-1)^n 2^n \sin \dfrac{1}{3^n}$ 绝对收敛.

例 8.9 判定级数 $\sum\limits_{n=1}^{\infty} (-1)^{n-1} \dfrac{1}{n - \ln n}$ 的敛散性，如果收敛，指出是绝对收敛还是条件收敛.

解 因为级数的一般项的绝对值为

$$| u_n | = \left| (-1)^{n-1} \dfrac{1}{n - \ln n} \right| = \dfrac{1}{n - \ln n},$$

而 $\dfrac{1}{n - \ln n} > \dfrac{1}{n}$，且 $\sum\limits_{n=1}^{\infty} \dfrac{1}{n}$ 为调和级数，是发散的，所以由比较判别法知，$\sum\limits_{n=1}^{\infty} \dfrac{1}{n - \ln n}$ 发散. 又因为

$$\dfrac{1}{u_{n+1}} - \dfrac{1}{u_n} = [(n+1) - \ln(n+1)] - (n - \ln n) = 1 - \ln \dfrac{n+1}{n} > 0,$$

所以 $\dfrac{1}{u_{n+1}} > \dfrac{1}{u_n}$，即 $u_n > u_{n+1}$，且 $\lim\limits_{n \to \infty} u_n = \lim\limits_{n \to \infty} \dfrac{1}{n - \ln n} = 0$，可以由莱布尼茨判别法知，原级数收敛，从而 $\sum\limits_{n=1}^{\infty} (-1)^{n-1} \dfrac{1}{n - \ln n}$ 条件收敛.

8.2.7 题型七 求幂级数的收敛域与和函数

例 8.10 求幂级数 $\displaystyle\sum_{n=0}^{\infty}\frac{n}{2^n}x^n$ 的收敛域.

解 因为

$$\rho=\lim_{n\to\infty}\left|\frac{a_{n+1}}{a_n}\right|=\lim_{n\to\infty}\frac{n+1}{2^{n+1}}\cdot\frac{2^n}{n}=\frac{1}{2},$$

所以级数的收敛半径 $R=2$，于是 $\displaystyle\sum_{n=0}^{\infty}\frac{n}{2^n}x^n$ 在区间 $(-2,2)$ 内收敛.

当 $x=-2$ 时，幂级数化为 $\displaystyle\sum_{n=0}^{\infty}(-1)^n n$，当 $x=2$ 时，幂级数化为 $\displaystyle\sum_{n=0}^{\infty}n$，这两个级数的通项都不趋向于零，由级数收敛的必要条件可知，在上述两个点处级数 $\displaystyle\sum_{n=0}^{\infty}\frac{n}{2^n}x^n$ 均发散.

因此幂级数 $\displaystyle\sum_{n=0}^{\infty}\frac{n}{2^n}x^n$ 的收敛域为 $(-2,2)$.

例 8.11 求幂级数 $\displaystyle\sum_{n=1}^{\infty}\frac{1}{n}x^n$ 的收敛域.

解 因为

$$\rho=\lim_{n\to\infty}\left|\frac{a_{n+1}}{a_n}\right|=\lim_{n\to\infty}\frac{n}{n+1}=1,$$

因此级数的收敛半径 $R=1$，故幂级数在区间 $(-1,1)$ 内收敛.

当 $x=1$ 时，幂级数化为 $\displaystyle\sum_{n=1}^{\infty}\frac{1}{n}$，这是调和级数，它是发散的.

当 $x=-1$ 时，幂级数化为交错级数 $\displaystyle\sum_{n=1}^{\infty}(-1)^n\frac{1}{n}$，由交错级数判别法知 $\displaystyle\sum_{n=1}^{\infty}(-1)^n\frac{1}{n}$ 收敛.

因此幂级数 $\displaystyle\sum_{n=1}^{\infty}\frac{1}{n}x^n$ 的收敛域为 $[-1,1)$.

例 8.12 求幂级数 $\displaystyle\sum_{n=1}^{\infty}\frac{1}{\sqrt{n}}(x-2)^n$ 的收敛域.

解 令 $t=x-2$，原级数化为关于 t 的幂级数 $\displaystyle\sum_{n=1}^{\infty}\frac{1}{\sqrt{n}}t^n$. 因为

$$\rho=\lim_{n\to\infty}\left|\frac{a_{n+1}}{a_n}\right|=\lim_{n\to\infty}\frac{\dfrac{1}{\sqrt{n+1}}}{\dfrac{1}{\sqrt{n}}}=\lim_{n\to\infty}\frac{\sqrt{n}}{\sqrt{n+1}}=1,$$

所以级数 $\displaystyle\sum_{n=1}^{\infty}\frac{1}{\sqrt{n}}t^n$ 的收敛半径 $R=\dfrac{1}{\rho}=1.$

当 $t=1$ 时，级数化为 $\sum\limits_{n=1}^{\infty}\dfrac{1}{\sqrt{n}}$，由 p 级数的性质可知，$\sum\limits_{n=1}^{\infty}\dfrac{1}{\sqrt{n}}$ 发散.

当 $t=-1$ 时，级数化为交错级数 $\sum\limits_{n=1}^{\infty}\dfrac{(-1)^n}{\sqrt{n}}$，由交错级数判别法知，$\sum\limits_{n=1}^{\infty}\dfrac{(-1)^n}{\sqrt{n}}$ 收敛.

从而级数 $\sum\limits_{n=1}^{\infty}\dfrac{1}{\sqrt{n}}t^n$ 的收敛域为 $-1\leqslant t<1$，代回变换公式解得 $1\leqslant x<3$，得到原级数的收敛域为 $[1,3)$.

例 8.13 求幂级数 $\sum\limits_{n=1}^{\infty}(-1)^{n-1}\dfrac{x^{2n-1}}{2n-1}$ 的收敛域及和函数.

解 因为

$$\lim_{n\to\infty}\left|\frac{u_{n+1}(x)}{u_n(x)}\right|=\lim_{n\to\infty}\frac{2n-1}{2n+1}\cdot x^2=x^2,$$

当 $x^2<1$，即 $-1<x<1$ 时，级数收敛，当 $x^2>1$，即 $x>1$ 或 $x<-1$ 时，级数发散，所以级数的收敛半径 $R=1$，幂级数在 $(-1,1)$ 内收敛.

当 $x=-1$ 时，幂级数化为 $\sum\limits_{n=1}^{\infty}(-1)^{n-2}\dfrac{1}{2n-1}$，由交错级数判别法知，级数收敛.

当 $x=1$ 时，幂级数变为 $\sum\limits_{n=1}^{\infty}(-1)^{n-1}\dfrac{1}{2n-1}$，由交错级数判别法知，级数收敛. 因此幂级数的收敛域为 $[-1,1]$.

设幂级数的和函数为 $S(x)$，即 $S(x)=\sum\limits_{n=1}^{\infty}(-1)^{n-1}\dfrac{x^{2n-1}}{2n-1}$，对幂级数逐项求导，有

$$S'(x)=\sum_{n=1}^{\infty}\left[(-1)^{n-1}\frac{x^{2n-1}}{2n-1}\right]'=\sum_{n=1}^{\infty}(-1)^{n-1}x^{2n-2}$$

$$=\sum_{n=0}^{\infty}(-1)^n x^{2n}=\sum_{n=0}^{\infty}(-x^2)^n=\frac{1}{1+x^2},$$

上式两边从 0 到 x 积分得

$$S(x)-S(0)=\int_0^x S'(x)\mathrm{d}x=\int_0^x\frac{1}{1+x^2}\mathrm{d}x,$$

注意到 $S(0)=0$，有

$$S(x)-S(0)=\int_0^x\frac{1}{1+x^2}\mathrm{d}x=\arctan x\Big|_0^x=\arctan x.$$

因此级数的和函数为 $S(x)=\arctan x$，$x\in[-1,1]$.

**例 8.14 求幂级数 $\sum\limits_{n=1}^{\infty}\dfrac{x^n}{n[3^n+(-2)^n]}$ 的收敛域.

解 因为

$$\rho=\lim_{n\to\infty}\left|\frac{a_{n+1}}{a_n}\right|=\lim_{n\to\infty}\frac{[3^n+(-2)^n]\cdot n}{[3^{n+1}+(-2)^{n+1}]\cdot(n+1)}$$

$$= \lim_{n \to \infty} \frac{\left[1 + \left(-\frac{2}{3}\right)^n\right] \cdot n}{3\left[1 + \left(-\frac{2}{3}\right)^{n+1}\right] \cdot (n+1)} = \frac{1}{3},$$

所以收敛半径 $R = \frac{1}{\rho} = 3$，因此级数的收敛区间为 $(-3, 3)$.

当 $x = 3$ 时，因为原级数为 $\sum\limits_{n=1}^{\infty} \frac{1}{3^n + (-2)^n} \cdot \frac{3^n}{n}$，注意到 $\frac{1}{3^n + (-2)^n} \cdot \frac{3^n}{n} > \frac{1}{3^n + 3^n} \cdot$

$\frac{3^n}{n} = \frac{1}{2n}$，而级数 $\sum\limits_{n=1}^{\infty} \frac{1}{n}$ 发散，所以 $\sum\limits_{n=1}^{\infty} \frac{1}{2n}$ 也发散，由比较判别法知，原级数在 $x = 3$ 处发散；

当 $x = -3$ 时，因为原级数为 $\sum\limits_{n=1}^{\infty} \frac{1}{3^n + (-2)^n} \cdot \frac{(-3)^n}{n}$，注意到

$$\frac{1}{3^n + (-2)^n} \cdot \frac{(-3)^n}{n} = \frac{(-3)^n + 2^n - 2^n}{3^n + (-2)^n} \cdot \frac{1}{n}$$

$$= \frac{(-3)^n + 2^n}{3^n + (-2)^n} \cdot \frac{1}{n} - \frac{2^n}{3^n + (-2)^n} \cdot \frac{1}{n}$$

$$= (-1)^n \frac{1}{n} - \frac{2^n}{3^n + (-2)^n} \cdot \frac{1}{n},$$

显然交错级数 $\sum\limits_{n=1}^{\infty} (-1)^n \frac{1}{n}$ 收敛. 再考察级数 $\sum\limits_{n=1}^{\infty} \frac{2^n}{3^n + (-2)^n} \cdot \frac{1}{n}$ 的敛散性，由于

$$\lim_{n \to \infty} \frac{\frac{2^{n+1}}{3^{n+1} + (-2)^{n+1}} \cdot \frac{1}{n+1}}{\frac{2^n}{3^n + (-2)^n} \cdot \frac{1}{n}} = \lim_{n \to \infty} \frac{2[3^n + (-2)^n]}{3^{n+1} + (-2)^{n+1}} \cdot \frac{n}{n+1}$$

$$= \lim_{n \to \infty} 2 \frac{3^n \left[1 + \left(-\frac{2}{3}\right)^n\right]}{3^{n+1} \left[1 + \left(-\frac{2}{3}\right)^{n+1}\right]} \cdot \frac{n}{n+1} = \frac{2}{3},$$

所以由比值判别法可知级数 $\sum\limits_{n=1}^{\infty} \frac{2^n}{3^n + (-2)^n} \cdot \frac{1}{n}$ 收敛，因此 $\sum\limits_{n=1}^{\infty} \frac{1}{3^n + (-2)^n} \cdot \frac{x^n}{n}$ 的收敛域为 $[-3, 3)$.

例 8.15 求幂级数 $\sum\limits_{n=0}^{\infty} (n+1)x^n$ 的和函数.

解 容易求得幂级数的收敛域为 $(-1, 1)$. 设幂级数的和函数为 $S(x)$，即 $S(x) = \sum\limits_{n=0}^{\infty} (n+1)x^n$，对幂级数逐项积分，有

$$\int_0^x S(x)\mathrm{d}x = \sum_{n=0}^{\infty} \int_0^x (n+1)x^n \mathrm{d}x = \sum_{n=0}^{\infty} (n+1) \int_0^x x^n \mathrm{d}x = \sum_{n=0}^{\infty} x^{n+1} = \frac{x}{1-x},$$

再对上式两端求导得

$$S(x) = \left[\int_0^x S(x)\mathrm{d}x \right]' = \left(\frac{x}{1-x} \right)' = \frac{1}{(1-x)^2}, \quad x \in (-1, 1).$$

例 8.16 求幂级数 $1 + \sum\limits_{n=1}^{\infty} (-1)^n \dfrac{x^{2n}}{2n}$ ($|x| < 1$) 的和函数及其极值.

解 设 $S(x) = 1 + \sum\limits_{n=1}^{\infty} (-1)^n \dfrac{x^{2n}}{2n}$, 两边求导得 $S'(x) = \sum\limits_{n=1}^{\infty} (-1)^n x^{2n-1}$, 而

$$\sum_{n=1}^{\infty} (-1)^n x^{2n-1} = (-x) \sum_{n=1}^{\infty} (-x^2)^{n-1} = -\frac{x}{1+x^2},$$

即 $S'(x) = -\dfrac{x}{1+x^2}$. 上式两边从 0 到 x 积分, 得

$$S(x) - S(0) = \int_0^x -\frac{t}{1+t^2}\mathrm{d}t = -\frac{1}{2}\ln(1+x^2),$$

由于 $S(0) = 1$, 因此 $S(x) = 1 - \dfrac{1}{2}\ln(1+x^2)$, $x \in (-1, 1)$.

令 $S'(x) = -\dfrac{x}{1+x^2} = 0$, 求得唯一驻点 $x = 0$, 再求二阶导数 $S''(x) = -\dfrac{1-x^2}{(1+x^2)^2}$, $S''(0) = -1 < 0$, 可见 $S(x)$ 在 $x = 0$ 处取得极大值, 极大值为 $S(0) = 1$.

8.2.8 题型八 利用间接展开法将函数展开成幂级数

例 8.17 将函数 $f(x) = \dfrac{1}{x-2}$ 展成 x 的幂级数.

解 因为

$$f(x) = \frac{1}{x-2} = -\frac{1}{2-x} = -\frac{1}{2} \cdot \frac{1}{1-\frac{x}{2}} = -\frac{1}{2} \sum_{n=0}^{\infty} \left(\frac{x}{2} \right)^n = \sum_{n=0}^{\infty} \left(-\frac{1}{2^{n+1}} \right) x^n,$$

由几何级数的性质可知, 收敛区间为 $\left| \dfrac{x}{2} \right| < 1$, 即 $x \in (-2, 2)$.

例 8.18 将函数 e^{-x^2} 展成 x 的幂级数.

解 由于

$$\mathrm{e}^x = \sum_{n=0}^{\infty} \frac{x^n}{n!}, \quad x \in (-\infty, +\infty),$$

将 x 换成 $-x^2$, 得

$$\mathrm{e}^{-x^2} = \sum_{n=0}^{\infty} \frac{(-x^2)^n}{n!} = \sum_{n=0}^{\infty} \frac{(-1)^n}{n!} x^{2n}, \quad x \in (-\infty, +\infty).$$

例 8.19 将 $f(x) = (1+x)\mathrm{e}^x$ 展成 x 的幂级数.

解法 1 由于 $f(x) = \mathrm{e}^x + x\mathrm{e}^x$, 而 $\mathrm{e}^x = \sum\limits_{n=0}^{\infty} \dfrac{x^n}{n!}$, $x \in (-\infty, +\infty)$, 所以

$$f(x) = \sum_{n=0}^{\infty} \frac{x^n}{n!} + x \sum_{n=0}^{\infty} \frac{x^n}{n!} = 1 + \frac{x}{1!} + \frac{x^2}{2!} + \frac{x^3}{3!} + \cdots + x\left(1 + \frac{x}{1!} + \frac{x^2}{2!} + \frac{x^3}{3!} + \cdots\right)$$

$$=1+\left(\frac{1}{1!}+1\right)x+\left(\frac{1}{2!}+\frac{1}{1!}\right)x^2+\left(\frac{1}{3!}+\frac{1}{2!}\right)x^3+\cdots$$

$$=1+\sum_{n=1}^{\infty}\frac{n+1}{n!}x^n,\ x\in(-\infty,+\infty).$$

解法 2 注意到 $(xe^x)'=(1+x)e^x$，而 $e^x=\sum_{n=0}^{\infty}\frac{x^n}{n!}$，$x\in(-\infty,+\infty)$，所以

$$xe^x=x\sum_{n=0}^{\infty}\frac{x^n}{n!}=x\left(1+\frac{x}{1!}+\frac{x^2}{2!}+\frac{x^3}{3!}+\cdots\right)=x+\frac{x^2}{1!}+\frac{x^3}{2!}+\frac{x^4}{3!}+\cdots,$$

两端求导数，得

$$f(x)=e^x+xe^x=1+\frac{2x}{1!}+\frac{3x^2}{2!}+\frac{4x^3}{3!}+\cdots=1+\sum_{n=1}^{\infty}\frac{n+1}{n!}x^n,\ x\in(-\infty,+\infty).$$

例 8.20 将函数 $f(x)=\sin x$ 在 $x=\dfrac{\pi}{4}$ 处展开成泰勒级数.

解 当 $x\in(-\infty,+\infty)$ 时，

$$\sin x=\sin\left[\frac{\pi}{4}+\left(x-\frac{\pi}{4}\right)\right]=\sin\frac{\pi}{4}\cos\left(x-\frac{\pi}{4}\right)+\cos\frac{\pi}{4}\sin\left(x-\frac{\pi}{4}\right)$$

$$=\frac{\sqrt{2}}{2}\left[\cos\left(x-\frac{\pi}{4}\right)+\sin\left(x-\frac{\pi}{4}\right)\right],$$

而

$$\cos\left(x-\frac{\pi}{4}\right)=\sum_{n=0}^{\infty}\frac{(-1)^n}{(2n)!}\left(x-\frac{\pi}{4}\right)^{2n}$$

$$=1-\frac{1}{2!}\left(x-\frac{\pi}{4}\right)^2+\frac{1}{4!}\left(x-\frac{\pi}{4}\right)^4-\cdots,$$

$$\sin\left(x-\frac{\pi}{4}\right)=\sum_{n=0}^{\infty}\frac{(-1)^n}{(2n+1)!}\left(x-\frac{\pi}{4}\right)^{2n+1}$$

$$=\left(x-\frac{\pi}{4}\right)-\frac{1}{3!}\left(x-\frac{\pi}{4}\right)^3+\frac{1}{5!}\left(x-\frac{\pi}{4}\right)^5-\cdots,$$

所以

$$\sin x=\frac{\sqrt{2}}{2}\left[1+\left(x-\frac{\pi}{4}\right)-\frac{1}{2!}\left(x-\frac{\pi}{4}\right)^2-\frac{1}{3!}\left(x-\frac{\pi}{4}\right)^3\right.$$

$$\left.+\frac{1}{4!}\left(x-\frac{\pi}{4}\right)^4+\frac{1}{5!}\left(x-\frac{\pi}{5}\right)^5-\cdots\right],\ x\in(-\infty,+\infty).$$

8.3　习题精选

1. 填空题

（1）若正项级数 $\sum_{n=1}^{\infty}a_n$ 的部分和数列 $\{S_n\}$ 有上界，则 $\sum_{n=1}^{\infty}a_n$ _____（填写收敛或发散）.

（2）数项级数 $\sum_{n=1}^{\infty} \dfrac{1}{3^n} = $ _____.

（3）数项级数 $\sum_{n=1}^{\infty} \left(\dfrac{1}{2^n} + \dfrac{1}{\sqrt{n}} \right)$ 是_____级数（填写收敛或发散）.

（4）若正项级数 $\sum_{n=1}^{\infty} u_n$ 的通项满足条件 $u_n \leqslant n^{-1.1}$，则 $\sum_{n=1}^{\infty} u_n$ 是_____级数.

（5）已知级数 $\sum_{n=1}^{\infty} \dfrac{a^n}{n^3} (a \geqslant 0)$ 收敛，则 a 满足_____.

（6）若级数 $\sum_{n=1}^{\infty} (-1)^n \dfrac{1}{n^{p-3}}$ 条件收敛，则 p 的取值范围为_____.

（7）若级数 $\sum_{n=1}^{\infty} (-1)^n \dfrac{1}{n^{3p}}$ 绝对收敛，则 p 的取值范围为_____.

（8）若积分 $\int_1^{+\infty} \dfrac{1}{x^{2-p}} \mathrm{d}x$ 和级数 $\sum_{n=1}^{\infty} \dfrac{1}{n^{2p}}$ 同时收敛，则 p 的取值范围为_____.

（9）若数项级数 $\sum_{n=1}^{\infty} u_n$ 绝对收敛，则 $\lim_{n \to \infty} u_n = $ _____.

（10）幂级数 $\sum_{n=1}^{\infty} \dfrac{1}{\sqrt{n}} x^{n-1}$ 的收敛半径为_____.

（11）若级数 $\sum_{n=0}^{\infty} a_n x^n (a_n \neq 0)$ 的收敛半径为 R，则级数 $\sum_{n=0}^{\infty} \dfrac{a_n}{n+1} x^{n+1}$ 的收敛半径为_____.

（12）幂级数 $\sum_{n=1}^{\infty} \dfrac{1}{n} x^{n+1}$ 的收敛域为_____.

（13）幂级数 $\sum_{n=1}^{\infty} (-1)^n \dfrac{1}{2n+1} x^{2n+1}$ 的收敛域为_____.

（14）幂级数 $\sum_{n=1}^{\infty} \dfrac{1}{2^n n^2} x^n$ 的收敛域为_____.

（15）若幂级数 $\sum_{n=0}^{\infty} a_n y^n$ 的收敛区间为 $(-9, 9)$，则 $\sum_{n=0}^{\infty} a_n (x-3)^{2n}$ 的收敛区间为_____.

（16）幂级数 $\sum_{n=1}^{\infty} (-1)^n x^n$ 的和函数为_____.

**（17）幂级数 $\sum_{n=1}^{\infty} \dfrac{1}{4n+1} x^{4n+1}$ 的收敛域为_____；和函数为_____.

（18）将函数 e^{-x^2} 展开成 x 的幂级数为_____.

（19）函数 $\ln(1+x)$ 展开成 x 的幂级数中 x^{10} 的系数为_____.

2. 单项选择题

（1）若级数 $\sum_{n=1}^{\infty} u_n$ 发散，则 $\sum_{n=1}^{\infty} a u_n (a \neq 0)$（　　）.

(A) 一定发散；　　　　　　　　　　(B) 可能收敛，也可能发散；

(C) $a>0$ 时收敛，$a<0$ 时发散；　　(D) $|a|>0$ 收敛.

(2) 级数 $\sum\limits_{n=1}^{\infty} \dfrac{1}{(2n-1)(2n+1)}$ 的和为（　　　）.

(A) 2；　　　　　(B) $\dfrac{1}{2}$；　　　　　(C) 3；　　　　　(D) $\dfrac{1}{3}$.

(3) 数项级数 $\sum\limits_{n=0}^{\infty} \left(\dfrac{2}{5}\right)^n$ 的和为（　　　）.

(A) $\dfrac{3}{2}$；　　　　　(B) $\dfrac{5}{3}$；　　　　　(C) $\dfrac{2}{5}$；　　　　　(D) $\dfrac{2}{3}$.

(4) 正项级数 $\sum\limits_{n=1}^{\infty} u_n$ 收敛的充要条件为（　　　）.

(A) $\lim\limits_{n\to\infty} u_n=0$；　　　　　(B) $\lim\limits_{n\to\infty} \dfrac{u_{n+1}}{u_n}=r<1$；

(C) 部分和数列 $\{S_n\}$ 有界；　　　　(D) $u_n<1$.

(5) 利用级数收敛性，指出下列哪个级数一定发散.（　　　）

(A) $\sum\limits_{n=1}^{\infty} \sin\dfrac{\pi}{3^n}$；

(B) $\sum\limits_{n=1}^{\infty} \dfrac{n\cdot 2^n}{3^n}$；

(C) $\sum\limits_{n=1}^{\infty} \arctan\dfrac{1}{n^2}$；

(D) $1-\dfrac{3}{2}+\dfrac{4}{3}-\cdots+(-1)^{n+1}\dfrac{n+1}{n}+\cdots$.

(6) 若 $\lim\limits_{n\to\infty} u_n=0$，则级数 $\sum\limits_{n=1}^{\infty} u_n$（　　　）.

(A) 一定收敛；　　　　　　　　　(B) 一定发散；

(C) 一定条件收敛；　　　　　　　(D) 可能收敛，也可能发散.

(7) 下列级数中发散的是（　　　）.

(A) $\sum\limits_{n=1}^{\infty} \dfrac{1}{\sqrt{n^3}}$；　　　　　(B) $\dfrac{1}{2}+\dfrac{1}{4}+\dfrac{1}{8}+\dfrac{1}{16}+\dfrac{1}{32}+\cdots$；

(C) $0.001+\sqrt{0.001}+\sqrt[3]{0.001}+\cdots$；　(D) $\dfrac{3}{5}-\dfrac{3^2}{5^2}+\dfrac{3^3}{5^3}-\dfrac{3^4}{5^4}+\dfrac{3^5}{5^5}-\cdots$.

(8) 在下列级数中收敛的是（　　　）.

(A) $\sum\limits_{n=1}^{\infty} \dfrac{1}{\sqrt{2n+1}}$；　　　　　(B) $\sum\limits_{n=1}^{\infty} \dfrac{n}{3n+1}$；

(C) $\sum\limits_{n=1}^{\infty} \dfrac{100}{q^n}$，$|q|<1$；　　　(D) $\sum\limits_{n=1}^{\infty} \dfrac{2^{n-1}}{3^n}$.

(9) 若正项级数 $\sum\limits_{n=1}^{\infty} u_n$ 收敛，则下列级数中收敛的是（　　　）.

(A) $\sum\limits_{n=1}^{\infty}\left(u_n+\dfrac{1}{100}\right)$;　　　　　(B) $\sum\limits_{n=1}^{\infty}\sqrt{u_n}$;

(C) $\sum\limits_{n=1}^{\infty}(-1)^n u_n$;　　　　　(D) $\sum\limits_{n=1}^{\infty}\dfrac{1}{u_n}$.

(10) 在下列级数中条件收敛的是(　　).

(A) $\sum\limits_{n=1}^{\infty}(-1)^n\dfrac{n}{n+1}$;　　　　　(B) $\sum\limits_{n=1}^{\infty}(-1)^n\dfrac{1}{\sqrt{n}}$;

(C) $\sum\limits_{n=1}^{\infty}(-1)^n\dfrac{1}{n^2}$;　　　　　(D) $\sum\limits_{n=1}^{\infty}(-1)^n\dfrac{1}{n(n+1)}$.

(11) 在下列级数中绝对收敛的是(　　).

(A) $\sum\limits_{n=1}^{\infty}\dfrac{(-1)^n}{\sqrt{2n+1}}$;　　　　　(B) $\sum\limits_{n=1}^{\infty}(-1)^n\dfrac{1}{n}$;

(C) $\sum\limits_{n=1}^{\infty}\dfrac{(-1)^n}{\sqrt{n^3}}$;　　　　　(D) $\sum\limits_{n=1}^{\infty}(-1)^n\dfrac{n-1}{n}$.

(12) 级数 $\sum\limits_{n=1}^{\infty}\dfrac{2^n}{n+2}\cdot x^n$ 的收敛半径 $R=$(　　).

(A) 1;　　　　　(B) 2;　　　　　(C) $\dfrac{1}{2}$;　　　　　(D) ∞.

(13) 级数 $\sum\limits_{n=1}^{\infty}\dfrac{x^n}{n}$ 的收敛区间为(　　).

(A) $(-1,1)$;　　(B) $[-1,1)$;　　(C) $(-1,1]$;　　(D) $[-1,1]$.

3. 用比较判别法判别下列级数的敛散性:

(1) $\sum\limits_{n=1}^{\infty}\dfrac{1}{n\sqrt{n+2}}$;　　　(2) $\sum\limits_{n=1}^{\infty}\dfrac{n+3}{n^2+2n}$;　　　(3) $\sum\limits_{n=1}^{\infty}\sin\dfrac{\pi}{n}$;

(4) $\sum\limits_{n=1}^{\infty}\sin\dfrac{2^n\pi}{5^n}$;　　　(5) $\sum\limits_{n=1}^{\infty}\dfrac{1}{\ln(1+n)}$;　　　(6) $\sum\limits_{n=1}^{\infty}\dfrac{1}{1+a^n}$,$a>0$.

4. 用比值判别法判别下列级数的敛散性:

(1) $\sum\limits_{n=1}^{\infty}\dfrac{4^n}{n!}$;　　　(2) $\sum\limits_{n=1}^{\infty}\dfrac{n+2}{2^n}$;　　　(3) $\sum\limits_{n=1}^{\infty}\dfrac{3^n n!}{n^n}$;

(4) $\sum\limits_{n=1}^{\infty}\dfrac{2^n}{100n}$;　　　(5) $\sum\limits_{n=1}^{\infty}n\tan\dfrac{1}{5^n}$;　　　**(6) $\sum\limits_{n=1}^{\infty}\dfrac{n}{3^n-n^2}$;

(7) $\sum\limits_{n=1}^{\infty}\dfrac{2^{n-1}}{(2n-1)!!}$(注:$(2n-1)!!=1\cdot3\cdot5\cdot7\cdots(2n-1)$).

5. 判定下列级数的敛散性,若收敛,指出是条件收敛还是绝对收敛:

(1) $\sum\limits_{n=1}^{\infty}(-1)^n\dfrac{5n^3}{n!}$;　　　(2) $\sum\limits_{n=1}^{\infty}(-1)^n\dfrac{n^2}{3^n}$;　　　(3) $\sum\limits_{n=1}^{\infty}\dfrac{\sin na}{(n+1)^2}$;

(4) $\sum\limits_{n=1}^{\infty}(-1)^n\dfrac{\ln n}{n}$;　　　(5) $\sum\limits_{n=2}^{\infty}(-1)^n\dfrac{1}{\ln n}$.

6. 求下列幂级数的收敛域：

(1) $\sum\limits_{n=1}^{\infty} \dfrac{1}{3^n \sqrt{n+1}} x^n$;

(2) $\sum\limits_{n=1}^{\infty} (-1)^n \dfrac{1}{5n}(x-2)^n$;

(3) $\sum\limits_{n=1}^{\infty} (-1)^{n-1} \dfrac{2^n}{n^2}(x+1)^n$;

(4) $\sum\limits_{n=1}^{\infty} (-1)^n \dfrac{1}{2n-1} x^{2n-1}$.

7. 求下列幂级数在收敛区间上的和函数：

(1) $\sum\limits_{n=1}^{\infty} n x^n$, $-1 < x < 1$;

(2) $\sum\limits_{n=1}^{\infty} (-1)^n \dfrac{x^n}{2^n}$, $-2 < x < 2$;

(3) $x + \dfrac{x^3}{3} + \dfrac{x^5}{5} + \dfrac{x^7}{7} + \cdots$, $-1 < x < 1$ ，并且求 $\sum\limits_{n=1}^{\infty} \dfrac{1}{(2n-1)2^n}$.

8. 将下列函数展开成 x 的幂级数：

(1) $f(x) = \dfrac{x}{3+x}$;　　　(2) $f(x) = \sin \dfrac{x}{2}$;　　　(3) $f(x) = (1+x) e^x$;

(4) $f(x) = \ln(5+x)$;　　(5) $f(x) = \dfrac{1}{2x^2 - 3x + 1}$;　(6) $f(x) = \ln(1+x+x^2+x^3)$.

9. 将下列函数展开成 $x-2$ 的幂级数：

(1) $f(x) = \dfrac{1}{5-x}$;　　　(2) $f(x) = \ln x$.

8.4　习题详解

1. 填空题

(1) 收敛.　　(2) $\dfrac{1}{2}$.　　(3) 发散.

(4) 收敛.

提示　$u_n \leqslant \dfrac{1}{n^{1.1}}$ ，而 p 级数 $\sum\limits_{n=1}^{\infty} \dfrac{1}{n^{1.1}}$ 收敛.

(5) $0 \leqslant a \leqslant 1$.　　(6) $3 < p \leqslant 4$.　　(7) $p > \dfrac{1}{3}$.　(8) $\dfrac{1}{2} < p < 1$.　(9) 0.

(10) $R=1$.　(11) R .　(12) $[-1, 1)$.　(13) $[-1, 1]$.　(14) $[-2, 2]$.
(15) $(0, 6)$.

提示　$(x-3)^2 < 9$.

(16) $-\dfrac{x}{1+x}$, $x \in (-1, 1)$.

(17) $(-1, 1)$, $\dfrac{1}{4} \ln \left| \dfrac{1+x}{1-x} \right| + \dfrac{1}{2} \arctan x - x$.

提示　设 $S(x) = \sum\limits_{n=1}^{\infty} \dfrac{1}{4n+1} x^{4n+1}$ ，求导得

$$S'(x) = \sum_{n=1}^{\infty} x^{4n} = \frac{1}{1-x^4} - 1,$$

这里 $\frac{1}{1-x^4} = \frac{1}{2}\left(\frac{1}{1-x^2} + \frac{1}{1+x^2}\right)$，而 $\frac{1}{1-x^2} = \frac{1}{2}\left(\frac{1}{1-x} + \frac{1}{1+x}\right)$，所以

$$S'(x) = \frac{1}{1-x^4} - 1 = \frac{1}{4(1-x)} + \frac{1}{4(1+x)} + \frac{1}{2(1+x^2)} - 1.$$

(18) $\sum_{n=0}^{\infty} (-1)^n \frac{1}{n!} x^{2n},\ x \in (-\infty, +\infty).$　　　(19) $-\frac{1}{10}.$

2. 单项选择题

(1) A.　(2) B.　(3) B.　(4) C.　(5) D.　(6) D.　(7) C.　(8) D.

(9) C.　(10) B.　(11) C.　(12) C.　(13) B.

3.

(1) 由于 $\frac{1}{n\sqrt{n+2}} < \frac{1}{n\sqrt{n}}$，而 p 级数 $\sum_{n=1}^{\infty} \frac{1}{n^{\frac{3}{2}}}$ 收敛，所以 $\sum_{n=1}^{\infty} \frac{1}{n\sqrt{n+2}}$ 收敛.

(2) 由于 $\frac{n+3}{n^2+2n} > \frac{n}{n^2+2n^2} = \frac{1}{3n}$，而调和级数 $\sum_{n=1}^{\infty} \frac{1}{n}$ 发散，所以 $\sum_{n=1}^{\infty} \frac{1}{3n}$ 也发散，故 $\sum_{n=1}^{\infty} \frac{n+3}{n^2+2n}$ 发散.

(3) 由于 $\lim\limits_{n\to\infty} \dfrac{\sin\frac{\pi}{n}}{\frac{1}{n}} = \pi$，而调和级数 $\sum_{n=1}^{\infty} \frac{1}{n}$ 发散，所以 $\sum_{n=1}^{\infty} \sin\frac{\pi}{n}$ 也发散.

(4) 由于 $\sin\frac{2^n\pi}{5^n} < \frac{2^n\pi}{5^n}$，而几何级数 $\sum_{n=1}^{\infty} \pi\left(\frac{2}{5}\right)^n$ 收敛，所以 $\sum_{n=1}^{\infty} \sin\frac{2^n\pi}{5^n}$ 收敛.

(5) 由于 $\ln(1+n) < n$，所以 $\frac{1}{\ln(1+n)} > \frac{1}{n}$，而调和级数 $\sum_{n=1}^{\infty} \frac{1}{n}$ 发散，所以 $\sum_{n=1}^{\infty} \frac{1}{\ln(1+n)}$ 发散.

(6) 当 $0 < a < 1$ 时，$\lim\limits_{n\to\infty} a^n = 0$，因此 $\lim\limits_{n\to\infty} \frac{1}{1+a^n} = 1$，所以 $\sum_{n=1}^{\infty} \frac{1}{1+a^n}$ 发散；

当 $a = 1$ 时，$\lim\limits_{n\to\infty} a^n = 1$，$\lim\limits_{n\to\infty} \frac{1}{1+a^n} = \frac{1}{2}$，所以 $\sum_{n=1}^{\infty} \frac{1}{1+a^n}$ 发散；

当 $a > 1$ 时，$\frac{1}{1+a^n} < \frac{1}{a^n} = \left(\frac{1}{a}\right)^n < 1$，而几何级数 $\sum_{n=1}^{\infty} \left(\frac{1}{a}\right)^n$ 收敛，所以 $\sum_{n=1}^{\infty} \frac{1}{1+a^n}$ 收敛.

综上，当 $0 < a \leqslant 1$ 时，级数 $\sum_{n=1}^{\infty} \frac{1}{1+a^n}$ 发散；当 $a > 1$ 时，级数 $\sum_{n=1}^{\infty} \frac{1}{1+a^n}$ 收敛.

4.

（1）由于 $\lim\limits_{n\to\infty}\dfrac{u_{n+1}}{u_n}=\lim\limits_{n\to\infty}\dfrac{\dfrac{4^{n+1}}{(n+1)!}}{\dfrac{4^n}{n!}}=\lim\limits_{n\to\infty}\dfrac{4}{n+1}=0$，所以 $\sum\limits_{n=1}^{\infty}\dfrac{4^n}{n!}$ 收敛.

（2）由于 $\lim\limits_{n\to\infty}\dfrac{u_{n+1}}{u_n}=\lim\limits_{n\to\infty}\dfrac{\dfrac{n+3}{2^{n+1}}}{\dfrac{n+2}{2^n}}=\lim\limits_{n\to\infty}\dfrac{1}{2}\dfrac{n+3}{n+2}=\dfrac{1}{2}$，所以 $\sum\limits_{n=1}^{\infty}\dfrac{n+2}{2^n}$ 收敛.

（3）由于

$$\lim_{n\to\infty}\frac{u_{n+1}}{u_n}=\lim_{n\to\infty}\frac{\dfrac{3^{n+1}(n+1)!}{(n+1)^{n+1}}}{\dfrac{3^n n!}{n^n}}=\lim_{n\to\infty}\frac{3^{n+1}(n+1)!}{(n+1)^{n+1}}\cdot\frac{n^n}{3^n n!}=\lim_{n\to\infty}\frac{3n^n}{(n+1)^n}$$

$$=\lim_{n\to\infty}\frac{3}{\left(\dfrac{n+1}{n}\right)^n}=\lim_{n\to\infty}\frac{3}{\left(1+\dfrac{1}{n}\right)^n}=\frac{3}{\mathrm{e}}>1,$$

所以 $\sum\limits_{n=1}^{\infty}\dfrac{3^n n!}{n^n}$ 发散.

（4）由于 $\lim\limits_{n\to\infty}\dfrac{u_{n+1}}{u_n}=\lim\limits_{n\to\infty}\dfrac{\dfrac{2^{n+1}}{100(n+1)}}{\dfrac{2^n}{100n}}=\lim\limits_{n\to\infty}\dfrac{2n}{n+1}=2$，所以 $\sum\limits_{n=1}^{\infty}\dfrac{2^n}{100n}$ 发散.

（5）因为当 $n\to\infty$ 时，$n\tan\dfrac{1}{5^n}\sim\dfrac{n}{5^n}$，而级数 $\sum\limits_{n=1}^{\infty}\dfrac{n}{5^n}$ 收敛，所以 $\sum\limits_{n=1}^{\infty}n\tan\dfrac{1}{5^n}$ 收敛.

（6）由于

$$\lim_{n\to\infty}\frac{u_{n+1}}{u_n}=\lim_{n\to\infty}\frac{\dfrac{n+1}{3^{n+1}-(n+1)^2}}{\dfrac{n}{3^n-n^2}}=\lim_{n\to\infty}\frac{n+1}{n}\cdot\frac{3^n-n^2}{3^{n+1}-(n+1)^2}$$

$$=\lim_{n\to\infty}\frac{1}{3}\cdot\frac{n+1}{n}\cdot\frac{1-\dfrac{n^2}{3^n}}{1-\dfrac{(n+1)^2}{3^{n+1}}}=\frac{1}{3}<1,$$

这里

$$\lim_{x\to\infty}\frac{x^2}{3^x}=\lim_{x\to\infty}\frac{2x}{3^x\ln3}=\lim_{x\to\infty}\frac{2}{3^x(\ln3)^2}=0,$$

根据海涅定理可知，$\lim\limits_{n\to\infty}\dfrac{n^2}{3^n}=0$，$\lim\limits_{n\to\infty}\dfrac{(n+1)^2}{3^{n+1}}=0$，所以 $\sum\limits_{n=1}^{\infty}\dfrac{n}{3^n-n^2}$ 收敛.

（7）因为 $\lim\limits_{n\to\infty}\dfrac{u_{n+1}}{u_n}=\lim\limits_{n\to\infty}\dfrac{\dfrac{2^n}{(2n+1)!!}}{\dfrac{2^{n-1}}{(2n-1)!!}}=\lim\limits_{n\to\infty}\dfrac{2}{2n+1}=0<1$，所以 $\sum\limits_{n=1}^{\infty}\dfrac{2^{n-1}}{(2n-1)!!}$

收敛.

5.

（1）考察正项级数 $\sum\limits_{n=1}^{\infty}\dfrac{5n^3}{n!}$，由于 $\lim\limits_{n\to\infty}\dfrac{\dfrac{5(n+1)^3}{(n+1)!}}{\dfrac{5n^3}{n!}}=0<1$，所以 $\sum\limits_{n=1}^{\infty}\dfrac{5n^3}{n!}$ 收敛，因此

$\sum\limits_{n=1}^{\infty}(-1)^n\dfrac{5n^3}{n!}$ 绝对收敛.

（2）考察正项级数 $\sum\limits_{n=1}^{\infty}\dfrac{n^2}{3^n}$，由于 $\lim\limits_{n\to\infty}\dfrac{\dfrac{(n+1)^2}{3^{n+1}}}{\dfrac{n^2}{3^n}}=\dfrac{1}{3}<1$，所以 $\sum\limits_{n=1}^{\infty}\dfrac{n^2}{3^n}$ 收敛，因此

$\sum\limits_{n=1}^{\infty}(-1)^n\dfrac{n^2}{3^n}$ 绝对收敛.

（3）考察正项级数 $\sum\limits_{n=1}^{\infty}\dfrac{|\sin na|}{(n+1)^2}$，因为 $\dfrac{|\sin na|}{(n+1)^2}<\dfrac{1}{(n+1)^2}$，而 p 级数 $\sum\limits_{n=1}^{\infty}\dfrac{1}{(n+1)^2}$

收敛，所以 $\sum\limits_{n=1}^{\infty}\dfrac{|\sin na|}{(n+1)^2}$ 收敛，因此 $\sum\limits_{n=1}^{\infty}\dfrac{\sin na}{(n+1)^2}$ 绝对收敛.

（4）考察正项级数 $\sum\limits_{n=1}^{\infty}\dfrac{\ln n}{n}$，因为当 $n>2$ 时，$\dfrac{\ln n}{n}>\dfrac{1}{n}$，而调和级数 $\sum\limits_{n=1}^{\infty}\dfrac{1}{n}$ 发散，由

比较判别法可知 $\sum\limits_{n=1}^{\infty}\dfrac{\ln n}{n}$ 发散. 再考察交错级数 $\sum\limits_{n=1}^{\infty}(-1)^n\dfrac{\ln n}{n}$ 的敛散性，设 $f(x)=\dfrac{\ln x}{x}$，

则 $f'(x)=\dfrac{1-\ln x}{x^2}$，所以当 $x>\mathrm{e}$ 时，$f'(x)<0$，$f(x)$ 单调减少。因此当 $n>2$ 时，

$$u_n=\frac{\ln n}{n}>\frac{\ln(n+1)}{n+1}=u_{n+1}.$$

即当 $n>2$ 时，$\{u_n\}$ 单调递减. 又因为

$$\lim_{x\to\infty}f(x)=\lim_{x\to\infty}\frac{\ln x}{x}=\lim_{x\to\infty}\frac{1}{x}=0,$$

所以 $\lim\limits_{n\to\infty}\dfrac{\ln n}{n}=0$，因此根据莱布尼茨判别法可知 $\sum\limits_{n=1}^{\infty}(-1)^n\dfrac{\ln n}{n}$ 收敛，即 $\sum\limits_{n=1}^{\infty}(-1)^n\dfrac{\ln n}{n}$ 条

件收敛.

（5）考察正项级数 $\sum\limits_{n=2}^{\infty}\dfrac{1}{\ln n}$，因为 $\ln n=\ln(1+n-1)<n-1$（当 $x>0$ 时，$\ln(1+$

$x)<x$），因此 $\dfrac{1}{\ln n}>\dfrac{1}{n-1}$，而调和级数 $\sum\limits_{n=2}^{\infty}\dfrac{1}{n-1}$ 发散，所以正项级数 $\sum\limits_{n=2}^{\infty}\dfrac{1}{\ln n}$ 发散. 再

考察交错级数 $\sum\limits_{n=2}^{\infty}(-1)^n\dfrac{1}{\ln n}$ 的敛散性，因为 $\lim\limits_{n\to\infty}\dfrac{1}{\ln n}=0$，且 $u_n=\dfrac{1}{\ln n}>\dfrac{1}{\ln(n+1)}=u_{n+1}$，

所以 $\sum\limits_{n=2}^{\infty}(-1)^n\dfrac{1}{\ln n}$ 收敛，即 $\sum\limits_{n=2}^{\infty}(-1)^n\dfrac{1}{\ln n}$ 条件收敛.

6.

（1）由于

$$\lim_{n\to\infty}\left|\dfrac{a_{n+1}}{a_n}\right|=\lim_{n\to\infty}\dfrac{\dfrac{1}{3^{n+1}\sqrt{n+2}}}{\dfrac{1}{3^n\sqrt{n+1}}}=\lim_{n\to\infty}\dfrac{\sqrt{n+1}}{3\sqrt{n+2}}=\dfrac{1}{3},$$

因此收敛半径为 $R=3$. 当 $x=3$ 时，p 级数 $\sum\limits_{n=1}^{\infty}\dfrac{1}{\sqrt{n+1}}$ 发散，当 $x=-3$ 时，交错级数

$\sum\limits_{n=1}^{\infty}(-1)^n\dfrac{1}{\sqrt{n+1}}$ 收敛，收敛域为 $[-3,3)$.

（2）令 $t=x-2$，考察级数 $\sum\limits_{n=1}^{\infty}(-1)^n\dfrac{1}{5n}t^n$，由于

$$\lim_{n\to\infty}\left|\dfrac{a_{n+1}}{a_n}\right|=\lim_{n\to\infty}\dfrac{\dfrac{1}{5n+5}}{\dfrac{1}{5n}}=\lim_{n\to\infty}\dfrac{5n}{5n+5}=1,$$

因此收敛半径为 $R=1$. 当 $t=1$ 时，交错级数 $\sum\limits_{n=1}^{\infty}(-1)^n\dfrac{1}{5n}$ 收敛，当 $t=-1$ 时，p 级数

$\sum\limits_{n=1}^{\infty}\dfrac{1}{5n}$ 发散，所以 $\sum\limits_{n=1}^{\infty}(-1)^n\dfrac{1}{5n}t^n$ 的收敛域为 $(-1,1]$，当 $-1<t\leqslant1$ 时，$-1<$

$x-2\leqslant1$，解得 $1<x\leqslant3$，因此原级数的收敛域为 $(1,3]$.

（3）令 $t=x+1$，考察级数 $\sum\limits_{n=1}^{\infty}(-1)^{n-1}\dfrac{2^n}{n^2}t^n$，由于

$$\lim_{n\to\infty}\left|\dfrac{a_{n+1}}{a_n}\right|=\lim_{n\to\infty}\dfrac{\dfrac{2^{n+1}}{(n+1)^2}}{\dfrac{2^n}{n^2}}=\lim_{n\to\infty}\dfrac{2n^2}{(n+1)^2}=2,$$

因此收敛半径为 $R=\dfrac{1}{2}$. 当 $t=\dfrac{1}{2}$ 时，交错级数 $\sum\limits_{n=1}^{\infty}(-1)^{n-1}\dfrac{1}{n^2}$ 绝对收敛，当 $t=-\dfrac{1}{2}$ 时，

p 级数 $-\sum\limits_{n=1}^{\infty}\dfrac{1}{n^2}$ 收敛，所以 $\sum\limits_{n=1}^{\infty}(-1)^{n-1}\dfrac{2^n}{n^2}t^n$ 的收敛域为 $\left[-\dfrac{1}{2},\dfrac{1}{2}\right]$，当 $-\dfrac{1}{2}\leqslant t\leqslant\dfrac{1}{2}$

时，$-\dfrac{1}{2}\leqslant x+1\leqslant\dfrac{1}{2}$，$-\dfrac{3}{2}\leqslant x\leqslant-\dfrac{1}{2}$，原级数的收敛域为 $\left[-\dfrac{3}{2},-\dfrac{1}{2}\right]$.

（4）由于

$$\lim_{n\to\infty}\left|\dfrac{u_{n+1}(x)}{u_n(x)}\right|=\lim_{n\to\infty}\dfrac{\dfrac{1}{2n+1}}{\dfrac{1}{2n-1}}x^2=\lim_{n\to\infty}\dfrac{2n-1}{2n+1}x^2=x^2,$$

因此当 $x^2 < 1$ 时，即当 $-1 < x < 1$ 时，级数收敛. 当 $x = 1$ 时，交错级数 $\displaystyle\sum_{n=1}^{\infty} \frac{(-1)^n}{2n-1}$ 收敛；当 $x = -1$ 时，交错级数 $\displaystyle\sum_{n=1}^{\infty} \frac{(-1)^{n+1}}{2n-1}$ 收敛，收敛域为 $[-1, 1]$.

7.

(1) 设 $S(x) = \displaystyle\sum_{n=1}^{\infty} n x^n = x \left(\displaystyle\sum_{n=1}^{\infty} n x^{n-1} \right)$，$g(x) = \displaystyle\sum_{n=1}^{\infty} n x^{n-1}$，则有

$$\int_0^x g(x)\,\mathrm{d}x = \sum_{n=1}^{\infty} \int_0^x n x^{n-1}\,\mathrm{d}x = \sum_{n=1}^{\infty} x^n = \frac{x}{1-x},$$

对上式两端求导得

$$g(x) = \left[\int_0^x g(x)\,\mathrm{d}x \right]' = \left(\frac{x}{1-x} \right)' = \frac{1}{(1-x)^2}, \quad x \in (-1, 1),$$

因此 $S(x) = x g(x) = \displaystyle\sum_{n=1}^{\infty} n x^n = \dfrac{x}{(1-x)^2}$, $x \in (-1, 1)$.

(2) 考虑级数 $\displaystyle\sum_{n=1}^{\infty} (-1)^n \frac{x^n}{2^n}$，$-2 < x < 2$，设 $t = -\dfrac{x}{2}$，由于几何级数 $\displaystyle\sum_{n=1}^{\infty} t^n = \dfrac{t}{1-t}$，则

$$\sum_{n=1}^{\infty} (-1)^n \frac{x^n}{2^n} = \frac{-\dfrac{x}{2}}{1+\dfrac{x}{2}} = -\frac{x}{2+x}, \quad -2 < x < 2.$$

(3) 设 $S(x) = x + \dfrac{x^3}{3} + \dfrac{x^5}{5} + \dfrac{x^7}{7} + \cdots + \dfrac{x^{2n-1}}{2n-1} + \cdots$,

逐项求导得

$$S'(x) = 1 + x^2 + x^4 + x^6 + \cdots + x^{2n-2} + \cdots = \frac{1}{1-x^2},$$

对上式两端积分得

$$S(x) - S(0) = \int_0^x S'(x)\,\mathrm{d}x = \int_0^x \frac{1}{1-x^2}\,\mathrm{d}x = \frac{1}{2}\ln\left| \frac{1+x}{1-x} \right|, \quad -1 < x < 1.$$

注意到 $S(0) = 0$，因此

$$S(x) = \frac{1}{2}\ln\left| \frac{1+x}{1-x} \right|, \quad -1 < x < 1.$$

从而

$$\sum_{n=1}^{\infty} \frac{1}{(2n-1)2^n} = \sum_{n=1}^{\infty} \frac{1}{(2n-1)(\sqrt{2})^{2n}} = \frac{1}{\sqrt{2}} \sum_{n=1}^{\infty} \frac{1}{(2n-1)(\sqrt{2})^{2n-1}} = \frac{1}{\sqrt{2}} S\left(\frac{1}{\sqrt{2}} \right)$$

$$= \frac{1}{2\sqrt{2}}\ln\left| \frac{1+\dfrac{1}{\sqrt{2}}}{1-\dfrac{1}{\sqrt{2}}} \right| = \frac{1}{2\sqrt{2}}\ln\left| \frac{\sqrt{2}+1}{\sqrt{2}-1} \right| = \frac{1}{\sqrt{2}}\ln\left| \sqrt{2}+1 \right|.$$

8.

（1）由于 $f(x) = \dfrac{x}{3+x} = \dfrac{x}{3} \cdot \dfrac{1}{1+\dfrac{x}{3}}$，而 $\dfrac{1}{1+\dfrac{x}{3}} = \displaystyle\sum_{n=0}^{\infty} \left(-\dfrac{x}{3}\right)^n = \sum_{n=0}^{\infty} (-1)^n \dfrac{1}{3^n} x^n$，

因此

$$f(x) = \frac{x}{3+x} = \sum_{n=0}^{\infty} (-1)^n \frac{1}{3^{n+1}} x^{n+1}, \quad x \in (-3, 3).$$

（2）因为 $\sin x = \displaystyle\sum_{n=0}^{\infty} \dfrac{(-1)^n}{(2n+1)!} x^{2n+1}$，$x \in (-\infty, +\infty)$，所以

$$f(x) = \sin\frac{x}{2} = \sum_{n=0}^{\infty} \frac{(-1)^n}{(2n+1)!} \left(\frac{x}{2}\right)^{2n+1} = \sum_{n=0}^{\infty} \frac{(-1)^n}{(2n+1)! \, 2^{2n+1}} x^{2n+1}, \quad x \in (-\infty, +\infty).$$

（3）因为 $e^x = \displaystyle\sum_{n=0}^{\infty} \dfrac{x^n}{n!}$，$x \in (-\infty, +\infty)$，所以

$$f(x) = (1+x)e^x = \sum_{n=0}^{\infty} \frac{x^n}{n!} + \sum_{n=0}^{\infty} \frac{x^{n+1}}{n!} = \sum_{n=0}^{\infty} \frac{1+n}{n!} x^n, \quad x \in (-\infty, +\infty).$$

（4）因为

$$f(x) = \ln(5+x) = \ln\left[5\left(1+\frac{x}{5}\right)\right] = \ln 5 + \ln\left(1+\frac{x}{5}\right),$$

而 $\ln(1+x) = \displaystyle\sum_{n=1}^{\infty} (-1)^{n-1} \dfrac{x^n}{n}$，因此

$$f(x) = \ln 5 + \sum_{n=1}^{\infty} (-1)^{n-1} \frac{1}{n} \left(\frac{x}{5}\right)^n = \ln 5 + \sum_{n=1}^{\infty} (-1)^{n-1} \frac{1}{n \cdot 5^n} x^n, \quad x \in (-5, 5).$$

（5）$f(x) = \dfrac{1}{2x^2 - 3x + 1} = \dfrac{1}{(2x-1)(x-1)} = \dfrac{1}{x-1} - \dfrac{2}{2x-1} = \dfrac{2}{1-2x} - \dfrac{1}{1-x}$，

因为 $\dfrac{1}{1-x} = \displaystyle\sum_{n=0}^{\infty} x^n$，$\dfrac{2}{1-2x} = 2\sum_{n=0}^{\infty}(2x)^n = \sum_{n=0}^{\infty} 2^{n+1} x^n$，所以

$$f(x) = \sum_{n=0}^{\infty} 2^{n+1} x^n - \sum_{n=0}^{\infty} x^n = \sum_{n=0}^{\infty} (2^{n+1} - 1) x^n, \quad x \in \left(-\frac{1}{2}, \frac{1}{2}\right).$$

（6）因为

$$f(x) = \ln(1+x+x^2+x^3) = \ln[(1+x)(1+x^2)] = \ln(1+x) + \ln(1+x^2),$$

而 $\ln(1+x) = \displaystyle\sum_{n=1}^{\infty} (-1)^{n-1} \dfrac{x^n}{n}$，$\ln(1+x^2) = \displaystyle\sum_{n=1}^{\infty} (-1)^{n-1} \dfrac{x^{2n}}{n}$，故

$$f(x) = \sum_{n=1}^{\infty} (-1)^{n-1} \frac{1}{n} x^n + \sum_{n=1}^{\infty} (-1)^{n-1} \frac{1}{n} x^{2n}, \quad x \in (-1, 1).$$

9.

（1）$f(x) = \dfrac{1}{5-x} = \dfrac{1}{3-(x-2)} = \dfrac{1}{3} \dfrac{1}{1-\dfrac{x-2}{3}}$

$$= \frac{1}{3} \sum_{n=0}^{\infty} \left(\frac{x-2}{3}\right)^n = \sum_{n=0}^{\infty} \frac{1}{3^{n+1}} (x-2)^n, \quad x \in (-1, 5).$$

(2) $f(x) = \ln x = \ln(2 + x - 2) = \ln\left[2\left(1 + \dfrac{x-2}{2}\right)\right] = \ln 2 + \ln\left(1 + \dfrac{x-2}{2}\right)$

$= \ln 2 + \displaystyle\sum_{n=1}^{\infty}(-1)^{n-1}\dfrac{(x-2)^n}{n\,2^n}, \quad x \in (0, 4).$

填空题详解

单项选择题详解

第 **9** 章

微 分 方 程

9.1 内容提要

9.1.1 微分方程的概念

用以表示未知函数、未知函数的导数以及自变量之间关系的方程称为微分方程；未知函数的导数的最高阶数称为该方程的阶；未知函数为一元函数的微分方程称为常微分方程，未知函数为多元函数的微分方程，称为偏微分方程. 本章主要讨论常微分方程.

n 阶常微分方程的一般表示形式为

$$F(x, y, y', y'', \cdots, y^{(n)}) = 0 \quad 或 \quad y^{(n)} = f(x, y, y', y'', \cdots, y^{(n-1)}). \quad (9\text{-}1)$$

9.1.2 微分方程的解与初值条件

若将函数 $y = \varphi(x)$ 代入方程(9-1)，使之成为恒等式，即

$$F(x, \varphi, \varphi', \varphi'', \cdots, \varphi^{(n)}) \equiv 0 \quad 或 \quad \varphi^{(n)} \equiv f(x, \varphi, \varphi', \varphi'', \cdots, \varphi^{(n-1)}),$$

则称 $y = \varphi(x)$ 是微分方程(9-1)的解.

若微分方程的解中含有任意常数，且任意常数的个数与微分方程的阶数相等，这样的解称为通解或一般解.

若通解中的任意常数是确定的，就可以得到微分方程的特解. 一般地，可以通过某些特定条件来确定这些常数，这些条件通常称为初值条件(或边界条件). 常见的初值条件为

$$y\big|_{x=x_0} = y_0, \quad y'\big|_{x=x_0} = y_1, \quad y''\big|_{x=x_0} = y_2, \quad \cdots, \quad y^{(n-1)}\big|_{x=x_0} = y_{n-1},$$

其中 $y_0, y_1, \cdots, y_{n-1}$ 为已知常数.

9.1.3 一阶微分方程及解法

1. 可分离变量的微分方程

形如 $\dfrac{\mathrm{d}y}{\mathrm{d}x}=f(x)g(y)$ 的方程称为 可分离变量 的微分方程.

解法:将变量分离到等式两端,两端同时积分即可,即

$$\int \frac{\mathrm{d}y}{g(y)}=\int f(x)\mathrm{d}x.$$

2. 齐次微分方程

形如

$$\frac{\mathrm{d}y}{\mathrm{d}x}=\varphi\left(\frac{y}{x}\right) \tag{9-2}$$

的方程称为 齐次微分方程.

解法:令 $u=\dfrac{y}{x}$,则 $y=xu$,$\dfrac{\mathrm{d}y}{\mathrm{d}x}=u+x\dfrac{\mathrm{d}u}{\mathrm{d}x}$,代入齐次方程得

$$x\frac{\mathrm{d}u}{\mathrm{d}x}=\varphi(u)-u,$$

化为可分离变量微分方程. 分离变量后再积分得

$$\int \frac{\mathrm{d}u}{\varphi(u)-u}=\int \frac{1}{x}\mathrm{d}x,$$

求出积分后回代 $u=\dfrac{y}{x}$ 即可.

3. 一阶线性微分方程

形如

$$\frac{\mathrm{d}y}{\mathrm{d}x}+P(x)y=Q(x) \tag{9-3}$$

的方程称为一阶线性微分方程. 若 $Q(x)=0$,则称式(9-3)为一阶齐次线性微分方程. 若 $Q(x)\neq 0$,则称式(9-3)为一阶非齐次线性微分方程.

解法:常数变易法. 先求解对应的齐次方程

$$\frac{\mathrm{d}y}{\mathrm{d}x}+P(x)y=0 \tag{9-4}$$

的通解. 分离变量再积分得,$\ln|y|=-\int P(x)\mathrm{d}x+C_1$,从而有

$$y=C\mathrm{e}^{-\int P(x)\mathrm{d}x},$$

其中 C 为任意实数,这就是对应的齐次方程(9-4)的通解.

设非齐次微分方程(9-3)的解为 $y=u(x)\mathrm{e}^{-\int P(x)\mathrm{d}x}$,求导得

$$\frac{\mathrm{d}y}{\mathrm{d}x} = \frac{\mathrm{d}u}{\mathrm{d}x} \mathrm{e}^{-\int P(x)\mathrm{d}x} - u(x)P(x)\mathrm{e}^{-\int P(x)\mathrm{d}x},$$

代入非齐次微分方程(9-3)得

$$\frac{\mathrm{d}u}{\mathrm{d}x}\mathrm{e}^{-\int P(x)\mathrm{d}x} - u(x)P(x)\mathrm{e}^{-\int P(x)\mathrm{d}x} + u(x)P(x)\mathrm{e}^{-\int P(x)\mathrm{d}x} = Q(x),$$

整理得

$$\frac{\mathrm{d}u}{\mathrm{d}x}\mathrm{e}^{-\int P(x)\mathrm{d}x} = Q(x),$$

分离变量，积分得

$$u = \int \mathrm{d}u = \int Q(x)\mathrm{e}^{\int P(x)\mathrm{d}x}\mathrm{d}x + C,$$

因此式(9-3)的通解为

$$y = \left(\int Q(x)\mathrm{e}^{\int P(x)\mathrm{d}x}\mathrm{d}x + C \right)\mathrm{e}^{-\int P(x)\mathrm{d}x}.$$

注　一阶线性非齐次微分方程的通解中 $\int P(x)\mathrm{d}x$ 和 $\int Q(x)\mathrm{e}^{\int P(x)\mathrm{d}x}\mathrm{d}x$ 可分别理解为一个原函数，即不再含有任意常数.

*4. 伯努利方程

形如

$$\frac{\mathrm{d}y}{\mathrm{d}x} + P(x)y = Q(x)y^n, \quad n \neq 0, 1, \tag{9-5}$$

的方程称为伯努利方程.

解法：整理方程(9-5)得

$$y^{-n}\frac{\mathrm{d}y}{\mathrm{d}x} + P(x)y^{1-n} = Q(x), \tag{9-6}$$

令 $z = y^{1-n}$，则 $\frac{\mathrm{d}z}{\mathrm{d}x} = (1-n)y^{-n}\frac{\mathrm{d}y}{\mathrm{d}x}$，故 $y^{-n}\frac{\mathrm{d}y}{\mathrm{d}x} = \frac{1}{(1-n)}\frac{\mathrm{d}z}{\mathrm{d}x}$，代入式(9-6)得

$$\frac{\mathrm{d}z}{\mathrm{d}x} + (1-n)P(x)z = (1-n)Q(x).$$

这是一个非齐次的一阶线性微分方程，可以用前面的方法进行求解，然后回代 $z = y^{1-n}$ 即可.

*9.1.4　可降阶的高阶微分方程及解法

1. 形如 $y^{(n)} = f(x)$ 的微分方程

解法：逐次积分

$$y^{(n-1)} = \int f(x)\mathrm{d}x + C_1,$$

$$y^{(n-2)} = \int \left[\int f(x)\mathrm{d}x \right]\mathrm{d}x + C_1x + C_2,$$

依次连续积分 n 次，即可得到原方程的通解，该通解中含有 n 个相互独立的任意常数.

2. 形如 $y''=f(x，y')$ 的微分方程

解法：令 $y'=p(x)$，则 $y''=p'$，代入方程得
$$p'=f(x，p)，$$
这是一个关于变量 x 和 p 的一阶微分方程. 求出通解为 $p=\varphi(x，C_1)$，而 $p=\dfrac{\mathrm{d}y}{\mathrm{d}x}$，则有 $\dfrac{\mathrm{d}y}{\mathrm{d}x}=\varphi(x，C_1)$，对其积分即可得到方程的通解
$$y=\int\varphi(x，C_1)\mathrm{d}x+C_2.$$

3. 形如 $y''=f(y，y')$ 的微分方程

解法：令 $y'=p(y)$，则 $y''=\dfrac{\mathrm{d}p}{\mathrm{d}y}\dfrac{\mathrm{d}y}{\mathrm{d}x}=p\dfrac{\mathrm{d}p}{\mathrm{d}y}$，代入原方程得 $p\dfrac{\mathrm{d}p}{\mathrm{d}y}=f(y，p)$，这是关于变量 y 和 p 的一阶微分方程. 记求出通解为 $p=\varphi(y，C_1)$，即
$$\dfrac{\mathrm{d}y}{\mathrm{d}x}=\varphi(y，C_1)，$$
分离变量后，进行积分即可得通解为 $\displaystyle\int\dfrac{\mathrm{d}y}{\varphi(y，C_1)}=x+C_2.$

*9.1.5　二阶线性微分方程

形如
$$y''+P(x)y'+Q(x)y=f(x) \tag{9-7}$$
的方程称为二阶线性微分方程. 方程 $y''+P(x)y'+Q(x)y=0$ 称为方程(9-7)所对应的二阶齐次线性微分方程.

1. 二阶线性微分方程解的结构

(1) 如果函数 $y_1(x)$ 与 $y_2(x)$ 是齐次线性微分方程 $y''+P(x)y'+Q(x)y=0$ 的两个解，则 $y(x)=C_1y_1(x)+C_2y_2(x)$ 也是该方程的解，其中 $C_1，C_2$ 是任意常数.

(2) 如果函数 $y_1(x)$ 与 $y_2(x)$ 是齐次线性微分方程 $y''+P(x)y'+Q(x)y=0$ 的两个线性无关的解，则 $y(x)=C_1y_1(x)+C_2y_2(x)$ 是该方程的通解，其中 $C_1，C_2$ 是任意常数.

注　对于区间 I 上的 n 个函数 $y_1(x)，y_2(x)，\cdots，y_n(x)$，若存在 n 个不全为 0 的常数 $k_1，k_2，\cdots，k_n$，使得当 $x\in I$ 时有恒等式
$$k_1y_1(x)+k_2y_2(x)+\cdots+k_ny_n(x)\equiv0，$$
则称 $y_1(x)，y_2(x)，\cdots，y_n(x)$ 在区间 I 上线性相关，否则称为线性无关.

(3) 如果函数 $y_1(x)$ 与 $y_2(x)$ 是非齐次线性微分方程 $y''+P(x)y'+Q(x)y=f(x)$ 的两个特解，那么 $y_1(x)-y_2(x)$ 是对应齐次线性微分方程 $y''+P(x)y'+Q(x)y=0$ 的解.

（4）设 $y^*(x)$ 是二阶非齐次线性方程 $y''+P(x)y'+Q(x)y=f(x)$ 的一个特解，$C_1y_1(x)+C_2y_2(x)$ 是对应的齐次方程 $y''+P(x)y'+Q(x)y=0$ 的通解，那么 $y(x)=y^*(x)+C_1y_1(x)+C_2y_2(x)$ 是方程 $y''+P(x)y'+Q(x)y=f(x)$ 的通解.

（5）（叠加原理）若函数 $y_1(x)$ 与 $y_2(x)$ 分别是微分方程 $y''+P(x)y'+Q(x)y=f_1(x)$ 与 $y''+P(x)y'+Q(x)y=f_2(x)$ 的解，那么 $y(x)=y_1(x)+y_2(x)$ 是微分方程 $y''+P(x)y'+Q(x)y=f_1(x)+f_2(x)$ 的解.

2. 二阶常系数齐次线性微分方程的解

二阶常系数齐次线性微分方程的形式为
$$y''+py'+qy=0, \tag{9-8}$$
其中 p 和 q 均为常数. 方程 $r^2+pr+q=0$ 称为方程（9-8）的**特征方程**. 常系数齐次线性微分方程的特征方程与解的关系如表 9.1 所示.

表　9.1

特征方程	根的情况	特征根	微分方程的通解
$p^2-4q>0$	有两个不同的实根	$r_{1,2}=\dfrac{-p\pm\sqrt{p^2-4q}}{2}$	$C_1\mathrm{e}^{r_1x}+C_2\mathrm{e}^{r_2x}$
$p^2-4q=0$	有两个相同的实根	$r_1=r_2=-\dfrac{p}{2}$	$(C_1+C_2x)\mathrm{e}^{r_1x}$
$p^2-4q<0$	有两个共轭的复根	$r_1=\alpha+\mathrm{i}\beta,\ r_2=\alpha-\mathrm{i}\beta$ $\alpha=-\dfrac{p}{2},\ \beta=\dfrac{\sqrt{4q-p^2}}{2}$	$\mathrm{e}^{\alpha x}(C_1\cos\beta x+C_2\sin\beta x)$

3. 二阶常系数非齐次线性微分方程的解

二阶常系数非齐次线性微分方程的形式为
$$y''+py'+qy=f(x), \tag{9-9}$$
其中 p 和 q 为常数. 对于非齐次线性微分方程，只需求出一个特解，再求出其对应的齐次线性微分方程（9-8）的通解，将二者相加即可得常系数非齐次线性微分方程（9-9）的通解.

非齐次线性微分方程的右端函数类型与特征根及特解的关系如表 9.2 所示.

表　9.2

$f(x)$ 的类型	特征根	特解的形式
$f(x)=\mathrm{e}^{\lambda x}P_m(x)$	λ 不是特征方程的根	$y^*=\mathrm{e}^{\lambda x}Q_m(x)$
	λ 是特征方程的单根	$y^*=x\mathrm{e}^{\lambda x}Q_m(x)$
	λ 是特征方程的二重根	$y^*=x^2\mathrm{e}^{\lambda x}Q_m(x)$
$f(x)=\mathrm{e}^{\lambda x}[P_l(x)\cos\omega x+P_n(x)\sin\omega x]$	$\lambda\pm\mathrm{i}\omega$ 不是特征方程的根	$y^*=\mathrm{e}^{\lambda x}[R_m^{(1)}(x)\cos\omega x+R_m^{(2)}(x)\sin\omega x]$
	$\lambda\pm\mathrm{i}\omega$ 是特征方程的共轭复根	$y^*=x\mathrm{e}^{\lambda x}[R_m^{(1)}(x)\cos\omega x+R_m^{(2)}(x)\sin\omega x]$

这里 $P_m(x)$ 为已知的 m 次多项式，$Q_m(x)$ 为待定的 m 次多项式；$P_l(x)$ 为已知的 l 次多项式，$P_n(x)$ 为已知的 n 次多项式，$R_m^{(1)}(x)$，$R_m^{(2)}(x)$ 为两个待定的 m 次多项式，$m=\max\{l, n\}$.

9.2 典型例题分析

9.2.1 题型一 判断函数是否为方程的解

例 9.1 验证函数 $y=C_1\sin x+C_2\cos x$ 是微分方程 $y''+y=0$ 的通解. 并求此微分方程满足边界条件 $y|_{x=0}=\pi$，$y'|_{x=0}=1$ 的特解.

解 对函数分别求一、二阶导数得到 $y'=C_1\cos x-C_2\sin x$，$y''=-C_1\sin x-C_2\cos x$，代入微分方程，有

$$y''+y=-C_1\sin x-C_2\cos x+C_1\sin x+C_2\cos x=0,$$

因此 $y=C_1\sin x+C_2\cos x$ 满足微分方程 $y''+y=0$，又因为其中含有两个独立的常数，所以是 $y''+y=0$ 的通解. 由初值条件 $y|_{x=0}=\pi$，得 $C_2=\pi$，将 $y'|_{x=0}=1$ 代入一阶导数，解 $C_1=1$，则特解为 $y=\sin x+\pi\cos x$.

9.2.2 题型二 一阶微分方程的求解问题

例 9.2 求下列微分方程的通解：

(1) $y(1+x^2)\mathrm{d}y=x(1+y^2)\mathrm{d}x$；   (2) $y^2+x^2\dfrac{\mathrm{d}y}{\mathrm{d}x}=xy\dfrac{\mathrm{d}y}{\mathrm{d}x}$；

(3) $(x+\sqrt{x^2+y^2})\mathrm{d}y=y\mathrm{d}x$；   (4) $\dfrac{\mathrm{d}y}{\mathrm{d}x}-\dfrac{2y}{x+1}=(x+1)^{\frac{5}{2}}$；

(5) $\dfrac{\mathrm{d}y}{\mathrm{d}x}=\dfrac{1}{x+y}$；   *(6) $\dfrac{\mathrm{d}y}{\mathrm{d}x}+\dfrac{y}{x}=2y^2\ln x$.

解 (1) 分离变量得 $\dfrac{y}{(1+y^2)}\mathrm{d}y=\dfrac{x}{(1+x^2)}\mathrm{d}x$，两端积分，得

$$\int\frac{y}{(1+y^2)}\mathrm{d}y=\int\frac{x}{(1+x^2)}\mathrm{d}x,$$

解得

$$\frac{1}{2}\ln(1+y^2)=\frac{1}{2}\ln(1+x^2)+\frac{1}{2}\ln|C|,$$

因此方程的通解为 $1+y^2=C(1+x^2)$，其中 C 为大于 0 的任意常数.

(2) 若 $y=0$，方程显然成立，当 $y\neq0$ 时，将方程化为齐次方程的标准形式：

$$\frac{\mathrm{d}y}{\mathrm{d}x}=-\frac{y^2}{x^2-xy}=\frac{\left(\dfrac{y}{x}\right)^2}{\dfrac{y}{x}-1},$$

令 $u=\dfrac{y}{x}$，则 $y=xu$，$\dfrac{\mathrm{d}y}{\mathrm{d}x}=u+x\dfrac{\mathrm{d}u}{\mathrm{d}x}$，代入上式得 $u+x\dfrac{\mathrm{d}u}{\mathrm{d}x}=\dfrac{u^2}{u-1}$，整理得 $x\dfrac{\mathrm{d}u}{\mathrm{d}x}=$

$\dfrac{u}{u-1}$，分离变量得

$$\left(1-\dfrac{1}{u}\right)\mathrm{d}u=\dfrac{1}{x}\mathrm{d}x,$$

两端积分，得 $\displaystyle\int\left(1-\dfrac{1}{u}\right)\mathrm{d}u=\int\dfrac{1}{x}\mathrm{d}x$，因此 $u-\ln|u|=\ln|x|+C$，回代 $u=\dfrac{y}{x}$ 得通解为

$$\dfrac{y}{x}=\ln|y|+C.$$

（3）整理方程得

$$\dfrac{\mathrm{d}x}{\mathrm{d}y}=\dfrac{x+\sqrt{x^2+y^2}}{y}=\dfrac{x}{y}+\sqrt{\left(\dfrac{x}{y}\right)^2+1},$$

上述方程可以理解为以 y 为自变量、以 x 为因变量的齐次微分方程，令 $u=\dfrac{x}{y}$，则 $x=yu$，$\dfrac{\mathrm{d}x}{\mathrm{d}y}=u+y\dfrac{\mathrm{d}u}{\mathrm{d}y}$，代入方程得

$$u+y\dfrac{\mathrm{d}u}{\mathrm{d}y}=u+\sqrt{1+u^2},$$

分离变量，得 $\dfrac{\mathrm{d}u}{\sqrt{1+u^2}}=\dfrac{1}{y}\mathrm{d}y$，两端积分，得

$$\ln|u+\sqrt{1+u^2}|=\ln|y|+\ln|C|,$$

因此有 $u+\sqrt{1+u^2}=Cy$，回代 $u=\dfrac{x}{y}$，得到方程的通解为 $\dfrac{x}{y}+\sqrt{1+\left(\dfrac{x}{y}\right)^2}=Cy$.

（4）**解法 1 （常数变易法）** 方程 $\dfrac{\mathrm{d}y}{\mathrm{d}x}-\dfrac{2y}{x+1}=(x+1)^{\frac{5}{2}}$ 为一阶线性非齐次微分方程，对应的齐次方程为

$$\dfrac{\mathrm{d}y}{\mathrm{d}x}-\dfrac{2y}{x+1}=0,$$

变量分离得 $\dfrac{\mathrm{d}y}{y}=\dfrac{2}{x+1}\mathrm{d}x$，解得 $\ln|y|=2\ln|1+x|+\ln|C|$，通解为 $y=C(1+x)^2$. 设非齐次方程的解为 $y=u(x)(1+x)^2$，求导得

$$\dfrac{\mathrm{d}y}{\mathrm{d}x}=\dfrac{\mathrm{d}u}{\mathrm{d}x}(x+1)^2+2(1+x)u(x),$$

代入非齐次方程得 $\dfrac{\mathrm{d}u}{\mathrm{d}x}(x+1)^2=(x+1)^{\frac{5}{2}}$，整理积分得 $\displaystyle\int\mathrm{d}u=\int\sqrt{1+x}\,\mathrm{d}x$，即 $u=\dfrac{2}{3}(1+x)^{\frac{3}{2}}+C$，因此非齐次方程的通解为

$$y=\left[\dfrac{2}{3}(1+x)^{\frac{3}{2}}+C\right](1+x)^2,$$

其中 C 为任意常数.

解法 2 （公式法） 对于一阶线性非齐次微分方程 $\dfrac{\mathrm{d}y}{\mathrm{d}x} - \dfrac{2y}{x+1} = (x+1)^{\frac{5}{2}}$，由于

$P(x) = -\dfrac{2}{x+1}$，$Q(x) = (x+1)^{\frac{5}{2}}$，因此方程的通解为

$$y = \left[\int Q(x) \mathrm{e}^{\int P(x)\mathrm{d}x} \mathrm{d}x + C \right] \mathrm{e}^{-\int P(x)\mathrm{d}x} = \left[\int (x+1)^{\frac{5}{2}} \mathrm{e}^{-\int \frac{2}{x+1}\mathrm{d}x} \mathrm{d}x + C \right] \mathrm{e}^{\int \frac{2}{x+1}\mathrm{d}x}$$

$$= \left[\int (x+1)^{\frac{5}{2}} \mathrm{e}^{-2\ln(x+1)} \mathrm{d}x + C \right] \mathrm{e}^{2\ln(x+1)} = \left[\int (x+1)^{\frac{1}{2}} \mathrm{d}x + C \right] (x+1)^2$$

$$= \left[\frac{2}{3}(1+x)^{\frac{3}{2}} + C \right](1+x)^2.$$

（5）**解法 1** 方程可化成 $\dfrac{\mathrm{d}x}{\mathrm{d}y} = x+y$，则 $\dfrac{\mathrm{d}x}{\mathrm{d}y} - x = y$，这是以 y 为自变量、以 x 为因

变量的一阶非齐次线性微分方程，其中 $P(y) = -1$，$Q(y) = y$，因此方程的通解为

$$x = \left(\int Q(y) \mathrm{e}^{\int P(y)\mathrm{d}y} \mathrm{d}y + C \right) \mathrm{e}^{-\int P(y)\mathrm{d}y} = \left(\int y\mathrm{e}^{-y} \mathrm{d}y + C \right) \mathrm{e}^y = -y - 1 + C\mathrm{e}^y.$$

解法 2 令 $u = x+y$，则 $y = u - x$，$\dfrac{\mathrm{d}y}{\mathrm{d}x} = \dfrac{\mathrm{d}u}{\mathrm{d}x} - 1$，代入方程得

$$\frac{\mathrm{d}u}{\mathrm{d}x} - 1 = \frac{1}{u},$$

整理得 $\dfrac{u}{1+u} \mathrm{d}u = \mathrm{d}x$，积分得 $u - \ln|1+u| = x + C$，因此方程的通解为

$$y - \ln|1 + x + y| = C.$$

（6）将方程整理为伯努利方程的标准形式

$$y^{-2} \frac{\mathrm{d}y}{\mathrm{d}x} + \frac{1}{x} y^{-1} = 2\ln x,$$

令 $u = y^{-1}$，则 $\dfrac{\mathrm{d}u}{\mathrm{d}x} = -y^{-2} \dfrac{\mathrm{d}y}{\mathrm{d}x}$，代入上式得 $-\dfrac{\mathrm{d}u}{\mathrm{d}x} + \dfrac{1}{x}u = 2\ln x$，即 $\dfrac{\mathrm{d}u}{\mathrm{d}x} - \dfrac{1}{x}u = -2\ln x$，该

方程为一阶非齐次线性微分方程，其中 $P(x) = -\dfrac{1}{x}$，$Q(x) = -2\ln x$，因此方程的通

解为

$$u = \left(\int Q(x) \mathrm{e}^{\int P(x)\mathrm{d}x} \mathrm{d}x + C \right) \mathrm{e}^{-\int P(x)\mathrm{d}x} = \left(\int -2\ln x \, \mathrm{e}^{-\int \frac{1}{x}\mathrm{d}x} \mathrm{d}x + C \right) \mathrm{e}^{\int \frac{1}{x}\mathrm{d}x}$$

$$= x \left[C - (\ln x)^2 \right].$$

而 $u = y^{-1}$，因此原方程的通解为 $xy[C - (\ln x)^2] = 1$.

9.2.3 题型三 可降阶的高阶线性微分方程的求解

*例 9.3 求下列微分方程的通解：

（1）$y''' = x\mathrm{e}^x$；　　　（2）$y'' - y' = x$；　　　（3）$yy'' - (y')^2 = 0$.

解 （1）对方程连续积分三次，得

$$y'' = \int x\mathrm{e}^x \mathrm{d}x = (x-1)\mathrm{e}^x + C_1,$$

$$y' = \int (x-1)e^x dx + C_1 x = (x-2)e^x + C_1 x + C_2,$$

$$y = \int (x-2)e^x dx + \frac{C_1}{2}x^2 + C_2 x + C_3 = (x-3)e^x + \frac{C_1}{2}x^2 + C_2 x + C_3.$$

（2）此方程不显含 y，因此令 $y' = p$，则 $y'' = p'$，代入原方程可得

$$p' - p = x,$$

上式为一阶线性非齐次微分方程. 利用通解公式得

$$p = e^{-\int (-1)dx}\left[\int x e^{\int (-1)dx} dx + C_1\right] = e^x\left(\int x e^{-x} dx + C_1\right)$$

$$= e^x\left[-(x+1)e^{-x} + C_1\right] = C_1 e^x - x - 1,$$

所以 $y' = C_1 e^x - x - 1$，从而原方程的通解为

$$y = C_1 e^x - \frac{1}{2}x^2 - x + C_2.$$

（3）方程不显含 x，因此令 $y' = p$，则方程化为 $y'' = p \cdot \dfrac{dp}{dy}$，将其代入原方程得

$$yp\frac{dp}{dy} - p^2 = 0,$$

当 $p \neq 0$ 时，分离变量得 $\dfrac{dp}{p} = \dfrac{dy}{y}$，积分得 $p = C_1 y$，即 $\dfrac{dy}{dx} = C_1 y$. 显然 $p = 0$ 时，原方程仍成立，因此 C_1 可取任意实数. 由 $\dfrac{dy}{dx} = C_1 y$ 容易解得原方程的通解为 $y = C_2 e^{C_1 x}$，其中 C_1，C_2 为任意实数.

9.2.4　题型四　二阶常系数齐次线性微分方程的求解

*例 9.4　求下列微分方程的通解：

（1）$y'' + 3y' + 2y = 0$；　　（2）$9y'' + 6y' + y = 0$；　　（3）$y'' + 2y' + 3y = 0$.

解　（1）特征方程为 $r^2 + 3r + 2 = 0$，解得特征根是 $r_1 = -1$，$r_2 = -2$，所以通解为

$$y = C_1 e^{-x} + C_2 e^{-2x},$$

其中 C_1 和 C_2 为任意常数.

（2）特征方程是 $9r^2 + 6r + 1 = 0$，解得特征根为 $r_1 = r_2 = -\dfrac{1}{3}$（二重实根），因此原方程的通解是 $y = (C_1 + C_2 x)e^{-\frac{x}{3}}$，其中 C_1 和 C_2 为任意常数.

（3）特征方程是 $r^2 + 2r + 3 = 0$，解得特征根为 $r_{1,2} = \dfrac{-2 \pm \sqrt{4-12}}{2} = -1 \pm \sqrt{2}\,i$（一对共轭复根），因此原方程的通解为

$$y = (C_1 \cos\sqrt{2}\,x + C_2 \sin\sqrt{2}\,x)e^{-x},$$

其中 C_1 和 C_2 为任意常数.

9.2.5　题型五　二阶常系数非齐次线性微分方程的求解

*例 9.5　求方程 $y'' + y = 2x^2 + 1$ 的一个特解.

解 非齐次方程的右端函数 $f(x)=2x^2+1=\mathrm{e}^{0x}(2x^2+1)$，而特征方程 $r^2+1=0$，注意，这里 0 不是特征方程的根.

设特解为 $y^*=ax^2+bx+c$，为确定待定系数 a，b，c，将 y^*，$(y^*)''=2a$ 代入所给方程得

$$ax^2+bx+(c+2a)=2x^2+1,$$

比较两端 x 的同次幂的系数可解得 $a=2$，$b=0$，$c=-3$，故 $y^*=2x^2-3$ 是所给方程的一个特解.

*例 9.6 求方程 $y''+4y'+3y=-\mathrm{e}^{2x}$ 的一个特解.

解 非齐次方程的右端函数 $f(x)=-\mathrm{e}^{2x}$，而特征方程为 $r^2+4r+3=0$，所以 2 不是特征方程的根. 设 $y^*=a\mathrm{e}^{2x}$ 是所给方程的一个特解，将 y^*，$y^{*\prime}=2a\mathrm{e}^{2x}$ 及 $y^{*\prime\prime}=4a\mathrm{e}^{2x}$ 代入方程，得 $15a\mathrm{e}^{2x}=-\mathrm{e}^{2x}$，可解得 $a=-\dfrac{1}{15}$，即 $y^*=-\dfrac{1}{15}\mathrm{e}^{2x}$ 是所给方程的一个特解.

*例 9.7 求微分方程 $y''-5y'+6y=x\mathrm{e}^{2x}$ 的通解.

解 先求对应的齐次方程 $y''-5y'+6y=0$ 的通解，它的特征方程为

$$r^2-5r+6=0,$$

解得特征根为 $r_1=2$，$r_2=3$，于是对应的齐次线性微分方程的通解为

$$Y=C_1\mathrm{e}^{2x}+C_2\mathrm{e}^{3x}.$$

再求非齐次线性微分方程 $y''-5y'+6y=x\mathrm{e}^{2x}$ 的一个特解. 这里右端函数 $f(x)=x\mathrm{e}^{2x}$，由于 $\lambda=2$ 是特征方程的单根，所以设特解为

$$y^*=x(ax+b)\mathrm{e}^{2x}=(ax^2+bx)\mathrm{e}^{2x},$$

将其代入原方程，得 $-2ax+2a-b=x$. 比较等式两端同类项的系数，得 $-2a=1$，$2a-b=0$，解得 $a=-\dfrac{1}{2}$，$b=-1$. 于是求得非齐次线性方程的一个特解为 $y^*=x\left(-\dfrac{1}{2}x-1\right)\mathrm{e}^{2x}$，从而原方程的通解为

$$y=C_1\mathrm{e}^{2x}+C_2\mathrm{e}^{3x}-\frac{1}{2}(x^2+2x)\mathrm{e}^{2x},$$

其中 C_1 和 C_2 为任意常数.

*例 9.8 求微分方程 $y''+y=x\cos2x$ 的一个特解.

解 这里右端函数 $f(x)=x\cos2x=\mathrm{e}^{0x}(x\cos2x+0\cdot\sin2x)$，特征方程为

$$r^2+1=0,$$

由于这里 $\lambda+\mathrm{i}\omega=2\mathrm{i}$ 不是特征方程的根，所以应设特解为

$$y^*=(ax+b)\cos2x+(cx+d)\sin2x.$$

将 y^* 及其二阶导数代入原方程，得

$$(-3ax-3b+4c)\cos2x-(3cx+3d+4a)\sin2x=x\cos2x.$$

比较等式两端同类项的系数，得

$$\begin{cases} -3a = 1 \\ -3b + 4c = 0 \\ -3c = 0 \\ -3d - 4a = 0 \end{cases},$$

由此可得 $a = -\dfrac{1}{3}$，$b = 0$，$c = 0$，$d = \dfrac{4}{9}$. 于是求得原方程的一个特解为

$$y^* = -\frac{1}{3}x\cos 2x + \frac{4}{9}\sin 2x.$$

9.3 习题精选

1. 填空题

(1) 微分方程 $xy' + 2y = \sqrt{x^2 - y}$ 是_____阶的微分方程.

(2) 微分方程 $y' = 2xy$ 的通解为_____.

(3) 微分方程 $y\mathrm{d}x + (x^2 - 4x)\mathrm{d}y = 0$ 的通解为_____.

(4) 微分方程 $y' = e^{2x-y}$，$y|_{x=0} = 0$ 的特解为_____.

(5) 微分方程 $y'\tan x = y\ln y$ 且满足 $y|_{x=\frac{\pi}{2}} = e$ 的解为_____.

(6) 微分方程 $xy' + y = 3$ 的通解为_____.

*(7) 微分方程 $9y'' + 6y' + y = 0$ 的通解为_____.

*(8) 微分方程 $y'' + 2y' + 5y = 0$ 的通解为_____.

*(9) 微分方程 $y'' + y' = 1$ 的通解为_____.

*(10) 微分方程 $y'' + 4y' + 4y = x e^{-2x}$ 的特解形式为_____.

*(11) 函数 $y = y(x)$ 图形上点 $(0, -2)$ 处的切线为 $2x - 3y = 6$，且 $y = y(x)$ 满足 $y'' = 6x$，则此函数为_____.

2. 单项选择题

(1) $3\mathrm{d}x = (x + y^3)\mathrm{d}y$ 是（　　）.

    (A) 可分离变量方程；   (B) 一阶线性方程；

    (C) 伯努利方程；   (D) 其他类型方程.

(2) 方程 $x\mathrm{d}y - [y + xy^3(1 + \ln x)]\mathrm{d}x = 0$ 是（　　）.

    (A) 可分离变量方程；   (B) 齐次方程；

    (C) 一阶线性方程；   (D) 伯努利方程.

(3) 方程 $y' = 3y^{\frac{2}{3}}$ 的特解为（　　）.

    (A) $y = (x+2)^3$；   (B) $y = x^3 + 1$；

    (C) $y = (x+C)^3$；   (D) $y = C(x+1)^3$.

(4) 下列表达式属于二阶微分方程的通解的是（　　）.

    (A) $x^2 + y^2 = C$；   (B) $y = C_1 \sin^2 x + C_2 \cos^2 x$；

    (C) $y = C_1 x^2 + C_2 x + C_3$；   (D) $y = \ln(C_1 x) + \ln(C_2 \sin x)$.

(5) 设函数 $y=y(x)$ 满足 $y'\cos^2 x+y=\tan x$，且当 $x=\dfrac{\pi}{4}$ 时，$y=0$，则当 $x=0$ 时，$y=($).

(A) $\dfrac{\pi}{4}$； (B) $-\dfrac{\pi}{4}$； (C) -1； (D) 1.

*(6) 方程 $y''+y=0$ 的通解为(   ).

(A) $y=C_1\cos x+C_2\sin x$； (B) $y=C_1 e^x+C_2 e^{-x}$；

(C) $y=(C_1+C_2 x)e^x$； (D) $y=C_1 e^x+C_2 e^{2x}$.

*(7) 方程 $y''-3y'+2y=e^x\cos 2x$ 的特解的形式为(   ).

(A) $A e^x\cos 2x$； (B) $A x e^x\cos 2x+B x e^x\sin 2x$；

(C) $A e^x\cos 2x+B e^x\sin 2x$； (D) $A x^2 e^x\cos 2x+B x^2 e^x\sin 2x$.

*(8) 设方程 $y''-2y'-3y=f(x)$ 有特解 y^*，则其通解 $y=($).

(A) $C_1 e^{-x}+C_2 e^{3x}$； (B) $C_1 e^{-x}+C_2 e^{3x}+y^*$；

(C) $C_1 x e^{-x}+C_2 x e^{3x}+y^*$； (D) $C_1 e^x+C_2 e^{-3x}+y^*$.

*(9) 方程 $y''-3y'+2y=3x-2e^x$ 的特解 y^* 的形式为(   ).

(A) $(ax+b)e^x$； (B) $(ax+b)x e^x$；

(C) $(ax+b)+C e^x$； (D) $(ax+b)+C x e^x$.

*(10) 方程 $y''+3y'+2y=e^{-x}\cos x$ 的特解的形式为(   ).

(A) $y^*=e^{-x}A\cos x$； (B) $y^*=e^{-x}(A\cos x+B\sin x)$；

(C) $y^*=x e^{-x}A\cos x$； (D) $y^*=x e^{-x}(A\cos x+B\sin x)$.

3. 验证下列函数分别是所给微分方程的解：

(1) 函数 $y=\dfrac{1}{2}(e^{2x}+x^2)+C$，微分方程 $y'=e^{2x}+x$；

(2) 函数 $y=C_1 e^{ax}+C_2 e^{bx}$，微分方程 $y''-(a+b)y'+aby=0$.

4. 求下列微分方程的通解或在给定初值条件下的特解：

(1) $\dfrac{\mathrm{d}y}{\mathrm{d}x}=\dfrac{xy}{1+x^2}$；

(2) $(1+y)\mathrm{d}x-(1-x)\mathrm{d}y=0$；

(3) $\sec^2 x\tan y\,\mathrm{d}x+\sec^2 y\tan x\,\mathrm{d}y=0$；

(4) $(xy^2+x)\mathrm{d}x+(y-x^2 y)\mathrm{d}y=0$；

(5) $x\mathrm{d}y+2y\mathrm{d}x=0$，$y\big|_{x=2}=1$.

5. 求下列微分方程的通解或在给定初值条件下的特解：

(1) $\dfrac{\mathrm{d}y}{\mathrm{d}x}=x+2y$； (2) $\dfrac{\mathrm{d}y}{\mathrm{d}x}+y=e^{-x}$；

(3) $(x^2+y^2)\mathrm{d}x-xy\mathrm{d}y=0$； (4) $\dfrac{\mathrm{d}y}{\mathrm{d}x}=\dfrac{y}{x}(1+\ln y-\ln x)$；

(5) $y'=\dfrac{x}{y}+\dfrac{y}{x}$，$y\big|_{x=1}=2$；

**(6) $(y^2-3x^2)\mathrm{d}y+2xy\mathrm{d}x=0$，$y\big|_{x=0}=1$.

6. 求下列微分方程的通解或在给定初值条件下的特解：

(1) $y' + y\tan x = \sin 2x$；

(2) $y\ln y\,dx - (x - \ln y)\,dy = 0$；

(3) $2y\,dx + (y^2 - 6x)\,dy = 0$；

(4) $y' - \dfrac{y}{x+2} = x^2 + 2x$，$\quad y\big|_{x=-1} = \dfrac{3}{2}$；

(5) $y' + 2xy = (x\sin x)e^{-x^2}$，$\quad y\big|_{x=0} = 1$.

7. 求下列微分方程的通解：

(1) $y' + \dfrac{xy}{1+x^2} = xy^{\frac{1}{2}}$；

(2) $y' - 3xy = xy^2$；

(3) $xy' + y - y^2\ln x = 0$.

*8. 求下列非齐次线性微分方程的通解或在给定初值条件下的特解：

(1) $y''' = e^{2x} - \cos x$；

(2) $xy'' + y' = 0$；

(3) $y'' = \dfrac{1}{x}y' + xe^x$；

**(4) $y^3y'' + 1 = 0$；

(5) $y''' = y''$；

(6) $y'' = 3\sqrt{y'}$，$\quad y\big|_{x=0} = 1$，$\quad y'\big|_{x=0} = 2$.

*9. 求下列齐次线性微分方程的通解或在给定初值条件下的特解：

(1) $y'' - 7y' + 6y = 0$；

(2) $y'' - 4y' + 13y = 0$；

(3) $y'' - 4y' + 4y = 0$；

(4) $y'' + 25y = 0$；

(5) $y'' - 10y' + 25y = 0$，$y(0) = 0$，$y'(0) = 1$；

(6) $y'' - 2y' + 10y = 0$，$y\big|_{\frac{\pi}{2}} = 0$，$y'\big|_{\frac{\pi}{6}} = e^{\frac{\pi}{6}}$.

*10. 求下列非齐次线性微分方程的通解或在给定初值条件下的特解：

(1) $y'' - 2y' + 2y = x^2$；

(2) $y'' + 3y' - 10y = 144xe^{-2x}$；

(3) $y'' - 6y' + 8y = 8x^2 + 4x - 2$；

(4) $y'' - 2y' + 5y = \cos 2x$；

(5) $y'' - 8y' + 16y = e^{4x}$，$y(0) = 0$，$y'(0) = 1$；

(6) $y'' - y = \sin^2 x$.

9.4 习题详解

1. 填空题

(1) 1.

(2) $y = Ce^{x^2}$.

提示　$\displaystyle\int \dfrac{1}{y}dy = 2\int x\,dx$，$\ln|y| = x^2 + C$，解得 $y = Ce^{x^2}$.

(3) $y = C\left(\dfrac{x}{4-x}\right)^{\frac{1}{4}}$.

提示　$\displaystyle\int \dfrac{1}{y}dy = \int \dfrac{1}{4x - x^2}dx = \dfrac{1}{4}\int \dfrac{1}{x}dx + \dfrac{1}{4}\int \dfrac{1}{4-x}dx$，因此 $\ln|y| =$

$\dfrac{1}{4}\ln\left|\dfrac{x}{4-x}\right|+\ln|C|.$

（4）$y=\ln\dfrac{e^{2x}+1}{2}.$

提示　$\displaystyle\int e^y\,dy=\int e^{2x}\,dx$，$e^y=\dfrac{1}{2}e^{2x}+C$，由 $y\mid_{x=0}=0$，解得 $C=\dfrac{1}{2}.$

（5）$y=e^{\sin x}.$

提示　$\displaystyle\int\dfrac{1}{y\ln y}\,dy=\int\dfrac{\cos x}{\sin x}\,dx$，$\ln|\ln y|=\ln|\sin x|+\ln|C|$，$\ln y=C\sin x$，当 $y\mid_{x=\frac{\pi}{2}}=e$ 时，解得 $C=1.$

（6）$y=3+\dfrac{C}{x}.$

提示　$y'+\dfrac{1}{x}y=\dfrac{3}{x}$，一阶线性微分方程的解为
$$y=e^{-\int\frac{1}{x}dx}\left(\int\dfrac{3}{x}e^{\int\frac{1}{x}dx}\,dx+C\right)=\dfrac{1}{x}\left(\int 3\,dx+C\right).$$

（7）$y=e^{-\frac{x}{3}}(C_1+C_2x).$

提示　特征方程为 $9r^2+6r+1=0$，特征根为 $r_1=r_2=-\dfrac{1}{3}.$

（8）$y=e^{-x}[C_1\cos(2x)+C_2\sin(2x)].$

提示　特征方程为 $r^2+2r+5=0$，特征根为 $r_{1,2}=-1\pm2i.$

（9）$y=x+C_1e^{-x}+C_2.$

提示　解法1　特征根为 0，-1，则齐次方程的通解为 $C_1e^{-x}+C_2$，设非齐次方程的特解为 $y^*=ax$，代入方程得 $y^*=x.$

解法2　令 $p=y'$，则 $p'=y''$，代入方程得 $p'+p=1$，$\displaystyle\int\dfrac{1}{1-p}\,dp=\int dx$，解得 $-\ln|1-p|=x+C$，$p=1-C_1e^{-x}$，$y'=1-C_1e^{-x}.$

（10）$y^*=x^2e^{-2x}(ax+b).$

提示　特征方程为 $r^2+4r+4=0$，特征根为 $r_1=r_2=-2.$

（11）$y(x)=x^3+\dfrac{2}{3}x-2.$

提示　积分得 $y'=3x^2+C_1$，再次积分得 $y(x)=x^3+C_1x+C_2$，由初值条件为 $y'(0)=\dfrac{2}{3}$，$y(0)=-2$，解得 $C_1=\dfrac{2}{3}$，$C_2=-2.$

2. 单项选择题

（1）B.

提示　整理得 $\dfrac{dx}{dy}-\dfrac{1}{3}x=\dfrac{1}{3}y^3.$

（2）D.

提示　整理得 $\dfrac{\mathrm{d}y}{\mathrm{d}x}-\dfrac{1}{x}y=(1+\ln x)y^3$.

（3）A.

（4）B.

提示　$y=\ln(C_1x)+\ln(C_2\sin x)$，因此有
$$y=\ln C_1+\ln C_2+\ln x+\ln\sin x=\ln x+\ln\sin x+C.$$

（5）C.

提示　整理得 $\dfrac{\mathrm{d}y}{\mathrm{d}x}+\dfrac{1}{\cos^2 x}y=\dfrac{\sin x}{\cos^3 x}$，利用公式得

$$y=\left(\int Q(x)\mathrm{e}^{\int P(x)\mathrm{d}x}\mathrm{d}x+C\right)\mathrm{e}^{-\int P(x)\mathrm{d}x}=\tan x-1+C\mathrm{e}^{-\tan x},$$

由初值条件，当 $x=\dfrac{\pi}{4}$ 时，$y=0$，解得 $C=0$，特解为 $y=\tan x-1$.

（6）A.

提示　特征根为 $\pm\mathrm{i}$.

（7）C.

提示　特征根为 $1,2$.

（8）B.

提示　特征根为 $-1,3$.

（9）D.

提示　特征根为 $1,2$.

（10）B.

提示　特征根为 $-1,-2$.

3. （1）求导得 $y'=\mathrm{e}^{2x}+x$，显然满足方程，所以 $y=\dfrac{1}{2}(\mathrm{e}^{2x}+x^2)+C$ 是方程的解.

（2）将 $y'=aC_1\mathrm{e}^{ax}+bC_2\mathrm{e}^{bx}$，$y''=a^2C_1\mathrm{e}^{ax}+b^2C_2\mathrm{e}^{bx}$ 代入方程得
$$a^2C_1\mathrm{e}^{ax}+b^2C_2\mathrm{e}^{bx}-(a+b)(aC_1\mathrm{e}^{ax}+bC_2\mathrm{e}^{bx})+(ab)(C_1\mathrm{e}^{ax}+C_2\mathrm{e}^{bx})=0,$$
因此 $y=C_1\mathrm{e}^{ax}+C_2\mathrm{e}^{bx}$ 是方程的解.

4. （1）当 $y=0$ 时，方程显然成立. 当 $y\neq 0$ 时，分离变量积分得 $\displaystyle\int\dfrac{\mathrm{d}y}{y}=\int\dfrac{x}{1+x^2}\mathrm{d}x$，

解得 $\ln|y|=\dfrac{1}{2}\ln(1+x^2)+\ln|C|$，因此方程的通解为 $y=C\sqrt{1+x^2}$，其中 C 为任意常数.

（2）当 $y=-1$ 时，方程显然成立. 当 $y\neq-1$ 时，分离变量再积分得 $\displaystyle\int\dfrac{\mathrm{d}y}{1+y}=$

$\displaystyle\int\dfrac{1}{1-x}\mathrm{d}x$，即 $\ln|1+y|=-\ln|1-x|+\ln|C|$，$y=\dfrac{C}{1-x}-1$，其中 C 为任意常数.

（3）当 $y=0$ 时，方程显然成立. 当 $y\neq0$ 时，分离变量积分得
$$\int\dfrac{\sec^2 y}{\tan y}\mathrm{d}y=-\int\dfrac{\sec^2 x}{\tan x}\mathrm{d}x,$$

解得

$$\ln|\tan y| = -\ln|\tan x| + \ln|C|,$$

因此方程的通解为 $\tan y = \dfrac{C}{\tan x}$，其中 C 为任意常数.

（4）分离变量积分得

$$\int \frac{y}{1+y^2}\mathrm{d}y = \int \frac{x}{x^2-1}\mathrm{d}x,\quad \frac{1}{2}\ln(1+y^2) = \frac{1}{2}\ln|x^2-1| + \frac{1}{2}\ln|C|,$$

因此方程的通解为

$$1+y^2 = C(x^2-1),$$

其中 C 为任意常数.

（5）当 $y=0$ 时，显然成立. 当 $y\neq 0$ 时，分离变量再积分得 $\displaystyle\int \frac{1}{y}\mathrm{d}y = -2\int \frac{1}{x}\mathrm{d}x$，因此 $\ln|y| = -2\ln|x| + \ln|C|$，通解为 $y = \dfrac{C}{x^2}$. 由初值条件 $y|_{x=2}=1$，解得 $C=4$，故方程的特解为 $y = \dfrac{4}{x^2}$.

5.

（1）$y = \left(\displaystyle\int Q(x)\mathrm{e}^{\int P(x)\mathrm{d}x}\mathrm{d}x + C\right)\mathrm{e}^{-\int P(x)\mathrm{d}x} = \left(\int x\,\mathrm{e}^{-\int 2\mathrm{d}x}\mathrm{d}x + C\right)\mathrm{e}^{\int 2\mathrm{d}x}$

$\qquad = \left(\displaystyle\int x\,\mathrm{e}^{-2x}\mathrm{d}x + C\right)\mathrm{e}^{2x} = \left(-\dfrac{1}{2}x - \dfrac{1}{4}\right) + C\mathrm{e}^{2x}.$

（2）$y = \left(\displaystyle\int Q(x)\mathrm{e}^{\int P(x)\mathrm{d}x}\mathrm{d}x + C\right)\mathrm{e}^{-\int P(x)\mathrm{d}x} = \left(\int \mathrm{e}^{-x}\mathrm{e}^{\int \mathrm{d}x}\mathrm{d}x + C\right)\mathrm{e}^{-\int \mathrm{d}x} = (x+C)\mathrm{e}^{-x}.$

（3）$\dfrac{\mathrm{d}y}{\mathrm{d}x} = \dfrac{x^2+y^2}{xy} = \dfrac{1+\left(\dfrac{y}{x}\right)^2}{\dfrac{y}{x}}$，令 $u = \dfrac{y}{x}$，则 $y = xu$，$\dfrac{\mathrm{d}y}{\mathrm{d}x} = u + x\dfrac{\mathrm{d}u}{\mathrm{d}x}$，代入方程得

$u + x\dfrac{\mathrm{d}u}{\mathrm{d}x} = \dfrac{1+u^2}{u}$，两端积分得 $\displaystyle\int u\,\mathrm{d}u = \int \frac{1}{x}\mathrm{d}x$，$\dfrac{1}{2}u^2 = \ln|x| + \ln|C_1|$，即有 $u^2 = 2\ln|x| + C$，回代 $u = \dfrac{y}{x}$，因此方程的通解为 $y^2 = (2\ln|x| + C)x^2$.

（4）$\dfrac{\mathrm{d}y}{\mathrm{d}x} = \dfrac{y}{x}\left[1 + \ln\left(\dfrac{y}{x}\right)\right]$，令 $u = \dfrac{y}{x}$，则 $y = xu$，$\dfrac{\mathrm{d}y}{\mathrm{d}x} = u + x\dfrac{\mathrm{d}u}{\mathrm{d}x}$，代入方程得 $u + x\dfrac{\mathrm{d}u}{\mathrm{d}x} = u(1+\ln u)$，$x\dfrac{\mathrm{d}u}{\mathrm{d}x} = u\ln u$，$\displaystyle\int \frac{\mathrm{d}u}{u\ln u} = \int \frac{1}{x}\mathrm{d}x$，$\ln|\ln u| = \ln|x| + \ln|C|$，$\ln u = Cx$，回代 $u = \dfrac{y}{x}$，$\ln\left(\dfrac{y}{x}\right) = Cx$，$\dfrac{y}{x} = \mathrm{e}^{Cx}$，因此方程的通解为 $y = x\mathrm{e}^{Cx}$.

（5）令 $u = \dfrac{y}{x}$，则 $y = xu$，$\dfrac{\mathrm{d}y}{\mathrm{d}x} = u + x\dfrac{\mathrm{d}u}{\mathrm{d}x}$，代入方程得 $u + x\dfrac{\mathrm{d}u}{\mathrm{d}x} = u + \dfrac{1}{u}$，$\displaystyle\int u\,\mathrm{d}u = \int \frac{1}{x}\mathrm{d}x$，$\dfrac{1}{2}u^2 = \ln|x| + C$，$u^2 = 2\ln|x| + 2C = \ln x^2 + 2C$，回代 $u = \dfrac{y}{x}$，$y^2 = x^2(\ln x^2 +$

$2C$），代入初值条件为 $y|_{x=1}=2$，解得 $C=2$，因此方程的特解为 $y^2=x^2(\ln x^2+4)$.

（6）**解法 1**　$(3x^2-y^2)\mathrm{d}y=2xy\mathrm{d}x$，$\dfrac{\mathrm{d}y}{\mathrm{d}x}=\dfrac{2xy}{3x^2-y^2}=\dfrac{2\left(\dfrac{y}{x}\right)}{3-\left(\dfrac{y}{x}\right)^2}$，令 $u=\dfrac{y}{x}$，则 $y=$

xu，$\dfrac{\mathrm{d}y}{\mathrm{d}x}=u+x\dfrac{\mathrm{d}u}{\mathrm{d}x}$，代入方程得 $u+x\dfrac{\mathrm{d}u}{\mathrm{d}x}=\dfrac{2u}{3-u^2}$，从而 $x\dfrac{\mathrm{d}u}{\mathrm{d}x}=\dfrac{u^3-u}{3-u^2}$，积分得

$$\int\frac{3-u^2}{u^3-u}\mathrm{d}u=\int\frac{1}{x}\mathrm{d}x,$$

即有

$$\int\frac{1}{u-1}\mathrm{d}u+\int\frac{1}{u+1}\mathrm{d}u-\int\frac{3}{u}\mathrm{d}u=\int\frac{1}{x}\mathrm{d}x,$$

解得

$$\ln|u-1|+\ln|u+1|-3\ln|u|=\ln|x|+\ln|C|,$$

即有 $\dfrac{u^2-1}{u^3}=Cx$，回代 $u=\dfrac{y}{x}$，$\dfrac{\left(\dfrac{y}{x}\right)^2-1}{\left(\dfrac{y}{x}\right)^3}=Cx$，整理得 $Cy^3-y^2+x^2=0$，由初值条件

$y|_{x=0}=1$，解得 $C=1$，因此方程的特解为 $y^3-y^2+x^2=0$.

解法 2　方程整理为 $\dfrac{\mathrm{d}y}{\mathrm{d}x}=\dfrac{2xy}{3x^2-y^2}$，$\dfrac{\mathrm{d}x}{\mathrm{d}y}=\dfrac{3x^2-y^2}{2xy}=\dfrac{3}{2}\cdot\dfrac{x}{y}-\dfrac{1}{2}\cdot\dfrac{y}{x}$，将方程看成

以 y 为自变量、以 x 为因变量的微分方程. 令 $u=\dfrac{x}{y}$，则 $x=yu$，$\dfrac{\mathrm{d}x}{\mathrm{d}y}=u+y\dfrac{\mathrm{d}u}{\mathrm{d}y}$，代入

方程得 $u+y\dfrac{\mathrm{d}u}{\mathrm{d}y}=\dfrac{3u}{2}-\dfrac{1}{2u}$，从而 $y\dfrac{\mathrm{d}u}{\mathrm{d}y}=\dfrac{u^2-1}{2u}$，积分得

$$\int\frac{2u}{u^2-1}\mathrm{d}u=\int\frac{1}{y}\mathrm{d}y,$$

解得

$$\ln|u^2-1|=\ln|y|+\ln C,$$

整理得 $u^2-1=Cy$，回代 $u=\dfrac{x}{y}$，$\left(\dfrac{x}{y}\right)^2-1=Cy$，因此方程的通解为 $Cy^3+y^2-x^2=0$.

6.

（1）$y=\left(\displaystyle\int Q(x)\mathrm{e}^{\int P(x)\mathrm{d}x}\mathrm{d}x+C\right)\mathrm{e}^{-\int P(x)\mathrm{d}x}=\left(\displaystyle\int\sin2x\,\mathrm{e}^{\int\tan x\mathrm{d}x}\mathrm{d}x+C\right)\mathrm{e}^{-\int\tan x\mathrm{d}x}$

$=\left(\displaystyle\int\sin2x\,\mathrm{e}^{-\ln\cos x}\mathrm{d}x+C\right)\mathrm{e}^{\ln\cos x}=\left(2\displaystyle\int\sin x\,\mathrm{d}x+C\right)\cos x$

$=(-2\cos x+C)\cos x$.

（2）整理得以 y 为自变量的一阶线性微分方程 $\dfrac{\mathrm{d}x}{\mathrm{d}y}-\dfrac{1}{y\ln y}x=-\dfrac{1}{y}$，因此

$$x=\left(\int Q(y)\mathrm{e}^{\int P(y)\mathrm{d}y}\mathrm{d}y+C\right)\mathrm{e}^{-\int P(y)\mathrm{d}y}=\left(-\int\frac{1}{y}\mathrm{e}^{-\int\frac{1}{y\ln y}\mathrm{d}y}\mathrm{d}y+C\right)\mathrm{e}^{\int\frac{1}{y\ln y}\mathrm{d}y}$$

$$= \left(-\int \frac{1}{y} e^{-\ln(\ln y)} \, dy + C \right) e^{\ln(\ln y)} = \left(-\int \frac{1}{y \ln y} \, dy + C \right) \ln y$$

$$= [-\ln(\ln y) + C] \ln y.$$

（3）整理得以 y 为自变量的一阶线性微分方程 $\dfrac{dx}{dy} - \dfrac{3}{y} x = -\dfrac{1}{2} y$，因此

$$x = \left(\int Q(y) e^{\int P(y) dy} \, dy + C \right) e^{-\int P(y) dy} = \left(-\frac{1}{2} \int y e^{-3\int \frac{1}{y} dy} \, dy + C \right) e^{3\int \frac{1}{y} dy}$$

$$= \left(-\frac{1}{2} \int y e^{-3\ln y} \, dy + C \right) e^{3\ln y} = \left(-\frac{1}{2} \int y^{-2} \, dy + C \right) y^3$$

$$= \left(\frac{1}{2y} + C \right) y^3 = \frac{1}{2} y^2 + C y^3.$$

（4）$y = \left(\int Q(x) e^{\int P(x) dx} \, dx + C \right) e^{-\int P(x) dx} = \left(\int (x^2 + 2x) e^{-\int \frac{1}{x+2} dx} \, dx + C \right) e^{\int \frac{1}{x+2} dx}$

$$= \left(\int (x^2 + 2x) e^{-\ln(x+2)} \, dx + C \right) e^{\ln(x+2)} = \left(\int x \, dx + C \right)(x+2)$$

$$= \left(\frac{1}{2} x^2 + C \right)(x+2),$$

由初值条件 $y|_{x=-1} = \dfrac{3}{2}$，得 $C=1$，因此特解为 $y = \left(\dfrac{1}{2} x^2 + 1 \right)(x+2)$.

（5）$y = \left(\int Q(x) e^{\int P(x) dx} \, dx + C \right) e^{-\int P(x) dx} = \left(\int (x \sin x) e^{-x^2} e^{\int 2x dx} \, dx + C \right) e^{-\int 2x dx}$

$$= \left(\int (x \sin x) e^{-x^2} e^{x^2} \, dx + C \right) e^{-x^2} = \left(\int x \sin x \, dx + C \right) e^{-x^2}$$

$$= (-x \cos x + \sin x + C) e^{-x^2},$$

由 $y|_{x=0} = 1$，解得 $C=1$，因此方程的特解为 $y = (-x \cos x + \sin x + 1) e^{-x^2}$.

7.

（1）方程整理为 $y^{-\frac{1}{2}} y' + \dfrac{x}{1+x^2} y^{\frac{1}{2}} = x$，令 $u = y^{\frac{1}{2}}$，则 $u' = \dfrac{1}{2} y^{-\frac{1}{2}} y'$，代入方程得

$2u' + \dfrac{x}{1+x^2} u = x$，整理得 $u' + \dfrac{1}{2} \dfrac{x}{1+x^2} u = \dfrac{1}{2} x$，因此通解为

$$u = \left(\int Q(x) e^{\int P(x) dx} \, dx + C \right) e^{-\int P(x) dx} = \left(\frac{1}{2} \int x e^{\frac{1}{2} \int \frac{x}{1+x^2} dx} \, dx + C \right) e^{-\frac{1}{2} \int \frac{x}{1+x^2} dx}$$

$$= \left(\frac{1}{2} \int x e^{\frac{1}{4} \ln(1+x^2)} \, dx + C \right) e^{-\frac{1}{4} \ln(1+x^2)} = \left[\frac{1}{5} (1+x^2)^{\frac{5}{4}} + C \right] \frac{1}{\sqrt[4]{1+x^2}},$$

而 $u = y^{\frac{1}{2}}$，故原方程的通解为 $y = \left[\dfrac{1}{5} (1+x^2)^{\frac{5}{4}} + C \right]^2 \dfrac{1}{\sqrt{1+x^2}}$.

（2）方程整理为 $y^{-2} y' - 3x y^{-1} = x$，令 $u = y^{-1}$，$u' = -y^{-2} y'$，代入方程得 $-u' - 3xu = x$，整理得 $u' + 3xu = -x$，因此通解为

$$u = \left(\int Q(x) e^{\int P(x) dx} \, dx + C \right) e^{-\int P(x) dx} = \left(-\int x e^{3\int x dx} \, dx + C \right) e^{-3\int x dx}$$

$$= \left(-\int x \mathrm{e}^{\frac{3}{2}x^2} \mathrm{d}x + C \right) \mathrm{e}^{-\frac{3}{2}x^2} = \left(-\frac{1}{3} \mathrm{e}^{\frac{3}{2}x^2} + C \right) \mathrm{e}^{-\frac{3}{2}x^2} = C \mathrm{e}^{-\frac{3}{2}x^2} - \frac{1}{3},$$

而 $u = y^{-1}$，故原方程的通解为 $y = \left(C \mathrm{e}^{-\frac{3}{2}x^2} - \frac{1}{3} \right)^{-1}$.

（3）方程整理为 $y^{-2} y' + \dfrac{1}{x} y^{-1} = \dfrac{\ln x}{x}$，令 $u = y^{-1}$，则 $u' = -y^{-2} y'$，代入方程得

$-u' + \dfrac{1}{x}u = \dfrac{\ln x}{x}$，$u' - \dfrac{1}{x}u = -\dfrac{\ln x}{x}$，因此通解为

$$u = \left(\int Q(x) \mathrm{e}^{\int P(x)\mathrm{d}x} \mathrm{d}x + C \right) \mathrm{e}^{-\int P(x)\mathrm{d}x} = \left(-\int \frac{\ln x}{x} \mathrm{e}^{-\int \frac{1}{x}\mathrm{d}x} \mathrm{d}x + C \right) \mathrm{e}^{\int \frac{1}{x}\mathrm{d}x}$$

$$= \left(-\int \frac{\ln x}{x^2} \mathrm{d}x + C \right) x = \left(\frac{\ln x + 1}{x} + C \right) x = \ln x + 1 + Cx.$$

回代 $u = y^{-1}$，故原方程的通解为 $y = \dfrac{1}{\ln x + 1 + Cx}$.

8.

（1）$y'' = \displaystyle\int (\mathrm{e}^{2x} - \cos x) \mathrm{d}x + C_1 = \dfrac{1}{2} \mathrm{e}^{2x} - \sin x + C_1$，

$y' = \displaystyle\int \left(\dfrac{1}{2} \mathrm{e}^{2x} - \sin x \right) \mathrm{d}x + C_1 x + C_2 = \dfrac{1}{4} \mathrm{e}^{2x} + \cos x + C_1 x + C_2$，

$y = \displaystyle\int \left(\dfrac{1}{4} \mathrm{e}^{2x} + \cos x \right) \mathrm{d}x + \dfrac{C_1}{2} x^2 + C_2 x + C_3 = \dfrac{1}{8} \mathrm{e}^{2x} + \sin x + C_1 x^2 + C_2 x + C_3$.

（2）令 $y' = p$，则 $y'' = p'$，代入方程得 $xp' + p = 0$，分离变量积分得 $\displaystyle\int \dfrac{1}{p} \mathrm{d}p =$

$-\displaystyle\int \dfrac{1}{x} \mathrm{d}x$，$\ln|p| = -\ln|x| + \ln|C_1|$，$p = \dfrac{C_1}{x}$，即 $y' = \dfrac{C_1}{x}$，$\displaystyle\int \mathrm{d}y = C_1 \int \dfrac{1}{x} \mathrm{d}x$，故原

方程的通解为 $y = C_1 \ln x + C_2$.

（3）令 $y' = p$，则 $y'' = p'$，代入方程得

$$p' - \frac{1}{x} p = x \mathrm{e}^x,$$

$$p = \left(\int Q(x) \mathrm{e}^{\int P(x)\mathrm{d}x} \mathrm{d}x + C \right) \mathrm{e}^{-\int P(x)\mathrm{d}x} = \left(\int x \mathrm{e}^x \mathrm{e}^{-\int \frac{1}{x}\mathrm{d}x} \mathrm{d}x + C \right) \mathrm{e}^{\int \frac{1}{x}\mathrm{d}x}$$

$$= \left(\int \mathrm{e}^x \mathrm{d}x + C \right) x = x \mathrm{e}^x + Cx,$$

即 $y' = x \mathrm{e}^x + Cx$，再积分得 $y = x \mathrm{e}^x - \mathrm{e}^x + C_1 x^2 + C_2$.

（4）令 $y' = p(y)$，则 $y'' = \dfrac{\mathrm{d}p}{\mathrm{d}y} p$，代入方程得 $y^3 \dfrac{\mathrm{d}p}{\mathrm{d}y} p = -1$，积分得

$$\int p \mathrm{d}p = -\int \frac{1}{y^3} \mathrm{d}y, \quad p^2 = \frac{1}{y^2} + C_1,$$

解得

$$p = \sqrt{\frac{1}{y^2} + C_1} = \frac{\sqrt{1 + C_1 y^2}}{y},$$

即
$$y' = \frac{\sqrt{1+C_1 y^2}}{y},$$

$$\int \frac{y}{\sqrt{1+C_1 y^2}}\mathrm{d}y = \int \mathrm{d}x,\ \frac{1}{C_1}\sqrt{1+C_1 y^2} = x+C,$$

整理得
$$\sqrt{1+C_1 y^2} = C_1 x + C_1 C = C_1 x + C_2,$$

即
$$1+C_1 y^2 = (C_1 x + C_2)^2,$$

故原方程的通解为 $y^2 = \dfrac{(C_1 x + C_2)^2 - 1}{C_1}$.

(5) 令 $y'' = p$, $y''' = p'$, 代入方程得 $p' = p$, $\int \dfrac{1}{p}\mathrm{d}p = \int \mathrm{d}x + C$, 解得 $\ln|p| = x+C$, $p = \pm \mathrm{e}^{x+c} = C_1 \mathrm{e}^x$, 即 $y'' = C_1 \mathrm{e}^x$, 积分得 $y' = C_1 \mathrm{e}^x + C_2$, 再积分得 $y = C_1 \mathrm{e}^x + C_2 x + C_3$.

(6) 令 $y' = p$, 则 $y'' = \dfrac{\mathrm{d}p}{\mathrm{d}x}$, 代入方程得 $\dfrac{\mathrm{d}p}{\mathrm{d}x} = 3\sqrt{p}$, $\int \dfrac{1}{\sqrt{p}}\mathrm{d}p = 3\int \mathrm{d}x$, 解得 $2\sqrt{p} = 3x + C_1$, 由初值条件 $y'|_{x=0} = 2$, 解得 $C_1 = 2\sqrt{2}$, 因此 $2\sqrt{y'} = 3x + 2\sqrt{2}$. 整理得 $\sqrt{y'} = \dfrac{3}{2}x + \sqrt{2}$, $y' = \dfrac{9}{4}x^2 + 3\sqrt{2}x + 2$, 因此 $y = \dfrac{3}{4}x^3 + \dfrac{3\sqrt{2}}{2}x^2 + 2x + C_2$, 由初值条件 $y|_{x=0} = 1$, 解得 $C_2 = 1$, 因此方程的特解为 $y = \dfrac{3}{4}x^3 + \dfrac{3\sqrt{2}}{2}x^2 + 2x + 1$.

9.

(1) 特征方程为 $r^2 - 7r + 6 = 0$, 特征根为 $r_1 = 1$, $r_2 = 6$, 则通解为 $y = C_1 \mathrm{e}^x + C_2 \mathrm{e}^{6x}$.

(2) 特征方程为 $r^2 - 4r + 13 = 0$, 特征根为 $r_{1,2} = 2 \pm 3\mathrm{i}$, 则通解为
$$y = \mathrm{e}^{2x}(C_1 \sin 3x + C_2 \cos 3x).$$

(3) 特征方程为 $r^2 - 4r + 4 = 0$, 特征根为 $r_1 = r_2 = 2$, 则通解为 $y = \mathrm{e}^{2x}(C_1 x + C_2)$.

(4) 特征方程为 $r^2 + 25 = 0$, 特征根为 $r_{1,2} = \pm 5\mathrm{i}$, 则通解为 $y = C_1 \sin 5x + C_2 \cos 5x$.

(5) 特征方程为 $r^2 - 10r + 25 = 0$, 特征根为 $r_1 = r_2 = 5$, 则通解为 $y = \mathrm{e}^{5x}(C_1 x + C_2)$, 由初值条件 $y(0) = 0$, 解得 $C_2 = 0$, 因此 $y = C_1 x \mathrm{e}^{5x}$. 而 $y' = C_1(5x+1)\mathrm{e}^{5x}$, 由初值条件 $y'(0) = 1$, 解得 $C_1 = 1$, 因此方程的特解为 $y = x\mathrm{e}^{5x}$.

(6) 特征方程为 $r^2 - 2r + 10 = 0$, 特征根为 $r_{1,2} = 1 \pm 3\mathrm{i}$, 方程的通解为
$$y = \mathrm{e}^x(C_1 \sin 3x + C_2 \cos 3x),$$
由初值条件 $y|_{\frac{\pi}{2}} = 0$, 解得 $C_1 = 0$, 因此, $y = C_2 \mathrm{e}^x \cos 3x$. 而 $y' = C_2 \mathrm{e}^x(\cos 3x - 3\sin 3x)$, 由初值条件 $y'|_{\frac{\pi}{6}} = \mathrm{e}^{\frac{\pi}{6}}$, 解得 $C_2 = -\dfrac{1}{3}$, 特解为 $y = -\dfrac{1}{3}\mathrm{e}^x \cos 3x$.

10.

（1）特征方程为 $r^2-2r+2=0$，特征根为 $r_{1,2}=1\pm i$，则齐次方程的通解为

$$y=e^x(C_1\sin x+C_2\cos x).$$

设非齐次方程的特解为 $y^*=ax^2+bx+c$，则 $y^{*\prime}=2ax+b$，$y^{*\prime\prime}=2a$，代入方程比较两端同次项系数得，$a=\frac{1}{2}$，$b=1$，$c=\frac{1}{2}$，因此特解为 $y^*=\frac{1}{2}x^2+x+\frac{1}{2}$，故原方程的通解为

$$y=\frac{1}{2}x^2+x+\frac{1}{2}+e^x(C_1\sin x+C_2\cos x).$$

（2）特征方程为 $r^2+3r-10=0$，特征根为 $r_1=-5$，$r_2=2$，则齐次方程的通解为

$$y=C_1e^{-5x}+C_2e^{2x}.$$

设非齐次方程的特解为 $y^*=(ax+b)e^{-2x}$，则

$$y^{*\prime}=(-2ax-2b+a)e^{-2x},\quad y^{*\prime\prime}=4(ax+b-a)e^{-2x},$$

代入方程比较两端同次项系数得，$a=-12$，$b=1$，因此特解为 $y^*=(-12x+1)e^{-2x}$，故原方程的通解为

$$y=(-12x+1)e^{-2x}+C_1e^{-5x}+C_2e^{2x}.$$

（3）特征方程为 $r^2-6r+8=0$，特征根为 $r_1=2$，$r_2=4$，则齐次方程的通解为

$$y=C_1e^{2x}+C_2e^{4x}.$$

设非齐次方程的特解为 $y^*=ax^2+bx+c$，则 $y^{*\prime}=2ax+b$，$y^{*\prime\prime}=2a$，代入方程比较两端同次项系数得，$a=1$，$b=2$，$c=1$，因此特解为 $y^*=x^2+2x+1$，故原方程的通解为

$$y=x^2+2x+1+C_1e^{2x}+C_2e^{4x}.$$

（4）特征方程为 $r^2-2r+5=0$，特征根为 $r_{1,2}=1\pm2i$，则齐次方程的通解为

$$y=e^x(C_1\sin2x+C_2\cos2x).$$

设非齐次方程的特解为 $y^*=a\sin2x+b\cos2x$，则

$$y^{*\prime}=2a\cos2x-2b\sin2x,\quad y^{*\prime\prime}=-4a\sin2x-4b\cos2x,$$

代入方程比较两端同次项系数得，$a=-\frac{4}{17}$，$b=\frac{1}{17}$，因此特解为

$$y^*=-\frac{4}{17}\sin2x+\frac{1}{17}\cos2x,$$

故非齐次线性微分方程的通解为

$$y=-\frac{4}{17}\sin2x+\frac{1}{17}\cos2x+e^x(C_1\sin2x+C_2\cos2x).$$

（5）特征方程为 $r^2-8r+16=0$，特征根为 $r_1=r_2=4$，则齐次方程的通解为

$$y=e^{4x}(C_1x+C_2).$$

设非齐次方程的特解为 $y^*=ax^2e^{4x}$，则

$$y^{*\prime}=(4ax^2+2ax)e^{4x},\quad y^{*\prime\prime}=(16ax^2+16ax+2a)e^{4x}.$$

代入方程比较两端同次项系数得 $a=\frac{1}{2}$，特解为 $y^*=\frac{1}{2}x^2e^{4x}$，因此非齐次方程的通

解为

$$y = \frac{1}{2} x^2 \mathrm{e}^{4x} + \mathrm{e}^{4x}(C_1 x + C_2) = \left(\frac{1}{2} x^2 + C_1 x + C_2 \right) \mathrm{e}^{4x},$$

由初值条件 $y(0) = 0$，解得 $C_2 = 0$，则 $y = \left(\frac{1}{2} x^2 + C_1 x \right) \mathrm{e}^{4x}$. 而

$$y' = (2x^2 + 4C_1 x + x + C_1) \mathrm{e}^{4x},$$

由初值条件 $y'(0) = 1$，解得 $C_1 = 1$，因此原方程的特解为 $y = \left(\frac{1}{2} x^2 + x \right) \mathrm{e}^{4x}$.

（6）方程整理得 $y'' - y = \frac{1}{2} - \frac{1}{2} \cos 2x$，特征方程为 $r^2 - 1 = 0$，特征根为 $r_1 = -1$，$r_2 = 1$，则齐次方程的通解为 $y = C_1 \mathrm{e}^{-x} + C_2 \mathrm{e}^x$. 先求微分方程 $y'' - y = \frac{1}{2}$ 的一个特解，显然 $y_1^* = -\frac{1}{2}$ 是此方程的一个特解；再求微分方程 $y'' - y = -\frac{1}{2} \cos 2x$ 的一个特解，设 $y_2^* = a \sin 2x + b \cos 2x$，则

$$y_2^{*\,\prime} = 2a \cos 2x - 2b \sin 2x, \quad y_2^{*\,\prime\prime} = -4a \sin 2x - 4b \cos 2x,$$

代入方程得 $a = 0$，$b = \frac{1}{10}$. 特解为 $y_2^* = \frac{1}{10} \cos 2x$，非齐次微分方程的特解为

$$y_1^* + y_2^* = -\frac{1}{2} + \frac{1}{10} \cos 2x,$$

原微分方程的通解为

$$y = -\frac{1}{2} + \frac{1}{10} \cos 2x + C_1 \mathrm{e}^{-x} + C_2 \mathrm{e}^x.$$

填空题详解　　　　　　　　单项选择题详解

第二部分

模拟试题及详解

模拟试题一

一、填空题

(1) 函数 $y=\sqrt{x^2-1}+\ln(x+2)$ 的定义区间为_____.

(2) $\lim\limits_{n\to\infty}\dfrac{3^n-(-1)^n}{3^{n+1}+(-1)^n}=$_____.

(3) 为使 $f(x)=\dfrac{\sqrt{1-x^4}-1}{1-\cos(x^2)}$ 在 $x=0$ 处连续,须补充定义 $f(0)=$_____.

(4) $f(x)=\dfrac{x^2-1}{x^2-3x+2}$ 的可去间断点为_____.

(5) 设 $f(x)=x(2x-1)(3x-2)\cdots(2016x-2015)$,则 $f'(0)=$_____.

(6) 已知 $y=x^n+\mathrm{e}^{-x}$,则 $y^{(n)}=$_____.

(7) 设 $f'(x)=\sin\sqrt{x}$,$x>0$,又 $y=f(x^2)$,则 $\mathrm{d}y=$_____.

(8) 函数 $f(x)=\ln\sin x$ 在 $\left[\dfrac{\pi}{6},\dfrac{5}{6}\pi\right]$ 上满足罗尔定理的 $\xi=$_____.

(9) 设某商品的需求函数为 $Q=100-2p$,则当 $Q=50$ 时,其边际收益为_____.

(10) 已知 $f'(x)=1$,$f(0)=1$,则 $\displaystyle\int f(x)\mathrm{d}x=$_____.

二、单项选择题

(1) 若 $f(x)$ 在 $(-\infty,+\infty)$ 内有定义,则下列函数是偶函数的是(   ).

    (A) $f(x^3)$;   (B) $f^2(x)$;

    (C) $f(x)-f(-x)$;   (D) $f(x)+f(-x)$.

(2) 极限 $\lim\limits_{x\to+\infty}\sin[\arctan(\ln x)]=$(   ).

    (A) 1;   (B) -1;   (C) 0;   (D) 不存在.

(3) 函数 $f(x)$ 可微,则 $\lim\limits_{x\to1}\dfrac{f(2-x)-f(1)}{x-1}=$(   ).

    (A) $-f'(-1)$;   (B) $-f'(1)$;   (C) $f'(1)$;   (D) $f'(-1)$.

(4) 设 $f'(x)$ 在 $x=2$ 处连续，且 $\lim\limits_{x\to 2}\dfrac{f'(x)}{x-2}=-2$，则（　　）.

(A) $x=2$ 为 $f(x)$ 的极小值点；

(B) $x=2$ 为 $f(x)$ 的极大值点；

(C) $(2,f(2))$ 是曲线 $y=f(x)$ 的拐点；

(D) $x=2$ 不是 $f(x)$ 的极值点，$(2,f(2))$ 不是曲线 $y=f(x)$ 的拐点.

(5) 若 $\int xf(x)\mathrm{d}x=\arcsin x+C$，则 $\int\dfrac{1}{f(x)}\mathrm{d}x=$（　　）.

(A) $-\dfrac{1}{3}\sqrt{(1-x^2)^3}+C$；　　　　　　　(B) $-\dfrac{1}{2}\sqrt{(1-x^2)^3}+C$；

(C) $\dfrac{1}{3}(1-x^2)^{\frac{2}{3}}+C$；　　　　　　　(D) $\dfrac{2}{3}(1-x^2)^{\frac{2}{3}}+C$.

三、计算题

1. 求极限 $\lim\limits_{x\to 0}\left(\dfrac{1}{x^2}-\dfrac{1}{x\tan x}\right)$.

2. 设 $f(x-2)=\left(1-\dfrac{3}{x}\right)^x$，求 $\lim\limits_{x\to\infty}f(x)$.

3. $y=\dfrac{x}{2}\sqrt{9-x^2}+\dfrac{9}{2}\arcsin\dfrac{x}{3}$，求 y'.

4. 设 $f(x)=\begin{cases}x^2\sin\dfrac{1}{x}, & x>0 \\ 0, & x=0 \\ \dfrac{1-\cos x^2}{x}, & x<0\end{cases}$，试求 $f'(x)$.

5. 设 $\lim\limits_{x\to+\infty}f'(x)=K$，求 $\lim\limits_{x\to+\infty}[f(x+a)-f(x)]$，其中 $a>0$.

6. 设 $f(x)=ax^3-3ax^2+b\ (a>0)$ 在区间 $[-1,2]$ 上的最大值为 1，最小值为 -3，试求常数 a 和 b 的值.

7. 求不定积分 $\int\dfrac{\cos x}{1+\cos x}\mathrm{d}x$.

8. 求不定积分 $\int\dfrac{\ln(\sin x)}{\sin^2 x}\mathrm{d}x$.

四、应用题

1. 某厂商计划生产一批产品，已知该产品的需求函数为 $p=10\mathrm{e}^{-\frac{x}{2}}$，其中 x 为需求量（单位：千台），p 为价格（单位：千万元），且最大需求量为 6 千台，试求：

(1) 收益最大时的产量，并求最大收益；

(2) $x=4$ 时的收益价格弹性，并给出其经济意义.

2. 利用导数方法作函数 $y=f(x)=\dfrac{x^2}{x+1}$ 的图像.

五、证明题

证明：当 $x>0$ 时，不等式 $\cos x>1-\dfrac{x^2}{2}$ 成立.

模拟试题二

一、填空题

(1) 已知函数 $f(x)$ 的定义域为 $[0,4]$，则 $f(x^2)+f(x-1)$ 的定义域为 _____.

(2) 已知 $\lim\limits_{n\to\infty}\dfrac{an^2+bn+5}{3n-2}=2$，则 $a=$ _____，$b=$ _____.

(3) 当 $k=$ _____ 时，$f(x)=\begin{cases} x\ln|x|, & x\neq 0 \\ k, & x=0 \end{cases}$ 在 $x=0$ 处连续.

(4) 设函数 $f(x)$ 在 $x=0$ 处可导，且 $f(0)=1$，则 $\lim\limits_{x\to 1}\dfrac{f(\ln x)-1}{x-1}=$ _____.

(5) 若 $f(x)=x^{\tan x}$，则 $f'(x)=$ _____.

(6) 函数 $f(x)=x^2+px+q$ 在 $[a,b]$ 上满足拉格朗日中值定理的 $\xi=$ _____.

(7) 曲线 $y=\left(\dfrac{x+1}{x-1}\right)^x$ 的水平渐近线为 _____.

(8) 将函数 $y=e^{2x}$ 展开为带有皮亚诺余项的三阶麦克劳林公式为 _____.

(9) 已知 $\displaystyle\int f(x)\mathrm{d}x=\arcsin x+C$，则 $\displaystyle\int xf(x^2)\mathrm{d}x=$ _____.

(10) 不定积分 $\displaystyle\int e^{e^x+x}\mathrm{d}x=$ _____.

二、单项选择题

(1) 若在 $(-\infty,+\infty)$ 内 $f(x)$ 单调增加，$g(x)$ 单调减少，则 $f[g(x)]$ 在 $(-\infty,+\infty)$ 内（　　）.

(A) 单调增加；　　　　　　　　　(B) 单调减少；

(C) 不是单调函数；　　　　　　　(D) 增减性难以判定.

(2) 下列极限不正确的是（　　）.

(A) $\lim\limits_{x\to 0}e^{\frac{1}{x}}=\infty$；　　　　　　(B) $\lim\limits_{x\to 0^-}e^{\frac{1}{x}}=0$；

(C) $\lim\limits_{x\to 0^+}e^{\frac{1}{x}}=+\infty$；　　　　(D) $\lim\limits_{x\to\infty}e^{\frac{1}{x}}=1$.

（3）设 $f(x)=\arctan(x^2)$，则 $\lim\limits_{x\to 0}\dfrac{f(x_0)-f(x_0-x)}{x}=$（　　）.

（A）$\dfrac{1}{1+x_0^2}$；

（B）$\dfrac{-2x_0}{1+x_0^2}$；

（C）$\dfrac{-2x_0}{1+x_0^4}$；

（D）$\dfrac{2x_0}{1+x_0^4}$.

（4）函数 $f(x)$ 在点 $x=x_0$ 处可微是它在点 $x=x_0$ 连续的（　　）条件.

（A）必要而不充分；

（B）充分而不必要；

（C）充分必要；

（D）不确定.

（5）$\displaystyle\int\dfrac{2x}{x^2-2x+5}\mathrm{d}x=$（　　）.

（A）$\ln(x^2-2x+5)+2\arctan\dfrac{x-1}{2}+C$；

（B）$\ln(x^2-2x+5)+\dfrac{1}{2}\arctan\dfrac{x-1}{2}+C$；

（C）$\ln(x^2-2x+5)+\arctan\dfrac{x}{2}+C$；

（D）$\ln(x^2-2x+5)+\arctan\dfrac{x-1}{2}+C$.

三、计算题

1. 已知 $y=\sec(2x)+\arctan(3x)$，求 $\mathrm{d}y$.

2. 设连续函数 $f(x)$ 满足 $f(x)=4x^3+2x+3\lim\limits_{x\to 1}f(x)$，求 $\displaystyle\int f(x)\mathrm{d}x$.

3. 求极限 $\lim\limits_{x\to+\infty}(x+\sqrt{1+x^2})^{\frac{1}{x}}$.

4. 已知函数 $y=\left(\dfrac{b}{a}\right)^{\sin x}\left(\dfrac{b}{x+1}\right)^a\left(\dfrac{x+2}{a}\right)^b$，其中 a，$b>0$，求 y'.

5. 已知曲线 $y=kx^2\,(k>0)$ 与 $y=\ln x-\dfrac{1}{2}$ 相切，试求常数 k 的值.

6. 已知 $y=f(\mathrm{e}^x+y)$ 确定隐函数 $y=y(x)$，其中 f 二阶可导且其一阶导数 $f'\neq 1$，求 $\dfrac{\mathrm{d}y}{\mathrm{d}x}$ 和 $\dfrac{\mathrm{d}^2y}{\mathrm{d}x^2}$.

7. 求不定积分 $\displaystyle\int\dfrac{1}{\sqrt{x-x^2}}\mathrm{d}x$.

8. 求不定积分 $\displaystyle\int\dfrac{x\cos^4\dfrac{x}{2}}{\sin^3 x}\mathrm{d}x$.

四、应用题

1. 已知某企业生产某种产品，固定成本为 10 万元，另每生产 1 百件，成本增加 10 万元. 已知市场上此种产品的最大需求量为 100 百件，且销售收入（单位：万元）为

$$R(x) = \begin{cases} -\dfrac{1}{2}x^2 + 70x, & 0 \leqslant x \leqslant 100, \\ 2000, & x > 100 \end{cases},$$

试求产量(单位:百件)为多少时利润达到最大,并求最大利润.

2. 利用导数方法作函数 $y = f(x) = \dfrac{2x}{x^2+1}$ 的图像.

五、证明题

证明:对于 $\forall x \in (-\infty, +\infty)$,不等式 $1 + x\ln(x + \sqrt{1+x^2}) \geqslant \sqrt{1+x^2}$ 成立.

模拟试题三

一、填空题

(1) 设 $f(x)$ 的定义域为 $(1,2)$，则 $f(\ln x)$ 的定义域为_____.

(2) $y=(2x+1)^2$（其中 $x \geqslant 0$）的反函数为_____.

(3) $\lim\limits_{x \to +\infty}(\sqrt{x^2-x+2}-\sqrt{x^2+2x})=$_____.

(4) 若 $\lim\limits_{x \to 0}\dfrac{1-\cos(kx)}{\mathrm{e}^{kx^2}-1}=2$，其中 $k \neq 0$，则常数 $k=$_____.

(5) 已知函数 $f(x)=\begin{cases}\dfrac{x}{1+\mathrm{e}^{\frac{1}{x}}}, & x \neq 0 \\ k, & x=0\end{cases}$ 在 $x=0$ 处连续，则 $k=$_____.

(6) 若 $f(x)=f(-x)$，且 $f'(-1)=2$，则 $f'(1)=$_____.

(7) 设 $y=f(x^2+a)$，其中 f 二阶可导，a 为常数，则 $y''=$_____.

(8) $f(x)=\sqrt{x}$ 按 $(x-1)$ 的幂展开的带有皮亚诺余项的三阶泰勒公式为_____.

(9) 函数 $y=\dfrac{x}{\sqrt{x^2-1}}$ 的水平渐近线为_____.

(10) 若 $\displaystyle\int f(\sqrt{x})\mathrm{d}x=x^2+C$，则 $\displaystyle\int f(x)\mathrm{d}x=$_____.

二、单项选择题

(1) 下列表达式为基本初等函数的是(　　).

(A) $y=\cos(2x)$；　　　　　　　　　　(B) $y=\arctan x$；

(C) $y=\begin{cases}2x+1, & x>0 \\ \mathrm{e}^x-1, & x<0\end{cases}$；　　　　　　(D) $y=\ln(x+1)$.

(2) 设 $f(x)=\begin{cases}\dfrac{1-\cos x}{\sqrt{x}}, & x>0 \\ x^2\varphi(x), & x \leqslant 0\end{cases}$，其中 $\varphi(x)$ 为有界函数，则 $f(x)$ 在 $x=0$ 处(　　).

(A) 极限不存在；　　　　　　　　　　(B) 极限存在但不连续；

(C) 连续但不可导；　　　　　　　　　(D) 可导.

(3) 设成本函数为 $C(Q)=aQ+b$，则成本函数的弹性为(　　　).

(A) aQ；　　　　　　　　　　　　　(B) $\dfrac{aQ}{aQ+b}$；

(C) $\dfrac{a}{aQ+b}$；　　　　　　　　　(D) $\dfrac{Q}{aQ+b}$.

(4) 设偶函数 $f(x)$ 具有连续的二阶导数，且 $f''(0)\neq 0$，则 $x=0$(　　　).

(A) 不是 $f(x)$ 的驻点；　　　　　　　(B) 必是 $f(x)$ 的极值点；

(C) 不是 $f(x)$ 的极值点；　　　　　　(D) 是否为极值点无法确定.

(5) 若 $F'(x)=f(x)$，则下列选项中不正确的是(　　　).

(A) $\displaystyle\int e^{2x}f(e^{2x})\mathrm{d}x=F(e^{2x})+C$；　　　(B) $\displaystyle\int \dfrac{f(\tan x)}{\cos^2 x}\mathrm{d}x=F(\tan x)+C$；

(C) $\displaystyle\int \dfrac{f(x^{-1})}{x^2}\mathrm{d}x=-F(x^{-1})+C$；　　　(D) $\displaystyle\int \dfrac{f(\ln x)}{x}\mathrm{d}x=F(\ln x)+C$.

三、计算题

1. 求极限 $\lim\limits_{x\to 0}\dfrac{\sqrt{1+x\sin x}-1}{x\ln(1+2x)}$.

2. 求极限 $\lim\limits_{x\to 0}\left(\dfrac{\tan x}{x}\right)^{\frac{1}{x^2}}$.

3. 试讨论当 α 满足什么条件时，$f(x)=\begin{cases} x^{\alpha}\cos\dfrac{1}{x}, & x\neq 0 \\ 0, & x=0 \end{cases}$ 的导数在 $x=0$ 处连续.

4. 设 $y=\dfrac{x}{2}\sqrt{x^2+a^2}+\dfrac{a^2}{2}\ln(x+\sqrt{x^2+a^2})$，试求 $\dfrac{\mathrm{d}y}{\mathrm{d}x}$ 和 $\dfrac{\mathrm{d}^2 y}{\mathrm{d}x^2}$.

5. 设 $e^{2xy}+2xe^y-3\ln x=0$ 确定隐函数 $y=f(x)$，试求 y'.

6. 设 $f(x)$ 可导，且满足 $xf'(x)=f'(-x)+1$，$f(0)=0$，试求 (1) $f'(x)$；
(2) $f(x)$ 的极值.

7. 求不定积分 $\displaystyle\int \dfrac{\ln x}{x\sqrt{1+\ln x}}\mathrm{d}x$.

8. 求不定积分 $\displaystyle\int \dfrac{\ln\tan x}{\cos x\sin x}\mathrm{d}x$.

四、应用题

1. 某企业销售某种商品，需求函数为 $P=20-4x$，其中 P 为价格(单位：万元)，x 为需求量(单位：吨). 企业的平均成本为 $\overline{C}(x)=2$ 万元，政府向企业每吨商品征收税款 2 万元，当产量为多少吨时，商家获得最大利润？最大利润为多少？

2. 已知函数 $y=f(x)$ 在 $(-\infty,+\infty)$ 上具有二阶连续的导数，且其一阶导函数 $f'(x)$ 的图形如图 3.1 所示.

则：(1) 函数 $f(x)$ 的驻点是_____.

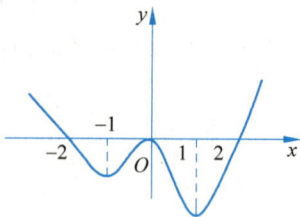

图 3.1

(2) $f(x)$ 的递增区间为_____.

(3) $f(x)$ 的递减区间为_____.

(4) $f(x)$ 的极大值点为_____.

(5) $f(x)$ 的极小值点为_____.

(6) 曲线 $y=f(x)$ 的凸区间为_____.

(7) 曲线 $y=f(x)$ 的凹区间为_____.

(8) 曲线 $y=f(x)$ 的拐点是_____.

五、证明题

已知 $f(x)$ 在 $[1,3]$ 上连续，在 $(1,3)$ 内可导，且 $f(1)f(3)>0$，$f(1)f(2)<0$，证明至少存在一点 $\xi\in(1,3)$，使得 $f'(\xi)-f(\xi)=0$.

模拟试题四

(1) 设 $f(x)=\begin{cases}x^2, & x<0 \\ x, & x\geqslant 0\end{cases}$，则 $f[f(-1)]=$ _____.

(2) 若 $\lim\limits_{x\to 2}\dfrac{x^2-3x+a}{2-x}=b$，则 a，b 的值分别是 _____.

(3) 设 $f(x)=\dfrac{1}{1+e^{\frac{1}{x}}}$，则 $\lim\limits_{x\to 0^-}f(x)=$ _____.

(4) 为使 $f(x)=\dfrac{\sin 5x}{\arcsin 3x}$ 在 $x=0$ 处连续，须补充定义 $f(0)=$ _____.

(5) 设 $f'(3)=a$，则 $\lim\limits_{h\to 0}\dfrac{f(3+h)-f(3-2h)}{h}=$ _____.

(6) 已知 $y=x\ln x$，则 $y^{(10)}=$ _____.

(7) 函数 $f(x)=\ln x$ 在 $x=2$ 处的三阶带有皮亚诺余项的泰勒公式为 _____.

(8) 曲线 $y=\dfrac{x}{\sqrt{x^2-4}}$ 共有 _____ 条渐近线.

(9) 设 $f(x)$ 的一个原函数为 $e^{-x}+\sin(2x)$，则 $f'(x)=$ _____.

(10) 已知函数 $f(x)$ 满足 $f(0)=1$，$f'(x)=2x$，则 $\int f(x)\mathrm{d}x=$ _____.

二、单项选择题

(1) 下列函数在其定义域内无界的是( ).

    (A) $y=\dfrac{x}{1+x^2}$;   (B) $y=\arctan\dfrac{1}{x}$;

    (C) $y=\tan(\sin x)$;   (D) $y=e^{-x}$.

(2) 当 $x\to 0$ 时，与 x 等价的无穷小量是( ).

    (A) $\sqrt{x}-x$;   (B) $\sqrt{1+x}-1$;

    (C) $\sin(\tan x)$;   (D) $1-\cos x$.

(3) 设 $f(x)=\begin{cases} x^2\arctan\dfrac{1}{x^2}, & x\neq0 \\ 0, & x=0 \end{cases}$，则 $f(x)$ 在 $x=0$ 处（　　）.

    （A）不连续；   （B）极限不存在；

    （C）连续且可导；   （D）连续但不可导.

(4) 设 $F(x)$ 和 $G(x)$ 为 $f(x)$ 的两个不同的原函数，且 $f(x)\neq0$，C 为某一常数，则（　　）.

    （A）$F(x)+G(x)=C$；   （B）$F(x)-G(x)=C$；

    （C）$F(x)\cdot G(x)=C$；   （D）$F(x)=C\cdot G(x)$.

(5) 设 $f(x)$ 的一个原函数是 $\ln x$，则 $\displaystyle\int xf(1+3x^2)\mathrm{d}x=($　　$)$.

    （A）$\dfrac{1}{6}\ln(1+3x^2)+C$；   （B）$-\dfrac{1}{6}\ln(1+3x^2)+C$；

    （C）$\dfrac{1}{6(1+3x^2)}+C$；   （D）$-\dfrac{1}{6(1+3x^2)}+C$.

三、计算题

1. 求极限 $\displaystyle\lim_{x\to+\infty}(\sqrt{x+\sqrt{x}}-\sqrt{x})$.

2. 求极限 $\displaystyle\lim_{x\to\infty}(x+\sqrt[3]{1-x^3})$.

3. 求极限 $\displaystyle\lim_{x\to-\infty}x\left(\dfrac{\pi}{2}+\arctan x\right)$.

4. 设 $y=f(x^2)+\tan[f(x)]$，其中 f 二阶可导，试求 $\dfrac{\mathrm{d}y}{\mathrm{d}x}$ 和 $\dfrac{\mathrm{d}^2y}{\mathrm{d}x^2}$.

5. 设函数 $f(x)=\begin{cases} \dfrac{\sin x}{x}-x, & x\neq0 \\ 1, & x=0 \end{cases}$，试问

(1) $f'(x)$ 在 $x=0$ 处是否连续；(2) $f'(x)$ 在 $x=0$ 处是否可导.

6. 若 $y=f(x)$ 是由方程 $2^y+xy-4=0$ 确定的隐函数，求曲线 $y=f(x)$ 在 $x=0$ 处的切线方程.

7. 求解不定积分 $\displaystyle\int\dfrac{1}{\mathrm{e}^x+1}\mathrm{d}x$.

8. 求不定积分 $\displaystyle\int\dfrac{(\arcsin\sqrt{x})^2}{\sqrt{x-x^2}}\mathrm{d}x$.

四、应用题

1. 在半径为 a 的半圆内，内接一个矩形，问当矩形的边长分别为多少时，矩形的周长达到最大？

2. 讨论函数 $y=f(x)=x^3-3x^2+2$ 的性态，并作出函数的图像.

五、证明题

证明：方程 $1-x+\dfrac{x^2}{2}-\dfrac{x^3}{3}+\dfrac{x^4}{4}=0$ 无实根.

模拟试题五

一、填空题

(1) 设 $f(x)=\begin{cases} x^2, & x<0 \\ 2-x, & x\geqslant 0 \end{cases}$，则 $f[f(-1)]=$ _____.

(2) 函数 $f(x)=\arcsin(1-x)+\dfrac{1}{\sqrt{x-1}}$ 的定义区间为 _____.

(3) $\lim\limits_{x\to+\infty}\arctan(\sqrt{x^2+2x}-x)=$ _____.

(4) 已知 $f(x)=\begin{cases} x^2+a, & x\leqslant 0 \\ x\sin\dfrac{2}{x}, & x>0 \end{cases}$ 在 $(-\infty,+\infty)$ 内连续，则 $a=$ _____.

(5) 已知 $f(x)$ 是可导函数且满足 $\lim\limits_{h\to 0}\dfrac{h}{f(1-2h)-f(1)}=\dfrac{1}{3}$，则 $f'(1)=$ _____.

(6) 若函数 $f(x)$ 满足 $\mathrm{d}\ln(1+4x^2)=f(x)\mathrm{d}\arctan(2x)$，则 $f(x)=$ _____.

(7) 若 $f(x)=\mathrm{e}^{2x}+x^2$，则 $f'(\ln x)=$ _____.

(8) $f(x)=\dfrac{\ln x}{x^2-1}$ 的铅直渐近线为 _____.

(9) 将函数 $y=\sin(2x)$ 展开为带有皮亚诺余项的三阶麦克劳林公式为 _____.

(10) $\displaystyle\int\dfrac{\sec^2 x}{4+\tan^2 x}\mathrm{d}x=$ _____.

二、单项选择题

(1) 已知 $\lim\limits_{x\to 0}\dfrac{f(ax)}{x}=k$，其中 $k\neq 0$，则 $\lim\limits_{x\to 0}\dfrac{f(bx)}{x}=$（　　）.

(A) $\dfrac{b}{ka}$；　　　　　　(B) $\dfrac{k}{ab}$；　　　　　　(C) $\dfrac{kb}{a}$；　　　　　　(D) $\dfrac{ak}{b}$.

(2) 设函数 $f(x)$ 在 $x=0$ 处连续，且 $\lim\limits_{x\to 0}\dfrac{f(x^2)}{1-\cos x}=1$，则下列结论正确的是（　　）.

(A) $f(0)=0$ 且 $f'(0)$ 存在；　　　　　　(B) $f(0)=1$ 且 $f'(0)$ 存在；

  (C) $f(0)=0$ 且 $f'_+(0)$ 存在；   (D) $f(0)=1$ 且 $f'_+(0)$ 存在。

  (3) 对于任意的实数 p 和 q，函数 $f(x)=x^2+px+q$ 在 $[1,3]$ 上满足拉格朗日中值定理的 $\xi=($ $)$.

  (A) $\dfrac{1}{2}$；   (B) 2；   (C) $\dfrac{p}{2}$；   (D) p.

  (4) 设函数 $f(x)$ 在 $[0,1]$ 上可导，$f'(x)>0$ 并且 $f(0)<0$，$f(1)>0$，则 $f(x)$ 在 $(0,1)$ 内（ ）.

  (A) 至少有两个零点；   (B) 有且仅有一个零点；

  (C) 没有零点；   (D) 零点个数不能确定.

  (5) 设 $f'(\mathrm{e}^x)=x$，则 $f(x)=($ $)$.

  (A) $\ln x+C$；   (B) $x\ln x-x+C$；

  (C) $\dfrac{1}{x}+C$；   (D) $\ln x+x+C$.

三、计算题

1. 已知 $y=x^{\sin x}+\sin^2 x$，求 y'.

2. 求极限 $\lim\limits_{x\to 0}\dfrac{\arctan x-x}{\ln(1+2x^3)}$.

3. 求极限 $\lim\limits_{x\to 0}\left[\dfrac{1}{x}-\left(\dfrac{1}{x^2}-1\right)\ln(1+x)\right]$.

4. 已知函数 $f(x)=\lim\limits_{n\to\infty}\dfrac{(n+2)x}{n\sin x+1}$，则：

(1) 写出 $f(x)$ 的表达式；

(2) 指出 $f(x)$ 的间断点及其所属类型.

5. 设方程 $x^y=y^x$ 确定 y 为 x 的函数，求 $\mathrm{d}y$.

6. 求函数 $f(x)=\begin{cases}3x^2+\sin(x^2)，&x\leqslant 0\\ \dfrac{1}{\sqrt{x}}\arcsin(x^2)，&x>0\end{cases}$ 的导函数 $f'(x)$.

7. 求不定积分 $\displaystyle\int\dfrac{x^3}{\sqrt{1-x^2}}\mathrm{d}x$.

8. 求不定积分 $\displaystyle\int\dfrac{x^2\arctan x}{1+x^2}\mathrm{d}x$.

四、应用题

1. 某企业销售某种商品，其销售量为 Q（单位：吨），销售价格为 p（单位：万元/吨），需求函数为 $Q=24-4p$. 已知该商品的边际成本为 2，固定成本为 3，试求利润最大时的销售量 Q，并求最大利润.

2. 求曲线 $\sqrt{x}+\sqrt{y}=a$（$a>0$ 为常数）上任意一点的切线在 x 轴、y 轴上的截距之和.

五、证明题

设 $f(x)$ 在 $[0,1]$ 上连续，在 $(0,1)$ 内可导，且 $f(0)=1$，$f(1)=0$，试证明：在 $(0,1)$ 内至少存在一点 ξ，使得 $f'(\xi)=-\dfrac{f(\xi)}{\xi}$.

模拟试题六

一、填空题

(1) 设函数 $f(\ln x) = x$，$f[\varphi(x)] = 1 - x$，则 $\varphi(x)$ 的连续区间为 _____．

(2) 若 $f(x)$ 可导，且 $\lim\limits_{h \to 0} \dfrac{f(x_0 + 2h) - f(x_0 - h)}{h} = 3$，则 $f'(x_0) = $ _____．

(3) $f(x) = \dfrac{x^2 - 1}{x^3 - 3x^2 - 4x}$ 的可去间断点为 _____．

(4) 为使函数 $f(x) = \dfrac{\sqrt{1+x} - \sqrt{1-x}}{\sin(2x)}$ 在 $x = 0$ 处连续，需补充定义为 $f(0) = $ _____．

(5) $\lim\limits_{x \to \infty} \left(\dfrac{6x^2 + 2x + 1}{3x - 1} \sin \dfrac{1}{x} \right) = $ _____．

(6) $\lim\limits_{n \to \infty} \dfrac{\sqrt{n} - 2n^2 + 1}{3n^2 + \sqrt{n^4 + 1} + 2} = $ _____．

(7) 曲线 $y = \dfrac{x}{2x + 1}$ 的渐近线为 _____．

(8) 已知某产品的需求函数为 $Q = k \mathrm{e}^{-aP}$，其中 Q 为需求量，P 为价格，a 和 k 为正常数，则总收益对价格的弹性为 _____．

(9) 若 $f'(x) = \sin x$，且 $f(0) = -1$，则 $\mathrm{d}f[f(x)] = $ _____．

(10) $\displaystyle \int \dfrac{1}{1 + \sin x} \mathrm{d}x = $ _____．

二、单项选择题

(1) 对 $\forall \varepsilon > 0$，若数列 $\{x_n\}$ 在 $x = a$ 的 ε 邻域 $(a - \varepsilon, a + \varepsilon)$ 内有无穷多个点，则下列结论正确的是( )．

    (A) 数列 $\{x_n\}$ 的极限存在，但不一定等于 a；

    (B) 数列 $\{x_n\}$ 的极限存在，且等于 a；

    (C) 数列 $\{x_n\}$ 的极限不一定存在；

(D) 数列 $\{x_n\}$ 的极限一定不存在.

(2) 当 $x \to 0$ 时，与 x 等价的无穷小是（　　）.

　　(A) $\ln(1+2x)$；　　　　　　　　　　(B) $\sqrt{1+\sin x} - 1$；

　　(C) $x + \sqrt[3]{x}$；　　　　　　　　　　(D) $\sin(e^x - 1)$.

(3) $f(x) = \ln(1+x^2)$ 在（　　）内单调递减且为凹函数.

　　(A) $(-\infty, -1)$；　　　　　　　　　　(B) $(-1, 0)$；

　　(C) $(0, 1)$；　　　　　　　　　　　　　(D) $(1, +\infty)$.

(4) 设函数 $f(x)$ 满足 $f'(x_0) = f''(x_0) = 0$，$f'''(x_0) > 0$，则下列结论正确的是（　　）.

　　(A) $x = x_0$ 是 $f'(x)$ 的极大值点；

　　(B) $x = x_0$ 是 $f(x)$ 的极大值点；

　　(C) $x = x_0$ 是 $f(x)$ 的极小值点；

　　(D) $(x_0, f(x_0))$ 是曲线 $y = f(x)$ 的拐点.

(5) 已知函数 $F(x) = \begin{cases} \dfrac{1}{2}x^2 + 2, & x \geqslant 0 \\ k - \dfrac{1}{2}x^2, & x < 0 \end{cases}$ 是 $|x|$ 的一个原函数，则 $k = $（　　）.

　　(A) 0；　　　　　　(B) 1；　　　　　　(C) 2；　　　　　　(D) 3.

三、计算题

1. 求极限 $\lim\limits_{x \to -\infty} (\sqrt{x^2+x} - \sqrt{x^2-x})$.

2. 求极限 $\lim\limits_{x \to -1} \left[\dfrac{1}{x+1} - \dfrac{1}{\ln(x+2)} \right]$.

3. $y = \dfrac{\sqrt{1-x}\,(x+2)^2}{\sqrt{1+x}\,(x+3)^3}$，求 $\dfrac{\mathrm{d}y}{\mathrm{d}x}$.

4. 设 $y = f(e^x) \cdot e^{f(x)}$，其中 f 可微，求 $\mathrm{d}y$.

5. 设函数 $f(x) = \begin{cases} x\arctan\dfrac{1}{x^2}, & x \neq 0 \\ 0, & x = 0 \end{cases}$，试讨论导函数 $f'(x)$ 在 $x = 0$ 处的连续性.

6. 已知 $y = \sin^2 x$，求 $y^{(n)}$.

7. 求不定积分 $\displaystyle\int \dfrac{1}{x^2\sqrt{4-x^2}} \mathrm{d}x$.

8. 求不定积分 $\displaystyle\int \dfrac{x e^x}{(2+e^x)^2} \mathrm{d}x$.

四、应用题

1. 某企业销售某种商品，需求函数为 $P = 20 - 4x$，其中 P 为价格（单位：万元），x 为需求量（单位：吨）. 企业的平均成本为 $\overline{C}(x) = 2$ 万元，政府向企业每吨商品征收税款 t 万元，试求：

(1) t 为多少时，在企业获得最大利润的前提下，政府的总税额达到最大？

（2）$P = 4$ 时的需求价格弹性，并说明其经济意义．

2．讨论方程 $e^x = x + 2$ 在 $(-\infty, +\infty)$ 内的实根的个数．

五、证明题

已知 $f(x)$ 在 $[a, b]$ $(0 < a < b)$ 上连续，在 (a, b) 内可导，且 $f(a) = f(b) = 0$．证明至少存在一点 $\xi \in (a, b)$，使得 $\xi f'(\xi) - 2f(\xi) = 0$ 成立．

模拟试题七

一、填空题

(1) 设 $f(x) = \begin{cases} x+2, & |x| \leqslant 1 \\ x^2, & |x| > 1 \end{cases}$，则 $f\left[f\left(\sin\dfrac{\pi}{2} \right) \right] = \underline{\qquad}$.

(2) 函数 $f(x)$ 在 x_0 的某一去心邻域内有界是极限 $\lim\limits_{x \to x_0} f(x)$ 存在的 $\underline{\qquad}$ 条件；极限 $\lim\limits_{x \to x_0} f(x)$ 存在是 $f(x)$ 在 x_0 处连续的 $\underline{\qquad}$ 条件.

(3) $\lim\limits_{n \to \infty} (2^n + 3^n)^{\frac{1}{n}} = \underline{\qquad}$.

(4) $\lim\limits_{x \to \infty} \dfrac{x^2 + 2x + 1}{x^3 + 3x + 4}(1 + \cos x) = \underline{\qquad}$.

(5) 若 $\lim\limits_{x \to 0} \dfrac{\sin^2 x}{1 - \cos(kx)} = 1$，则 $k = \underline{\qquad}$.

(6) 若 $f(x) = \dfrac{\sqrt{1-x} - \sqrt{1+x}}{x}$ 在 $x = 0$ 处连续，则需补充定义 $f(0) = \underline{\qquad}$.

(7) $a = \underline{\qquad}$ 时，$y = \ln x$ 与 $y = ax^2$ 相切.

(8) 设某商品的需求函数是 $Q = 10 - 0.2p$，则当价格 $p = 10$ 时，降价 1%，需求量将 $\underline{\qquad}$.

(9) 已知 $\displaystyle\int \dfrac{f'(\ln x)}{x} \mathrm{d}x = x^2 + C$，则 $f(x) = \underline{\qquad}$.

(10) 已知 $f(x)$ 为 $\sin x$ 的原函数，且 $f(0) = 1$，则 $\displaystyle\int f(x) \mathrm{d}x = \underline{\qquad}$.

二、单项选择题

(1) 下列函数在 $(-1, 1)$ 内可微的是（　　）.

    (A) $y = |x| - x^2$；   (B) $y = \dfrac{1+x}{x}$；   (C) $y = \dfrac{1+x}{1+x^2}$；   (D) $y = x^{\frac{2}{3}}$.

(2) $\lim\limits_{x \to 0^+} \sin[\arctan(\ln x)] = ($　　$)$.

    (A) 1；   (B) -1；   (C) 0；   (D) 不存在.

（3）若 $\lim\limits_{x\to 0}\dfrac{f(x)-f(0)}{\sqrt{1+2x}-1}=1$，则 $f'(0)=($　　）.

　　(A) 1；　　　　　　(B) $\dfrac{1}{2}$；　　　　　　(C) 2；　　　　　　(D) -1.

（4）设 $f(x)$ 为偶函数，且可导，$f''(0)\neq 0$，则下列结论正确的是(　　).

　　(A) $x=0$ 不是 $f(x)$ 的驻点；　　　　(B) $x=0$ 不是 $f(x)$ 的极值点；

　　(C) $x=0$ 是 $f(x)$ 的极值点；　　　　(D) 无法确定.

（5）若 $\int f(x)\mathrm{d}x=\mathrm{e}^{x^2}+C$，则 $f(x)=($　　).

　　(A) $x^2\mathrm{e}^{x^2}$；　　　　(B) $2x\mathrm{e}^{x^2}$；　　　　(C) $2x\mathrm{e}^{2x}$；　　　　(D) $x\mathrm{e}^{2x}$.

三、计算题

1. 求极限 $\lim\limits_{x\to+\infty}\dfrac{\sqrt{x}\sin x}{x^2\sin\dfrac{1}{x}}$.

2. 设 $f(x)=\begin{cases}\dfrac{\mathrm{e}^x-1}{x}, & x<0 \\ 1, & x=0 \\ \dfrac{1-\cos x}{x^2}, & x>0\end{cases}$，求 $\lim\limits_{x\to+\infty}f(x)$，$\lim\limits_{x\to-\infty}f(x)$ 和 $f'(0)$.

3. 已知函数 $f(x)$ 满足 $f(0)=0$，$f'(0)=1$，$f''(0)=2$，求极限 $\lim\limits_{x\to 0}\dfrac{f(x)-x}{x^2}$.

4. 求极限 $\lim\limits_{x\to+\infty}\left[x-x^2\ln\left(1+\dfrac{1}{x}\right)\right]$.

5. 设 $y\mathrm{e}^x+x\mathrm{e}^y=1$ 确定隐函数 $y=f(x)$，求 y' 及 $y'|_{x=0}$.

6. 已知 $y=f(x)=x^3+3ax^2+3bx+c$ 在点 $x=-1$ 处取得极值，点 $(0,1)$ 为曲线的拐点，试求 a,b,c 的值.

7. 求不定积分 $\int(x^2+3x-2)\cos x\mathrm{d}x$.

8. 求不定积分 $\int\cos\sqrt{1-x}\,\mathrm{d}x$.

四、应用题

1. 已知某商品对价格的需求函数 $x=f(p)=125-5p$，成本函数 $C(x)=100+x+x^2$，若生产的商品能全部售出，试求：(1) 利润达到最大时的产量，(2) $p=20$ 时的需求价格弹性，并说明其经济意义.

2. 讨论函数 $f(x)=\dfrac{x^3}{3(x-1)^2}$ 的性态，并作出函数的图像.

五、证明题

证明：当 $x>0$ 时，$\sin x>x-\dfrac{x^3}{3!}$.

模拟试题八

一、填空题

(1) 设 $f(x) = \begin{cases} x, & |x| \leqslant 1 \\ 1, & |x| > 1 \end{cases}$，则 $f(\sin x) \cdot f(1 + e^x) = $ _____.

(2) $\lim\limits_{n \to \infty} 2^n \sin \dfrac{x}{2^{n-1}} = $ _____.

(3) $\lim\limits_{x \to 0} (1 - 2x)^{\frac{3}{\sin x}} = $ _____.

(4) $\lim\limits_{n \to \infty} \left(\dfrac{1}{n^2 + 1} + \dfrac{2}{n^2 + 2} + \cdots + \dfrac{n}{n^2 + n} \right) = $ _____.

(5) 设 $f(x) = \begin{cases} x \ln x + 1, & x > 0 \\ x + a, & x \leqslant 0 \end{cases}$，在 $x = 0$ 处连续，则 $a = $ _____.

(6) 若 $f(x)$ 在 $(-\infty, +\infty)$ 内可导，且为偶函数，则 $f'(0) = $ _____.

(7) 将函数 $y = e^x$ 在 $x = 1$ 处展开为带有拉格朗日余项的泰勒公式为 _____.

(8) 设某种商品的需求函数为 $Q = 100 - 2p$，则当 $Q = 40$ 时，其边际收益为 _____.

(9) 已知 $\ln x$ 是 $f(x)$ 的一个原函数，则 $\int x f(1 - x^2) \mathrm{d}x = $ _____.

(10) $\dfrac{\mathrm{d}}{\mathrm{d}x} \int x^2 e^{x^2} \mathrm{d}x = $ _____.

二、单项选择题

(1) 当 $x \to 0$ 时，下列表达式中与 x 是等价无穷小量的是（　　）.

    (A) $\arcsin(3x)$；   (B) $\sqrt{1+x} - 1$；

    (C) $x + \sin x$；   (D) $\sqrt{1+x} - \sqrt{1-x}$.

(2) 函数 $f(x)$ 在 $x = x_0$ 的某空心邻域内有界是 $\lim\limits_{x \to x_0} f(x)$ 存在的（　　）.

    (A) 必要非充分条件；   (B) 充分非必要条件；

(C) 充要条件；　　　　　　　　　　　　　　(D) 非必要非充分条件.

(3) 设 $f(x)=\begin{cases} \mathrm{e}^x, & x\leqslant 0 \\ ax+b, & x>0 \end{cases}$ 在 $x=0$ 处可导，则有（　　）.

(A) $a=0$，$b=1$；　　　　　　　　　　　　(B) $a=1$，$b=0$；

(C) $a=1$，$b=1$；　　　　　　　　　　　　(D) $a=1$，$b=-1$.

(4) 函数 $f(x)=x^2+2x+1$ 在区间 $[0,1]$ 上满足拉格朗日中值定理，则结论中的 $\xi=$（　　）.

(A) $\dfrac{1}{3}$；　　　　　(B) $\dfrac{1}{\sqrt{3}}$；　　　　　(C) $\dfrac{1}{2}$；　　　　　(D) $-\dfrac{1}{2}$.

(5) 若函数 $f(x)$ 具有二阶连续导数，且 $f'(0)=0$，$\lim\limits_{x\to 0}\dfrac{f''(x)}{|x|}=1$，则（　　）.

(A) $x=0$ 为极大值点；　　　　　　　　　　(B) $x=0$ 为极小值点；

(C) $x=0$ 不是极值点；　　　　　　　　　　(D) 以上结论都不对.

三、计算题

1. 求极限 $\lim\limits_{n\to\infty}(\sqrt{n+3\sqrt{n}}-\sqrt{n-\sqrt{n}}\,)$.

2. 求极限 $\lim\limits_{x\to 0}\left(\dfrac{2^x+3^x}{2}\right)^{\frac{1}{x}}$.

3. 设 $y=\dfrac{x}{2}\sqrt{9-x^2}+\dfrac{9}{2}\arcsin\dfrac{x}{3}$，求 $\mathrm{d}y$.

4. 设 $y=xf(\ln x)$，其中 f 可微，求 y''.

5. 求极限 $\lim\limits_{x\to 0}\dfrac{(1+x)^{\frac{1}{x}}-\mathrm{e}}{x}$.

6. 设 $y=f(x)$ 是由方程 $y=\mathrm{e}^{2x}+x\mathrm{e}^y$ 所确定的隐函数，求 $f'(0)$ 和 $f''(0)$.

7. 求不定积分 $\displaystyle\int\sqrt{\dfrac{x}{1-x\sqrt{x}}}\,\mathrm{d}x$.

8. 求不定积分 $\displaystyle\int\dfrac{\arcsin x}{\sqrt{(1-x^2)^3}}\,\mathrm{d}x$.

四、应用题

1. 假设某工厂每年需要消耗原材料 1000 吨（这里假定是均匀消耗），该材料每吨库存的费用为 40 元/年，已知该原材料每次订货的手续费为 32 元，外加每吨 20 元的费用，则每次订货数量为多少吨时可使总费用最省？

2. 讨论函数 $y=\mathrm{e}^{-\frac{1}{x}}$ 的性态，并作出函数的图像.

五、证明题

设 $f(x)$ 在 $[1,6]$ 上连续，在 $(1,6)$ 内可导，且
$$f(1)=5,\quad f(5)=1,\quad f(6)=12.$$
试证明：在 $(1,6)$ 内至少存在一点 ξ，使得 $f'(\xi)+f(\xi)-2\xi=2$.

模拟试题九

一、填空题

(1) 设 $f(t)=t\varphi(x)$，则 $f(1)-f(0)=$ _____.

(2) $\lim\limits_{x\to\infty}\dfrac{n\arctan(n)}{\sqrt{1+n^2}}=$ _____.

(3) 若当 $x\to0$ 时，$\sin(kx^2)\sim1-\cos x$，则 $k=$ _____.

(4) 设 $f'(1)=1$，则 $\lim\limits_{x\to1}\dfrac{f(x)-f(1)}{x^2-1}=$ _____.

(5) 设 $y=f(\mathrm{e}^{\frac{1}{x}})$，其中 f 可微，则 $\mathrm{d}y=$ _____.

(6) 若 $y=f(\mathrm{e}^{-x})$，且 $f'(x)=x\ln x$，则 $\dfrac{\mathrm{d}y}{\mathrm{d}x}\Big|_{x=1}=$ _____.

(7) 设在 $[0,1]$ 上 $f''(x)>0$，则 $f'(0)$，$f'(1)$，$f(1)-f(0)$ 从小到大的顺序是 _____.

(8) 已知某商品的边际成本为 $(2x-300)\mathrm{e}^{\frac{1}{2}x}$，则使得成本函数最小的产量 $x=$ _____.

(9) 已知 $f'(\tan^2 x)=\cos^2 x$，且 $f(0)=1$，则 $f(x)=$ _____.

(10) 若 $f(x)$ 的一个原函数是 $\ln x$，则 $f'(x)=$ _____.

二、单项选择题

(1) 下列函数中是奇函数的是( ).

    (A) $y=\dfrac{1}{2}(\sin x-\cos x)$;   (B) $y=\dfrac{1}{2}(\mathrm{e}^x-\mathrm{e}^{-x})$;

    (C) $y=x\arctan x$;   (D) $y=\dfrac{1}{2}(\mathrm{e}^x+\mathrm{e}^{-x})$.

(2) 当 $x\to0$ 时，对于函数 $\dfrac{1}{x}\sin\dfrac{1}{x}$ 下列结论正确的是( ).

    (A) 无穷小量;   (B) 无穷大量;

    (C) 有界变量但不是无穷小量;   (D) 无界变量但不是无穷大量.

（3）若下列极限都存在，则下列等式成立的是（　　）.

（A）$\lim\limits_{h \to 0} \dfrac{f(x_0) - f(x_0 + h)}{h} = f'(x_0)$；

（B）$\lim\limits_{x \to x_0} \dfrac{f(x_0) - f(x_0 - x)}{x} = f'(x_0)$；

（C）$\lim\limits_{x \to 0} \dfrac{f(x_0) - f(x_0 - x)}{x} = f'(x_0)$；

（D）$\lim\limits_{h \to 0} \dfrac{f(x_0 + h) - f(x_0 - h)}{2h} = f'(x_0)$.

（4）曲线 $y = \dfrac{x^2 - 1}{3x^2 - x - 2}$ 渐近线的条数为（　　）.

（A）0；　　　　　　（B）1；　　　　　　（C）2；　　　　　　（D）3.

（5）设对任意的 $x \in \mathbf{R}$ 有 $f'(x) = (x - 1)(2x + 1)$，则 $f(x)$ 在 $\left(-\dfrac{1}{2}, \dfrac{1}{4}\right)$ 内（　　）.

　　（A）单调增加，曲线是凹的；　　　　　　（B）单调减少，曲线是凹的；

　　（C）单调增加，曲线是凸的；　　　　　　（D）单调减少，曲线是凸的.

三、计算题

1. 求极限 $\lim\limits_{x \to +\infty} (\sqrt{(x - 3)(x - 5)} - x)$.

2. 求极限 $\lim\limits_{x \to 0} (1 - 2x)^{\frac{1}{\arcsin x}}$.

3. 求极限 $\lim\limits_{x \to +\infty} (x + \sqrt{x^2 + 2x})^{\frac{1}{x}}$.

4. 已知 $y = \sin[f(\mathrm{e}^x)]$，其中 f 二阶可导，求 $\dfrac{\mathrm{d}y}{\mathrm{d}x}$ 和 $\dfrac{\mathrm{d}^2 y}{\mathrm{d}x^2}$.

5. 设 $f(x)$ 在 $(-\infty, +\infty)$ 上具有二阶导数，且 $\lim\limits_{x \to 0} \dfrac{f(x)}{x} = 0$，$f''(0) = 4$，求 $\lim\limits_{x \to 0} \left[1 + \dfrac{f(x)}{x}\right]^{\frac{1}{x}}$.

6. 设函数 $y = f(x)$ 由 $\mathrm{e}^y - xy = \mathrm{e}$ 所确定，求 $f'(0)$ 和 $f''(0)$.

7. 设 $f(x)$ 的原函数 $F(x) > 0$，且 $F(0) = 1$，当 $x \geqslant 0$ 时有 $f(x)F(x) = \sin^2(2x)$，求 $f(x)$.

8. 求不定积分 $\displaystyle\int \dfrac{x + 2}{x^2 + 2x + 5} \mathrm{d}x$.

四、应用题

1. 某商业企业销售某种商品，其销售量为 Q（单位：吨），其销售价格为 p（单位：万元/吨），需求函数 $Q = 35 - 5p$，边际成本 $C'(Q) = 3$，固定成本 1 万元，求利润最大时的销售量 Q，并求最大利润.

2. 讨论函数 $y = f(x) = x\mathrm{e}^{-x}$ 的单调区间、极值、凹凸区间、拐点以及渐近线.

五、证明题

设函数 $f(x)$ 在 $[0, 1]$ 上连续，在 $(0, 1)$ 内可导，且 $f(0) = 0$，$f(1) = 1$，试证明：存在 $0 < \xi < \eta < 1$，使得对 $\forall a, b > 0$，有下式成立：$af'(\xi) + bf'(\eta) = a + b$.

模拟试题十

一、填空题

(1) $y = \arcsin \dfrac{x+1}{2}$ 的定义域为_____.

(2) 设 $f(x) = \begin{cases} 2x, & x \leqslant 1 \\ x+3, & x > 1 \end{cases}$，则 $f(x+2) = $_____.

(3) $y = \dfrac{e^x}{1+e^x}$ 的反函数是_____.

(4) 若 $\lim\limits_{x \to \infty} \left(\dfrac{x^3 - x^2 + 2x + 1}{x^2 + 1} + ax + b \right) = 0$，则 $a = $_____，$b = $_____.

(5) 若 $\lim\limits_{x \to 0} (1 + 2x)^{\frac{1}{x}} = \lim\limits_{x \to 0} \dfrac{\sin(\sin kx)}{x}$，则 $k = $_____.

(6) 已知 $f(x) = 2^{x^2}$，则 $\lim\limits_{h \to 0} \dfrac{f(1 - 2h) - f(1)}{h} = $_____.

(7) 曲线 $y = 2x^3$ 上与直线 $y = 6x$ 平行的切线方程是_____.

(8) 已知 $f(x) = 3x^5 + 4x^2 + 5x + 1$，则 $f^{(6)}(x) = $_____.

(9) 函数 $y = x - \sin x$ 的单调递增区间为_____.

(10) 若 $f(x) = x + \sqrt{x}$，$x > 0$，则 $\int f'(x^2)\,\mathrm{d}x = $_____.

二、单项选择题

(1) 当 $x \to 0$ 时，$2\sin x - \sin 2x \sim x^k$，则 $k = ($).

    (A) 1;   (B) 2;   (C) 3;   (D) 4.

(2) 若 $f'(x_0) = -2$，则 $\lim\limits_{x \to 0} \dfrac{x}{f(x_0 - 2x) - f(x_0)} = ($).

    (A) $\dfrac{1}{4}$;   (B) $-\dfrac{1}{4}$;   (C) 1;   (D) -1.

(3) 设 $y = f(x)$ 在点 x_0 处可微，$\Delta y = f(x_0 + \Delta x) - f(x_0)$，则当 $\Delta x \to 0$ 时，
( ).

(A) dy 与 Δx 是等价无穷小量；

(B) dy 是比 Δx 高阶的无穷小量；

(C) $\Delta y - dy$ 是比 Δx 高阶的无穷小量；

(D) $\Delta y - dy$ 与 Δx 是同阶无穷小量.

(4) 若 $f(x) = \begin{cases} \sin x, & x \leqslant \dfrac{\pi}{2} \\ \dfrac{\pi}{2x}, & x > \dfrac{\pi}{2} \end{cases}$ ，则 $x = \dfrac{\pi}{2}$ 与 $\left(\dfrac{\pi}{2}, 1\right)$ 分别为（   ）.

(A) 极小值点，拐点；   (B) 极大值点，拐点；

(C) 极小值点，不是拐点；   (D) 极大值点，不是拐点.

(5) 已知 $f'(\cos x) = \sin x$ ，则 $f(\cos x) = ($ ）.

(A) $-\cos x + C$；   (B) $\dfrac{1}{4}\sin(2x) - \dfrac{1}{2}x + C$；

(C) $\dfrac{1}{2}\sin(2x) - \dfrac{1}{2}x + C$；   (D) $\cos x + C$.

三、计算题

1. 求极限 $\lim\limits_{n \to \infty}(\sqrt{n + 2\sqrt{n}} - \sqrt{n - 3\sqrt{n}})$.

2. 求极限 $\lim\limits_{x \to 0}(\sin x + e^x)^{\frac{1}{x}}$.

3. 已知 $y = \sqrt{2x + \sqrt{1 - 4x}}$ ，求 dy .

4. 设函数 $f(x) = \begin{cases} a e^x, & x < 0 \\ 3\sin x - b, & x \geqslant 0 \end{cases}$ 在 $x = 0$ 可导，求常数 a 和 b 的值.

5. 已知 $f(x) = \arctan(3x)$ ，$g(x) = e^{2x}$ ，试求 $f'[g(x)]$ 和 $\{f[g(x)]\}'$.

6. 设方程 $x^2 - xy + y^2 = 1$ 确定 y 为 x 的函数，求 $y'|_{(1, 1)}$ ，$y''|_{(1, 1)}$.

7. 求不定积分 $\displaystyle\int \dfrac{1}{1 + \sin x}dx$.

8. 求不定积分 $\displaystyle\int \dfrac{\ln x}{(x + 1)^2}dx$.

四、应用题

1. 某企业销售某种商品，年销售量为 100 万件，每次订货手续费用为 1000 元，每件商品的库存费用为 0.05 元，假定年销售量是均匀的，且上批商品销售完后，能够立即补货. 问应该分几批进货，使得手续费和库存费总费用达到最小？

2. 已知函数 $f(x)$ 在 $(-\infty, +\infty)$ 内二阶导数是连续的，且其一阶导函数 $f'(x)$ 的图形如图 10.1 所示.

则：(1) 函数 $f(x)$ 的驻点是_____.

(2) $f(x)$ 的递增区间为_____.

(3) $f(x)$ 的递减区间为_____.

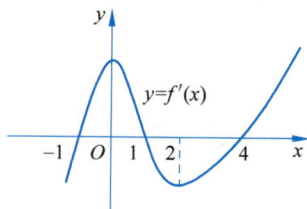

图 10.1

（4）$f(x)$的极大值点为_____.

（5）$f(x)$的极小值点为_____.

（6）曲线$y=f(x)$的凸区间为_____.

（7）曲线$y=f(x)$的凹区间为_____.

（8）曲线$y=f(x)$的拐点是_____.

五、证明题

试利用单调性证明不等式 $e^{\pi}>\pi^{e}$ 成立.

模拟试题十一

一、填空题

(1) 若 $\int_0^x f(t-x)\mathrm{d}t = \sin(x^2+1)$，则 $f(x) = $ _____.

(2) $\int_0^{\frac{1}{2}} \dfrac{f'(\arcsin x)}{\sqrt{1-x^2}}\mathrm{d}x = $ _____.

(3) 曲线 $y=x^2$、直线 $x=\sqrt[3]{2}$ 和 $y=0$ 所围成的平面区域图形被直线 $x=b$ 分成面积相等的两个部分，则 $b = $ _____.

(4) 正项级数 $\sum\limits_{n=1}^{\infty} \dfrac{1}{an+b}$ $(a>0,\ b>0)$ 为 _____ 级数(填写收敛或发散).

(5) 若 $z = f\left(xy,\ \dfrac{x}{y}\right)$，其中 f 可微，则 $\dfrac{\partial z}{\partial x} = $ _____.

(6) 已知 $(x_0,\ y_0)$ 是 $f(x,\ y)$ 的驻点，若 $f''_{xx}(x_0,\ y_0)=3$，$f''_{xy}(x_0,\ y_0)=a$，$f''_{yy}(x_0,\ y_0)=12$，则当 a 满足 _____ 时，$(x_0,\ y_0)$ 一定是 $f(x,\ y)$ 的最小值点.

(7) 级数 $\sum\limits_{n=1}^{\infty} (-1)^n \dfrac{1}{2^n} = $ _____.

(8) 幂级数 $\sum\limits_{n=1}^{\infty} \dfrac{(x-3)^n}{2n-n^3}$ 的收敛域是 _____.

(9) 交换二次积分 $I = \int_0^2 \mathrm{d}y \int_{y^2}^{2y} f(x,\ y)\mathrm{d}x$ 的积分次序后 $I = $ _____.

(10) 方程 $x\,\mathrm{d}y = y\,\mathrm{d}x$ 满足 $y(1)=2$ 的特解为 _____.

二、单项选择题

(1) 下列广义积分发散的是(　　).

(A) $\int_0^1 \dfrac{1}{\sqrt{x}}\mathrm{d}x$；　　　　　　　　　　(B) $\int_2^{+\infty} \dfrac{1}{x\ln x}\mathrm{d}x$；

(C) $\int_0^{+\infty} \mathrm{e}^{-x^2}\mathrm{d}x$；　　　　　　　　　(D) $\int_2^{+\infty} \dfrac{1}{x\ln^2 x}\mathrm{d}x$.

(2) 设 $F(x) = \int_x^{x+2\pi} \mathrm{e}^{\sin^2 t} \sin t \, \mathrm{d}t$，则 $F(x)$（　　）.

　　（A）为正常数；　　　　　　　　　　　（B）为负常数；

　　（C）恒为零；　　　　　　　　　　　　（D）不是常数.

(3) 若级数 $\sum\limits_{n=1}^{\infty} u_n$ 收敛于 S，则级数 $\sum\limits_{n=2}^{\infty} (u_n + u_{n-1})$ 一定（　　）.

　　（A）收敛于 $2S$；　　　　　　　　　　（B）收敛于 $2S + u_1$；

　　（C）收敛于 $2S - u_1$；　　　　　　　（D）发散.

(4) 下列级数条件收敛的是（　　）.

　　（A）$\sum\limits_{n=1}^{\infty} \dfrac{5^n + 4^n}{7^n - 4^n}$；　　　　　　　　（B）$\sum\limits_{n=1}^{\infty} (-1)^n \dfrac{1}{\ln(n+1)}$；

　　（C）$\sum\limits_{n=1}^{\infty} \mathrm{e}^{-n^2}$；　　　　　　　　　　（D）$\sum\limits_{n=1}^{\infty} (-1)^n \left(\dfrac{\sqrt{n+1} - \sqrt{n}}{n} \right)$.

(5) 下列方程中（　　）是线性微分方程.

　　（A）$xy' + \dfrac{2y}{x} = x\cos x$；　　　　　　　（B）$y'' + 2xy + x^2 y^2 = 0$；

　　（C）$(x^2 + y)\mathrm{d}y - y\mathrm{d}x = 0$；　　　　　（D）$y'' + (y')^2 = 5y$.

三、计算题

1. 求积分 $\int_{\frac{1}{2}}^{1} \mathrm{e}^{\sqrt{2x-1}} \, \mathrm{d}x$.

2. 设 $f(x) = \begin{cases} \dfrac{k}{\sqrt{1-x^2}}, & |x| < 1 \\ 0, & |x| \geqslant 1 \end{cases}$，且 $\int_{-\infty}^{+\infty} f(x)\mathrm{d}x = 1$，求 k.

3. 设函数 $z = f(x, y)$ 由方程 $xyz + z\mathrm{e}^x + \dfrac{1}{2}z^2 = 1$ 所确定，求 $\mathrm{d}z$.

4. 设 $z = \dfrac{y}{x} + yf(xy)$，其中 f 二阶可微，求 $x^3 \dfrac{\partial^2 z}{\partial x^2} - xy^2 \dfrac{\partial^2 z}{\partial y^2}$.

5. 计算二重积分 $\iint\limits_{D} \mathrm{e}^{x^2} \mathrm{d}\sigma$，其中 $D = \{(x, y) \mid 0 < x < 1, \ x^3 < y < x\}$.

6. 讨论级数 $\sum\limits_{n=1}^{\infty} \dfrac{n!}{n^n}$ 的敛散性.

7. 求幂级数 $\sum\limits_{n=0}^{\infty} \dfrac{x^n}{n+1}$ 在区间 $(-1, 1)$ 内的和函数.

8. 求微分方程 $x\mathrm{d}y - y\mathrm{d}x = y^2 \mathrm{e}^y \mathrm{d}y$ 的通解.

四、应用题

1. 设平面图形由曲线 $y = 2x - x^2$，$y = 1$ 和 $x = 0$ 围成，试求：(1)该平面图形的面积 S；(2)该平面图形绕 x 轴旋转所生成的旋转体的体积 V_x.

2. 某厂生产甲、乙两种产品，产量分别为 x 和 y（千件），其利润函数为

$$L(x, y) = -x^2 - 4y^2 + 8x + 24y - 15,$$

如果现有原料 15 000 千克，生产两种产品每千件都要消耗 2 000 千克，求：(1)使利润最大时的产量 x，y 和最大利润；(2)如果原料降到 12 000 千克，求利润最大时的产量 x，y 和最大利润．

五、证明题

若正项级数 $\sum\limits_{n=1}^{\infty} u_n$ 收敛，而数列 $\{v_n\}$ 有界，证明：$\sum\limits_{n=1}^{\infty} u_n v_n$ 绝对收敛．

模拟试题十二

一、填空题

(1) 若 $f\left(x+y, \dfrac{x}{y}\right) = x^2 - y^2$，则 $f(x, y) = $ _____．

(2) 已知 $F(x) = \displaystyle\int_0^{x^2} \ln t^2 \, \mathrm{d}t$，则 $F'(x) = $ _____．

(3) $\displaystyle\int_0^{+\infty} \mathrm{e}^{-x} \, \mathrm{d}x = $ _____．

(4) 若 $\displaystyle\lim_{x \to 0} \frac{\displaystyle\int_0^x \frac{t^2}{\sqrt{a + t^2}} \, \mathrm{d}t}{bx - \sin x} = 1$，则 $a = $ _____，$b = $ _____．

(5) 若数列 $\{u_n\}$ 收敛于 a，则 $\displaystyle\sum_{n=1}^{\infty}(u_n - u_{n+1}) = $ _____．

(6) 二元函数 $z = 4(x - y) - x^2 - y^2$ 的极值点为 _____．

(7) 若 $z = \arctan(xy)$，则 $\mathrm{d}z = $ _____．

(8) 交换二次积分 $I = \displaystyle\int_0^1 \mathrm{d}x \int_0^x f(x, y) \, \mathrm{d}y$ 的积分次序后 $I = $ _____．

(9) 已知函数 $f(x)$ 满足 $\displaystyle\int_0^1 f(x) \, \mathrm{d}x = 1$，积分区域 $D = \{(x, y) \mid x^2 + y^2 \leqslant 1\}$，则

$\displaystyle\iint\limits_D f(x^2 + y^2) \, \mathrm{d}\sigma = $ _____．

(10) 方程 $y' = \cos(x - y)$ 的通解为 _____．

二、单项选择题

(1) $\displaystyle\int_{-\frac{\pi}{2}}^{\frac{\pi}{2}} \sqrt{\sin^2 x} \, \mathrm{d}x = ($ _____ $)$．

  (A) 0；   (B) π；   (C) 2；   (D) -2．

(2) 若正项级数 $\sum_{n=1}^{\infty} u_n$ 发散，则下列选项中一定正确的是（   ）.

    (A) $\sum_{n=1}^{\infty} u_n^2$ 发散；   (B) 其部分和数列趋于无穷大；

    (C) $\sum_{n=1}^{\infty} \dfrac{1}{u_n}$ 也发散；   (D) $\lim_{n \to \infty} u_n \neq 0$.

(3) 设二元函数 $f(x, y)$ 在闭区域 D 上连续，则 $\dfrac{\partial}{\partial x} \iint\limits_{D} f(x, y) \mathrm{d}\sigma = ($ $)$.

    (A) $\iint\limits_{D} \dfrac{\partial f(x, y)}{\partial x} \mathrm{d}\sigma$；   (B) $\iint\limits_{D} \dfrac{\partial f(x, y)}{\partial x} \mathrm{d}x \mathrm{d}y$；

    (C) 0；   (D) $f(x, y)$.

(4) 累次积分 $\int_0^{\frac{\pi}{2}} \mathrm{d}\theta \int_0^{\cos\theta} f(r\cos\theta, r\sin\theta) r \mathrm{d}r$，可以写成（   ）.

    (A) $\int_0^1 \mathrm{d}y \int_0^{\sqrt{y-y^2}} f(x, y) \mathrm{d}x$；   (B) $\int_0^1 \mathrm{d}y \int_0^{\sqrt{1-y^2}} f(x, y) \mathrm{d}x$；

    (C) $\int_0^1 \mathrm{d}x \int_0^1 f(x, y) \mathrm{d}y$；   (D) $\int_0^1 \mathrm{d}x \int_0^{\sqrt{x-x^2}} f(x, y) \mathrm{d}y$.

(5) 下列方程中（   ）是二阶线性齐次微分方程.

    (A) $\dfrac{\mathrm{d}^2 y}{\mathrm{d}x^2} + \dfrac{\mathrm{d}y}{\mathrm{d}x} = y$；   (B) $(y'')^2 = x + y'$；

    (C) $y'' = x^2 + yy'$；   (D) $y'' = y(y')^2 + x$.

三、计算题

1. 求定积分 $\int_0^1 \dfrac{2x+3}{1+x^2} \mathrm{d}x$.

2. 求定积分 $\int_{-1}^1 \left[\dfrac{\sin x \arctan^2 x}{3 + \cos x} + \ln(2 - x) \right] \mathrm{d}x$.

3. 讨论广义积分 $\int_0^{+\infty} \mathrm{e}^{ax} \mathrm{d}x$ 的敛散性.

4. 设 $z = f(x, y)$ 由方程 $\mathrm{e}^{xyz} + z - \sin(xy) = 6$ 所确定，求 $\mathrm{d}z$.

5. 求 $\iint\limits_{D} \sqrt{1 - x^2 - y^2} \mathrm{d}\sigma$，其中 $D = \{(x, y) \mid x^2 + y^2 < x, \quad y > 0\}$.

6. 讨论级数 $\sum_{n=1}^{\infty} \dfrac{(-1)^{n-1}}{3^n + n}$ 的敛散性，若收敛，指出是条件收敛还是绝对收敛.

7. 求幂级数 $\sum_{n=1}^{\infty} \dfrac{x^{4n+1}}{4n+1}$ 在区间 $(-1, 1)$ 内的和函数.

8. 求 $x \mathrm{d}y - y \mathrm{d}x = y^2 \mathrm{e}^y \mathrm{d}y$，满足 $y(\mathrm{e}) = 1$ 的特解.

四、应用题

1. 设平面图形是由曲线 $y = x^2$ 和 $y = 1$，$x = 2$ 所围成的平面区域，试求：(1) 该平面图形的面积 S；(2) 该平面图形绕 x 轴旋转所生成的旋转体的体积 V_x.

2. 衣物漂洗的洗净度可用指标 $u = x_1 x_2 \cdots x_n$（其中 x_1，x_2，$\cdots$，x_n 表示每次漂洗时的用水量）来衡量，u 值越大，洗净度越高，若用一桶水分三次漂洗衣物，则如何分配每次漂洗的用水量，才能使衣物洗得干净？

五、证明题

设 $z = \ln(e^x + e^y)$，求证：$\dfrac{\partial^2 z}{\partial x^2} \cdot \dfrac{\partial^2 z}{\partial y^2} = \left(\dfrac{\partial^2 z}{\partial x \partial y}\right)^2$.

模拟试题十三

一、填空题

(1) 设函数 $f\left(x+y, \dfrac{y}{x}\right)=x^2-y^2$，则 $f(x, y)=$ _____.

(2) $F(x)=\displaystyle\int_0^x tf(x^2-t^2)\mathrm{d}t$，其中 f 连续，则 $F'(x)=$ _____.

(3) $\displaystyle\int_1^{+\infty}\dfrac{1}{x(1+x^2)}\mathrm{d}x=$ _____.

(4) $\displaystyle\int_{-\frac{\pi}{2}}^{\frac{\pi}{2}}\left(x+\dfrac{\pi}{2}\right)\cos x\,\mathrm{d}x=$ _____.

(5) 若级数 $\displaystyle\sum_{n=1}^{\infty}(1+u_n)$ 是收敛的，$\lim_{n\to\infty}u_n=$ _____.

(6) 设 $f(x, y)=\begin{cases}\dfrac{xy}{\sqrt{x^2+y^2}}, & x^2+y^2\neq 0 \\ 0, & x^2+y^2=0\end{cases}$，则 $f_x'(0, 0)=$ _____.

(7) 若 $z=f(x, y)$，$y=2^{2x}$，则 $\dfrac{\mathrm{d}z}{\mathrm{d}x}=$ _____.

(8) 交换积分次序 $\displaystyle\int_0^1\mathrm{d}y\int_{\sqrt{y}}^{\sqrt{2-y^2}}f(x, y)\mathrm{d}x=$ _____.

(9) 将 $f(x)=\dfrac{1}{2+x}$ 展开为 x 的幂级数为 _____.

(10) 微分方程 $\dfrac{1}{y}\mathrm{d}x+\dfrac{1}{x}\mathrm{d}y=0$ 的通解为 _____.

二、单项选择题

(1) 下列广义积分收敛的是（　　）.

(A) $\displaystyle\int_1^{+\infty}\dfrac{1}{x^2}\mathrm{d}x$；　　　　　　　　　　　(B) $\displaystyle\int_0^1\dfrac{1}{x}\mathrm{d}x$；

(C) $\displaystyle\int_1^{+\infty}\dfrac{1}{x}\mathrm{d}x$；　　　　　　　　　　　(D) $\displaystyle\int_0^{+\infty}\mathrm{e}^x\mathrm{d}x$.

(2) 若 $z=f(x,y)$ 具有二阶连续偏导数，且 $f''_{xy}(x,y)=k$（常数），$f'_y(x,y)=$（ ）.

(A) $\dfrac{k^2}{2}$；

(B) kx；

(C) $kx+\varphi(x)$；

(D) $kx+\varphi(y)$.

(3) 二元函数 $z=x^3-y^3+3x^2+3y^2-9x$ 的极小值点是（ ）.

(A) $(1,0)$；

(B) $(1,2)$；

(C) $(-3,0)$；

(D) $(-3,2)$.

(4) 若级数 $\displaystyle\sum_{n=1}^{\infty}a_n$ 收敛，则下列级数一定收敛的是（ ）.

(A) $\displaystyle\sum_{n=1}^{\infty}(a_n+a_{n+1})$；

(B) $\displaystyle\sum_{n=1}^{\infty}a_{2n}$；

(C) $\displaystyle\sum_{n=1}^{\infty}a_n a_{n+1}$；

(D) $\displaystyle\sum_{n=1}^{\infty}(-1)^n a_n$.

(5) 微分方程 $\dfrac{\mathrm{d}y}{\mathrm{d}x}+5y=0$ 的通解是（ ）.

(A) $y=\mathrm{e}^{-5x}+C$；

(B) $y=C\mathrm{e}^{-5x}$；

(C) $y=\mathrm{e}^{-5x}$；

(D) $y=(C\mathrm{e})^{-5x}$.

三、计算题

1. 求定积分 $\displaystyle\int_1^{\mathrm{e}}\sin(\ln x)\mathrm{d}x$.

2. 求定积分 $\displaystyle\int_0^4 x(x-1)(x-2)(x-3)(x-4)\mathrm{d}x$.

3. 设 $z=\mathrm{e}^{xy}\sin(x+y)$，求 $\dfrac{\partial z}{\partial x}$，$\dfrac{\partial z}{\partial y}$.

4. 设 $z=f(x,y)$ 由方程 $xy+yz+xz=1$ 所确定，求 $\dfrac{\partial^2 z}{\partial y\partial x}$.

5. 求 $\displaystyle\iint_D\sin\sqrt{x^2+y^2}\,\mathrm{d}\sigma$，其中 D 由 $y=x$，$y=0$，$x^2+y^2=\pi^2$ 及 $x^2+y^2=\dfrac{\pi^2}{4}$ 所围成的第一象限部分.

6. 求级数 $x+\dfrac{x^3}{3}+\dfrac{x^5}{5}+\cdots+\dfrac{x^{2n-1}}{2n-1}+\cdots$ 在 $(-1,1)$ 内的和函数.

7. 求微分方程 $y'=\dfrac{\mathrm{e}^{y^2}}{2xy\mathrm{e}^{y^2}+4y}$ 的通解，并求其在初始条件 $y(-1)=0$ 下的特解.

四、应用题

1. 由曲线 $y=\ln x$ 及过曲线上的点 $(\mathrm{e},1)$ 的切线和 x 轴围成图形，试求：(1) 该平面图形的面积 S；(2) 该平面图形绕 x 轴旋转所生成的旋转体的体积 V_x.

2. 某公司下属的甲、乙两个厂生产的同一种产品，月产量分别为 x 和 y（千件），甲

厂的月生产成本是 $C_1 = x^2 - x + 5$(千元)，乙厂的月生产成本是 $C_2 = y^2 + 2y + 3$(千元)，若要求该产品总产量为 8 千件，并使得总成本最小，求每个厂的最优月产量和相应最小成本.

五、证明题

设 $z = x^n f\left(\dfrac{y}{x^2}\right)$，其中 f 可微，求证：$x\dfrac{\partial z}{\partial x} + 2y\dfrac{\partial z}{\partial y} = nz$.

模拟试题十四

一、填空题

(1) 设函数 $z = \dfrac{\sqrt{y-x}}{\ln(x^2+y^2-1)}$，则其定义域为_____.

(2) $\dfrac{\mathrm{d}}{\mathrm{d}x} \displaystyle\int_a^{2x} f(t)\,\mathrm{d}t = $_____.

(3) 若 $f(x) = \dfrac{1}{1+x^2} + \sqrt{1-x^2} \displaystyle\int_0^1 f(x)\,\mathrm{d}x$，则 $\displaystyle\int_0^1 f(x)\,\mathrm{d}x = $_____.

(4) $\displaystyle\int_0^{+\infty} x^3 \mathrm{e}^{-x}\,\mathrm{d}x = $_____.

(5) 设 (x_0, y_0) 是 $z = f(x, y)$ 的驻点，若 $z = f(x, y)$ 具有二阶连续偏导数，且 $f''_{xx}(x_0, y_0) = -1$，$f''_{xy}(x_0, y_0) = 1$，$f''_{yy}(x_0, y_0) = a$，则当 a 满足_____时，(x_0, y_0) 是 $z = f(x, y)$ 的极大值点.

(6) 若级数 $\displaystyle\sum_{n=1}^{\infty} u_n$ 的部分和 $S_n = \dfrac{2n}{n+1}$，则 $u_n = $_____，$\displaystyle\sum_{n=1}^{\infty} u_n = $_____.

(7) 若 $z = \ln\sqrt{x^2+y^2}$，则 $\mathrm{d}z = $_____.

(8) 设 $z = \arctan\dfrac{x}{y}$，则 $\mathrm{d}z = $_____.

(9) 设 D 是由 $y = \ln x$ 和 $y = 1$，$y = 4$，$x = 0$ 围成，则 $\displaystyle\iint_D \mathrm{d}\sigma = $_____.

(10) 将 $f(x) = \dfrac{1}{x}$ 展开为 $x-2$ 的幂级数为_____.

二、单项选择题

(1) 下列广义积分收敛的是(　　).

(A) $\displaystyle\int_{-\infty}^{+\infty} \dfrac{1}{1+x^2}\,\mathrm{d}x$；

(B) $\displaystyle\int_1^{+\infty} \dfrac{1}{x}\,\mathrm{d}x$；

(C) $\displaystyle\int_1^{+\infty} \dfrac{1}{x-1}\,\mathrm{d}x$；

(D) $\displaystyle\int_1^{+\infty} \mathrm{e}^{x-1}\,\mathrm{d}x$.

(2) $z = \dfrac{1}{\sqrt{\ln(x+y)}}$ 的定义域为( ).

    (A) $x + y > 0$;   (B) $\ln(x+y) \neq 0$;

    (C) $x + y \neq 1$;   (D) $x + y > 1$.

(3) 设函数 $f(x)$ 在 $[-a, a]$ 上是连续的，则 $\displaystyle\int_{-a}^{a} f(x)\,\mathrm{d}x = ($).

    (A) $2\displaystyle\int_{0}^{a} f(x)\,\mathrm{d}x$;   (B) 0;

    (C) $\displaystyle\int_{0}^{a} [f(x) + f(-x)]\,\mathrm{d}x$;   (D) $\displaystyle\int_{0}^{a} [f(x) - f(-x)]\,\mathrm{d}x$.

(4) 若级数 $\displaystyle\sum_{n=1}^{\infty} (-1)^n \dfrac{1}{n^{p-2}}$ 收敛，则 p 的取值范围为(   ).

    (A) $p \geq 1$;   (B) $p \geq 2$;   (C) $p > 3$;   (D) $p > 2$.

(5) 微分方程 $x^2 y\,\mathrm{d}x = (1 - y^2 + x^2 - x^2 y^2)\,\mathrm{d}y$ 是(   )微分方程.

    (A) 齐次;   (B) 可分离变量;

    (C) 一阶线性齐次;   (D) 一阶线性非齐次.

三、计算题

1. 求 $\displaystyle\int_{0}^{\frac{\pi}{2}} |\sin x - \cos x|\,\mathrm{d}x$.

2. 求 $\displaystyle\int_{-2}^{-1} \dfrac{\sqrt{x^2-1}}{x}\,\mathrm{d}x$.

3. 求由方程 $\ln z - \ln x = yz$ 所确定的隐函数 $z = f(x, y)$ 的全微分 $\mathrm{d}z$.

4. 讨论级数 $\displaystyle\sum_{n=2}^{\infty} (-1)^n \dfrac{\ln n}{n}$ 的敛散性，若收敛，判断是条件收敛还是绝对收敛.

5. 求级数 $\displaystyle\sum_{n=1}^{\infty} \dfrac{x^n}{n \cdot 4^n}$ 的收敛域.

6. 求 $\displaystyle\iint_{D} xy\,\mathrm{d}x\,\mathrm{d}y$，其中 $D = \{(x, y) \mid y \geq 0,\ x^2 + y^2 \leq 1,\ x^2 + y^2 \leq 2x\}$.

7. 已知微分方程 $xy' + y = x\mathrm{e}^x$，求其满足 $y(1) = 1$ 的特解.

四、应用题

1. 设平面图形是由曲线 $y = 2x - x^2$ 和 $y = 0$ 围成的平面区域，求该平面图形绕 y 轴旋转所生成的旋转体的体积 V_y.

2. 某公司在 A 城投入广告费 x（千元），则在 A 城的销售额可达 $\dfrac{240x}{x+10}$（千元）. 若在 B 城投入广告费 y（千元），则在 B 城的销售额可达 $\dfrac{400y}{y+13.5}$（千元），假定利润是销售额的 $\dfrac{1}{3}$，且公司的广告预算是 16.5（千元），那么，应如何分配广告费可使总利润最大？

五、证明题

已知 $f(x) = \displaystyle\int_{1}^{x} \dfrac{\ln(1+t)}{t}\,\mathrm{d}t$，试证：$f(x) + f\left(\dfrac{1}{x}\right) = \dfrac{1}{2}\ln^2 x$.

模拟试题十五

一、填空题

(1) 若 $\int_0^{x^2} f(t)\mathrm{d}t = \ln(1+x^2)$，则 $f(x) = $ _____.

(2) $\int_0^{2\pi} |\sin x|\,\mathrm{d}x = $ _____.

(3) 若级数 $\displaystyle\sum_{n=1}^{\infty} \frac{(-1)^n}{n^{2p}}$ 是收敛的，则 p 满足 _____.

(4) $\displaystyle\sum_{n=1}^{\infty} \frac{1}{(2n+1)(2n-1)} = $ _____.

(5) 设 $u = f(x-y,\ y-z,\ z-x)$，其中 f 可微，则 $\dfrac{\partial u}{\partial x} + \dfrac{\partial u}{\partial y} + \dfrac{\partial u}{\partial z} = $ _____.

(6) 若积分区域 D 是由 $y=x$，$y=0$，$x^2+y^2=4$ 及 $x^2+y^2=1$ 所围成的第一象限部分，则 $\displaystyle\iint_D \arctan\frac{y}{x}\mathrm{d}\sigma = $ _____.

(7) 设 $z = \dfrac{y}{x}$，当 $x=2$，$y=1$，$\Delta x=0.1$，$\Delta y=0.2$ 时，$\mathrm{d}z = $ _____.

(8) 交换二次积分 $I = \displaystyle\int_0^1 \mathrm{d}x \int_0^{x^2} f(x,y)\mathrm{d}y + \int_1^2 \mathrm{d}x \int_0^{2-x} f(x,y)\mathrm{d}y$ 的积分次序后 $I = $ _____.

(9) 将 $f(x) = \dfrac{\mathrm{e}^x - \mathrm{e}^{-x}}{2}$ 展开为 x 的幂级数为 _____.

(10) 函数 $z = x^3 + y^3 - 3xy$ 的极小值为 _____.

二、单项选择题

(1) 下列等式成立的是(　　).

    (A) $\displaystyle\int f'(x)\mathrm{d}x = f(x)$；   (B) $\dfrac{\mathrm{d}}{\mathrm{d}x}\displaystyle\int f(x)\mathrm{d}x = f(x) + C$；

    (C) $\dfrac{\mathrm{d}}{\mathrm{d}x}\displaystyle\int_a^b f(x)\mathrm{d}x = f(x)$；   (D) $\dfrac{\mathrm{d}}{\mathrm{d}x}\displaystyle\int_a^b f(x)\mathrm{d}x = 0$.

(2) 广义积分 $\int_0^{+\infty} x^4 e^{-x} dx = ($).

　(A) 5；　　　　(B) 12；　　　　(C) 4；　　　　(D) 24.

(3) 设 $z = \ln\left(xy + \dfrac{x}{y}\right)$，则 $\dfrac{\partial^2 z}{\partial x \partial y} = ($).

　(A) 0；　　　　(B) 1；　　　　(C) $\dfrac{1}{x}$；　　　　(D) $\dfrac{y}{y^2 + 1}$.

(4) $\lim\limits_{n\to\infty} u_n = 1$ 是级数 $\sum\limits_{n=1}^{\infty}(1 - u_n)$ 收敛的（ ）.

　(A) 必要条件；　　　　　　　　(B) 充分条件；

　(C) 充要条件；　　　　　　　　(D) 无关条件.

(5) R 为幂级数 $\sum\limits_{n=1}^{\infty} a_n x^n$ 的收敛半径的充要条件是（ ）.

　(A) 当 $|x| < R$ 时，$\sum\limits_{n=1}^{\infty} a_n x^n$ 收敛；且当 $|x| \geqslant R$ 时，$\sum\limits_{n=1}^{\infty} a_n x^n$ 发散.

　(B) 当 $|x| \leqslant R$ 时，$\sum\limits_{n=1}^{\infty} a_n x^n$ 收敛；且当 $|x| > R$ 时，$\sum\limits_{n=1}^{\infty} a_n x^n$ 发散.

　(C) 当 $|x| < R$ 时，$\sum\limits_{n=1}^{\infty} a_n x^n$ 收敛；且当 $|x| > R$ 时，$\sum\limits_{n=1}^{\infty} a_n x^n$ 发散.

　(D) 当 $|x| < R$ 时，$\sum\limits_{n=1}^{\infty} a_n x^n$ 收敛.

三、计算题

1. 求定积分 $\int_0^{\frac{1}{\sqrt{2}}} (1 - x^2)^{-\frac{3}{2}} dx$.

2. 设 $z = f(x, y)$ 由方程 $xy + e^{xz} = 1 + z \ln y$ 所确定，求 dz.

3. 计算二重积分 $\iint\limits_{D} \dfrac{\sin x}{x} d\sigma$，其中 D 是由 $y = x$，$y = \dfrac{x}{2}$ 及 $x = 2$ 所围成的区域.

4. 计算二重积分 $\iint\limits_{D} e^{-(x^2 + y^2)} dx dy$，其中 $D = \{(x, y) \mid x^2 + y^2 < R^2\}$.

5. 讨论级数 $\sum\limits_{n=2}^{\infty} \dfrac{n \cos(n\pi)}{\sqrt{n^3 - 2n + 1}}$ 的敛散性，若收敛，指出是条件收敛还是绝对收敛.

6. 求级数 $\dfrac{x}{1 \cdot 3} + \dfrac{x^2}{2 \cdot 3^2} + \dfrac{x^3}{3 \cdot 3^3} + \cdots + \dfrac{x^n}{n \cdot 3^n} + \cdots$ 的收敛域.

7. 设连续函数 $f(x)$ 满足方程 $f(x) = \int_0^x f(t) dt + e^x$，求 $f(x)$.

四、应用题

1. 设平面图形是由曲线 $y = \dfrac{3}{x}$ 和 $x + y = 4$ 所围成的平面区域，求：

(1) 该平面图形的面积 S；

(2) 该平面图形绕 x 轴旋转所生成的旋转体的体积 V_x.

2. 某工厂生产 A、B 两种产品，产品 A 每公斤可获利 0.6 元，产品 B 每公斤可获利 0.4 元，制造 x 公斤的 A 种产品和 y 公斤 B 种产品的成本函数为 $C(x,y)=10\,000+x+\dfrac{x^2}{6\,000}+y$，且该厂每月的制造预算是 $20\,000$（元），请问：如何分配两种产品的产量可使月利润最大？

五、证明题

已知 $a_n>0$ 且 $\lim\limits_{n\to\infty}na_n=A$，试证明：若 $\sum\limits_{n=1}^{\infty}a_n$ 收敛，则 $A=0$.

模拟试题十六

一、填空题

(1) $\lim\limits_{x \to 0} \dfrac{\displaystyle\int_0^x t \sin 2t \, dt}{x^3} = $ _____.

(2) 若 $\displaystyle\int_0^1 \dfrac{kx}{(1+x^2)^2} dx = 1$，则 $k = $ _____.

(3) 设二元函数 $f(x, y)$ 在有界闭区域上连续，$z = x^2 y + \displaystyle\iint\limits_D f(x, y) d\sigma$，则

$\dfrac{\partial z}{\partial y} = $ _____.

(4) 将极限 $\lim\limits_{n \to \infty} \dfrac{1}{n} \left(\sqrt{\dfrac{1}{n}} + \sqrt{\dfrac{2}{n}} + \cdots + \sqrt{\dfrac{n}{n}} \right)$ 表示为定积分的形式为 _____.

(5) 已知函数 $z = f(x, y)$ 可微，且 $dz = x \, dx + y \, dy$，则 $z = f(x, y)$ 在点 _____ 处取得 _____ 值(填写极大或极小).

(6) 若级数 $\displaystyle\sum_{n=1}^{\infty} u_n$ 的部分和 $S_n = \dfrac{2n}{n+1}$，则级数的通项 $u_n = $ _____，其和 $S = $ _____.

(7) 函数项级数 $\displaystyle\sum_{n=1}^{\infty} \dfrac{n+1}{x^n}$ 的收敛域为 _____.

(8) 交换二次积分 $I = \displaystyle\int_1^e dx \int_0^{\ln x} f(x, y) dy$ 的积分次序后 $I = $ _____.

(9) 将 $f(x) = \dfrac{1}{x}$ 展开为 $x-1$ 的幂级数为 _____.

*(10) 微分方程 $4y'' + 8y' + 3y = 0$ 的通解为 _____.

二、单项选择题

(1) 下列广义积分收敛的是(   ).

    (A) $\displaystyle\int_e^{+\infty} \dfrac{\ln x}{x} dx$；   (B) $\displaystyle\int_e^{+\infty} \dfrac{1}{x \ln x} dx$；

(C) $\int_{e}^{+\infty} \dfrac{1}{x\ln^2 x}\,\mathrm{d}x$；

(D) $\int_{e}^{+\infty} \dfrac{1}{x\sqrt{\ln x}}\,\mathrm{d}x$．

（2）下列级数中条件收敛的是（　　）．

(A) $\displaystyle\sum_{n=1}^{\infty} \dfrac{(-1)^{n-1}}{n^3}$；

(B) $\displaystyle\sum_{n=1}^{\infty} \dfrac{(-1)^{n-1}}{3^n}$；

(C) $\displaystyle\sum_{n=1}^{\infty} \dfrac{(-1)^{n-1}}{\sqrt[3]{n^2}}$；

(D) $\displaystyle\sum_{n=1}^{\infty} \dfrac{(-1)^{n-1}n}{n+1}$．

（3）函数 $z=x^2+xy+y^2-3x-6y$ 的极小值是（　　）．

(A) 0；　　　　　(B) -3；　　　　　(C) -8；　　　　　(D) -9．

（4）设函数 $z=f(xy, x-y)$，其中 f 可微，则 $\dfrac{\partial z}{\partial x}+\dfrac{\partial z}{\partial y}=$（　　）．

(A) $\dfrac{\partial f}{\partial x}+\dfrac{\partial f}{\partial y}$；

(B) $\dfrac{\partial f}{\partial (xy)}+\dfrac{\partial f}{\partial (x-y)}$；

(C) $(x+y)\dfrac{\partial f}{\partial (xy)}$；

(D) 0．

（5）设函数 $f(x, y)=\begin{cases} xy\sin\dfrac{1}{x^2+y^2}, & x^2+y^2\neq 0 \\ 0, & x^2+y^2=0 \end{cases}$，则 $f(x, y)$ 在 $(0, 0)$ 点处

（　　）．

(A) 极限不存在；

(B) 极限存在但不连续；

(C) 连续但不可微；

(D) 可微．

三、计算题

1. 求定积分 $\displaystyle\int_{0}^{1} \dfrac{\arcsin\sqrt{x}}{\sqrt{x(1-x)}}\,\mathrm{d}x$．

2. 求定积分 $\displaystyle\int_{0}^{\frac{\pi}{2}} \mathrm{e}^{\frac{x}{\pi}}\sin x\,\mathrm{d}x$．

3. 设 $x^z=z^y$ 确定隐函数 $z=f(x, y)$，求 $\mathrm{d}z$．

4. 设 $z=f(u, v)$，$u=x+y$，$v=xy$，$f(u, v)$ 具有连续的二阶偏导数，求 $\dfrac{\partial^2 z}{\partial x z y}$．

5. 计算二重积分 $\displaystyle\iint_{D}\sqrt{1-x^2-y^2}\,\mathrm{d}\sigma$，其中 $D=\{(x, y)\mid x^2+y^2<1\}$．

6. 计算二重积分 $\displaystyle\iint_{D}(1+x+y)\,\mathrm{d}x\mathrm{d}y$，其中 $D=\{(x, y)\mid 0<x<1,\ 0<y<2\}$．

7. 判断级数 $\displaystyle\sum_{n=1}^{\infty}(-1)^n\left(1-\cos\dfrac{1}{\sqrt{n}}\right)$ 的敛散性，若收敛，指出是条件收敛还是绝对收敛．

8. 求微分方程 $y'+y=\mathrm{e}^{-x}$ 的通解．

四、应用题

1. 设平面图形是由曲线 $y = \cos x$ 和直线 $x = 0$，$x = \pi$，$y = 0$ 所围成的平面区域，求此图形绕 x 轴旋转所生成的旋转体的体积 V_x.

2. 已知某大型企业生产甲、乙两种型号的高性能设备，总成本函数（单位：万元）为

$$C(x, y) = 20x + \frac{x^2}{4} + 6y + \frac{1}{2}y^2 + 10\,000,$$

其中，x（单位：件）和 y（单位：件）分别为该企业生产甲、乙两种产品的产量，当总产量为 50 件时，甲乙两种设备的产量各为多少可以使总成本最小？求最小成本.

五、证明题

设 $\displaystyle\sum_{n=1}^{\infty} u_n^2$ 和 $\displaystyle\sum_{n=1}^{\infty} v_n^2$ 均收敛，试证明：$\displaystyle\sum_{n=1}^{\infty} u_n v_n$ 绝对收敛.

模拟试题十七

一、填空题

(1) 设 $f(x) = \int_0^x x e^{t^2} dt$，则 $f'(x) = $ _____．

(2) $\int_{-1}^1 (x + \sqrt{1-x^2})^2 dx = $ _____．

(3) 若 $\int_1^{+\infty} x^{2a+1} dx$ 收敛，则 a 的取值范围是 _____．

(4) 若级数 $\sum\limits_{n=1}^{\infty} u_n$ 收敛且 $u_n \neq 0$，则 $\sum\limits_{n=1}^{\infty} \dfrac{1}{u_n}$ 的敛散性为 _____．

(5) 设 D 为 $|x| + |y| \leqslant 1$ 所确定的区域，则 $\iint\limits_D x^2 y \, dx \, dy = $ _____．

(6) 若 $u = \ln(x^3 + y^3 + z^3 - 3xyz)$，则 $\dfrac{\partial u}{\partial x} + \dfrac{\partial u}{\partial y} + \dfrac{\partial u}{\partial z} = $ _____．

(7) 级数 $\sum\limits_{n=0}^{\infty} (-1)^n \dfrac{1}{2^n \cdot n!} = $ _____．

(8) 将 $f(x) = \cos\sqrt{2x}$ 展开为 x 的幂级数为 _____．

(9) 交换二次积分 $I = \int_0^a dx \int_0^x f(x, y) dy$ 的积分次序后 $I = $ _____．

*(10) 微分方程 $y'' + y = 0$ 的通解为 _____．

二、单项选择题

(1) 下列广义积分发散的是（ ）．

(A) $\int_{-\infty}^{+\infty} \cos x \, dx$；

(B) $\int_1^{+\infty} \dfrac{1}{x^2} dx$；

(C) $\int_0^2 \dfrac{1}{\sqrt{2-x}} dx$；

(D) $\int_0^{+\infty} e^{-x} dx$．

(2) 要使 $f(x, y) = \dfrac{2 - \sqrt{xy+4}}{xy}$ 在点 $(0,0)$ 处连续，则应定义 $f(0,0) = $（ ）．

(A) 0;   (B) 4;   (C) $\dfrac{1}{4}$;   (D) $-\dfrac{1}{4}$.

(3) 级数 $\displaystyle\sum_{n=1}^{\infty}(-1)^n(\sqrt{n+1}-\sqrt{n})$ 的敛散性是(   ).

   (A) 条件收敛;   (B) 绝对收敛;

   (C) 发散;   (D) 敛散性不确定.

(4) 设 $\mathrm{d}z=\dfrac{\mathrm{d}x}{x}+\dfrac{\mathrm{d}y}{y}$, 则 $\dfrac{\partial^2 z}{\partial x\partial y}=$ (   ).

   (A) $\dfrac{1}{x^2}$;   (B) $-\dfrac{1}{x^2}$;   (C) $\ln x$;   (D) 0.

(5) 交换二次积分次序: $\displaystyle\int_0^1 \mathrm{d}y\int_{y^2-1}^{1-y} f(x,y)\mathrm{d}x=$ (   ).

   (A) $\displaystyle\int_{-1}^1 \mathrm{d}x\int_{-\sqrt{1+x}}^{\sqrt{1+x}} f(x,y)\mathrm{d}y$;

   (B) $\displaystyle\int_{-1}^0 \mathrm{d}x\int_0^{\sqrt{1+x}} f(x,y)\mathrm{d}y+\int_0^1 \mathrm{d}x\int_0^{1-x} f(x,y)\mathrm{d}y$;

   (C) $\displaystyle\int_0^1 \mathrm{d}x\int_{-\sqrt{1+x}}^{1+x} f(x,y)\mathrm{d}y$;

   (D) $\displaystyle\int_{-1}^1 \mathrm{d}x\int_{\sqrt{1+x}}^{1+x} f(x,y)\mathrm{d}y$.

三、计算题

1. 设函数 $f(x)=\begin{cases} x\,\mathrm{e}^{x^2}, & x<1 \\ x\ln x, & x\geqslant 1 \end{cases}$, 求 $\displaystyle\int_1^4 f(x-2)\mathrm{d}x$.

2. 求由曲线 $y=(x-2)^2+1$、直线 $y=2x$ 及 $y=8-2x$ 所围成的平面区域的面积.

3. $z=\left(\dfrac{x}{y}\right)\varphi(u)$, 而 $u=-3x+2y$, 且 $\varphi(u)$ 二阶可微, 求 $\dfrac{\partial^2 z}{\partial x^2}$, $\dfrac{\partial^2 z}{\partial x\partial y}$.

4. 讨论级数 $\displaystyle\sum_{n=1}^{\infty}\dfrac{(n!)^2}{(2n)!}$ 的敛散性.

5. 计算二重积分 $\displaystyle\iint_D x\,\mathrm{e}^{xy}\mathrm{d}\sigma$, 其中 $D=\{(x,y)\mid 0<x<1,\ 0<y<1\}$.

6. 计算二重积分 $\displaystyle\iint_D \ln(1+x^2+y^2)\mathrm{d}\sigma$, 其中 $D=\{(x,y)\mid x^2+y^2<1,\ x>0,\ y>0\}$.

7. 求级数 $\displaystyle\sum_{n=1}^{\infty} n x^{n-1}$ 的和函数.

8. 将 $f(x)=\dfrac{x}{x^2-x-2}$ 展开成 x 的幂级数.

四、应用题

1. 在曲线 $y=x^2(x\geqslant 0)$ 上点 A 处作一切线, 使之与曲线以及 x 轴所围成的平面区域的面积为 $\dfrac{1}{12}$, 试求:

（1）该切点的坐标；

（2）过切点 A 的切线方程；

（3）该图形绕 x 轴旋转所生成的旋转体的体积 V_x.

2. 设两种产品的需求量分别为 x，y，相应的价格分别为 p，q，已知 $x=1-p+2q$，$y=11+p-3q$，而两种产品的总成本为 $C(x,y)=4x+y$，试求两种产品获得最大利润时的需求量与相应的价格.

五、证明题

设 $z=f(u)$，$u=x^2+y^2$，其中 f 可微，求证：$x\dfrac{\partial z}{\partial x}+y\dfrac{\partial z}{\partial y}=2uf'(u)$.

模拟试题十八

一、填空题

(1) $\lim\limits_{x \to 0} \dfrac{\displaystyle\int_0^{2x} \arcsin t \, \mathrm{d}t}{x^2} = $ _____.

(2) 由曲线 $y = x\mathrm{e}^x$ 与直线 $y = \mathrm{e}x$ 所围成的平面区域的面积 $S = $ _____.

(3) 已知 $\lim\limits_{n \to \infty} n u_n = 2$，则级数 $\sum\limits_{n=1}^{\infty} u_n$ 的敛散性是 _____.

(4) 级数 $\sum\limits_{n=1}^{\infty} \dfrac{1}{n(n+1)}$ 的部分和 $S_n = $ _____，级数的和 $S = $ _____.

(5) 当 p 满足 _____ 时，级数 $\sum\limits_{n=1}^{\infty} a_0 \left(\dfrac{1}{p} \right)^n$ $(a_0 \neq 0)$ 绝对收敛.

(6) 若 $z = \dfrac{y}{x} + u$，$u = \varphi(y)$，其中 $\varphi(y)$ 可导，则 $\dfrac{\partial z}{\partial x} = $ _____.

(7) 若 $z = f(x-y, y-x)$，其中 f 可微，则 $\dfrac{\partial z}{\partial x} + \dfrac{\partial z}{\partial y} = $ _____.

(8) 交换二次积分 $I = \displaystyle\int_{\frac{1}{2}}^{1} \mathrm{d}y \int_{\frac{1}{y}}^{2} f(x, y) \mathrm{d}x + \int_{1}^{2} \mathrm{d}y \int_{y}^{2} f(x, y) \mathrm{d}x$ 的积分次序后，$I = $ _____.

(9) 若平面区域 D 是以 $A(0, 1)$，$B(2, 1)$，$C(2, 0)$ 为顶点的三角形区域，则 $\displaystyle\iint_D \mathrm{d}x \, \mathrm{d}y = $ _____.

(10) 微分方程 $2xy \mathrm{d}x - (1+x^2) \mathrm{d}y = 0$ 的满足 $y(0) = 1$ 的特解为 _____.

二、单项选择题

(1) $\displaystyle\int_a^b f'(2x) \mathrm{d}x = ($ $)$.

    (A) $f(b) - f(a)$;　　　　　　　　　(B) $f(2b) - f(2a)$;

    (C) $\dfrac{1}{2}\left[f(2b) - f(2a) \right]$;　　　　　(D) $2\left[f(2b) - f(2a) \right]$.

(2) 设 $f(x)$ 是连续函数，$F(x) = \int_{x^2}^{\ln x} f(t)\,\mathrm{d}t$，则 $F'(1) = ($ $)$.

    (A) $f(0) - 2f(1)$；   (B) $f(0) - f(1)$；

    (C) $f(0) + 2f(1)$；   (D) $f(0) + f(1)$.

(3) 级数 $\sum\limits_{n=1}^{\infty} u_n$ 收敛是 $\lim\limits_{n \to \infty} u_n = 0$ 的（   ）条件.

    (A) 必要；   (B) 充分；   (C) 充要；   (D) 无关.

(4) 若级数 $\sum\limits_{n=1}^{\infty} a_n^2$ 收敛，则级数 $\sum\limits_{n=1}^{\infty} (-1)^n \dfrac{a_n}{n}($ $)$.

    (A) 条件收敛；   (B) 绝对收敛；

    (C) 发散；   (D) 敛散性不确定.

*(5) 微分方程 $y'' + y' = \mathrm{e}^{-x}$ 在初始条件 $y(0) = 1$，$y'(0) = -1$ 下的特解是（   ）.

    (A) $y = C_1 - C_2 x \mathrm{e}^{-x}$；   (B) $y = -x \mathrm{e}^{-x}$；

    (C) $y = 1 - 2x \mathrm{e}^{-x}$；   (D) $y = 1 - x \mathrm{e}^{-x}$.

三、计算题

1. 计算定积分 $\int_0^1 \ln(\sqrt{x} + 1)\,\mathrm{d}x$.

2. 设 $z = f(u, x, y)$，$u = x\mathrm{e}^y$，其中 f 具有二阶连续偏导数，求 $\dfrac{\partial^2 z}{\partial x \partial y}$.

3. 已知函数 $z = f(x, y)$ 由方程 $F(x, xy, x + xy + z) = 0$ 所确定，求 $\mathrm{d}z$.

4. 计算二重积分 $\iint\limits_D \mathrm{e}^{x+y}\,\mathrm{d}\sigma$，其中 $D = \{(x, y) \mid 0 < x < 1, \ 1 < y < 3\}$.

5. 求 $\iint\limits_D \dfrac{1}{\sqrt{4a^2 - x^2 - y^2}}\,\mathrm{d}\sigma$，其中 D 为由 $y = -a + \sqrt{a^2 - x^2}$ $(a > 0)$ 和直线 $y = -x$ 所围成的小块区域.

6. 求级数 $\sum\limits_{n=1}^{\infty} \dfrac{(x - 5)^n}{\sqrt{n}}$ 的收敛域.

7. 求微分方程 $y'' - 4y' + 4y = \mathrm{e}^{2x}$ 的通解.

四、应用题

1. 由圆 $(x - b)^2 + y^2 = a^2$ $(b > a > 0)$ 绕 y 轴旋转一周所生成的旋转体是一个形如救生圈的立体，试计算它的体积 V_y.

2. 某工厂生产两种产品，产量分别为 x, y，价格分别为 p, q，总成本 $c(x, y) = x^2 + y^2 + 4xy - 10x + 10y + 500$，需求函数分别为 $x = 70 - 0.25p$，$y = 120 - 0.5q$，且产品需求受 $x + 2y = 50$ 限制，求使工厂获得最大利润时的产量与单价.

五、证明题

设 $f(x)$，$g(x)$ 在 $[-a, a]$ 上连续，$g(x)$ 为偶函数，且 $f(x) + f(-x) = A$（常数），（1）试证明：$\int_{-a}^{a} f(x)g(x)\,\mathrm{d}x = A\int_0^a g(x)\,\mathrm{d}x$；（2）利用（1）计算 $\int_{-\frac{\pi}{2}}^{\frac{\pi}{2}} |\sin x| \arctan \mathrm{e}^x\,\mathrm{d}x$.

模拟试题十九

一、填空题

(1) 若 $f(x-y, x+y) = x^2 + y^2$，则 $f(1, 2) =$ _____.

(2) $\lim\limits_{x \to 0} \dfrac{\displaystyle\int_0^x (1 - \cos t)\,\mathrm{d}t}{x^3} =$ _____.

(3) $\displaystyle\int_{-\frac{\pi}{2}}^{\frac{\pi}{2}} (x + |x|)\cos x\,\mathrm{d}x =$ _____.

(4) 若级数 $\displaystyle\sum_{n=1}^{\infty} \dfrac{(-1)^{n-1}}{\sqrt[p]{n}}$ 绝对收敛，则 p 的取值范围为 _____.

(5) 交换二次积分 $I = \displaystyle\int_0^1 \mathrm{d}x \int_x^{\sqrt{x}} f(x, y)\,\mathrm{d}y$ 的积分次序后 $I =$ _____.

(6) 幂级数 $\displaystyle\sum_{n=1}^{\infty} (-1)^n \dfrac{1}{n^2} x^n$ 的收敛域为 _____.

(7) $\displaystyle\int_0^1 \mathrm{d}y \int_0^1 \mathrm{e}^{x+y}\,\mathrm{d}x =$ _____.

(8) 若 $D = \{(x, y) \mid 2x \leqslant x^2 + y^2 \leqslant 4\}$，则 $\displaystyle\iint\limits_D \mathrm{d}x\,\mathrm{d}y =$ _____.

(9) 将 $f(x) = a^x$ $(a > 0, a \neq 1)$ 展开为 x 的幂级数为 _____.

(10) 微分方程 $y' + ay = b$ (a, b 为常数，且 $a \neq 0$) 的通解为 _____.

二、单项选择题

(1) 定积分 $\displaystyle\int_{-1}^1 \dfrac{1}{x^3}\,\mathrm{d}x = ($ ___).

  (A) 0；   (B) $\dfrac{1}{4}$；   (C) $\dfrac{1}{2}$；   (D) 不存在.

(2) 设函数 $f(x) = \displaystyle\int_0^x (t-1)\mathrm{e}^t\,\mathrm{d}t$，则 $f(x)$ 有(___).

  (A) 极小值 $2 - \mathrm{e}$；   (B) 极小值 $2 - \mathrm{e}^{-1}$；

(C) 极大值 $2-e$；

(D) 极大值 $2-e^{-1}$.

(3) 若 $z=y^x$，则在点( )处有 $\dfrac{\partial z}{\partial x}=\dfrac{\partial z}{\partial y}$.

(A) $(1,1)$；　　　　(B) $(e,1)$；　　　　(C) $(1,e)$；　　　　(D) (e,e).

(4) 下列级数收敛的是( ).

(A) $\displaystyle\sum_{n=1}^{\infty}\dfrac{1}{n}$；

(B) $\displaystyle\sum_{n=1}^{\infty}\dfrac{1}{\sqrt{n}}$；

(C) $\displaystyle\sum_{n=1}^{\infty}(-1)^{n-1}\left(\dfrac{1}{n}+\dfrac{1}{\sqrt{n}}\right)$；

(D) $\displaystyle\sum_{n=1}^{\infty}\left[\dfrac{(-1)^{n-1}}{n}+\dfrac{1}{\sqrt{n}}\right]$.

(5) 若 $f(x)=1+2\displaystyle\int_0^x f(t)\mathrm{d}t$，则 $f(x)=$ _____.

(A) e^{2x}；　　　　(B) $e^{2x}+C$；　　　　(C) $e^{2x}+1$；　　　　(D) e^{x}.

三、计算题

1. 计算定积分 $\displaystyle\int_0^{\ln 5}\dfrac{e^x\sqrt{e^x-1}}{e^x+3}\mathrm{d}x$.

2. 已知连续函数 $f(x)$ 满足 $2x\displaystyle\int_0^1 f(x)\mathrm{d}x+f(x)=\ln(1+x^2)$，求 $\displaystyle\int_0^1 f(x)\mathrm{d}x$.

3. 设 $z=x^2+y^2$，其中 $y=y(x)$ 是由方程 $x^2-xy+y^2=1$ 所确定的隐函数，求 $\dfrac{\mathrm{d}z}{\mathrm{d}x}\Big|_{\substack{x=1\\y=0}}$.

4. 设 $z=x^3\cdot f\left(xy,\dfrac{y}{x}\right)$，其中 f 具有二阶连续偏导数，试求 $\dfrac{\partial z}{\partial y}$，$\dfrac{\partial^2 z}{\partial y^2}$，$\dfrac{\partial^2 z}{\partial x\partial y}$.

5. 求级数 $\displaystyle\sum_{n=1}^{\infty}(-1)^n\dfrac{n}{2^n}$ 的和.

6. 计算二重积分 $\displaystyle\iint_D(x^2-y^2)\mathrm{d}\sigma$，其中 $D=\{(x,y)\mid 0<x<\pi,\ 0<y<\sin x\}$.

7. 设可微函数 $f(x)$ 满足关系式 $f(x)-1=\displaystyle\int_0^x[2f(t)-1]\mathrm{d}t$，求 $f(0)$ 与 $f(x)$.

四、应用题

1. 设平面图形是由曲线 $y=x^2$ 和 $y=1$，$y=4$ 及 $x=0$ 所围成的平面区域，试求：(1)该平面图形的面积 S；(2)该平面图形绕 y 轴旋转所生成的旋转体的体积 V_y.

2. 某工厂生产一种产品同时在两个商店销售，销售量分别为 Q_1，Q_2，售价分别为 P_1，P_2，需求函数分别为 $Q_1=24-0.2P_1$，$Q_2=10-0.05P_2$，总成本函数为 $C=40(Q_1+Q_2)$，请问：工厂如何确定两个产品的价格才能获得最大利润？最大利润是多少？

五、证明题

若 $\displaystyle\int_0^1 f(tx)\mathrm{d}x=\sin t$，$t\neq 0$，证明：$f(x)=\sin x+x\cos x$.

模拟试题二十

一、填空题

(1) $z = \sqrt{1 - \sqrt{(x-y)^2}}$ 的定义域是_____.

(2) $\lim\limits_{x \to 0} \dfrac{\int_0^{x^2}(1 - \cos\sqrt{t}\,)\mathrm{d}t}{x^4} = $_____.

(3) $\int_0^{+\infty} x\mathrm{e}^{-x}\mathrm{d}x = $_____.

(4) $\int_{-\frac{\pi}{2}}^{\frac{\pi}{2}}(x^3\mathrm{e}^{x^2} + \cos x)\mathrm{d}x = $_____.

(5) 级数 $\sum\limits_{n=1}^{\infty} \dfrac{(-1)^n}{n^{2p}}$,当 p 满足_____时,级数绝对收敛;当 p 满足_____时,级数条件收敛.

(6) 幂级数 $\sum\limits_{n=1}^{\infty} \dfrac{2^n}{n+2^n}x^n$ 的收敛域为_____.

(7) 幂级数 $\sum\limits_{n=1}^{\infty} \dfrac{(-1)^n}{n \cdot 2^n}x^n$ 的和函数为_____.

(8) 若 $z = \sqrt{u+2v}$,$u = xy$,$v = \dfrac{x}{y}$,则 $\dfrac{\partial z}{\partial y}\Big|_{(2,1)} = $_____.

(9) 交换二次积分 $I = \int_a^b \mathrm{d}x \int_a^x f(x,y)\mathrm{d}y$ 的积分次序后 $I = $_____.

*(10) 微分方程 $2y'' - 6y' + 5y = 0$ 的通解为_____.

二、单项选择题

(1) 若 $\int_0^x f(t)\mathrm{d}t = \dfrac{x^2}{2}$,则 $\int_0^4 \dfrac{1}{\sqrt{x}}f(\sqrt{x})\mathrm{d}x = ($).

 (A) 16;   (B) 8;   (C) 4;   (D) 2.

(2) 函数 $z = f(x,y) = \dfrac{xy}{x^2+y^2}$,则下列结论不正确的是(   ).

(A) $f\left(1, \dfrac{y}{x}\right) = \dfrac{xy}{x^2 + y^2}$；　　　　　　　　　　(B) $f\left(1, \dfrac{x}{y}\right) = \dfrac{xy}{x^2 + y^2}$；

(C) $f\left(\dfrac{1}{x}, \dfrac{1}{y}\right) = \dfrac{xy}{x^2 + y^2}$；　　　　　　　　(D) $f(x+y, x-y) = \dfrac{xy}{x^2 + y^2}$．

(3) 函数 $z = x^3 - 4x^2 + 2xy - y^2$ 的极大值点是（　　）．

　　(A) $(0, 0)$；　　　　(B) $(2, 2)$；　　　　(C) $(2, 0)$；　　　　(D) $(0, 2)$．

(4) 幂级数 $\displaystyle\sum_{n=1}^{\infty} \dfrac{1}{\ln(1+n)} x^n$ 的收敛域是（　　）．

　　(A) $(-1, 1)$；　　　(B) $(-1, 1]$；　　　(C) $[-1, 1)$；　　　(D) $[-1, 1]$．

*(5) 设 y_1, y_2 是二阶微分方程 $y'' + p(x)y' + q(x)y = 0$ 的两个解，则 $y = C_1 y_1 + C_2 y_2$（C_1, C_2 为两个任意常数）必是该方程的（　　）．

　　(A) 解；　　　　　　(B) 特解；　　　　　(C) 通解；　　　　　(D) 全部解．

三、计算题

1. 求定积分 $\displaystyle\int_{-1}^{1} \dfrac{|x| + x}{1 + x^2} \,\mathrm{d}x$．

2. 设 $f(2x+1) = xe^x$，试求定积分 $\displaystyle\int_{3}^{5} f(t)\,\mathrm{d}t$．

3. 求二次积分 $\displaystyle\int_{0}^{1}\mathrm{d}x \int_{x^2}^{1} xe^{y^2}\,\mathrm{d}y$．

4. 设 $z = f(x, y)$ 由方程 $e^{xyz} + z + \sin y - \ln x = 0$ 所确定，求 $\dfrac{\partial z}{\partial x}, \dfrac{\partial z}{\partial y}$．

5. 求 $\displaystyle\sum_{n=1}^{\infty} \dfrac{(-5)^n}{n} x^n$ 的和函数，并求 $\displaystyle\sum_{n=2}^{\infty} \dfrac{(-1)^n}{n \cdot 3^n}$ 的和．

6. 计算二重积分 $I = \displaystyle\iint_{D} \dfrac{y}{\sqrt{x^2 + y^2}}\,\mathrm{d}\sigma$，其中 D 是由 $x^2 + y^2 \leqslant 2y$ 所围成的区域．

7. 求微分方程 $x\,\mathrm{d}y + (y-3)\,\mathrm{d}x = 0$ 的满足初始条件 $y(1) = 0$ 的特解．

四、应用题

1. 设平面图形是由曲线 $y = \ln x$ 和直线 $x = e, y = 0$ 所围成的平面区域，求：

(1) 该平面图形的面积 S；

(2) 该平面图形绕 x 轴旋转所生成的旋转体的体积 V_x；

(3) 该平面图形绕 y 轴旋转所生成的旋转体的体积 V_y．

2. 设有甲、乙两种商品，其单价分别为 p, q，某消费者消费 x 单位甲商品和 y 单位乙商品所获得的效用为 $u(x, y) = \alpha \ln x + (1-\alpha)\ln y$，$0 < \alpha < 1$，其中 α 为常数，求该消费者在两种商品上的消费支出预算为 m 元时所获得的最大效用，以及各商品的消费数量．

五、证明题

设函数 $f(x)$ 在 $[a, b]$ 上连续，在 (a, b) 内可导，$f'(x) \leqslant 0$，$F(x) = \dfrac{1}{x-a}\displaystyle\int_{a}^{x} f(t)\,\mathrm{d}t$，试证明：在 (a, b) 内有 $F'(x) \leqslant 0$．

模拟试题详解

模拟试题一详解

一、填空题

(1) $(-2,-1]\bigcup[1,+\infty)$；　(2) $\dfrac{1}{3}$；　(3) -1；　(4) $x=1$；　(5) $-2015!$；

(6) $n!+(-1)^n\mathrm{e}^{-x}$；　(7) $2x\sin x\,\mathrm{d}x$；　(8) $\dfrac{\pi}{2}$；　(9) 0；　(10) $\dfrac{1}{2}x^2+x+C$.

二、单项选择题

(1) D.　(2) A.

(3) B.

提示　令 $t=1-x$，则 $\lim\limits_{x\to1}\dfrac{f(2-x)-f(1)}{x-1}=\lim\limits_{t\to0}\dfrac{f(1+t)-f(1)}{-t}=-f'(1)$.

(4) B.　(5) A.

三、计算题

1. 原式 $=\lim\limits_{x\to0}\dfrac{\tan x-x}{x^2\tan x}=\lim\limits_{x\to0}\dfrac{\tan x-x}{x^3}=\lim\limits_{x\to0}\dfrac{\sec^2x-1}{3x^2}=\lim\limits_{x\to0}\dfrac{\tan^2x}{3x^2}=\dfrac{1}{3}$.

2. 由题意，$f(x)=\left(1-\dfrac{3}{x+2}\right)^{x+2}$，因此

$$\lim_{x\to\infty}f(x)=\lim_{x\to\infty}\left(1-\dfrac{3}{x+2}\right)^{x+2}=\lim_{x\to\infty}\left(1-\dfrac{3}{x+2}\right)^{\frac{x+2}{-3}\cdot(-3)}=\mathrm{e}^{-3}.$$

3. $y'=\dfrac{1}{2}\sqrt{9-x^2}+\dfrac{x}{2}\cdot\dfrac{-2x}{2\sqrt{9-x^2}}+\dfrac{9}{2}\cdot\dfrac{1}{\sqrt{1-\dfrac{x^2}{9}}}\cdot\dfrac{1}{3}=\sqrt{9-x^2}$.

4. 当 $x<0$ 时，$f'(x)=\dfrac{2x^2\sin x^2+\cos x^2-1}{x^2}$；

当 $x>0$ 时，$f'(x)=2x\sin\dfrac{1}{x}-\cos\dfrac{1}{x}$；

当 $x=0$ 时，根据左、右导数的定义，有

$$f'_-(0)=\lim_{x\to0^-}\dfrac{f(x)-f(0)}{x}=\lim_{x\to0^-}\dfrac{\dfrac{1-\cos x^2}{x}-0}{x}=\lim_{x\to0^-}\dfrac{1-\cos x^2}{x^2}=\lim_{x\to0^-}\dfrac{\dfrac{1}{2}x^4}{x^2}=0,$$

$$f'_+(0)=\lim_{x\to0^+}\dfrac{f(x)-f(0)}{x}=\lim_{x\to0^+}\dfrac{x^2\sin\dfrac{1}{x}-0}{x}=\lim_{x\to0^+}x\sin\dfrac{1}{x}=0,$$

所以 $f'(0)=0$. 综上可得

$$f'(x) = \begin{cases} 2x\sin\dfrac{1}{x} - \cos\dfrac{1}{x}, & x > 0 \\ 0, & x = 0 \\ \dfrac{2x^2\sin x^2 + \cos x^2 - 1}{x^2}, & x < 0 \end{cases}.$$

5. 由拉格朗日中值定理得，$\exists \xi \in (x, x+a)$，使得 $f(x+a) - f(x) = f'(\xi)a$，且当 $x \to +\infty$ 时，$\xi \to +\infty$，故

$$\lim_{x \to +\infty} [f(x+a) - f(x)] = \lim_{\xi \to +\infty} f'(\xi)a = aK.$$

6. 由题意 $a \neq 0$. 当 $x \in (-1, 2)$ 时，因为 $f'(x) = 3ax^2 - 6ax$，令 $f'(x) = 0$，解得唯一的驻点 $x = 0$，因此函数的最值只能在 $x = 0$，$x = -1$ 及 $x = 2$ 处取到. 可能的最值为

$$f(-1) = -4a + b, \ f(0) = b, \ f(2) = -4a + b,$$

由于 $a > 0$，因此 $f(0) = b$ 为函数 $f(x)$ 在 $[-1, 2]$ 上的最大值，$f(-1) = f(2) = -4a + b$ 为 $f(x)$ 在 $[-1, 2]$ 上的最小值，即有 $b = 1$，$-4a + b = -3$，解得 $b = 1$，$a = 1$.

7. 原式 $= \displaystyle\int \dfrac{\cos x(1 - \cos x)}{\sin^2 x} \mathrm{d}x = \int \cot x \csc x \, \mathrm{d}x - \int \cot^2 x \, \mathrm{d}x$

$\qquad = -\csc x - \displaystyle\int (\csc^2 x - 1) \mathrm{d}x = -\csc x + \cot x + x + C.$

8. 原式 $= \displaystyle\int \ln(\sin x) \cdot \csc^2 x \, \mathrm{d}x = -\int \ln\sin x \, \mathrm{d}(\cot x) = -\cot x \ln(\sin x) + \int \cot^2 x \, \mathrm{d}x$

$\qquad = -\cot x \ln(\sin x) + \displaystyle\int (\csc^2 x - 1) \mathrm{d}x$

$\qquad = -\cot x \ln(\sin x) - \cot x - x + C.$

四、应用题

1. （1）收益函数为

$$R = R(x) = xp = 10x\mathrm{e}^{-\frac{x}{2}},$$

而 $R'(x) = 10\mathrm{e}^{-\frac{x}{2}} - 5x\mathrm{e}^{-\frac{x}{2}} = 5\mathrm{e}^{-\frac{x}{2}}(2 - x)$，令 $R'(x) = 0$，解得唯一驻点 $x = 2$. 又因为

$$R''(x) = -5\mathrm{e}^{-\frac{x}{2}} + 5\mathrm{e}^{-\frac{x}{2}}(2 - x) \cdot \left(-\dfrac{1}{2}\right),$$

因此 $R''(2) = -5\mathrm{e}^{-1} < 0$，当 $x = 2$ 时，$R(x)$ 取得极大值，从而取得最大值. 最大收益为 $R(2) = 20\mathrm{e}^{-1}$（千万元）.

（2）由 $p = 10\mathrm{e}^{-\frac{x}{2}}$ 可知，$x = -2\ln\dfrac{p}{10}$，因此收益价格函数为

$$R = R(p) = px = -2p\ln\dfrac{p}{10}.$$

收益价格弹性为

$$\dfrac{ER}{Ep} = p \dfrac{R'(p)}{R(p)} = p \dfrac{-2\ln\dfrac{p}{10} - 2}{-2p\ln\dfrac{p}{10}} = \dfrac{\ln\dfrac{p}{10} + 1}{\ln\dfrac{p}{10}},$$

当 $x=4$ 时，$p=10\mathrm{e}^{-2}$，因此 $\dfrac{ER}{Ep}\bigg|_{p=10\mathrm{e}^{-2}}=\dfrac{\ln\mathrm{e}^{-2}+1}{\ln\mathrm{e}^{-2}}=0.5$. 其经济意义为：当产量 $x=4$ 时，若价格上涨（或下跌）1%，则收益将大约增加（或减少）0.5%.

2. 函数的定义域为 $(-\infty,-1)\cup(-1,+\infty)$，$x=-1$ 为函数的无穷间断点.

$$y'=\frac{x^2+2x}{(x+1)^2}=\frac{x(x+2)}{(x+1)^2},\quad y''=\frac{2}{(x+1)^3},$$

令 $y'=0$，解得驻点 $x_1=0$，$x_2=-2$. 列表讨论函数的性态，见表 1.1.

表 **1.1**

x	$(-\infty,-2)$	-2	$(-2,-1)$	-1	$(-1,0)$	0	$(0,+\infty)$
y'	$+$		$-$		$-$		$+$
y''	$-$		$-$		$+$		$+$
y	↗凸	极大值 -4	↘凸		↘凹	极小值 0	↗凹

因为 $\lim\limits_{x\to\infty}\dfrac{x^2}{x+1}=+\infty$，因此曲线没有水平渐近线. 因为 $\lim\limits_{x\to-1}\dfrac{x^2}{x+1}=\infty$，因此曲线有一条垂直渐近线 $x=-1$. 又因为

$$a=\lim_{x\to\infty}\frac{f(x)}{x}=\lim_{x\to\infty}\frac{x^2}{x(x+1)}=1,\quad b=\lim_{x\to\infty}[f(x)-ax]=\lim_{x\to\infty}\left(\frac{x^2}{x+1}-x\right)=-1,$$

故函数 $y=f(x)$ 有一条斜渐近线 $y=x-1$.

补充辅助点 $f(1)=\dfrac{1}{2}$，$f(2)=\dfrac{4}{3}$. 按照表 1.1 列出的函数的单调性和凹凸性作出函数的图像，如图 1.1 所示.

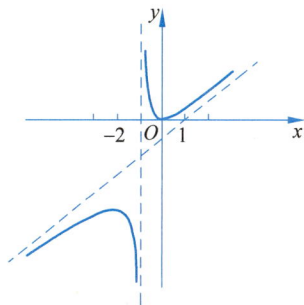
图 **1.1**

五、证明题

构造辅助函数

$$F(x)=\cos x-1+\frac{1}{2}x^2,$$

则 $F(x)$ 在 $[0,+\infty)$ 上连续. 当 $x>0$ 时，$F'(x)=-\sin x+x>0$，所以 $F(x)$ 在 $[0,+\infty)$ 上单调递增，从而 $F(x)>F(0)=0$，即当 $x>0$ 时，$\cos x>1-\dfrac{x^2}{2}$，命题得证.

模拟试题二详解

一、填空题

(1) $[1,2]$. (2) $a=0$，$b=6$. (3) 0.

(4) $f'(0)$.

提示 令 $t=\ln x$，则

$$原式=\lim_{t\to0}\frac{f(t)-1}{\mathrm{e}^t-1}=\lim_{t\to0}\frac{f(t)-1}{t}=\lim_{t\to0}\frac{f(t)-f(0)}{t-0}=f'(0).$$

(5) $x^{\tan x}\left(\sec^2 x \cdot \ln x + \dfrac{\tan x}{x}\right)$.   (6) $\dfrac{a+b}{2}$.   (7) $y = \mathrm{e}^2$.

(8) $1 + 2x + 2x^2 + \dfrac{4}{3}x^3 + o(x^3)$, $x \to 0$.   (9) $\dfrac{1}{2}\arcsin(x^2) + C$.   (10) $\mathrm{e}^{\mathrm{e}^x} + C$.

二、单项选择题

(1) B.   (2) A.   (3) D.   (4) B.   (5) D.

三、计算题

1. 由于 $y' = 2\sec(2x)\tan(2x) + \dfrac{3}{1+9x^2}$，因此

$$\mathrm{d}y = \left[2\sec(2x)\tan(2x) + \frac{3}{1+9x^2}\right]\mathrm{d}x.$$

2. 令 $\lim\limits_{x \to 1} f(x) = A$，则 $f(x) = 4x^3 + 2x + 3A$，等式两边同时取极限，得

$$\lim_{x \to 1} f(x) = \lim_{x \to 1} 4x^3 + \lim_{x \to 1} 2x + \lim_{x \to 1} 3A,$$

即有 $A = 4 + 2 + 3A$，解得 $A = -3$. 因此

$$\int f(x)\mathrm{d}x = \int (4x^3 + 2x - 9)\mathrm{d}x = x^4 + x^2 - 9x + C.$$

3. 由于原式 $= \lim\limits_{x \to +\infty} \mathrm{e}^{\frac{1}{x}\ln\left(x + \sqrt{1+x^2}\right)} = \mathrm{e}^{\lim\limits_{x \to +\infty} \frac{1}{x}\ln\left(x + \sqrt{1+x^2}\right)}$，而

$$\lim_{x \to +\infty} \frac{1}{x}\ln(x + \sqrt{1+x^2}) = \lim_{x \to +\infty} \frac{\ln(x + \sqrt{1+x^2})}{x} = \lim_{x \to +\infty} \frac{1 + \dfrac{2x}{2\sqrt{1+x^2}}}{x + \sqrt{1+x^2}}$$

$$= \lim_{x \to +\infty} \frac{\sqrt{1+x^2} + x}{(x + \sqrt{1+x^2})\sqrt{1+x^2}} = \lim_{x \to +\infty} \frac{1}{\sqrt{1+x^2}} = 0,$$

因此原极限 $= \mathrm{e}^0 = 1$.

4. 方程两边分别取对数，得

$$\ln y = \sin x \cdot (\ln b - \ln a) + a[\ln b - \ln(x+1)] + b[\ln(x+2) - \ln a],$$

方程两边关于 x 求导，并将 y 视为 x 的函数，得

$$\frac{1}{y}y' = \cos x \cdot (\ln b - \ln a) - a \cdot \frac{1}{x+1} + b \cdot \frac{1}{x+2},$$

所以

$$y' = \left(\frac{b}{a}\right)^{\sin x}\left(\frac{b}{x+1}\right)^a\left(\frac{x+2}{a}\right)^b\left[\cos x \cdot (\ln b - \ln a) - \frac{a}{x+1} + \frac{b}{x+2}\right].$$

5. 由题意，切点横坐标满足如下方程组：

$$\begin{cases} kx^2 = \ln x - \dfrac{1}{2} \\ 2kx = \dfrac{1}{x} \end{cases},$$

解得 $x = \mathrm{e}$，$k = \dfrac{1}{2\mathrm{e}^2}$.

6. 等式两边同时对 x 求导数，得

$$y' = f'(e^x + y) \cdot (e^x + y'),$$

上式两边同时再对 x 求导数，得

$$y'' = f''(e^x + y) \cdot (e^x + y')^2 + f'(e^x + y) \cdot (e^x + y'').$$

为表述方便，记 $f' = f'(e^x + y)$，$f'' = f''(e^x + y)$，则整理得

$$y' = \frac{e^x f'}{1 - f'}, \quad y'' = \frac{(e^x + y')^2 \cdot f'' + e^x f'}{1 - f'} = \frac{e^{2x} f'' + e^x (1 - f')^2 f'}{(1 - f')^3}.$$

7. 原式 $\int \dfrac{1}{\sqrt{x}\sqrt{1-x}} \mathrm{d}x = 2\int \dfrac{1}{\sqrt{1-x}} \mathrm{d}\sqrt{x} = 2\arcsin\sqrt{x} + C.$

8. 原式 $= \displaystyle\int \frac{x\cos^4 \frac{x}{2}}{2^3 \sin^3 \frac{x}{2} \cos^3 \frac{x}{2}} \mathrm{d}x = \int \frac{x\cos \frac{x}{2}}{2^3 \sin^3 \frac{x}{2}} \mathrm{d}x$

$$\xlongequal{t = \frac{x}{2}} \frac{1}{2}\int \frac{t\cos t}{\sin^3 t} \mathrm{d}t = \frac{1}{2}\int \frac{t}{\sin^3 t} \mathrm{d}(\sin t)$$

$$= -\frac{1}{4}\int t \,\mathrm{d}(\sin t)^{-2} = -\frac{1}{4} t\sin^{-2} t + \frac{1}{4}\int \sin^{-2} t \,\mathrm{d}t = -\frac{1}{4} t\sin^{-2} t + \frac{1}{4}\int \csc^2 t \,\mathrm{d}t$$

$$= -\frac{1}{4} t\sin^{-2} t - \frac{1}{4}\cot t + C = -\frac{1}{8} x\sin^{-2} \frac{x}{2} - \frac{1}{4}\cot \frac{x}{2} + C.$$

四、应用题

1. 由题意，$C(x) = 10x + 10$，因此利润函数为

$$L(x) = R(x) - C(x) = \begin{cases} -\dfrac{1}{2} x^2 + 60x - 10, & 0 \leqslant x \leqslant 100 \\[2mm] 1990 - 10x, & x > 100 \end{cases}.$$

当 $0 < x < 100$ 时，$L'(x) = -x + 60$，令 $L'(x) = 0$，解得唯一驻点 $x = 60$，且 $L''(x) = -1 < 0$，因此当产量为 60 百件时，利润最大，最大利润为 1 790 万元.

2. 函数的定义域为 $(-\infty, +\infty)$. 由于函数 $f(x)$ 为奇函数，因此图像关于原点对称. 故只讨论 $x \in [0, +\infty)$ 的情形. 当 $x > 0$ 时，函数的一阶、二阶导数为

$$y' = \frac{2(1 - x^2)}{(x^2 + 1)^2}, \quad y'' = \frac{4x(x^2 - 3)}{(x^2 + 1)^3},$$

令 $y' = 0$，解得驻点 $x_1 = 1$，令 $y'' = 0$，解得 $x_2 = \sqrt{3}$. 列表讨论函数的性态，见表 2.1.

表 2.1

x	$(0, 1)$	1	$(1, \sqrt{3})$	$\sqrt{3}$	$(\sqrt{3}, +\infty)$
y'	$+$	0	$-$	$-$	$-$
y''	$-$	$-$	$-$	0	$+$
y	↗凸	极大值 1	↘凸	拐点 $\left(\sqrt{3}, \dfrac{\sqrt{3}}{2}\right)$	↘凹

因为 $\lim\limits_{x\to\infty}\dfrac{2x}{x^2+1}=0$，因此曲线有一条水平渐近线 $y=0$. 曲线不存在垂直渐近线和斜渐近线. 按照表 2.1 列出的函数的单调性和凹凸性作出函数的图像，如图 2.1 所示.

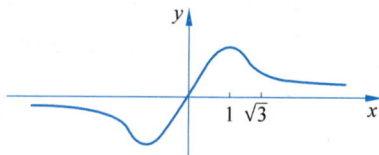

图　2.1

五、证明题

设构造辅助函数

$$f(x)=1+x\ln(x+\sqrt{1+x^2})-\sqrt{1+x^2}.$$

令 $f'(x)=\ln(x+\sqrt{1+x^2})=0$，得到唯一驻点 $x=0$，又因为

$$f''(0)=\frac{1}{\sqrt{1+x^2}}\bigg|_{x=0}=1>0,$$

因此函数在 $x=0$ 处取得最小值，最小值为 $f(0)=0$. 从而对 $\forall x\in(-\infty,+\infty)$，$f(x)\geqslant f(0)=0$，即 对 $\forall x\in(-\infty,+\infty)$，有 $1+x\ln(x+\sqrt{1+x^2})\geqslant\sqrt{1+x^2}$.

模拟试题三详解

一、填空题

(1) $(\mathrm{e},\mathrm{e}^2)$. 　(2) $y=\dfrac{1}{2}(\sqrt{x}-1)$，其中 $x\geqslant1$. 　(3) $-\dfrac{3}{2}$. 　(4) 4.

(5) 0.

提示　因为 $\lim\limits_{x\to0^+}\mathrm{e}^{\frac{1}{x}}=+\infty$，$\lim\limits_{x\to0^-}\mathrm{e}^{\frac{1}{x}}=0$，因此

$$\lim_{x\to0^+}\frac{x}{1+\mathrm{e}^{\frac{1}{x}}}=\lim_{x\to0^+}x\lim_{x\to0^+}\frac{1}{1+\mathrm{e}^{\frac{1}{x}}}=0,\ \lim_{x\to0^-}\frac{x}{1+\mathrm{e}^{\frac{1}{x}}}=\frac{0}{1+0}=0,$$

因此 $\lim\limits_{x\to0}\dfrac{x}{1+\mathrm{e}^{\frac{1}{x}}}=0$，所以当 $k=0$ 时，函数 $f(x)$ 在 $x=0$ 处连续.

(6) -2. 　(7) $2f'(x^2+a)+4x^2f''(x^2+a)$.

(8) $f(x)=1+\dfrac{1}{2}(x-1)-\dfrac{1}{8}(x-1)^2+\dfrac{1}{16}(x-1)^3+o[(x-1)^3]$，　$x\to1$.

(9) $y=1$ 和 $y=-1$. 　(10) $\dfrac{2}{3}x^3+C$.

二、单项选择题

(1) B. 　(2) D. 　(3) B. 　(4) B. 　(5) A.

三、计算题

1. 原式 $=\lim\limits_{x\to 0}\dfrac{\sqrt{1+x\sin x}-1}{x\ln(1+2x)}=\lim\limits_{x\to 0}\dfrac{\frac{1}{2}x\sin x}{x\cdot 2x}=\dfrac{1}{4}$.

2. 原式 $=\lim\limits_{x\to 0}\left(1+\dfrac{\tan x}{x}-1\right)^{\frac{x}{\tan x-x}\cdot\frac{\tan x-x}{x^3}}$，而

$$\lim_{x\to 0}\frac{\tan x-x}{x^3}=\lim_{x\to 0}\frac{\sec^2 x-1}{3x^2}=\lim_{x\to 0}\frac{\tan^2 x}{3x^2}=\frac{1}{3},$$

所以原式 $=e^{\frac{1}{3}}$.

3. 当 $\alpha>1$ 时，$f'(0)=\lim\limits_{x\to 0}\dfrac{f(x)-f(0)}{x}=\lim\limits_{x\to 0}x^{\alpha-1}\cos\dfrac{1}{x}=0$，当 $x\neq 0$ 时，$f'(x)=$ $\alpha x^{\alpha-1}\cos\dfrac{1}{x}+x^{\alpha-2}\sin\dfrac{1}{x}$，从而当 $\alpha>2$ 时，有 $\lim\limits_{x\to 0}f'(x)=f'(0)=0$. 综上，当 $\alpha>2$ 时，$f'(x)$ 在 $x=0$ 处连续.

4. $y'=\dfrac{1}{2}\sqrt{x^2+a^2}+\dfrac{x}{2}\cdot\dfrac{2x}{2\sqrt{x^2+a^2}}+\dfrac{a^2}{2}\cdot\dfrac{1}{x+\sqrt{x^2+a^2}}(x+\sqrt{x^2+a^2})'$

$=\dfrac{1}{2}\sqrt{x^2+a^2}+\dfrac{x^2}{2\sqrt{x^2+a^2}}+\dfrac{a^2}{2}\cdot\dfrac{1}{x+\sqrt{x^2+a^2}}\left(1+\dfrac{2x}{2\sqrt{x^2+a^2}}\right)$

$=\dfrac{2x^2+a^2}{2\sqrt{x^2+a^2}}+\dfrac{a^2}{2}\cdot\dfrac{1}{x+\sqrt{x^2+a^2}}\cdot\dfrac{\sqrt{x^2+a^2}+x}{\sqrt{x^2+a^2}}$

$=\dfrac{2x^2+a^2}{2\sqrt{x^2+a^2}}+\dfrac{a^2}{2\sqrt{x^2+a^2}}=\sqrt{x^2+a^2}$,

因此

$$y''=\frac{2x}{2\sqrt{x^2+a^2}}=\frac{x}{\sqrt{x^2+a^2}}.$$

5. 方程两边同时对 x 求导数，则

$$2e^{2xy}(y+xy')+2e^y+2xe^y\cdot y'-\frac{3}{x}=0,$$

因此

$$y'=\frac{\dfrac{3}{x}-2e^y-2ye^{2xy}}{2xe^y+2xe^{2xy}}.$$

6. (1) 由题意，有

$$\begin{cases} xf'(x)=f(-x)+1 \\ -xf'(-x)=f(x)+1 \end{cases},$$

解得 $f'(x)=\dfrac{x-1}{x^2+1}$.

(2) 令 $f'(x)=0$，解得唯一驻点 $x=1$. 当 $x>1$ 时，$f'(x)>0$，当 $x<1$ 时，$f'(x)<$

0，因此函数 $f(x)$ 在 $x=1$ 处取得极小值．又因为

$$f(x) = \int f'(x)\mathrm{d}x = \int \frac{x-1}{x^2+1}\mathrm{d}x = \int \frac{x}{x^2+1}\mathrm{d}x - \int \frac{1}{x^2+1}\mathrm{d}x$$

$$= \frac{1}{2}\ln(x^2+1) - \arctan x + C,$$

由 $f(0)=0$ 知，$C=0$，故 $f(x) = \frac{1}{2}\ln(x^2+1) - \arctan x$．函数 $f(x)$ 的极小值为 $f(1) = \frac{1}{2}\ln 2 - \frac{\pi}{4}$．

7. 令 $\ln x = t$，则

$$原式 = \int \frac{\ln x}{\sqrt{1+\ln x}}\mathrm{d}\ln x = \int \frac{t}{\sqrt{1+t}}\mathrm{d}t$$

$$= \int \frac{t+1-1}{\sqrt{1+t}}\mathrm{d}t = \int \sqrt{1+t}\,\mathrm{d}(1+t) - \int \frac{1}{\sqrt{1+t}}\mathrm{d}(1+t)$$

$$= \frac{2}{3}(1+t)^{\frac{3}{2}} - 2(1+t)^{\frac{1}{2}} + C = \frac{2}{3}(1+\ln x)^{\frac{3}{2}} - 2(1+\ln x)^{\frac{1}{2}} + C.$$

8. $原式 = \int \frac{\ln\tan x}{\tan x}\cdot\sec^2 x\,\mathrm{d}x = \int \frac{\ln\tan x}{\tan x}\mathrm{d}\tan x = \int \ln(\tan x)\mathrm{d}\ln(\tan x)$

$$= \frac{1}{2}\big[\ln(\tan x)\big]^2 + C.$$

四、应用题

1. 由题意，利润函数为

$$L(x) = xP - C(x) - 2x = 20x - 4x^2 - 2x - 2x = 16x - 4x^2,$$

而 $L'(x) = 16 - 8x$，令 $L'(x)=0$，得到唯一的驻点 $x=2$，$L''(x) = -8 < 0$，所以 $x=2$ 是唯一的极大值点，从而当销售量为 2 吨时，企业获得最大利润，最大利润为 $L(2) = 16$ 万元．

2. (1) $x=-2$，$x=0$，$x=2$；　(2) $(-\infty, -2]$，$[2, +\infty)$；　(3) $[-2, 2]$；

(4) $x=-2$；　(5) $x=2$；　(6) $(-\infty, -1)$，$(0, 1)$；　(7) $(-1, 0)$，$(1, +\infty)$；

(8) $[-1, f(-1)]$，$[0, f(0)]$，$[1, f(1)]$．

五、证明题

由题设可知，$f(1)$ 与 $f(2)$ 异号，$f(2)$ 与 $f(3)$ 异号，因此由连续函数的零点定理可知，至少存在两点 $\xi_1 \in (1, 2)$，$\xi_2 \in (2, 3)$，使得 $f(\xi_1) = f(\xi_2) = 0$．构造辅助函数

$$F(x) = \mathrm{e}^{-x} f(x),$$

则 $F(x)$ 在 $[\xi_1, \xi_2]$ 上连续，在 (ξ_1, ξ_2) 内可导，且 $F(\xi_1) = F(\xi_2) = 0$，因此由罗尔定理可知，至少存在一点 $\xi \in (\xi_1, \xi_2) \subset (1, 3)$，使得 $F'(\xi) = 0$．又因为

$$F'(x) = \mathrm{e}^{-x} f'(x) - \mathrm{e}^{-x} f(x) = \mathrm{e}^{-x}\big[f'(x) - f(x)\big],$$

因此有 $\mathrm{e}^{-\xi}\big[f'(\xi) - f(\xi)\big] = 0$，即 $f'(\xi) - f(\xi) = 0$．

模拟试题四详解

一、填空题

(1) 1. (2) $a=2$，$b=-1$. (3) 1. (4) $\dfrac{5}{3}$. (5) $3a$. (6) $\dfrac{8!}{x^9}$.

(7) $\ln2+\dfrac{1}{2}(x-2)-\dfrac{1}{8}(x-2)^2+\dfrac{1}{24}(x-2)^3+o\left[(x-2)^3\right]$，$x\to2$.

(8) 4.

提示 因为

$$\lim_{x\to+\infty}\frac{x}{\sqrt{x^2-4}}=1,\quad\lim_{x\to-\infty}\frac{x}{\sqrt{x^2-4}}=\lim_{t\to+\infty}\frac{-t}{\sqrt{t^2-4}}=-1,$$

所以 $y=1$ 和 $y=-1$ 为函数的 2 条水平渐近线. 又因为 $\lim\limits_{x\to2^+}\dfrac{x}{\sqrt{x^2-4}}=\infty$，

$\lim\limits_{x\to-2^-}\dfrac{x}{\sqrt{x^2-4}}=\infty$，所以 $x=2$ 和 $x=-2$ 为函数的 2 条垂直渐近线.

(9) $\mathrm{e}^{-x}-4\sin(2x)$. (10) $\dfrac{1}{3}x^3+x+C$.

二、单项选择题

(1) D. (2) C. (3) C. (4) B. (5) A.

提示 由题意，$F(x)=\ln x$，则 $F(x)$ 为 $f(x)$ 的一个原函数，则

原式 $=\dfrac{1}{6}\displaystyle\int f(1+3x^2)\mathrm{d}(1+3x^2)=\dfrac{1}{6}\int f(u)\mathrm{d}u=\dfrac{1}{6}F(u)+C=\dfrac{1}{6}\ln(1+3x^2)+C.$

三、计算题

1. 原式 $=\lim\limits_{x\to+\infty}\dfrac{x+\sqrt{x}-x}{\sqrt{x+\sqrt{x}}+\sqrt{x}}=\lim\limits_{x\to+\infty}\dfrac{\sqrt{x}}{\sqrt{x+\sqrt{x}}+\sqrt{x}}=\dfrac{1}{2}.$

2. 原式 $=\lim\limits_{x\to\infty}x\cdot\left(1+\sqrt[3]{\dfrac{1}{x^3}-1}\right)=\lim\limits_{t\to0}\dfrac{1-\sqrt[3]{1-t^3}}{t}=\lim\limits_{t\to0}\dfrac{\dfrac{1}{3}t^3}{t}=0.$

3. 原式 $=\lim\limits_{x\to-\infty}\dfrac{\dfrac{\pi}{2}+\arctan x}{\dfrac{1}{x}}=\lim\limits_{x\to-\infty}\dfrac{\dfrac{1}{1+x^2}}{-\dfrac{1}{x^2}}=\lim\limits_{x\to-\infty}\dfrac{-x^2}{1+x^2}=-1.$

4. $y'=2xf'(x^2)+\sec^2[f(x)]\cdot f'(x),$

   $y''=2f'(x^2)+4x^2f''(x^2)+\sec^2[f(x)]\cdot f''(x)+$
   $\quad 2\sec^2[f(x)]\tan[f(x)]\cdot[f'(x)]^2.$

5. (1) 当 $x\neq0$ 时，$f'(x)=\dfrac{x\cos x-\sin x}{x^2}-1.$

在 $x=0$ 处，

$$f'(0) = \lim_{x \to 0} \frac{f(x) - f(0)}{x} = \lim_{x \to 0} \frac{\frac{\sin x}{x} - x - 1}{x} = \lim_{x \to 0} \frac{\sin x - x^2 - x}{x^2}$$

$$= \lim_{x \to 0} \frac{\cos x - 2x - 1}{2x} = -1 + \lim_{x \to 0} \frac{\cos x - 1}{2x} = -1 - \lim_{x \to 0} \frac{\frac{1}{2}x^2}{2x} = -1.$$

由于

$$\lim_{x \to 0} f'(x) = \lim_{x \to 0} \left(\frac{x \cos x - \sin x}{x^2} - 1 \right)$$

$$= \lim_{x \to 0} \frac{\cos x - x \sin x - \cos x}{2x} - 1$$

$$= -1 + \lim_{x \to 0} \frac{-x \sin x}{2x} = -1 = f'(0),$$

所以 $f'(x)$ 在 $x = 0$ 处连续.

（2）由于

$$\lim_{x \to 0} \frac{f'(x) - f'(0)}{x} = \lim_{x \to 0} \frac{\frac{x \cos x - \sin x}{x^2} - 1 - (-1)}{x} = \lim_{x \to 0} \frac{x \cos x - \sin x}{x^3}$$

$$= \lim_{x \to 0} \frac{\cos x - x \sin x - \cos x}{3x^2} = \lim_{x \to 0} \frac{-x \sin x}{3x^2}$$

$$= \lim_{x \to 0} \frac{-x^2}{3x^2} = -\frac{1}{3}.$$

所以 $f'(x)$ 在 $x = 0$ 处可导.

6. 当 $x = 0$ 时，$y = 2$. 方程两边关于 x 求导，得

$$2^y \times \ln 2 \cdot y' + y + x \cdot y' = 0,$$

将 $x = 0$，$y = 2$ 代入上式可得 $y'(0) = -\dfrac{1}{2\ln 2}$. 因此 $y = f(x)$ 在 $x = 0$ 处的切线方程为

$$y - 2 = -\frac{x}{2\ln 2}, \quad 即 \ y = -\frac{x}{2\ln 2} + 2.$$

7. 原式 $= \displaystyle\int \frac{1}{e^x + 1} dx = \int \frac{e^x}{e^x(e^x + 1)} dx = \int \frac{1}{e^x(e^x + 1)} de^x \xlongequal{t = e^x} \int \frac{1}{t(t+1)} dt$

$$= \int \left(\frac{1}{t} - \frac{1}{t+1} \right) dt = \ln t - \ln(t+1) + C$$

$$= x - \ln(e^x + 1) + C.$$

8. 设 $\sqrt{x} = t$，则 $x = t^2$，$dx = 2t\,dt$，则

原式 $= 2 \displaystyle\int \frac{(\arcsin t)^2}{\sqrt{t^2 - t^4}} t\,dt = 2 \int \frac{(\arcsin t)^2}{\sqrt{1 - t^2}} dt = 2 \int (\arcsin t)^2 d(\arcsin t)$

$$= \frac{2}{3} (\arcsin t)^3 + C = \frac{2}{3} (\arcsin \sqrt{x})^3 + C.$$

四、应用题

1. 如图 4.1 所示，设矩形的一条边的长度为 x，另外一条边的长度为 $2\sqrt{a^2-x^2}$，因此

内接矩形的周长为

$$L(x) = 2x + 4\sqrt{a^2-x^2}, \quad x \in (0, a).$$

令 $L'(x) = 2 - \dfrac{4x}{\sqrt{a^2-x^2}} = 0$，解得唯一的驻点 $x = \dfrac{\sqrt{5}}{5}a$. 又因

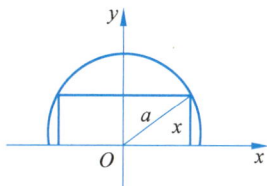

图 4.1

为 $L''(x) = \dfrac{-4a^2}{\sqrt{(a^2-x^2)^3}}$，$L''\left(\dfrac{\sqrt{5}}{5}a\right) < 0$，因此当 $x = \dfrac{\sqrt{5}}{5}a$ 时，$L(x)$ 达到最大，此时矩形

的另外一条边长为 $\dfrac{4\sqrt{5}}{5}a$.

2. 函数的定义域为 $(-\infty, +\infty)$. 函数的一阶、二阶导数为

$$y' = 3x^2 - 6x = 3x(x-2), \quad y'' = 6x - 6.$$

令 $y' = 0$，解得驻点 $x_1 = 0$，$x_2 = 2$. 令 $y'' = 0$，解得 $x_3 = 1$. 列表讨论函数的性态，见表 4.1.

表 4.1

x	$(-\infty, 0)$	0	$(0, 1)$	1	$(1, 2)$	2	$(2, +\infty)$
y'	+		−		−		+
y''	−		−		+		+
y	↗凸	极大值 2	↘凸	拐点$(1, 0)$	↘凹	极小值 −2	↗凹

曲线不存在水平渐近线、垂直渐近线和斜渐近线. 补充辅助点 $f(-1) = -2$，$f(-2) = -18$，$f(3) = 2$. 按照表 4.1 列出的函数的单调性和凹凸性作出函数的图像，如图 4.2 所示.

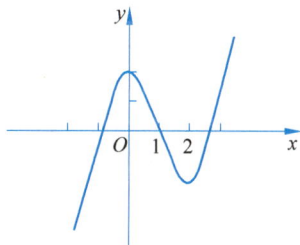

图 4.2

五、证明题

设

$$f(x) = 1 - x + \frac{x^2}{2} - \frac{x^3}{3} + \frac{x^4}{4},$$

则 $f'(x) = (x-1)(x^2+1)$，令 $f'(x) = 0$，解得唯一驻点 $x = 1$，又因为

$$f''(x) = 1 - 2x + 3x^2 = (x-1)^2 + 2x^2 > 0,$$

从而 $f''(1) > 0$，所以 $f(x)$ 在 $x = 1$ 处取得最小值，而 $f(1) > 0$，从而方程 $f(x) = 0$ 无实根.

模拟试题五详解

一、填空题

(1) 1. (2) $(1, 2]$. (3) $\dfrac{\pi}{4}$. (4) 0. (5) $-\dfrac{3}{2}$. (6) $4x$.

(7) $2(x^2+\ln x)$. (8) $x=0$. (9) $2x-\dfrac{4}{3}x^3+o(x^3)$，$x\to 0$.

(10) $\dfrac{1}{2}\arctan\dfrac{\tan x}{2}+C$.

提示　原式$=\displaystyle\int\dfrac{1}{4+\tan^2 x}\mathrm{d}(\tan x)=\dfrac{1}{2}\arctan\dfrac{\tan x}{2}+C$.

二、单项选择题

(1) C.

提示　显然 $a\ne 0$. 又因为 $\displaystyle\lim_{x\to 0}\dfrac{f(ax)}{x}=a\cdot\lim_{x\to 0}\dfrac{f(ax)}{ax}=a\cdot\lim_{t\to 0}\dfrac{f(t)}{t}=k$，所以

$\displaystyle\lim_{t\to 0}\dfrac{f(t)}{t}=\dfrac{k}{a}$，从而 $\displaystyle\lim_{x\to 0}\dfrac{f(bx)}{x}=b\cdot\lim_{x\to 0}\dfrac{f(bx)}{bx}=\dfrac{kb}{a}$.

(2) C. (3) B. (4) B. (5) B.

三、计算题

1. $y'=(\mathrm{e}^{\sin x\ln x})'+2\sin x\cos x=\mathrm{e}^{\sin x\ln x}\cdot(\sin x\ln x)'+\sin(2x)$

$\quad=x^{\sin x}\cdot\left(\cos x\ln x+\dfrac{\sin x}{x}\right)+\sin(2x)$.

2. 原式$=\displaystyle\lim_{x\to 0}\dfrac{\arctan x-x}{2x^3}=\lim_{x\to 0}\dfrac{\dfrac{1}{1+x^2}-1}{6x^2}=\lim_{x\to 0}\dfrac{-x^2}{6x^2(1+x^2)}=-\dfrac{1}{6}$.

3. 原式$=\displaystyle\lim_{x\to 0}\dfrac{x-(1-x^2)\ln(1+x)}{x^2}=\lim_{x\to 0}\dfrac{1+2x\ln(1+x)-(1-x^2)\cdot\dfrac{1}{1+x}}{2x}$

$\quad=\displaystyle\lim_{x\to 0}\dfrac{1+2x\ln(1+x)-(1-x)}{2x}=\lim_{x\to 0}\dfrac{2\ln(1+x)+1}{2}=\dfrac{1}{2}$.

4. (1) $f(x)=\begin{cases}0 & x=0\\[2mm]\dfrac{x}{\sin x} & x\ne k\pi,\ k\in\mathbf{Z}\end{cases}$;

(2) 令 $\sin x=0$，从而函数的间断点为 $x=k\pi$，$k\in\mathbf{Z}$. 因为 $\displaystyle\lim_{x\to 0}\dfrac{x}{\sin x}=1$，当 $k\ne 0$

时，$\displaystyle\lim_{x\to k\pi}\dfrac{x}{\sin x}=\infty$，所以 $x=0$ 为函数 $f(x)$ 的第一类间断点中的可去间断点，$x=k\pi$，

$k\in\mathbf{Z}$，且 $k\ne 0$ 为函数的第二类间断点中的无穷间断点。

5. 方程两边分别取对数，得

$$y\ln x = x\ln y,$$

方程两边同时取微分，得

$$\ln x\, dy + \frac{y}{x} dx = \ln y\, dx + \frac{x}{y} dy,$$

因此

$$dy = \frac{\ln y - \dfrac{y}{x}}{\ln x - \dfrac{x}{y}} dx = \frac{xy\ln y - y^2}{xy\ln x - x^2} dx.$$

6. 当 $x > 0$ 时，

$$f'(x) = -\frac{1}{2\sqrt{x^3}}\arcsin(x^2) + \frac{1}{\sqrt{x}} \cdot \frac{2x}{\sqrt{1-x^4}} = -\frac{1}{2\sqrt{x^3}}\arcsin(x^2) + 2\sqrt{\frac{x}{1-x^4}},$$

当 $x < 0$ 时，$f'(x) = 6x + 2x\cos(x^2)$. 在 $x = 0$ 处，

$$f'_-(0) = \lim_{x\to 0^-}\frac{f(x)-f(0)}{x} = \lim_{x\to 0^-}\frac{3x^2+\sin(x^2)}{x} = 0,$$

$$f'_+(0) = \lim_{x\to 0^+}\frac{f(x)-f(0)}{x} = \lim_{x\to 0^+}\frac{\arcsin(x^2)}{x\sqrt{x}} = \lim_{x\to 0^+}\frac{x^2}{x\sqrt{x}} = 0,$$

所以 $f'(0) = 0$. 综上

$$f'(x) = \begin{cases} 6x + 2x\cos(x^2), & x \leqslant 0 \\ -\dfrac{1}{2\sqrt{x^3}}\arcsin(x^2) + 2\sqrt{\dfrac{x}{1-x^4}}, & x > 0 \end{cases}.$$

7. 原式 $= \displaystyle\int \frac{x^2 \cdot x}{\sqrt{1-x^2}} dx = -\frac{1}{2}\int \frac{x^2}{\sqrt{1-x^2}} d(1-x^2) = -\frac{1}{2}\int \frac{x^2-1+1}{\sqrt{1-x^2}} d(1-x^2)$

$$= -\frac{1}{2}\int\left(-\sqrt{1-x^2} + \frac{1}{\sqrt{1-x^2}}\right) d(1-x^2)$$

$$= -\frac{1}{2}\left(-\frac{2}{3}(1-x^2)^{\frac{3}{2}} + 2(1-x^2)^{\frac{1}{2}}\right) + C$$

$$= \frac{1}{3}(1-x^2)^{\frac{3}{2}} - (1-x^2)^{\frac{1}{2}} + C.$$

8. 原式 $= \displaystyle\int \frac{x^2\arctan x}{1+x^2} dx = \int \frac{(x^2+1-1)\arctan x}{1+x^2} dx = \int \arctan x\, dx - \int \frac{\arctan x}{1+x^2} dx$

$$= x\arctan x - \int \frac{x}{1+x^2} dx - \int \arctan x\, d(\arctan x)$$

$$= x\arctan x - \frac{1}{2}\int \frac{1}{1+x^2} d(1+x^2) - \frac{1}{2}\arctan^2 x$$

$$= x\arctan x - \frac{1}{2}\ln(1+x^2) - \frac{1}{2}\arctan^2 x + C.$$

四、应用题

1. 由题意，$p = 6 - \dfrac{1}{4}Q$，成本函数为 $C(Q) = 2Q + 3$，因此利润函数为

$$L(Q) = R(Q) - C(Q) = Q\left(6 - \dfrac{1}{4}Q\right) - 2Q - 3 = 4Q - \dfrac{1}{4}Q^2 - 3,$$

令 $L'(Q) = 4 - \dfrac{1}{2}Q = 0$，解得唯一的驻点 $Q = 8$. 又因为 $L''(Q) = -\dfrac{1}{2} < 0$，因此 $L''(8) < 0$，因此当销售量 $Q = 8$（吨）时，利润达到最大，最大利润为 $L(8) = 13$（万元）.

2. 设 (x_0, y_0) 为曲线上的任意一点. 等式 $\sqrt{x} + \sqrt{y} = a$ 两边关于 x 求导数，得

$$\dfrac{1}{2\sqrt{x}} + \dfrac{1}{2\sqrt{y}} \cdot y' = 0,$$

解得 $y' = -\sqrt{\dfrac{y}{x}}$. 因此曲线在点 (x_0, y_0) 处的切线方程为

$$y - y_0 = -\sqrt{\dfrac{y_0}{x_0}}(x - x_0).$$

令 $y = 0$，则切线在 x 轴上的截距为 $x_0 + \sqrt{x_0 y_0}$；令 $x = 0$，则切线在 y 轴上的截距为 $y_0 + \sqrt{x_0 y_0}$. 故切线在 x 轴、y 轴上的截距之和为

$$x_0 + \sqrt{x_0 y_0} + y_0 + \sqrt{x_0 y_0} = (\sqrt{x_0} + \sqrt{y_0})^2 = a^2.$$

五、证明题

构造辅助函数 $F(x) = xf(x)$，显然 $F(x)$ 在 $[0, 1]$ 上连续，在 $(0, 1)$ 内可导，且 $F(0) = F(1) = 0$，因此由罗尔定理可得，至少存在一点 $\xi \in (0, 1)$，使得 $F'(\xi) = 0$. 又因为 $F'(x) = xf'(x) + f(x)$，因此 $\xi f'(\xi) + f(\xi) = 0$，即有 $f'(\xi) = -\dfrac{f(\xi)}{\xi}$，结论得证.

模拟试题六详解

一、填空题

(1) $(-\infty, 1)$.　(2) 1.　(3) $x = -1$.　(4) $\dfrac{1}{2}$.　(5) 2.　(6) $-\dfrac{1}{2}$.

(7) 由于 $\lim\limits_{x \to \infty} \dfrac{x}{2x+1} = \dfrac{1}{2}$，因此函数有一条水平渐近线 $y = \dfrac{1}{2}$，且不存在斜渐近线. 又因为 $\lim\limits_{x \to \left(-\frac{1}{2}\right)} \dfrac{x}{2x+1} = \infty$，因此函数有一条铅直渐近线 $x = -\dfrac{1}{2}$，因此答案为 $y = \dfrac{1}{2}$ 和 $x = -\dfrac{1}{2}$.

(8) 总收益 $R = R(P) = PQ = kP\mathrm{e}^{-aP}$. 由于

$$R'(P) = k\mathrm{e}^{-aP} - akP\mathrm{e}^{-aP},$$

因此总收益对价格的弹性为

$$\frac{ER}{EP} = P\,\frac{R'(P)}{R} = P \cdot \frac{k\mathrm{e}^{-aP} - akP\mathrm{e}^{-aP}}{kP\mathrm{e}^{-aP}} = 1 - aP.$$

（9）$-\sin(\cos x)\sin x\,\mathrm{d}x.$

（10）原式 $= \displaystyle\int \frac{1-\sin x}{1-\sin^2 x}\mathrm{d}x = \int \frac{1-\sin x}{\cos^2 x}\mathrm{d}x = \int (\sec^2 x - \sec x\tan x)\mathrm{d}x$

$\qquad = \tan x - \sec x + C.$

二、单项选择题

（1）C.　（2）D.　（3）B.

（4）D.

提示　由于

$$f'''(x_0) = \lim_{x\to x_0} \frac{f''(x) - f''(x_0)}{x - x_0} = \lim_{x\to x_0} \frac{f''(x)}{x - x_0} > 0,$$

由极限的保号性可知，在 $x = x_0$ 的某个去心邻域内有 $\dfrac{f''(x)}{x-x_0} > 0$，从而当 $x < x_0$ 时，$f''(x) < 0$，当 $x > x_0$ 时，$f''(x) > 0$，因此 $(x_0, f(x_0))$ 是曲线 $y = f(x)$ 的拐点.

（5）C.

三、计算题

1. 原式 $= \displaystyle\lim_{x\to-\infty} \frac{2x}{\sqrt{x^2+x} + \sqrt{x^2-x}} = \lim_{x\to-\infty} \frac{-2}{\sqrt{1+\frac{1}{x}} + \sqrt{1-\frac{1}{x}}} = -1.$

2. 原式 $= \displaystyle\lim_{x\to-1} \frac{\ln(x+2) - (x+1)}{(x+1)\ln(x+2)} = \lim_{t\to0} \frac{\ln(t+1) - t}{t\ln(t+1)} = \lim_{t\to0} \frac{\ln(t+1) - t}{t^2}$

$\qquad = \displaystyle\lim_{t\to0} \frac{\frac{1}{t+1} - 1}{2t} = \lim_{t\to0} \frac{1 - (t+1)}{2t(t+1)} = \lim_{t\to0} \frac{-1}{2(t+1)} = -\frac{1}{2}.$

3. 等式两边同时取对数得

$$\ln|y| = \frac{1}{2}\ln|1-x| + 2\ln|x+2| - \frac{1}{2}\ln|1+x| - 3\ln|x+3|,$$

上式两边同时对 x 求导数，有

$$\frac{1}{y} \cdot y' = -\frac{1}{2(1-x)} + \frac{2}{x+2} - \frac{1}{2(x+1)} - \frac{3}{x+3},$$

因此

$$y' = \frac{\sqrt{1-x}\,(x+2)^2}{\sqrt{1+x}\,(x+3)^3}\left[\frac{1}{2(x-1)} + \frac{2}{x+2} - \frac{1}{2(x+1)} - \frac{3}{x+3}\right].$$

4. $\mathrm{d}y = \mathrm{e}^{f(x)}\mathrm{d}f(\mathrm{e}^x) + f(\mathrm{e}^x)\mathrm{d}\mathrm{e}^{f(x)} = \mathrm{e}^{f(x)}f'(\mathrm{e}^x)\mathrm{d}\mathrm{e}^x + f(\mathrm{e}^x)\mathrm{e}^{f(x)}\mathrm{d}f(x)$

$\qquad = \mathrm{e}^{f(x)}f'(\mathrm{e}^x)\mathrm{e}^x\mathrm{d}x + f(\mathrm{e}^x)\mathrm{e}^{f(x)}f'(x)\mathrm{d}x$

$\qquad = \mathrm{e}^{f(x)}[f'(\mathrm{e}^x)\mathrm{e}^x + f(\mathrm{e}^x)f'(x)]\mathrm{d}x.$

5. 当 $x \neq 0$ 时，$f'(x) = \arctan\dfrac{1}{x^2} + x\,\dfrac{1}{1+x^{-4}} \cdot \left(-\dfrac{2}{x^3}\right) = \arctan\dfrac{1}{x^2} - \dfrac{2x^2}{x^4+1}.$

在 $x=0$ 处，$f'(0)=\lim\limits_{x\to0}\dfrac{f(x)-f(0)}{x}=\lim\limits_{x\to0}\arctan\dfrac{1}{x^2}=\dfrac{\pi}{2}$. 因为

$$\lim_{x\to0}f'(x)=\lim_{x\to0}\left(\arctan\dfrac{1}{x^2}-\dfrac{2x^2}{x^4+1}\right)=\dfrac{\pi}{2}=f'(0),$$

因此 $f'(x)$ 在 $x=0$ 处连续.

6. $y'=2\sin x\cos x=\sin(2x)$，

$$y''=2\cos(2x)=2\sin\left(2x+\dfrac{\pi}{2}\right),$$

$$y'''=2^2\cos\left(2x+\dfrac{\pi}{2}\right)=2^2\sin\left(2x+\dfrac{2\pi}{2}\right),$$

$$y^{(4)}=2^3\cos\left(2x+\dfrac{2\pi}{2}\right)=2^3\sin\left(2x+\dfrac{3\pi}{2}\right),$$

一般地，

$$y^{(n)}=2^{n-1}\sin\left(2x+\dfrac{(n-1)\pi}{2}\right).$$

7. 令 $x=2\sin t$，$t\in\left(-\dfrac{\pi}{2},\dfrac{\pi}{2}\right)$，$\sqrt{4-x^2}=2\cos t$，$\mathrm{d}x=2\cos t\,\mathrm{d}t$，因此

$$原式=\int\dfrac{2\cos t}{4\sin^2 t\cdot2\cos t}\mathrm{d}t=\dfrac{1}{4}\int\csc^2 t\,\mathrm{d}t=-\dfrac{1}{4}\cot t+C=-\dfrac{\sqrt{4-x^2}}{4x}+C.$$

8. $原式=\int\dfrac{x}{(2+\mathrm{e}^x)^2}\mathrm{d}(2+\mathrm{e}^x)=-\int x\,\mathrm{d}(2+\mathrm{e}^x)^{-1}=-x(2+\mathrm{e}^x)^{-1}+\int\dfrac{1}{2+\mathrm{e}^x}\mathrm{d}x$

$$=-\dfrac{x}{2+\mathrm{e}^x}+\dfrac{1}{2}\int\dfrac{(2+\mathrm{e}^x)-\mathrm{e}^x}{2+\mathrm{e}^x}\mathrm{d}x=-\dfrac{x}{2+\mathrm{e}^x}+\dfrac{1}{2}x-\dfrac{1}{2}\int\dfrac{\mathrm{e}^x}{2+\mathrm{e}^x}\mathrm{d}x$$

$$=-\dfrac{x}{2+\mathrm{e}^x}+\dfrac{1}{2}x-\dfrac{1}{2}\int\dfrac{1}{2+\mathrm{e}^x}\mathrm{d}(2+\mathrm{e}^x)$$

$$=-\dfrac{x}{2+\mathrm{e}^x}+\dfrac{1}{2}x-\dfrac{1}{2}\ln(2+\mathrm{e}^x)+C.$$

四、应用题

1. (1) 由题意，利润函数为

$$L(x)=xP-[\overline{C}(x)+t]x=20x-4x^2-2x-tx=-4x^2+(18-t)x,$$

而 $L'(x)=-8x+18-t$，令 $L'(x)=0$，得到唯一的驻点 $x_0=\dfrac{18-t}{8}$，$L''(x)=-8<0$，

所以 $x_0=\dfrac{18-t}{8}$ 为 $L(x)$ 的极大值点，也为最大值点. 此时的政府税收为

$$F(t)=xt=\dfrac{18-t}{8}t=-\dfrac{1}{8}(t^2-18t)=-\dfrac{1}{8}(t-9)^2+\dfrac{81}{8},$$

因此当 $t=9$(万元)时，政府的税额达到最大.

(2) 由 $P=20-4x$，可知 $x=-\dfrac{1}{4}P+5$，因此需求价格弹性为

$$\varepsilon_P = P\,\frac{x'}{x} = P\,\frac{-\dfrac{1}{4}}{-\dfrac{1}{4}P+5} = \frac{-P}{-P+20},$$

所以 $\varepsilon_P\big|_{P=4} = -0.25$. 其经济意义为：当价格 $P=4$ 时，若价格上涨（或下跌）1%，则需求量大约减少（或增加）0.25%.

2. 设 $f(x) = \mathrm{e}^x - x - 2$，则 $f(x)$ 在 $(-\infty, +\infty)$ 内连续，且

$$f(-2) = \mathrm{e}^{-2} > 0, \quad f(0) = -1 < 0, \quad f(2) = \mathrm{e}^2 - 4 > 0,$$

因此由连续函数的零点定理可知，至少存在两点 $\xi_1 \in (-2, 0)$ 和 $\xi_2 \in (0, 2)$，使得 $f(\xi_1) = f(\xi_2) = 0$，故方程 $\mathrm{e}^x = x + 2$ 在 $(-\infty, +\infty)$ 内至少有两个实根.

又因为当 $x < 0$ 时，$f'(x) = \mathrm{e}^x - 1 < 0$，当 $x > 0$ 时，$f'(x) = \mathrm{e}^x - 1 > 0$，所以 $f(x)$ 在 $(-\infty, 0]$ 上单调递减，在 $[0, +\infty)$ 上单调递增，因此 $f(x) = 0$ 在 $(-\infty, +\infty)$ 内至多有两个实根.

综上，方程 $\mathrm{e}^x = x + 2$ 在 $(-\infty, +\infty)$ 内有且仅有两个实根.

五、证明题

构造辅助函数 $F(x) = \dfrac{f(x)}{x^2}$，由题意，$F(x)$ 在 $[a, b]$ 上连续，在 (a, b) 内可导，且满足 $F(a) = 0$，$F(b) = 0$. 由罗尔定理可知，至少存在一点 $\xi \in (a, b)$，使得 $F'(\xi) = 0$. 又因为 $F'(x) = \dfrac{xf'(x) - 2f(x)}{x^3}$，从而得 $\xi f'(\xi) - 2f(\xi) = 0$，结论得证.

模拟试题七详解

一、填空题

(1) 9.　(2) 必要，必要.　(3) 3.　(4) 0.　(5) $\pm\sqrt{2}$.　(6) -1.　(7) $\dfrac{1}{2\mathrm{e}}$.

(8) 增加 0.25%.　(9) $\mathrm{e}^{2x} + C$.　(10) $-\sin x + 2x + C$.

二、单项选择题

(1) C；　(2) B；　(3) A；　(4) C；　(5) B.

三、计算题

1. 原式 $= \lim\limits_{x \to +\infty} \dfrac{\sqrt{x}}{x}\sin x = \lim\limits_{x \to +\infty} \dfrac{1}{\sqrt{x}}\sin x = 0$.

2. $\lim\limits_{x \to +\infty} f(x) = \lim\limits_{x \to +\infty} \dfrac{1-\cos x}{x^2} = 0$；

$\quad \lim\limits_{x \to -\infty} f(x) = \lim\limits_{x \to -\infty} \dfrac{\mathrm{e}^x - 1}{x} = 0$；

$\quad f'_+(0) = \lim\limits_{x \to 0^+} \dfrac{\dfrac{1-\cos x}{x^2} - 1}{x} = \lim\limits_{x \to 0^+} \dfrac{1-\cos x - x^2}{x^3} = \lim\limits_{x \to 0^+} \dfrac{\sin x - 2x}{3x^2}$

$$= \lim_{x \to 0^+} \frac{\cos x - 2}{6x} = \infty,$$

$$f'_-(0) = \lim_{x \to 0^-} \frac{\dfrac{e^x - 1}{x} - 1}{x} = \lim_{x \to 0^-} \frac{e^x - 1 - x}{x^2} = \lim_{x \to 0^-} \frac{e^x - 1}{2x} = \frac{1}{2},$$

所以 $f'(0)$ 不存在.

3. $\lim\limits_{x \to 0} \dfrac{f(x) - x}{x^2} = \lim\limits_{x \to 0} \dfrac{f'(x) - 1}{2x} = \dfrac{1}{2} \lim\limits_{x \to 0} \dfrac{f'(x) - f'(0)}{x} = \dfrac{1}{2} f''(0) = 1.$

4. 令 $\dfrac{1}{x} = t$，则

$$\lim_{x \to +\infty} \left[x - x^2 \ln\left(1 + \frac{1}{x}\right) \right] = \lim_{t \to 0^+} \left[\frac{1}{t} - \frac{1}{t^2} \ln(1+t) \right] = \lim_{t \to 0^+} \frac{t - \ln(1+t)}{t^2}$$

$$= \lim_{t \to 0^+} \frac{1 - \dfrac{1}{1+t}}{2t} = \lim_{t \to 0^+} \frac{t}{2t(1+t)} = \frac{1}{2}.$$

5. 当 $x = 0$ 时，$y = 1$. 等式两边同时对 x 求导数，并将 y 视为 x 的函数，有

$$y' e^x + y e^x + e^y + x e^y \cdot y' = 0,$$

因此

$$y' = -\frac{e^y + y e^x}{e^x + x e^y}, \quad y'\big|_{x=0} = -\frac{e^y + y e^x}{e^x + x e^y}\bigg|_{\substack{x=0 \\ y=1}} = -(e+1).$$

6. 由题意知，$f(0) = 1$，$y'\big|_{x=-1} = 0$，$y''\big|_{x=0} = 0$. 又因为

$$f'(x) = 3x^2 + 6ax + 3b, \quad f''(x) = 6x + 6a,$$

因此有 $c = 1$，$3 - 6a + 3b = 0$，$6a = 0$，解得：$a = 0$，$b = -1$，$c = 1$.

7. 原式 $= \displaystyle\int (x^2 + 3x - 2) \mathrm{d}(\sin x) = (x^2 + 3x - 2)\sin x - \int \sin x \cdot (2x + 3) \mathrm{d}x$

$$= (x^2 + 3x - 2)\sin x + \int (2x + 3)\mathrm{d}(\cos x)$$

$$= (x^2 + 3x - 2)\sin x + (2x + 3)\cos x - 2\int \cos x \,\mathrm{d}x$$

$$= (x^2 + 3x - 2)\sin x + (2x + 3)\cos x - 2\sin x + C$$

$$= (x^2 + 3x - 4)\sin x + (2x + 3)\cos x + C.$$

8. 令 $t = \sqrt{1-x}$，则 $x = 1 - t^2$，$\mathrm{d}x = -2t\,\mathrm{d}t$，因此

原式 $= -2\displaystyle\int t \cdot \cos t \,\mathrm{d}t = -2\int t \,\mathrm{d}(\sin t) = -2t\sin t + 2\int \sin t \,\mathrm{d}t = -2t\sin t - 2\cos t + C$

$$= -2\sqrt{1-x}\,\sin\sqrt{1-x} - 2\cos\sqrt{1-x} + C.$$

四、应用题

1. (1) $R = xp = x \cdot \dfrac{1}{5}(125 - x) = -\dfrac{1}{5}x^2 + 25x,$

$$L = R - C = -\frac{1}{5}x^2 + 25x - 100 - x - x^2 = -\frac{6}{5}x^2 + 24x - 100,$$

求导数 $L'=-\dfrac{12}{5}x+24$，令 $L'=0$，得到唯一的驻点 $x=10$，而 $L''=-\dfrac{12}{5}<0$，所以 $x=10$ 为最大值点.

（2）$\varepsilon_p=f'(p)\dfrac{p}{f(p)}=\dfrac{-5p}{125-5p}$，$\varepsilon_p\big|_{p=20}=-4$.

其经济意义为：当价格 $p=20$ 时，价格上涨（或下跌）1%，需求量大约减少（或增加）4%.

2．函数的定义域为 $(-\infty,1)\bigcup(1+\infty)$. $x=1$ 为无穷间断点. 函数的一阶、二阶导数为

$$y'=\frac{x^2(x-3)}{3(x-1)^3},\quad y''=\frac{2x}{(x-1)^4}.$$

令 $y'=0$，解得驻点 $x_1=0$，$x_2=3$. 令 $y''=0$，解得 $x_3=0$. 列表讨论函数的性态，见表 7.1.

表 **7.1**

x	$(-\infty,0)$	0	$(0,1)$	$(1,3)$	3	$(3,+\infty)$
y'	$+$	0	$+$	$-$	0	$+$
y''	$-$	0	$+$	$+$	$+$	$+$
y	↗凸	拐点$(0,0)$	↗凹	↘凹	极小值$\dfrac{9}{4}$	↗凹

因为 $\lim\limits_{x\to\infty}\dfrac{x^3}{3(x-1)^2}=\infty$，因此曲线不存在水平渐近线. 因为 $\lim\limits_{x\to1}\dfrac{x^3}{3(x-1)^2}=\infty$，因此曲线有一条垂直渐近线 $x=1$. 又因为

$$a=\lim_{x\to\infty}\frac{f(x)}{x}=\lim_{x\to\infty}\frac{x^3}{3x(x-1)^2}=\frac{1}{3},$$

$$b=\lim_{x\to\infty}[f(x)-ax]=\lim_{x\to\infty}\left[\frac{x^3}{3(x-1)^2}-\frac{1}{3}x\right]=\lim_{x\to\infty}\frac{2x^2-x}{3(x-1)^2}=\frac{2}{3},$$

因此曲线有一条斜渐近线 $y=\dfrac{1}{3}x+\dfrac{2}{3}$.

补充辅助点 $f(-1)=-\dfrac{1}{12}$，$f(-2)=-\dfrac{8}{27}$，$f(2)=\dfrac{8}{3}$. 按照表 7.1 列出的函数的单调性和凹凸性作出函数的图像，如图 7.1 所示.

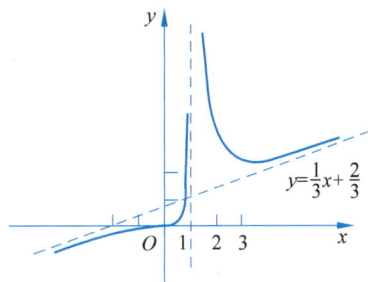

图 **7.1**

五、证明题

构造辅助函数 $f(x)=\sin x-x+\dfrac{1}{3!}x^3$，则 $f(x)$ 在 $[0,+\infty)$ 上连续，求导数得

$$f'(x)=\cos x-1+\frac{1}{2}x^2,$$

显然，$f'(x)$在$[0,+\infty)$上连续，且$f''(x)=-\sin x+x$，当$x>0$时，$\sin x<x$，所以$f''(x)>0$，$f'(x)$在$[0,+\infty)$上单调递增. 因此当$x>0$时，$f'(x)>f'(0)=0$，所以$f(x)$在$[0,+\infty)$上单调递增，当$x>0$时，$f(x)>f(0)=0$，因此有$\sin x>x-\dfrac{x^3}{3!}$.

模拟试题八详解

一、填空题

(1) $\sin x$.　(2) $2x$.　(3) e^{-6}.

(4) $\dfrac{1}{2}$.

提示　记$a_n=\dfrac{1}{n^2+1}+\dfrac{2}{n^2+2}+\cdots+\dfrac{n}{n^2+n}$，则有

$$\dfrac{n(n+1)}{2(n^2+n)}=\dfrac{1}{n^2+n}+\dfrac{2}{n^2+n}+\cdots+\dfrac{n}{n^2+n}<a_n<\dfrac{1}{n^2}+\dfrac{2}{n^2}+\cdots+\dfrac{n}{n^2}=\dfrac{n(n+1)}{2n^2},$$

而$\lim\limits_{n\to\infty}\dfrac{n(n+1)}{2n^2}=\dfrac{1}{2}$，$\lim\limits_{n\to\infty}\dfrac{n(n+1)}{2(n^2+n)}=\dfrac{1}{2}$，由夹逼定理可知$\lim\limits_{n\to\infty}a_n=1$.

(5) 1.　(6) 0.

(7) $\mathrm{e}^x=\mathrm{e}+\mathrm{e}(x-1)+\dfrac{\mathrm{e}}{2!}(x-1)^2+\cdots+\dfrac{\mathrm{e}}{n!}(x-1)^n+\dfrac{\mathrm{e}^\xi}{(n+1)!}(x-1)^{n+1}$，其中$\xi$介于 1 和 x 之间.

(8) 10.　(9) $-\dfrac{1}{2}\ln(1-x^2)+C$.　(10) $x^2\mathrm{e}^{x^2}$.

二、单项选择题

(1) D.　(2) A.　(3) C.　(4) C.

(5) B.

提示　由$\lim\limits_{x\to0}\dfrac{f''(x)}{|x|}=1$及极限的保号性可知，存在$\delta>0$，使得当$x\in(-\delta,0)\bigcup(0,\delta)$时，有$f''(x)>0$. 因此$f'(x)$在$(-\delta,0)$和$(0,\delta)$内单调递增，故当$x\in(-\delta,0)$时，$f'(x)<f'(0)=0$，当$x\in(0,\delta)$时，$f'(x)>f'(0)=0$，所以$x=0$为函数$f(x)$的极小值点.

三、计算题

1. 原式 $=\lim\limits_{n\to\infty}\dfrac{\sqrt{n+3\sqrt{n}}-\sqrt{n-\sqrt{n}}}{1}=\lim\limits_{n\to\infty}\dfrac{n+3\sqrt{n}-(n-\sqrt{n})}{\sqrt{n+3\sqrt{n}}+\sqrt{n-\sqrt{n}}}$

$=\lim\limits_{n\to\infty}\dfrac{4\sqrt{n}}{\sqrt{n+3\sqrt{n}}+\sqrt{n-\sqrt{n}}}=2$.

2. 原式 $=\lim\limits_{x\to0}\mathrm{e}^{\frac{\ln(2^x+3^x)-\ln2}{x}}=\lim\limits_{x\to0}\mathrm{e}^{\frac{2^x\ln2+3^x\ln3}{2^x+3^x}}=\mathrm{e}^{\frac{\ln6}{2}}=\sqrt{6}$.

3. $dy = \sqrt{9-x^2}\, dx$.

4. $y' = f(\ln x) + x f'(\ln x) \cdot \dfrac{1}{x} = f(\ln x) + f'(\ln x)$,

$$y'' = \frac{1}{x} f'(\ln x) + \frac{1}{x} f''(\ln x) = \frac{1}{x}[f'(\ln x) + f''(\ln x)].$$

5. 原式 $= \lim\limits_{x \to 0}\left[(1+x)^{\frac{1}{x}} - e\right]' = \lim\limits_{x \to 0}\left[e^{\frac{\ln(1+x)}{x}}\right]' = \lim\limits_{x \to 0}\left(e^{\frac{\ln(1+x)}{x}} \cdot \dfrac{\dfrac{x}{1+x} - \ln(1+x)}{x^2}\right)$

$$= e \cdot \lim\limits_{x \to 0} \frac{x - (1+x)\ln(1+x)}{x^2(1+x)} = e \cdot \lim\limits_{x \to 0} \frac{-\ln(1+x)}{2x + 3x^2}$$

$$= e \cdot \lim\limits_{x \to 0} \frac{-x}{x(2+3x)} = -\frac{e}{2}.$$

6. 由题意，当 $x = 0$ 时，$y = 1$. 方程两边同时对 x 求导数，得

$$y' = 2e^{2x} + e^y + x e^y \cdot y',$$

将 $x = 0$，$y = 1$ 代入上式，得 $f'(0) = e + 2$. 上述方程两边同时再对 x 求导数，得

$$y'' = 4e^{2x} + e^y y' + e^y y' + x e^y (y')^2 + x e^y \cdot y'',$$

将 $x = 0$，$y = 1$ 及 $f'(0) = e + 2$ 代入上式，得 $f''(0) = 2(e^2 + 2e + 2)$.

7. 令 $t = \sqrt{x}$，则 $x = t^2$，$dx = 2t\, dt$，因此

$$原式 = \int \sqrt{\frac{t^2}{1-t^3}}\, 2t\, dt = 2\int \frac{t^2}{\sqrt{1-t^3}}\, dt = -\frac{2}{3}\int \frac{1}{\sqrt{1-t^3}}\, d(1-t^3) = -\frac{4}{3}\sqrt{1-t^3} + C$$

$$= -\frac{4}{3}\sqrt{1 - x\sqrt{x}} + C.$$

8. 令 $x = \sin t$，$t \in \left(-\dfrac{\pi}{2}, \dfrac{\pi}{2}\right)$，则 $t = \arcsin x$，$\sqrt{1-x^2} = \cos t$，$dx = \cos t\, dt$，因此

$$原式 = \int \frac{t}{\cos^3 t} \cos t\, dt = \int t \sec^2 t\, dt = \int t\, d(\tan t) = t \tan t - \int \tan t\, dt$$

$$= t \tan t + \ln|\cos t| + C = \frac{x}{\sqrt{1-x^2}} \arcsin x + \ln \sqrt{1-x^2} + C.$$

四、应用题

1. 设每次订货 x 吨，则成本函数为

$$C = C(x) = \frac{x}{2} \times 40 + \frac{1000}{x}(32 + 20x) = 20x + \frac{32\,000}{x} + 20\,000,$$

而 $C'(x) = 20 - \dfrac{32\,000}{x^2}$，令 $C'(x) = 0$，得到唯一驻点 $x = 40$，$C''(x) = \dfrac{32000}{x^3} \times 2 > 0$，从

而 $C''(40) > 0$，故每批订货 40 吨时，可使总费用达到最小.

2. 函数的定义域为 $(-\infty, 0) \bigcup (0 +\infty)$. 函数的一阶、二阶导数为

$$y' = \frac{1}{x^2} e^{-\frac{1}{x}}, \quad y'' = \frac{1-2x}{x^4} e^{-\frac{1}{x}}.$$

令 $y''=0$，解得 $x=\dfrac{1}{2}$. 列表讨论函数的性态，见表 8.1.

表 8.1

x	$(-\infty, 0)$	$\left(0, \dfrac{1}{2}\right)$	$\dfrac{1}{2}$	$\left(\dfrac{1}{2}, +\infty\right)$
y'	$+$	$+$	$+$	$+$
y''	$+$	$+$	0	$-$
y	↗凹	↗凹	拐点 $\left(\dfrac{1}{2}, e^{-2}\right)$	↗凸

因为 $\lim\limits_{x\to\infty} e^{-\frac{1}{x}}=1$，因此曲线有一条水平渐近线 $y=1$. 又因为 $\lim\limits_{x\to 0^+} e^{-\frac{1}{x}}=0$，$\lim\limits_{x\to 0^-} e^{-\frac{1}{x}}=+\infty$，因此曲线有一条垂直渐近线 $x=0$（注意在直线 $x=0$ 的左侧存在垂直渐近线）. 按照表 8.1 列出的函数的单调性和凹凸性作出函数的图像，如图 8.1 所示.

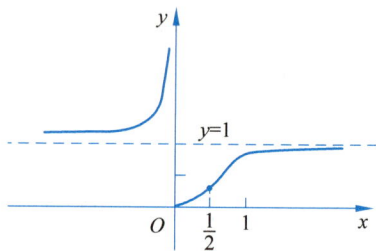

图 8.1

五、证明题

构造辅助函数 $F(x)=e^x[f(x)-2x]$，则有
$$F(1)=e[f(1)-2]>0, \quad F(5)=e^5[f(5)-10]<0,$$
显然 $F(x)$ 在 $[1,5]$ 上连续，由零点定理可知，至少存在一点 $\eta\in(1,5)$，使得 $F(\eta)=0$. 又因为 $F(x)$ 在 $[\eta,6]$ 上连续，在 $(\eta,6)$ 内可导，且 $F(6)=e^6[f(6)-12]=0=F(\eta)$，因此由罗尔定理可知，至少存在一点 $\xi\in(\eta,6)\subset(1,6)$，使得 $F'(\xi)=0$. 而
$$F'(x)=e^x[f(x)-2x]+e^x[f'(x)-2]=e^x[f(x)-2x+f'(x)-2],$$
因此有 $f'(\xi)-2\xi+f(\xi)-2=0$，从而结论得证.

模拟试题九详解

一、填空题

(1) $\varphi(x)$.　(2) $\dfrac{\pi}{2}$.　(3) $\dfrac{1}{2}$.

(4) $\dfrac{1}{2}$.

提示　$\lim\limits_{x\to 1}\dfrac{f(x)-f(1)}{x^2-1}=\lim\limits_{x\to 1}\dfrac{f(x)-f(1)}{x-1}\cdot\dfrac{1}{x+1}=\dfrac{1}{2}f'(1)=\dfrac{1}{2}$.

(5) $-x^{-2}e^{\frac{1}{x}}f'(e^{\frac{1}{x}})dx$.　(6) e^{-2}.　(7) $f'(0)<f(1)-f(0)<f'(1)$.

(8) 150.　(9) $\ln|x+1|+1$.　(10) $-\dfrac{1}{x^2}$.

二、单项选择题

(1) B.　(2) D.　(3) C.　(4) C.　(5) D.

三、计算题

1. 原式 $= \lim\limits_{x \to +\infty} \dfrac{\sqrt{(x-3)(x-5)} - x}{1} = \lim\limits_{x \to +\infty} \dfrac{(x-3)(x-5) - x^2}{\sqrt{(x-3)(x-5)} + x}$

$= \lim\limits_{x \to +\infty} \dfrac{-8x + 15}{\sqrt{(x-3)(x-5)} + x} = \lim\limits_{x \to +\infty} \dfrac{-8 + \dfrac{15}{x}}{\sqrt{\left(1 - \dfrac{3}{x}\right)\left(1 - \dfrac{5}{x}\right)} + 1} = -4.$

2. 原式 $= \lim\limits_{x \to 0}(1 - 2x)^{\frac{-1}{2x} \cdot \frac{-2x}{\arcsin x}}$，由于 $\lim\limits_{x \to 0} \dfrac{-2x}{\arcsin x} = -2$，因此原极限 $= \mathrm{e}^{-2}.$

3. 根据对数恒等式以及函数的连续性，有

原式 $= \lim\limits_{x \to +\infty} \mathrm{e}^{\frac{1}{x}\ln\left(x + \sqrt{x^2 + 2x}\right)} = \mathrm{e}^{\lim\limits_{x \to +\infty} \frac{1}{x}\ln\left(x + \sqrt{x^2 + 2x}\right)}.$

而

$$\lim\limits_{x \to +\infty} \dfrac{\ln\left(x + \sqrt{x^2 + 2x}\right)}{x} = \lim\limits_{x \to +\infty} \dfrac{1 + \dfrac{2x + 2}{2\sqrt{x^2 + 2x}}}{x + \sqrt{x^2 + 2x}} = \lim\limits_{x \to +\infty} \dfrac{1 + \dfrac{x + 1}{\sqrt{x^2 + 2x}}}{x + \sqrt{x^2 + 2x}} = 0,$$

因此原极限 $= \mathrm{e}^0 = 1.$

4. $y' = \mathrm{e}^x \cos[f(\mathrm{e}^x)]f'(\mathrm{e}^x),$

$y'' = \mathrm{e}^x \cos[f(\mathrm{e}^x)]f'(\mathrm{e}^x) - \mathrm{e}^{2x}\sin[f(\mathrm{e}^x)][f'(\mathrm{e}^x)]^2 + \mathrm{e}^{2x}\cos[f(\mathrm{e}^x)]f''(\mathrm{e}^x).$

5. 由题意可知 $f(0) = f'(0) = 0.$ 又因为

$$\lim\limits_{x \to 0}\left[1 + \dfrac{f(x)}{x}\right]^{\frac{1}{x}} = \lim\limits_{x \to 0}\left[1 + \dfrac{f(x)}{x}\right]^{\frac{x}{f(x)} \cdot \frac{f(x)}{x^2}},$$

而

$$\lim\limits_{x \to 0} \dfrac{f(x)}{x^2} = \lim\limits_{x \to 0} \dfrac{f'(x)}{2x} = \dfrac{1}{2}\lim\limits_{x \to 0} \dfrac{f'(x) - f'(0)}{x - 0} = \dfrac{1}{2}f''(0) = 2,$$

因此原极限 $= \mathrm{e}^2.$

6. 方程两边关于 x 求导，得

$$\mathrm{e}^y \cdot y' - y - xy' = 0;$$

方程两边关于 x 再求导数，得

$$\mathrm{e}^y(y')^2 + \mathrm{e}^y \cdot y'' - 2y' - xy'' = 0,$$

当 $x = 0$ 时，$y = 1$，代入上述等式，从而 $f'(0) = \dfrac{1}{\mathrm{e}}$，$f''(0) = \dfrac{1}{\mathrm{e}^2}.$

7. **提示**　由于

$$\int f(x)F(x)\mathrm{d}x = \int \sin^2(2x)\mathrm{d}x = \dfrac{1}{2}\int(1 - \cos 4x)\mathrm{d}x,$$

而

$$\int f(x)F(x)\mathrm{d}x = \int F(x)\mathrm{d}F(x) = \frac{1}{2}F^2(x) + C,$$

所以

$$\frac{1}{2}F^2(x) = \frac{1}{2}\left[x - \frac{1}{4}\sin 4x\right] + C.$$

8. 原式 $= \int \dfrac{x+2}{(x+1)^2+4}\mathrm{d}x \xrightarrow{t=x+1} \int \dfrac{t+1}{t^2+4}\mathrm{d}t = \int \dfrac{t}{t^2+4}\mathrm{d}t + \int \dfrac{1}{t^2+4}\mathrm{d}t$

$= \dfrac{1}{2}\int \dfrac{1}{t^2+4}\mathrm{d}(t^2+4) + \dfrac{1}{2}\arctan \dfrac{t}{2} = \dfrac{1}{2}\ln(t^2+4) + \dfrac{1}{2}\arctan \dfrac{t}{2} + C$

$= \dfrac{1}{2}\ln[(x+1)^2+4] + \dfrac{1}{2}\arctan \dfrac{x+1}{2} + C.$

四、应用题

1. 由题意，$p = 7 - \dfrac{1}{5}Q$. 成本函数为

$$C(Q) = \int 3\mathrm{d}x = 3Q + C_1,$$

又因为 $C(0)=1$，因此 $C_1=1$，故 $C(Q)=3Q+1$. 从而利润函数为

$$L(Q) = R(Q) - C(Q) = Q\left(7 - \frac{1}{5}Q\right) - 3Q - 1 = 4Q - \frac{1}{5}Q^2 - 1,$$

令 $L'(Q) = 4 - \dfrac{2}{5}Q = 0$，解得 $Q=10$，又因为 $L''(10) = -\dfrac{2}{5} < 0$，所以当 $Q=10$ 吨时，利润函数达到最大，最大利润为 $L(10)=19$（万元）.

2. 函数的定义域为 $x \in (-\infty, +\infty)$. $y' = \mathrm{e}^{-x}(1-x)$，$y'' = \mathrm{e}^{-x}(x-2)$.

令 $y'=0$，解得 $x=1$，令 $y''=0$，解得 $x=2$，列表讨论函数的性态，见表 9.1.

表 **9.1**

x	$(-\infty, 1)$	1	$(1, 2)$	2	$(2, +\infty)$
y'	+	0	−	0	−
y''	−	−	−	0	+
y	↗凸	极大值	↘凸	拐点	↘凹

因此 $y=f(x)$ 的单调递增区间为 $(-\infty, 1]$，单调递减区间为 $[1, +\infty)$；函数在 $x=1$ 处取得极大值，极大值为 $f(1)=\mathrm{e}^{-1}$. 函数的凸区间为 $(-\infty, 2)$，凹区间为 $(2, +\infty)$，函数的拐点为 $(2, 2\mathrm{e}^{-2})$. 又因为

$$\lim_{x \to +\infty} x\mathrm{e}^{-x} = \lim_{x \to +\infty} \frac{x}{\mathrm{e}^x} = \lim_{x \to +\infty} \frac{1}{\mathrm{e}^x} = 0,$$

所以函数有一条水平渐近线 $y=0$，且不存在垂直渐近线和斜渐近线.

五、证明题

要证明结论 $af'(\xi) + bf'(\eta) = a+b$ 成立，只需证明 $\dfrac{a}{a+b}f'(\xi) + \dfrac{b}{a+b}f'(\eta) = 1$ 成

立即可. 令 $c=\dfrac{a}{a+b}$，分别在 $[0,c]$ 和 $[c,1]$ 上利用拉格朗日中值定理得

$\exists\, \xi\in(0,c)$，使得 $f(c)-f(0)=f'(\xi)(c-0)$；

$\exists\, \eta\in(c,1)$，使得 $f(1)-f(c)=f'(\eta)(1-c)$.

上述两式相加即可得到结论.

模拟试题十详解

一、填空题

(1) $[-3,1]$.　(2) $\begin{cases} 2x+4, & x\leqslant -1 \\ x+5, & x>-1 \end{cases}$.　(3) $y=\ln\dfrac{x}{1-x}$，$x\in(0,1)$.

(4) $-1,1$.　(5) e^2.　(6) $-8\ln 2$.　(7) $y=6x-4$ 或 $y=6x+4$.

(8) 0.　(9) $(-\infty,+\infty)$.　(10) $x+\dfrac{1}{2}\ln x+C$.

二、单项选择题

(1) C.　(2) A.　(3) C.　(4) B.

(5) B.

提示　由于 $[f(\cos x)]'=f'(\cos x)\cdot(-\sin x)=-\sin^2 x$，因此

$$f(\cos x)=-\int \sin^2 x\,\mathrm{d}x=-\int\dfrac{1-\cos(2x)}{2}\mathrm{d}x=-\dfrac{1}{2}x+\dfrac{1}{2}\int\cos(2x)\,\mathrm{d}x$$

$$=-\dfrac{1}{2}x+\dfrac{1}{4}\sin(2x)+C.$$

三、计算题

1. 原式 $=\lim\limits_{n\to\infty}\dfrac{\sqrt{n+2\sqrt{n}}-\sqrt{n-3\sqrt{n}}}{1}=\lim\limits_{n\to\infty}\dfrac{5\sqrt{n}}{\sqrt{n+2\sqrt{n}}+\sqrt{n-3\sqrt{n}}}$

$$=\lim\limits_{n\to\infty}\dfrac{5}{\sqrt{1+\dfrac{2}{\sqrt{n}}}+\sqrt{1-\dfrac{3}{\sqrt{n}}}}=\dfrac{5}{2}.$$

2. 由题意，原式 $=\lim\limits_{x\to 0}\mathrm{e}^{\frac{1}{x}\ln(\sin x+\mathrm{e}^x)}=\mathrm{e}^{\lim\limits_{x\to 0}\frac{1}{x}\ln(\sin x+\mathrm{e}^x)}$，而

$$\lim\limits_{x\to 0}\dfrac{1}{x}\ln(\sin x+\mathrm{e}^x)=\lim\limits_{x\to 0}\dfrac{\ln(\sin x+\mathrm{e}^x)}{x}=\lim\limits_{x\to 0}\dfrac{\cos x+\mathrm{e}^x}{\sin x+\mathrm{e}^x}=2,$$

因此原极限 $=\mathrm{e}^2$.

3. 由于 $y'=\dfrac{1}{2\sqrt{2x+\sqrt{1-4x}}}(2x+\sqrt{1-4x}\,)'=\dfrac{1}{2\sqrt{2x+\sqrt{1-4x}}}\left(2+\dfrac{-4}{2\sqrt{1-4x}}\right)$

$$=\dfrac{1}{\sqrt{2x+\sqrt{1-4x}}}\left(1-\dfrac{1}{\sqrt{1-4x}}\right),$$

因此 $\mathrm{d}y = \dfrac{1}{\sqrt{2x+\sqrt{1-4x}}}\left(1-\dfrac{1}{\sqrt{1-4x}}\right)\mathrm{d}x.$

4. 由题意，$f(x)$ 在 $x=0$ 处连续，且可导，因此有

$$\lim_{x\to 0^-}f(x) = \lim_{x\to 0^+}f(x),\quad f'_-(0)=f'_+(0).$$

而 $\lim\limits_{x\to 0^-}f(x)=a$，$\lim\limits_{x\to 0^+}f(x)=-b$，因此 $a=-b$. 又因为

$$f'_-(0) = \lim_{x\to 0^-}\frac{f(x)-f(0)}{x} = \lim_{x\to 0^-}\frac{a\mathrm{e}^x+b}{x} = \lim_{x\to 0^-}\frac{a(\mathrm{e}^x-1)}{x} = a,$$

$$f'_+(0) = \lim_{x\to 0^+}\frac{f(x)-f(0)}{x} = \lim_{x\to 0^-}\frac{3\sin x - b + b}{x} \lim_{x\to 0^-}\frac{3\sin x}{x} = 3,$$

因此 $a=3$，$b=-3$.

5. 由于 $f'(x)=\dfrac{3}{1+9x^2}$，$g'(x)=2\mathrm{e}^{2x}$，因此

$$f'[g(x)] = \frac{3}{1+9g^2(x)} = \frac{3}{1+9\mathrm{e}^{4x}},$$

$$\{f[g(x)]\}' = f'[g(x)]\cdot g'(x) = \frac{3}{1+9\mathrm{e}^{4x}}\cdot 2\mathrm{e}^{2x} = \frac{6\mathrm{e}^{2x}}{1+9\mathrm{e}^{4x}}.$$

6. 方程两边关于 x 求导，并将 y 视为 x 的函数，得

$$2x - y - xy' + 2yy' = 0,$$

方程两边关于 x 再求导数，得

$$2 - y' - y' - xy'' + 2(y')^2 + 2yy'' = 0,$$

将 $x=1$ 和 $y=1$ 分别代入上述两个方程得 $y'|_{(1,1)}=-1$，$y''|_{(1,1)}=-6$.

7. 原式 $=\displaystyle\int\frac{1-\sin x}{\cos^2 x}\mathrm{d}x = \int\sec^2 x\,\mathrm{d}x - \int\sec x\cdot\tan x\,\mathrm{d}x = \tan x - \sec x + C.$

8. 原式 $=-\displaystyle\int\ln x\,\mathrm{d}(x+1)^{-1} = -\frac{\ln x}{x+1} + \int\frac{1}{x+1}\cdot\frac{1}{x}\mathrm{d}x = -\frac{\ln x}{x+1} + \int\left(\frac{1}{x}-\frac{1}{x+1}\right)\mathrm{d}x$

$$=-\frac{\ln x}{x+1} + \ln x - \ln(x+1) + C.$$

四、应用题

1. 设需要分 x 批进货，总费用为

$$y = 1000x + \frac{1}{2}\times\frac{1\,000\,000}{x}\times 0.05 = 1000x + \frac{25\,000}{x},$$

而 $y'=1000-\dfrac{25\,000}{x^2}$，令 $y'=0$，得唯一的驻点 $x=5$，而 $y''=\dfrac{50\,000}{x^3}$，$y''(5)>0$，所以当 $x=5$ 时，总费用达到最小.

2. (1) $x=-1$，$x=1$，$x=4$. (2) $[-1,1]$，$[4,+\infty)$. (3) $(-\infty,-1]$，$[1,4]$.
(4) $x=1$. (5) $x=-1$，$x=4$. (6) $(0,2)$. (7) $(-\infty,0)$，$(2,+\infty)$.
(8) $(0,f(0))$，$(2,f(2))$.

五、证明题

要证明 $e^{\pi}>\pi^{e}$，只需证明 $\pi\ln e>e\ln\pi$，即证明 $\pi-e\ln\pi>0$ 即可. 构造辅助函数

$$f(x)=x-e\ln x,$$

求导数得 $f'(x)=1-\dfrac{e}{x}$，令 $f'(x)=0$，得到唯一的驻点 $x=e$，又因为 $f''(x)=\dfrac{e}{x^2}>0$，从而 $f''(e)>0$，所以 $x=e$ 为函数 $f(x)$ 的极小值点，也是最小值点. 因此有 $f(\pi)>f(e)=0$，所以 $\pi-e\ln\pi>0$，从而结论得证.

模拟试题十一详解

一、填空题

(1) $-2x\cos(x^2+1)$.

提示　令 $u=t-x$，则 $\displaystyle\int_0^x f(t-x)\mathrm{d}t=\int_{-x}^0 f(u)\mathrm{d}u$，即 $\displaystyle\int_{-x}^0 f(u)\mathrm{d}u=\sin(x^2+1)$，从而 $-\displaystyle\int_0^{-x} f(u)\mathrm{d}u=\sin(x^2+1)$，求导得 $f(-x)=2x\cos(x^2+1)$.

(2) $f\left(\dfrac{\pi}{6}\right)-f(0)$.

提示　$\displaystyle\int_0^{\frac{1}{2}}\dfrac{f'(\arcsin x)}{\sqrt{1-x^2}}\mathrm{d}x=\int_0^{\frac{1}{2}} f'(\arcsin x)\mathrm{d}\arcsin x$.

(3) 1.

提示　$\displaystyle\int_0^b x^2\mathrm{d}x=\int_b^{\sqrt[3]{2}} x^2\mathrm{d}x$，$\dfrac{1}{3}b^3=\dfrac{1}{3}(2-b^3)$.

(4) 发散.

提示　$\dfrac{1}{an+b}>\dfrac{1}{an+bn}=\dfrac{1}{a+b}\cdot\dfrac{1}{n}$，而调和级数 $\displaystyle\sum_{n=1}^{\infty}\dfrac{1}{n}$ 发散，所以 $\displaystyle\sum_{n=1}^{\infty}\dfrac{1}{a+b}\cdot\dfrac{1}{n}$ 发散.

(5) $yf_1'+\dfrac{1}{y}f_2'$.

(6) $-6<a<6$.

提示　$AC-B^2=36-a^2>0$.

(7) $-\dfrac{1}{3}$.

提示　$\displaystyle\sum_{n=1}^{\infty}(-1)^n\dfrac{1}{2^n}=\dfrac{-\dfrac{1}{2}}{1+\dfrac{1}{2}}$.

(8) $[2,4]$.　(9) $\displaystyle\int_0^4\mathrm{d}x\int_{\frac{1}{2}x}^{\sqrt{x}} f(x,y)\mathrm{d}y$.

(10) $y=2x$.

提示　因为 $\displaystyle\int\frac{\mathrm{d}y}{y}=\int\frac{\mathrm{d}x}{x}$，积分得 $\ln|y|=\ln|x|+\ln|C|$，$y=Cx$，当 $y(1)=2$ 时，得 $C=2$.

二、单项选择题

(1) B.

(2) C.

提示　由于 $F'(x)=\mathrm{e}^{\sin^2(x+2\pi)}\sin(x+2\pi)-\mathrm{e}^{\sin^2 x}\sin x=0$，所以 $F(x)$ 恒为常数. 又因为 $F(x)=F(-\pi)=\displaystyle\int_{-\pi}^{\pi}\mathrm{e}^{\sin^2 t}\sin t\,\mathrm{d}t$，积分区间关于原点对称，被积函数为奇函数，因此 $F(x)=F(-\pi)=0$. 故答案选 C.

(3) C.

提示　因为设 $S_n=\displaystyle\sum_{k=1}^{n}u_k$ 且 $\displaystyle\lim_{n\to\infty}S_n=S$，则

$$\sum_{k=2}^{n}(u_k+u_{k-1})=(u_2+u_1)+(u_3+u_2)+(u_4+u_3)+\cdots+(u_n+u_{n-1})$$
$$=2S_n-u_1-u_n,$$

而

$$\lim_{n\to\infty}\sum_{k=2}^{n}(u_k+u_{k-1})=\lim_{n\to\infty}(2S_n-u_1-u_n).$$

(4) B.

提示　由于

$$\lim_{n\to\infty}\frac{u_{n+1}}{u_n}=\lim_{n\to\infty}\frac{5^{n+1}+4^{n+1}}{7^{n+1}-4^{n+1}}\cdot\frac{7^n-4^n}{5^n+4^n}=\lim_{n\to\infty}\frac{5}{7}\cdot\frac{1+\left(\frac{4}{5}\right)^{n+1}}{1-\left(\frac{4}{7}\right)^{n+1}}\cdot\frac{1-\left(\frac{4}{7}\right)^{n}}{1+\left(\frac{4}{5}\right)^{n}}=\frac{5}{7}<1,$$

所以正项级数 $\displaystyle\sum_{n=1}^{\infty}\frac{5^n+4^n}{7^n-4^n}$ 收敛（绝对收敛），故选项 A 错误；

考察正项级数 $\displaystyle\sum_{n=1}^{\infty}\frac{1}{\ln(n+1)}$，因为 $\ln(n+1)<n$，$\dfrac{1}{\ln(n+1)}>\dfrac{1}{n}$，调和 $\displaystyle\sum_{n=1}^{\infty}\frac{1}{n}$ 发散，所以 $\displaystyle\sum_{n=1}^{\infty}\frac{1}{\ln(n+1)}$ 发散，而 $\displaystyle\sum_{n=1}^{\infty}(-1)^n\frac{1}{\ln(n+1)}$ 符合交错级数收敛条件，所以选项 B 正确；

由于 $\displaystyle\lim_{n\to\infty}\frac{\mathrm{e}^{-n^2}}{\dfrac{1}{n^2}}=\lim_{n\to\infty}\frac{n^2}{\mathrm{e}^{n^2}}=0$，而 p 级数 $\displaystyle\sum_{n=1}^{\infty}\frac{1}{n^2}$ 收敛，所以正项级数 $\displaystyle\sum_{n=1}^{\infty}\mathrm{e}^{-n^2}$ 收敛（绝对收敛），故选项 C 错误；

考察正项级数 $\displaystyle\sum_{n=1}^{\infty}\frac{\sqrt{n+1}-\sqrt{n}}{n}$，由于

$$u_n=\frac{\sqrt{n+1}-\sqrt{n}}{n}=\frac{1}{n(\sqrt{n+1}+\sqrt{n})},$$

由正项级数的比较判别法可知，级数 $\sum\limits_{n=1}^{\infty} \dfrac{\sqrt{n+1}-\sqrt{n}}{n}$ 收敛，因此 $\sum\limits_{n=1}^{\infty}(-1)^n \times$

$\left(\dfrac{\sqrt{n+1}-\sqrt{n}}{n}\right)$ 绝对收敛，因此选项 D 错误.

(5) A.

三、计算题

1. $t=\sqrt{2x-1}$，$x=\dfrac{1}{2}(t^2+1)$，$\mathrm{d}x=t\,\mathrm{d}t$，$\displaystyle\int_{\frac{1}{2}}^{1}\mathrm{e}^{\sqrt{2x-1}}\,\mathrm{d}x=\int_{0}^{1}t\mathrm{e}^t\,\mathrm{d}t=(t-1)\mathrm{e}^t\,\bigg|_{0}^{1}=1.$

2. 因为 $\displaystyle\int_{-\infty}^{+\infty}f(x)\,\mathrm{d}x=1$，所以 $\displaystyle\int_{-\infty}^{+\infty}f(x)\,\mathrm{d}x=k\int_{-1}^{1}\dfrac{1}{\sqrt{1-x^2}}\,\mathrm{d}x=k\arcsin x\,\bigg|_{-1}^{1}=k\pi$，

解得 $k=\dfrac{1}{\pi}$.

3. 令 $F(x,y,z)=xyz+z\mathrm{e}^x+\dfrac{1}{2}z^2-1$，由于

$$\frac{\partial F}{\partial x}=yz+z\mathrm{e}^x,\quad \frac{\partial F}{\partial y}=xz,\quad \frac{\partial F}{\partial z}=xy+\mathrm{e}^x+z,$$

因此

$$\frac{\partial z}{\partial x}=-\frac{\dfrac{\partial F}{\partial x}}{\dfrac{\partial F}{\partial z}}=-\frac{yz+z\mathrm{e}^x}{xy+\mathrm{e}^x+z},\quad \frac{\partial z}{\partial y}=-\frac{\dfrac{\partial F}{\partial y}}{\dfrac{\partial F}{\partial z}}=-\frac{xz}{xy+\mathrm{e}^x+z},$$

故

$$\mathrm{d}z=\frac{\partial z}{\partial x}\mathrm{d}x+\frac{\partial z}{\partial y}\mathrm{d}y=-\frac{yz+z\mathrm{e}^x}{xy+\mathrm{e}^x+z}\mathrm{d}x-\frac{xz}{xy+\mathrm{e}^x+z}\mathrm{d}y.$$

4. 由于 $\dfrac{\partial z}{\partial x}=-\dfrac{y}{x^2}+y^2f'(xy)$，$\dfrac{\partial^2 z}{\partial x^2}=\dfrac{2y}{x^3}+y^3f''(xy)$，$\dfrac{\partial z}{\partial y}=\dfrac{1}{x}+xyf'(xy)+$

$f(xy)$，

$$\frac{\partial^2 z}{\partial y^2}=xf'(xy)+x^2yf''(xy)+xf'(xy)=2xf'(xy)+x^2yf''(xy),$$

所以

$$x^3\frac{\partial^2 z}{\partial x^2}-xy^2\frac{\partial^2 z}{\partial y^2}=2y+x^3y^3f''(xy)-2x^2y^2f'(xy)-x^3y^3f''(xy)$$
$$=2y-2x^2y^2f'(xy).$$

5. $\displaystyle\iint\limits_{D}\mathrm{e}^{x^2}\,\mathrm{d}\sigma=\int_{0}^{1}\mathrm{e}^{x^2}\,\mathrm{d}x\int_{x^3}^{x}\mathrm{d}y=\int_{0}^{1}(x-x^3)\mathrm{e}^{x^2}\,\mathrm{d}x=\int_{0}^{1}x\mathrm{e}^{x^2}\,\mathrm{d}x-\int_{0}^{1}x^3\mathrm{e}^{x^2}\,\mathrm{d}x$

$\displaystyle=\frac{1}{2}\int_{0}^{1}\mathrm{e}^{x^2}\,\mathrm{d}(x^2)-\frac{1}{2}\int_{0}^{1}x^2\mathrm{e}^{x^2}\,\mathrm{d}(x^2)=\left[\frac{1}{2}\mathrm{e}^{x^2}-\frac{1}{2}(x^2-1)\mathrm{e}^{x^2}\right]_{0}^{1}=\frac{1}{2}\mathrm{e}-1.$

6. $\lim\limits_{n\to\infty}\dfrac{u_{n+1}}{u_n}=\lim\limits_{n\to\infty}\dfrac{\dfrac{(n+1)!}{(n+1)^{n+1}}}{\dfrac{n!}{n^n}}=\lim\limits_{n\to\infty}\dfrac{(n+1)!}{(n+1)^{n+1}}\cdot\dfrac{n^n}{n!}=\lim\limits_{n\to\infty}\dfrac{n^n}{(n+1)^n}$

$\qquad\qquad =\lim\limits_{n\to\infty}\dfrac{1}{\left(\dfrac{n+1}{n}\right)^n}=\lim\limits_{n\to\infty}\dfrac{1}{\left(1+\dfrac{1}{n}\right)^n}=\dfrac{1}{e}<1,$

故由比值判别法知，$\sum\limits_{n=1}^{\infty}\dfrac{n!}{n^n}$ 收敛.

7. 设 $S(x)=\sum\limits_{n=0}^{\infty}\dfrac{x^n}{n+1}$，$S(0)=1$，则

$\qquad xS(x)=\sum\limits_{n=0}^{\infty}\dfrac{x^{n+1}}{n+1},\quad [xS(x)]'=\sum\limits_{n=0}^{\infty}x^n=\dfrac{1}{1-x},$

$\qquad xS(x)=\displaystyle\int_0^x\dfrac{1}{1-x}\mathrm{d}x=-\ln(1-x),$

$\qquad S(x)=\begin{cases}-\dfrac{\ln(1-x)}{x}, & 0<|x|<1\\[2mm] 1, & x=0\end{cases}.$

8. $\dfrac{\mathrm{d}x}{\mathrm{d}y}-\dfrac{1}{y}x=-ye^y$，此方程是以 y 为自变量的一阶线性微分方程，因此

$\qquad x=\left[\displaystyle\int Q(y)e^{\int P(y)\mathrm{d}y}\mathrm{d}y+C\right]e^{-\int P(y)\mathrm{d}y}=\left(-\displaystyle\int ye^y e^{-\int\frac{1}{y}\mathrm{d}y}\mathrm{d}y+C\right)e^{\int\frac{1}{y}\mathrm{d}y}$

$\qquad\qquad =\left(-\displaystyle\int e^y\mathrm{d}y+C\right)y=Cy-ye^y,$

其中 C 为任意常数.

四、应用题

1. (1) $A=\displaystyle\int_0^1(1-2x+x^2)\mathrm{d}x=\left(x-x^2+\dfrac{1}{3}x^3\right)\Big|_0^1=\dfrac{1}{3};$

(2) $V_x=\pi\displaystyle\int_0^1 1\mathrm{d}x-\pi\displaystyle\int_0^1(2x-x^2)^2\mathrm{d}x=\pi-\pi\displaystyle\int_0^1(4x^2-4x^3+x^4)\mathrm{d}x$

$\qquad =\pi-\pi\left(\dfrac{4}{3}x^3-x^4+\dfrac{1}{5}x^5\right)\Big|_0^1=\dfrac{7}{15}\pi.$

2. (1) 考虑无条件极值问题，令 $L'_x=-2x+8=0$，$L'_y=-8y+24=0$，得到唯一驻点 $x=4$，$y=3$，$L''_{xx}=-2$，$L''_{xy}=0$，$L''_{yy}=-8$，在驻点处 $AC-B^2=16>0$，$A=-2<0$，此驻点为极大值点，也是最大值点，原料用量 $4\times2000+3\times2000=14\,000<15\,000$，符合要求. 最大利润为 $L(4,3)=37$.

(2) 约束条件为 $2000x+2000y=12\,000$，即 $x+y=6$，构造拉格朗日函数
$\qquad F(x,y,\lambda)=-x^2-4y^2+8x+24y-15+\lambda(x+y-6),$
令
$\qquad F'_x=-2x+8+\lambda=0,\quad F'_y=-8y+24+\lambda=0,\quad F'_\lambda=x+y-6=0,$
得到唯一驻点 $x=3.2$，$y=2.8$，由实际意义可知，该驻点即为最大值点，最大利润为

$L(3.2，2.8)=36.2.$

五、证明题

由于数列 $\{v_n\}$ 有界，因此存在一个正数 M，使得 $|v_n| \leqslant M$，从而 $|u_n v_n| \leqslant M u_n$，而正项级数 $\sum\limits_{n=1}^{\infty} u_n$ 收敛，根据比较判别法可知，正项级数 $\sum\limits_{n=1}^{\infty} |u_n v_n|$ 收敛，即 $\sum\limits_{n=1}^{\infty} u_n v_n$ 绝对收敛.

模拟试题十二详解

一、填空题

(1) $x^2 \dfrac{y-1}{y+1}.$

提示　令 $u=x+y$，$v=\dfrac{x}{y}$，则

$$x=yv，\quad u=yv+y，\quad y=\frac{u}{v+1}，\quad x=u-y=u-\frac{u}{v+1}=\frac{uv}{v+1}，$$

$$f(u，v)=\left(\frac{uv}{v+1}\right)^2-\left(\frac{u}{v+1}\right)^2=u^2\frac{v^2-1}{(v+1)^2}=u^2\frac{v-1}{v+1}.$$

(2) $8x\ln|x|.$

提示　$F(x)=2\displaystyle\int_0^{x^2}\ln t\,\mathrm{d}t$，$F'(x)=4x\ln x^2=8x\ln|x|.$

(3) $1.$

提示　$\displaystyle\int_0^{+\infty}\mathrm{e}^{-x}\,\mathrm{d}x=-\mathrm{e}^{-x}\Big|_0^{+\infty}=1.$

(4) $4，1.$

提示　$\lim\limits_{x\to 0}\dfrac{\displaystyle\int_0^x\frac{t^2}{\sqrt{a+t^2}}\mathrm{d}t}{bx-\sin x}=\lim\limits_{x\to 0}\dfrac{\frac{x^2}{\sqrt{a+x^2}}}{b-\cos x}=1$，则 $b=1$，即 $\lim\limits_{x\to 0}\dfrac{\frac{x^2}{\sqrt{a+x^2}}}{1-\cos x}=1$，从而

$\lim\limits_{x\to 0}\dfrac{\frac{x^2}{\sqrt{a+x^2}}}{\frac{x^2}{2}}=1$，故有 $\lim\limits_{x\to 0}\dfrac{2}{\sqrt{a+x^2}}=1.$

(5) $u_1-a.$

提示　$S_n=(u_1-u_2)+(u_2-u_3)+\cdots+(u_n-u_{n+1})$，即 $S_n=u_1-u_{n+1}.$

(6) $(2，-2).$

提示　令 $\dfrac{\partial z}{\partial x}=4-2x=0$，$\dfrac{\partial z}{\partial y}=-4-2y=0$，得到唯一驻点，又因为 $\dfrac{\partial^2 z}{\partial x^2}=-2$，$\dfrac{\partial^2 z}{\partial y^2}=-2$，$\dfrac{\partial^2 z}{\partial x\partial y}=0$，从而 $AC-B^2>0$，故 $(2，-2)$ 为函数的极小值点.

(7) $\dfrac{1}{1+x^2y^2}(y\,\mathrm{d}x+x\,\mathrm{d}y)$.

提示　$\mathrm{d}z=\dfrac{\partial z}{\partial x}\mathrm{d}x+\dfrac{\partial z}{\partial y}\mathrm{d}y=\dfrac{y}{1+x^2y^2}\mathrm{d}x+\dfrac{x}{1+x^2y^2}\mathrm{d}y$.

(8) $\displaystyle\int_0^1\mathrm{d}y\int_y^1 f(x,y)\mathrm{d}x$.

提示　X 型区域为 $D=\{(x,y)\,|\,0\leqslant x\leqslant1,\ 0\leqslant y\leqslant x\}$，$Y$ 型区域为 $D=\{(x,y)\,|\,y\leqslant x\leqslant1,\ 0\leqslant y\leqslant1\}$.

(9) π.

提示　$\displaystyle\iint\limits_D f(x^2+y^2)\mathrm{d}\sigma=\int_0^{2\pi}\mathrm{d}\theta\int_0^1 f(r^2)r\,\mathrm{d}r$.

(10) $\cot\dfrac{x-y}{2}=-x+C$.

提示　令 $u=x-y$，则 $u'=1-y'$，从而 $y'=1-u'$，代入方程得

$$1-u'=\cos u,\quad u'=1-\cos u,\quad \int\frac{1}{1-\cos u}\mathrm{d}u=\int\mathrm{d}x,$$

$$\frac{1}{2}\int\frac{1}{\dfrac{1-\cos u}{2}}\mathrm{d}u=\int\mathrm{d}x,\quad \frac{1}{2}\int\frac{1}{\sin^2\dfrac{u}{2}}\mathrm{d}u=\int\mathrm{d}x,\ -\cot\frac{u}{2}=x+C.$$

二、单项选择题

(1) C.

提示　$\displaystyle\int_{-\frac{\pi}{2}}^{\frac{\pi}{2}}\sqrt{\sin^2 x}\,\mathrm{d}x=\int_{-\frac{\pi}{2}}^{\frac{\pi}{2}}|\sin x|\,\mathrm{d}x=2\int_0^{\frac{\pi}{2}}\sin x\,\mathrm{d}x$.

(2) B.

提示　$\displaystyle\sum_{n=1}^{\infty}\frac{1}{n}$ 发散，而 $\displaystyle\sum_{n=1}^{\infty}\left(\frac{1}{n}\right)^2$ 收敛，所以 A 不成立；对于调和级数 $\displaystyle\sum_{n=1}^{\infty}\frac{1}{n}$，$\displaystyle\lim_{n\to\infty}\frac{1}{n}=0$，所以 D 不成立；级数 $\displaystyle\sum_{n=1}^{\infty}n^2$ 发散，而 $\displaystyle\sum_{n=1}^{\infty}\frac{1}{n^2}$ 收敛，所以 C 不成立.

(3) C.

(4) D.

提示　区域边界的极坐标方程为 $r=\cos\theta$，$r^2=r\cos\theta$，换成直角坐标方程为 $x^2+y^2=x$.

(5) A.

三、计算题

1. $\displaystyle\int_0^1\frac{2x+3}{1+x^2}\mathrm{d}x=\int_0^1\frac{2x}{1+x^2}\mathrm{d}x+\int_0^1\frac{3}{1+x^2}\mathrm{d}x=\left[\ln(1+x^2)+3\arctan x\right]_0^1=\ln2+\frac{3}{4}\pi$.

2. 原式 $\displaystyle=\int_{-1}^1\ln(2-x)\mathrm{d}x=x\ln(2-x)\,\Big|_{-1}^1+\int_{-1}^1\frac{x}{2-x}\mathrm{d}x$

$\displaystyle=\ln3+\int_{-1}^1\frac{x-2+2}{2-x}\mathrm{d}x=\ln3+\int_{-1}^1\left(\frac{2}{2-x}-1\right)\mathrm{d}x$

$$=\ln 3-2\ln(2-x)\mid_{-1}^{1}-2=3\ln 3-2.$$

3. 当 $a=0$ 时，原式 $=+\infty$，当 $a\neq 0$ 时，$\displaystyle\int_{0}^{+\infty}\mathrm{e}^{ax}\mathrm{d}x=\frac{1}{a}\mathrm{e}^{ax}\Big|_{0}^{+\infty}=\begin{cases}+\infty, & a>0 \\ -\dfrac{1}{a}, & a<0\end{cases},$

综上，原式 $=\begin{cases}+\infty, & a\geqslant 0 \\ -\dfrac{1}{a}, & a<0\end{cases}.$

4. 设 $F(x,y,z)=\mathrm{e}^{xyz}+z-\sin(xy)-6$，则

$$F'_{x}=yz\mathrm{e}^{xyz}-y\cos(xy), \quad F'_{y}=xz\mathrm{e}^{xyz}-x\cos(xy), \quad F'_{z}=xy\mathrm{e}^{xyz}+1,$$

因此

$$\frac{\partial z}{\partial x}=-\frac{F'_{x}}{F'_{z}}=-\frac{yz\mathrm{e}^{xyz}-y\cos(xy)}{xy\mathrm{e}^{xyz}+1}, \quad \frac{\partial z}{\partial y}=-\frac{F'_{y}}{F'_{z}}=-\frac{xz\mathrm{e}^{xyz}-x\cos(xy)}{xy\mathrm{e}^{xyz}+1},$$

所以

$$\mathrm{d}z=-\frac{yz\mathrm{e}^{xyz}-y\cos(xy)}{xy\mathrm{e}^{xyz}+1}\mathrm{d}x-\frac{xz\mathrm{e}^{xyz}-x\cos(xy)}{xy\mathrm{e}^{xyz}+1}\mathrm{d}y.$$

5.
$$\iint_{D}\sqrt{1-x^{2}-y^{2}}\,\mathrm{d}\sigma=\int_{0}^{\frac{\pi}{2}}\mathrm{d}\theta\int_{0}^{\cos\theta}r\sqrt{1-r^{2}}\,\mathrm{d}r=\int_{0}^{\frac{\pi}{2}}\left[-\frac{1}{3}(1-r^{2})^{\frac{3}{2}}\right]_{0}^{\cos\theta}\mathrm{d}\theta$$

$$=\frac{1}{3}\int_{0}^{\frac{\pi}{2}}(1-\sin^{3}\theta)\,\mathrm{d}\theta=\frac{1}{3}\cdot\frac{\pi}{2}+\frac{1}{3}\int_{0}^{\frac{\pi}{2}}(1-\cos^{2}\theta)\mathrm{d}\cos\theta$$

$$=\frac{\pi}{6}+\frac{1}{3}\left(\cos\theta-\frac{1}{3}\cos^{3}\theta\right)\Big|_{0}^{\frac{\pi}{2}}=\frac{\pi}{6}-\frac{2}{9}.$$

6. 考察正项级数 $\displaystyle\sum_{n=1}^{\infty}\frac{1}{3^{n}+n}$，这里 $\dfrac{1}{3^{n}+n}<\dfrac{1}{3^{n}}$，而几何级数 $\displaystyle\sum_{n=1}^{\infty}\frac{1}{3^{n}}$ 收敛，所以

$\displaystyle\sum_{n=1}^{\infty}\frac{1}{3^{n}+n}$ 收敛，即 $\displaystyle\sum_{n=1}^{\infty}\frac{(-1)^{n-1}}{3^{n}+n}$ 绝对收敛。

7. 设 $S(x)=\displaystyle\sum_{n=1}^{\infty}\frac{x^{4n+1}}{4n+1}$，$x\in(-1,1)$，求导得 $S'(x)=\displaystyle\sum_{n=1}^{\infty}x^{4n}=\frac{x^{4}}{1-x^{4}}$，因此

$$S(x)=\int_{0}^{x}\frac{x^{4}}{1-x^{4}}\mathrm{d}x=\int_{0}^{x}\left(-1+\frac{1}{1-x^{4}}\right)\mathrm{d}x$$

$$=-x+\int_{0}^{x}\frac{1}{(1-x^{2})(1+x^{2})}\mathrm{d}x$$

$$=-x+\frac{1}{2}\int_{0}^{x}\left[\frac{1}{1-x^{2}}+\frac{1}{1+x^{2}}\right]\mathrm{d}x$$

$$=-x+\frac{1}{2}\int_{0}^{x}\left[\frac{1}{2}\left(\frac{1}{1-x}+\frac{1}{1+x}\right)+\frac{1}{1+x^{2}}\right]\mathrm{d}x$$

$$=-x-\frac{1}{4}\ln(1-x)+\frac{1}{4}\ln(1+x)+\frac{1}{2}\arctan x$$

$$=-x+\frac{1}{4}\ln\frac{1+x}{1-x}+\frac{1}{2}\arctan x.$$

8. 整理得 $\dfrac{\mathrm{d}x}{\mathrm{d}y}-\dfrac{1}{y}x=-y\mathrm{e}^y$，此方程是以 y 为自变量的一阶线性微分方程

$$x=\mathrm{e}^{\int\frac{1}{y}\mathrm{d}y}\left(-\int y\mathrm{e}^y\mathrm{e}^{-\int\frac{1}{y}\mathrm{d}y}\mathrm{d}y+C\right)=y\left(-\int\mathrm{e}^y\mathrm{d}y+C\right)=y\left(-\mathrm{e}^y+C\right),$$

当 $y(\mathrm{e})=1$ 时，得到 $C=2\mathrm{e}$，特解为 $x=y(2\mathrm{e}-\mathrm{e}^y)$.

四、应用题

1. (1) 积分区域如图 12.1 所示.

$$A=\int_1^2(x^2-1)\mathrm{d}x=\left(\dfrac{1}{3}x^3-x\right)\Big|_1^2=\dfrac{4}{3};$$

(2) $V_x=\pi\int_1^2 x^4\mathrm{d}x-\pi\int_1^2\mathrm{d}x=\pi\cdot\dfrac{1}{5}x^5\Big|_1^2-\pi=\dfrac{26}{5}\pi.$

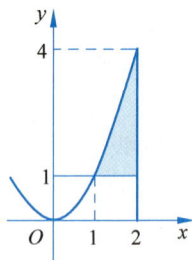

图 12.1

2. 设三次的用水量分别为 x_1，x_2，x_3，则目标函数为 $u=x_1x_2x_3$，且满足约束方程 $x_1+x_2+x_3=1$，构造拉格朗日函数

$$F(x_1,x_2,x_3,\lambda)=x_1x_2x_3+\lambda(x_1+x_2+x_3-1),$$

令

$$\begin{cases}F'_{x_1}=x_2x_3+\lambda=0\\ F'_{x_2}=x_1x_3+\lambda=0\\ F'_{x_3}=x_1x_2+\lambda=0\\ F'_{\lambda}=x_1+x_2+x_3-1=0\end{cases},$$

解得 $x_1=x_2=x_3=\dfrac{1}{3}$，由实际情况可知，每次用水量为 $1/3$ 时，漂洗衣物最干净.

五、证明题

由于 $\dfrac{\partial z}{\partial x}=\dfrac{\mathrm{e}^x}{\mathrm{e}^x+\mathrm{e}^y}$，$\dfrac{\partial z}{\partial y}=\dfrac{\mathrm{e}^y}{\mathrm{e}^x+\mathrm{e}^y}$，二阶偏导数为

$$\dfrac{\partial^2 z}{\partial x^2}=\dfrac{\mathrm{e}^x(\mathrm{e}^x+\mathrm{e}^y)-\mathrm{e}^x\mathrm{e}^x}{(\mathrm{e}^x+\mathrm{e}^y)^2}=\dfrac{\mathrm{e}^x\mathrm{e}^y}{(\mathrm{e}^x+\mathrm{e}^y)^2},\quad \dfrac{\partial^2 z}{\partial x\partial y}=-\dfrac{\mathrm{e}^x\mathrm{e}^y}{(\mathrm{e}^x+\mathrm{e}^y)^2},\quad \dfrac{\partial^2 z}{\partial y^2}=\dfrac{\mathrm{e}^x\mathrm{e}^y}{(\mathrm{e}^x+\mathrm{e}^y)^2},$$

因此

$$\dfrac{\partial^2 z}{\partial x^2}\cdot\dfrac{\partial^2 z}{\partial y^2}=\dfrac{\mathrm{e}^{2x}\mathrm{e}^{2y}}{(\mathrm{e}^x+\mathrm{e}^y)^4}=\left(\dfrac{\partial^2 z}{\partial x\partial y}\right)^2.$$

模拟试题十三详解

一、填空题

(1) $x^2\left(\dfrac{1-y}{1+y}\right)$.

提示　令 $u=x+y$，$v=\dfrac{y}{x}$，则

$$x=\dfrac{u}{1+v},\quad y=\dfrac{uv}{1+v},\quad f(u,v)=\left(\dfrac{u}{1+v}\right)^2-\left(\dfrac{uv}{1+v}\right)^2.$$

(2) $xf(x^2)$.

提示　令 $u=x^2-t^2$，$du=-2t\,dt$，$t\,dt=-\dfrac{1}{2}du$，当 $t=0$ 时，$u=x^2$，当 $t=x$ 时，

$u=0$，则 $F(x)=\displaystyle\int_0^x tf(x^2-t^2)dt=-\dfrac{1}{2}\int_{x^2}^0 f(u)du=\dfrac{1}{2}\int_0^{x^2} f(u)du$.

(3) $\dfrac{1}{2}\ln 2$.

提示　$\displaystyle\int_1^{+\infty}\dfrac{1}{x(1+x^2)}dx=\int_1^{+\infty}\dfrac{1+x^2-x^2}{x(1+x^2)}dx=\int_1^{+\infty}\left(\dfrac{1}{x}-\dfrac{x}{1+x^2}\right)dx$

$=\left[\ln x-\dfrac{1}{2}\ln(1+x^2)\right]_1^{+\infty}=\ln\dfrac{x}{\sqrt{1+x^2}}\Big|_1^{+\infty}=-\ln\dfrac{1}{\sqrt{2}}$.

(4) π.

提示　$\displaystyle\int_{-\frac{\pi}{2}}^{\frac{\pi}{2}}\left(x+\dfrac{\pi}{2}\right)\cos x\,dx=\dfrac{\pi}{2}\int_{-\frac{\pi}{2}}^{\frac{\pi}{2}}\cos x\,dx=\pi\int_0^{\frac{\pi}{2}}\cos x\,dx$.

(5) -1.

提示　$\displaystyle\lim_{n\to\infty}(1+u_n)=0$.

(6) 0.

提示　$f'_x(0,0)=\displaystyle\lim_{\Delta x\to 0}\dfrac{\frac{\Delta x\cdot 0}{\sqrt{(\Delta x)^2+0^2}}-0}{\Delta x}$.

(7) $f'_1+2^{2x+1}\ln 2 f'_2$.

(8) $\displaystyle\int_0^1 dx\int_0^{x^2} f(x,y)dx+\int_1^{\sqrt{2}}dx\int_0^{\sqrt{2-x^2}} f(x,y)dy$.

(9) $\displaystyle\sum_{n=0}^{\infty}(-1)^n\dfrac{1}{2^{n+1}}x^n$，$x\in(-2,2)$.

提示　$f(x)=\dfrac{1}{2+x}=\dfrac{1}{2}\dfrac{1}{1+\frac{x}{2}}=\dfrac{1}{2}\displaystyle\sum_{n=0}^{\infty}(-1)^n\dfrac{1}{2^n}x^n$.

(10) $x^2+y^2=C$.

提示　$\displaystyle\int y\,dy=-\int x\,dx$，$\dfrac{1}{2}y^2=-\dfrac{1}{2}x^2+\dfrac{1}{2}C$.

二、单项选择题

(1) A.

(2) D.

提示　因为 $f'_y(x,y)$ 相当于函数 $f''_{xy}(x,y)=k$ 对 x 积分.

(3) A.

提示　因为 $\dfrac{\partial z}{\partial x}=3x^2+6x-9=0$，$\dfrac{\partial z}{\partial y}=-3y^2+6y=0$，驻点有 $(1,0)$，$(1,2)$，$(-3,0)$，$(-3,2)$，而 $\dfrac{\partial^2 z}{\partial x^2}=6x+6$，$\dfrac{\partial^2 z}{\partial x\partial y}=0$，$\dfrac{\partial^2 z}{\partial y^2}=-6y+6$，在 $(1,0)$ 时，$A=\dfrac{\partial^2 z}{\partial x^2}=$

$12>0$，$AC-B^2=72>0$.

（4）A.

提示　由于级数 $\sum\limits_{n=1}^{\infty} a_n$ 收敛，则 $\sum\limits_{n=1}^{\infty} a_{n+1}$ 也收敛，因此级数 $\sum\limits_{n=1}^{\infty}(a_n+a_{n+1})$ 收敛，因而选项 A 正确.

若取 $\sum\limits_{n=1}^{\infty} a_n = \sum\limits_{n=1}^{\infty} \dfrac{(-1)^n}{\sqrt{n}}$，则级数收敛，而 $\sum\limits_{n=1}^{\infty} a_{2n} = \sum\limits_{n=1}^{\infty} \dfrac{1}{\sqrt{2n}}$ 发散，级数 $\sum\limits_{n=1}^{\infty}(a_n \times a_{n+1}) = -\sum\limits_{n=1}^{\infty} \dfrac{1}{\sqrt{n}\sqrt{n+1}}$ 发散，$\sum\limits_{n=1}^{\infty}(-1)^n a_n = \sum\limits_{n=1}^{\infty} \dfrac{1}{\sqrt{n}}$ 发散，因此选项 B，C，D 均错误.

（5）B.

提示　因为 $\displaystyle\int \dfrac{\mathrm{d}y}{y} = -5\int \mathrm{d}x$，$\ln y = -5x + C_1$，$y = C\mathrm{e}^{-5x}$.

三、计算题

1. **解法 1**　$\displaystyle\int_1^{\mathrm{e}} \sin(\ln x)\mathrm{d}x = x\sin(\ln x)\Big|_1^{\mathrm{e}} - \int_1^{\mathrm{e}} \cos(\ln x)\mathrm{d}x$

$$= \mathrm{e}\sin 1 - x\cos(\ln x)\Big|_1^{\mathrm{e}} - \int_1^{\mathrm{e}} \sin(\ln x)\mathrm{d}x$$

$$= \mathrm{e}\sin 1 - \mathrm{e}\cos 1 + 1 - \int_1^{\mathrm{e}} \sin(\ln x)\mathrm{d}x,$$

因此

$$\int_1^{\mathrm{e}} \sin(\ln x)\mathrm{d}x = \frac{1}{2}\big[\mathrm{e}(\sin 1 - \cos 1) + 1\big].$$

解法 2　令 $\ln x = t$，则 $x = \mathrm{e}^t$，当 $x = 1$ 时，$t = 0$，当 $x = \mathrm{e}$ 时，$t = 1$

原式 $= \displaystyle\int_0^1 \sin t\,\mathrm{e}^t\,\mathrm{d}t$（分部积分）

$$= \sin t \cdot \mathrm{e}^t\Big|_0^1 - \int_0^1 \mathrm{e}^t \cos t\,\mathrm{d}t$$

$$= \sin 1 \cdot \mathrm{e} - \mathrm{e}^t \cos t\Big|_0^1 - \int_0^1 \sin t\,\mathrm{e}^t\,\mathrm{d}t$$

2 原式 $= \sin 1 \cdot \mathrm{e} - \cos 1 \cdot \mathrm{e} + 1$

原式：$\dfrac{\mathrm{e}(\sin 1 - \cos 1) + 1}{2}$

2. 令 $t = x - 2$，$x = t + 2$，$\mathrm{d}t = \mathrm{d}x$，则

$$\int_0^4 x(x-1)(x-2)(x-3)(x-4)\mathrm{d}x = \int_{-2}^2 (t+2)(t+1)t(t-1)(t-2)\mathrm{d}t$$

$$= \int_{-2}^2 t(t^2-1)(t^2-4)\mathrm{d}t = 0.$$

3. $\dfrac{\partial z}{\partial x} = y\mathrm{e}^{xy}\sin(x+y) + \mathrm{e}^{xy}\cos(x+y) = \big[y\sin(x+y) + \cos(x+y)\big]\mathrm{e}^{xy}$，

$\dfrac{\partial z}{\partial y} = x\mathrm{e}^{xy}\sin(x+y) + \mathrm{e}^{xy}\cos(x+y) = \big[x\sin(x+y) + \cos(x+y)\big]\mathrm{e}^{xy}$.

4. **解法 1**　设 $F(x, y, z) = xy + yz + xz - 1$，则

$$\frac{\partial F}{\partial x} = y + z, \quad \frac{\partial F}{\partial y} = x + z, \quad \frac{\partial F}{\partial z} = x + y,$$

因此

$$\frac{\partial z}{\partial x} = -\frac{\dfrac{\partial F}{\partial x}}{\dfrac{\partial F}{\partial z}} = -\frac{y + z}{x + y}, \quad \frac{\partial z}{\partial y} = -\frac{\dfrac{\partial F}{\partial y}}{\dfrac{\partial F}{\partial z}} = -\frac{x + z}{x + y},$$

$$\frac{\partial^2 z}{\partial y \partial x} = \frac{\partial}{\partial x}\left(-\frac{x + z}{x + y}\right) = -\frac{\left(1 + \dfrac{\partial z}{\partial x}\right)(x + y) - (x + z)}{(x + y)^2}$$

$$= -\frac{\left(1 - \dfrac{y + z}{x + y}\right)(x + y) - (x + z)}{(x + y)^2} = \frac{2z}{(x + y)^2}.$$

解法 2

提示　等式左右两边同时关于 x 和 y 分别求偏导. 其中 z 是关于 x 和 y 的二元函数.

5. 使用极坐标，则

$$\iint\limits_{D} \sin\sqrt{x^2 + y^2}\, d\sigma = \int_0^{\frac{\pi}{4}} d\theta \int_{\frac{\pi}{2}}^{\pi} r \sin r\, dr = -\frac{\pi}{4}\int_{\frac{\pi}{2}}^{\pi} r\, d\cos r$$

$$= -\frac{\pi}{4}\left(r\cos r \Big|_{\frac{\pi}{2}}^{\pi} - \int_{\frac{\pi}{2}}^{\pi} \cos r\, dr\right)$$

$$= -\frac{\pi}{4}\left(r\cos r \Big|_{\frac{\pi}{2}}^{\pi} - \sin r \Big|_{\frac{\pi}{2}}^{\pi}\right) = \frac{\pi}{4}(\pi - 1).$$

6. 设

$$S(x) = x + \frac{x^3}{3} + \frac{x^5}{5} + \cdots + \frac{x^{2n-1}}{2n-1} + \cdots,$$

求导得

$$S'(x) = 1 + x^2 + x^4 + \cdots + x^{2n} + \cdots = \frac{1}{1 - x^2}, \quad x \in (-1, 1),$$

积分得

$$S(x) = \int_0^x \frac{1}{1 - x^2}\, dx = \frac{1}{2}\ln\frac{1 + x}{1 - x}, \quad x \in (-1, 1).$$

7. $\dfrac{dx}{dy} - 2yx = 4y e^{-y^2}$，这是以 y 为自变量的一阶线性微分方程. 因此

$$x = \left(\int Q(y) e^{\int P(y)dy}\, dy + C\right) e^{-\int P(y)dy} = \left(\int 4y e^{-y^2} e^{-\int 2y dy}\, dy + C\right) e^{\int 2y dy}$$

$$= \left(\int 4y e^{-2y^2}\, dy + C\right) e^{y^2} = (-e^{-2y^2} + C) e^{y^2},$$

初始条件为 $y(-1) = 0$，$C = 0$，特解为 $x = -e^{-y^2}$.

四、应用题

1. 先求切线方程 $y' = \dfrac{1}{x}$，$y'|_{x=e} = \dfrac{1}{e}$，则切线方程为

$y = \dfrac{1}{e}(x-e)+1$，即 $y = \dfrac{1}{e}x$，如图 13.1 所示。

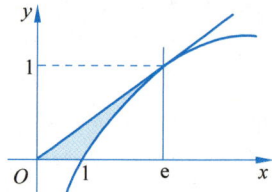
图 13.1

(1) $S = \dfrac{1}{2}e - \displaystyle\int_1^e \ln x\,\mathrm{d}x = \dfrac{1}{2}e - x\ln x \Big|_1^e + \displaystyle\int_1^e \mathrm{d}x = \dfrac{1}{2}e - 1$；

(2) $V_x = \pi\displaystyle\int_0^e \left(\dfrac{x^2}{e^2}\right)\mathrm{d}x - \pi\displaystyle\int_1^e \ln^2 x\,\mathrm{d}x = \pi\dfrac{x^3}{3e^2}\Big|_0^e - \pi\left(x\ln^2 x\Big|_1^e - 2\displaystyle\int_1^e \ln x\,\mathrm{d}x\right)$

$= \pi\dfrac{e}{3} - \pi\left(x\ln^2 x\Big|_1^e - 2x\ln x\Big|_1^e + 2x\Big|_1^e\right) = \pi\dfrac{e}{3} - \pi(e-2) = \pi\left(2 - \dfrac{2}{3}e\right)$.

2. 由题意得在满足 $x+y=8$ 条件下使得 $C_1 + C_2$ 最小，构造拉格朗日函数

$$F(x, y, \lambda) = x^2 - x + 5 + y^2 + 2y + 3 + \lambda(x + y - 8),$$

令

$$\begin{cases} F'_x = 2x - 1 + \lambda = 0 \\ F'_y = 2y + 2 + \lambda = 0, \\ F'_\lambda = x + y - 8 = 0 \end{cases}$$

解得唯一驻点 $x = \dfrac{19}{4}$（千件），$y = \dfrac{13}{4}$（千件），由实际意义可知，在该驻点处总成本达到最小，最小成本分别为 $C_1 = 22.8125$（千元）$= 22\,812.5$（元），$C_2 = 20.0625$（千元）$= 20\,062.5$（元）.

五、证明题

$\dfrac{\partial z}{\partial x} = nx^{n-1}f\left(\dfrac{y}{x^2}\right) + x^n f'\left(\dfrac{y}{x^2}\right)\left(-\dfrac{2y}{x^3}\right) = nx^{n-1}f\left(\dfrac{y}{x^2}\right) - 2x^{n-3}yf'\left(\dfrac{y}{x^2}\right)$，

$\dfrac{\partial z}{\partial y} = x^n f'\left(\dfrac{y}{x^2}\right)\left(\dfrac{1}{x^2}\right) = x^{n-2}f'\left(\dfrac{y}{x^2}\right)$，

$x\dfrac{\partial z}{\partial x} + 2y\dfrac{\partial z}{\partial y} = nx^n f\left(\dfrac{y}{x^2}\right) - 2x^{n-2}yf'\left(\dfrac{y}{x^2}\right) + 2yx^{n-2}f'\left(\dfrac{y}{x^2}\right) = nx^n f\left(\dfrac{y}{x^2}\right) = nz$.

模拟试题十四详解

一、填空题

(1) $D = \{(x, y)\,|\,y \geqslant x,\ x^2 + y^2 > 1,\ x^2 + y^2 \neq 2\}$.

(2) $2f(2x)$.

(3) $\dfrac{\pi}{4 - \pi}$.

提示 记 $A = \displaystyle\int_0^1 f(x)\,\mathrm{d}x$，则 $f(x) = \dfrac{1}{1+x^2} + A\sqrt{1-x^2}$，对等式两端积分得 $A =$

$\int_0^1 \dfrac{1}{1+x^2} \mathrm{d}x + A \int_0^1 \sqrt{1-x^2}\, \mathrm{d}x$，因此

$$A = \arctan x \mid_0^1 + A \cdot \dfrac{\pi}{4},$$

即有 $A = \dfrac{\pi}{4} + \dfrac{\pi}{4} A$.

(4) 6.

提示　解法 1　$\displaystyle\int_0^{+\infty} x^3 \mathrm{e}^{-x}\, \mathrm{d}x = -\int_0^{+\infty} x^3 \mathrm{d}\mathrm{e}^{-x} = -x^3 \mathrm{e}^{-x} \mid_0^{+\infty} + 3\int_0^{+\infty} x^2 \mathrm{e}^{-x}\, \mathrm{d}x$

$$= -2x^2 \mathrm{e}^{-x} \mid_0^{+\infty} + 6\int_0^{+\infty} x\, \mathrm{e}^{-x}\, \mathrm{d}x$$

$$= -6x\, \mathrm{e}^{-x} \mid_0^{+\infty} + 6\int_0^{+\infty} \mathrm{e}^{-x}\, \mathrm{d}x = -6\mathrm{e}^{-x} \mid_0^{+\infty} = 6.$$

解法 2　原式 $= \Gamma(4) = 3! = 6$.

(5)　< -1.

提示　$AC - B^2 > 0$，即 $-a - 1 > 0$.

(6)　$\dfrac{2}{n(n+1)}$，　2.

提示　$u_n = \dfrac{2n}{n+1} - \dfrac{2(n-1)}{n} = \dfrac{2}{n(n+1)}$.

(7)　$\dfrac{1}{(x^2+y^2)}(x\, \mathrm{d}x + y\, \mathrm{d}y)$.

提示　$z = \dfrac{1}{2}\ln(x^2+y^2)$，$\mathrm{d}z = \dfrac{\partial z}{\partial x}\mathrm{d}x + \dfrac{\partial z}{\partial y}\mathrm{d}y = \dfrac{2x}{2(x^2+y^2)}\mathrm{d}x + \dfrac{2y}{2(x^2+y^2)}\mathrm{d}y$.

(8)　$\dfrac{1}{x^2+y^2}(y\, \mathrm{d}x - x\, \mathrm{d}y)$.

提示　$\mathrm{d}z = \dfrac{1}{1+\frac{x^2}{y^2}} \cdot \dfrac{1}{y}\mathrm{d}x + \dfrac{1}{1+\frac{x^2}{y^2}}\left(-\dfrac{x}{y^2}\right)\mathrm{d}y$.

(9)　$\mathrm{e}^4 - \mathrm{e}$.

提示　$\displaystyle\iint\limits_{D} \mathrm{d}\sigma = D$ 的面积 $= \int_1^4 \mathrm{e}^y\, \mathrm{d}y$.

(10)　$\displaystyle\sum_{n=0}^{\infty} (-1)^n \dfrac{1}{2^{n+1}}(x-2)^n$，　$0 < x < 4$.

提示　$f(x) = \dfrac{1}{x} = \dfrac{1}{2 + x - 2} = \dfrac{1}{2}\left(\dfrac{1}{1+\frac{x-2}{2}}\right) = \dfrac{1}{2}\sum_{n=0}^{\infty} (-1)^n \dfrac{1}{2^n}(x-2)^n$.

二、单项选择题

(1) A.　(2) D.

(3) C.

提示 考察积分 $\int_0^a f(-x)\mathrm{d}x$，令 $t=-x$，则

$$\int_0^a f(-x)\mathrm{d}x=-\int_0^{-a}f(t)\mathrm{d}t=\int_{-a}^0 f(t)\mathrm{d}t=\int_{-a}^0 f(x)\mathrm{d}x.$$

（4）D.

提示 当 $0<p-2\leqslant 1$ 时，交错级数收敛，当 $p-2>1$ 时，级数绝对收敛. 综上，故 $p>2$.

（5）B.

提示 $x^2 y\mathrm{d}x=(1-y^2)(1+x^2)\mathrm{d}y.$

三、计算题

1. $\int_0^{\frac{\pi}{2}}|\sin x-\cos x|\mathrm{d}x=\int_0^{\frac{\pi}{4}}(\cos x-\sin x)\mathrm{d}x+\int_{\frac{\pi}{4}}^{\frac{\pi}{2}}(\sin x-\cos x)\mathrm{d}x$
$$=2(\sqrt{2}-1).$$

2. 令 $x=\sec t$，则 $\mathrm{d}x=\sec t\tan t\mathrm{d}t$，当 $x=-2$ 时，$t=\dfrac{2}{3}\pi$，当 $x=-1$ 时，$t=\pi$，则

$$\int_{-2}^{-1}\frac{\sqrt{x^2-1}}{x}\mathrm{d}x=\int_{\frac{2}{3}\pi}^{\pi}(-\tan^2 t)\mathrm{d}t=\int_{\frac{2}{3}\pi}^{\pi}(1-\sec^2 t)\mathrm{d}t=\frac{\pi}{3}-\tan t\Big|_{\frac{2}{3}\pi}^{\pi}=\frac{\pi}{3}-\sqrt{3}.$$

3. 设 $F(x,y,z)=\ln z-\ln x-yz$，则

$$F'_x=-\frac{1}{x},\quad F'_y=-z,\quad F'_z=\frac{1}{z}-y,$$

因此

$$\frac{\partial z}{\partial x}=-\frac{F'_x}{F'_z}=\frac{\dfrac{1}{x}}{\dfrac{1}{z}-y}=\frac{z}{x-xyz},\quad \frac{\partial z}{\partial y}=-\frac{F'_y}{F'_z}=\frac{z}{\dfrac{1}{z}-y}=\frac{z^2}{1-yz},$$

所以

$$\mathrm{d}z=\frac{\partial z}{\partial x}\mathrm{d}x+\frac{\partial z}{\partial y}\mathrm{d}y=\frac{z}{x-xyz}\mathrm{d}x+\frac{z^2}{1-yz}\mathrm{d}y.$$

4. 考察正项级数 $\sum\limits_{n=2}^{\infty}\dfrac{\ln n}{n}$，当 $n>3$ 时，$\dfrac{\ln n}{n}>\dfrac{1}{n}$，而 $\sum\limits_{n=2}^{\infty}\dfrac{1}{n}$ 发散，所以 $\sum\limits_{n=2}^{\infty}\dfrac{\ln n}{n}$ 发散.

考察交错级数 $\sum\limits_{n=2}^{\infty}(-1)^n\dfrac{\ln n}{n}$，设 $f(x)=\dfrac{\ln x}{x}$，显然 $\lim\limits_{x\to+\infty}\dfrac{\ln x}{x}=0$，$f'(x)=\dfrac{1-\ln x}{x^2}$，当 $x>\mathrm{e}$ 时，$f'(x)=\dfrac{1-\ln x}{x^2}<0$，$f(x)=\dfrac{\ln x}{x}$ 单调递减，所以有 $\lim\limits_{n\to\infty}\dfrac{\ln n}{n}=0$，且 $u_n=\dfrac{\ln n}{n}>\dfrac{\ln(1+n)}{1+n}=u_{n+1}$. 所以 $\sum\limits_{n=2}^{\infty}(-1)^n\dfrac{\ln n}{n}$ 收敛，因此原级数条件收敛.

5. 由于 $\lim\limits_{n\to\infty}\left|\dfrac{a_{n+1}}{a_n}\right|=\lim\limits_{n\to\infty}\dfrac{n\cdot 4^n}{(n+1)\cdot 4^{n+1}}=\dfrac{1}{4}$，则收敛半径 $R=4$，当 $x=4$ 时，$\sum\limits_{n=1}^{\infty}\dfrac{1}{n}$ 发散，当 $x=-4$ 时，$\sum\limits_{n=1}^{\infty}\dfrac{(-1)^n}{n}$ 收敛，则级数的收敛域为 $[-4,4)$.

6. $\displaystyle\iint\limits_{D} xy\,\mathrm{d}x\,\mathrm{d}y = \int_{0}^{\frac{1}{2}} \mathrm{d}x \int_{0}^{\sqrt{2x-x^2}} xy\,\mathrm{d}y + \int_{\frac{1}{2}}^{1} \mathrm{d}x \int_{0}^{\sqrt{1-x^2}} xy\,\mathrm{d}y$

$$= \frac{1}{2}\int_{0}^{\frac{1}{2}} (xy^2)\Big|_{0}^{\sqrt{2x-x^2}}\,\mathrm{d}x + \frac{1}{2}\int_{\frac{1}{2}}^{1} (xy^2)\Big|_{0}^{\sqrt{1-x^2}}\,\mathrm{d}x$$

$$= \frac{1}{2}\int_{0}^{\frac{1}{2}} (2x^2 - x^3)\,\mathrm{d}x + \frac{1}{2}\int_{\frac{1}{2}}^{1} (x - x^3)\,\mathrm{d}x = \frac{5}{48}.$$

7. $y' + \dfrac{1}{x}y = \mathrm{e}^x$，根据一阶线性非齐次微分方程的求解公式有

$$y = \mathrm{e}^{-\int \frac{1}{x}\mathrm{d}x}\left(\int \mathrm{e}^x \mathrm{e}^{\int \frac{1}{x}\mathrm{d}x}\,\mathrm{d}x + C\right) = \mathrm{e}^{-\ln x}\left(\int \mathrm{e}^x \mathrm{e}^{\ln x}\,\mathrm{d}x + C\right) = \frac{1}{x}\left(\int x\mathrm{e}^x\,\mathrm{d}x + C\right)$$

$$= \frac{1}{x}\left[(x-1)\mathrm{e}^x + C\right],$$

当 $y(1)=1$ 时，$C=1$，特解为 $y = \dfrac{1}{x}\left[(x-1)\mathrm{e}^x + 1\right]$.

四、应用题

1. 曲线方程为 $(x-1)^2 = 1-y$，$x = 1 \pm \sqrt{1-y}$，因此

$$V_y = \pi\int_{0}^{1}(1+\sqrt{1-y})^2\,\mathrm{d}y - \pi\int_{0}^{1}(1-\sqrt{1-y})^2\,\mathrm{d}y$$

$$= 4\pi\int_{0}^{1}\sqrt{1-y}\,\mathrm{d}y = -4\pi \cdot \frac{2}{3}(1-y)^{\frac{3}{2}}\Big|_{0}^{1} = \frac{8}{3}\pi.$$

2. 目标函数为 $L(x,y) = \dfrac{1}{3}\left(\dfrac{240x}{x+10} + \dfrac{400y}{y+13.5}\right)$，且满足条件 $x+y=16.5$，

构造拉格朗日函数

$$F(x,y,\lambda) = \frac{1}{3}\left(\frac{240x}{x+10} + \frac{400y}{y+13.5}\right) + \lambda(x+y-16.5),$$

令

$$F'_x = \frac{800}{(x+10)^2} + \lambda = 0, \quad F'_y = \frac{1800}{(y+13.5)^2} + \lambda = 0, \quad F'_\lambda = x+y-16.5 = 0,$$

得到唯一驻点 $(6, 10.5)$，由实际问题可知，当 $x=6$，$y=10.5$ 时利润最大.

五、证明题

令 $u = \dfrac{1}{t}$，$t = \dfrac{1}{u}$，$\mathrm{d}t = -\dfrac{1}{u^2}\mathrm{d}u$，因此

$$f\left(\frac{1}{x}\right) = \int_{1}^{\frac{1}{x}} \frac{\ln(1+t)}{t}\,\mathrm{d}t = -\int_{1}^{x} \frac{\ln\left(1+\frac{1}{u}\right)}{\frac{1}{u}} \cdot \frac{1}{u^2}\,\mathrm{d}u = -\int_{1}^{x} \frac{\ln\left(1+\frac{1}{u}\right)}{u}\,\mathrm{d}u$$

$$= -\int_{1}^{x} \frac{\ln\left(1+\frac{1}{t}\right)}{t}\,\mathrm{d}t$$

$$f(x) + f\left(\frac{1}{x}\right) = \int_{1}^{x} \frac{\ln(1+t)}{t}\,\mathrm{d}t - \int_{1}^{x} \frac{\ln\left(1+\frac{1}{t}\right)}{t}\,\mathrm{d}t = \int_{1}^{x} \frac{\ln t}{t}\,\mathrm{d}t = \frac{1}{2}\ln^2 t\Big|_{1}^{x} = \frac{1}{2}\ln^2 x.$$

模拟试题十五详解

一、填空题

(1) $\dfrac{1}{1+x}$.

提示　因为等式两端求导得 $2xf(x^2)=\dfrac{2x}{1+x^2}$，$f(x^2)=\dfrac{1}{1+x^2}$.

(2) 4.

提示　$\displaystyle\int_0^{2\pi}|\sin x|\,\mathrm{d}x=2\int_0^{\pi}\sin x\,\mathrm{d}x$.

(3) $p>0$.

提示　当 $0<2p\leqslant1$ 时，级数条件收敛；当 $2p>1$ 时，级数绝对收敛.

(4) $\dfrac{1}{2}$.

提示　$S_n=\dfrac{1}{1\cdot3}+\dfrac{1}{3\cdot5}+\cdots+\dfrac{1}{(2n+1)(2n-1)}$

$\qquad=\dfrac{1}{2}\left(1-\dfrac{1}{3}\right)+\dfrac{1}{2}\left(\dfrac{1}{3}-\dfrac{1}{5}\right)+\cdots+\dfrac{1}{2}\left(\dfrac{1}{2n-1}-\dfrac{1}{2n+1}\right)=\dfrac{1}{2}\left(1-\dfrac{1}{2n+1}\right).$

(5) 0.

提示　因为 $\dfrac{\partial u}{\partial x}=f_1'-f_3'$，$\dfrac{\partial u}{\partial y}=f_2'-f_1'$，$\dfrac{\partial u}{\partial z}=f_3'-f_2'$.

(6) $\dfrac{3}{64}\pi^2$.

提示　$\displaystyle\iint\limits_{D}\arctan\dfrac{y}{x}\,\mathrm{d}\sigma=\int_0^{\frac{\pi}{4}}\theta\,\mathrm{d}\theta\int_1^2 r\,\mathrm{d}r$.

(7) 0.075.

提示　$\mathrm{d}z=\dfrac{\partial z}{\partial x}\mathrm{d}x+\dfrac{\partial z}{\partial y}\mathrm{d}y=-\dfrac{y}{x^2}\mathrm{d}x+\dfrac{1}{x}\mathrm{d}y=-\dfrac{1}{4}\times0.1+\dfrac{1}{2}\times0.2=0.075$.

(8) $\displaystyle\int_0^1\mathrm{d}y\int_{\sqrt{y}}^{2-y}f(x,y)\,\mathrm{d}x$.

(9) $\displaystyle\sum_{n=0}^{\infty}\dfrac{1}{(2n+1)!}x^{2n+1}$，$x\in(-\infty,+\infty)$.

提示　$\mathrm{e}^x=\displaystyle\sum_{n=0}^{\infty}\dfrac{1}{n!}x^n$，$\mathrm{e}^{-x}=\displaystyle\sum_{n=0}^{\infty}(-1)^n\dfrac{1}{n!}x^n$.

(10) -1.

二、单项选择题

(1) D.

提示　因为定积分为一个常数.

(2) D.

提示　设 $I_n = \int_0^{+\infty} x^n e^{-x} dx$，$I_0 = \int_0^{+\infty} e^{-x} dx = 1$，且

$$I_n = -\int_0^{+\infty} x^n d e^{-x} = -x^n e^{-x} \Big|_0^{+\infty} + n\int_0^{+\infty} x^{n-1} e^{-x} dx = n I_{n-1}.$$

（3）A.

提示　$z = \ln\left(xy + \dfrac{x}{y}\right) = \ln x + \ln\left(y + \dfrac{1}{y}\right)$.

（4）A.　　（5）C.

三、计算题

1. 令 $x = \sin t$，$dx = \cos t\, dt$，当 $x = 0$ 时，$t = 0$，当 $x = \dfrac{1}{\sqrt{2}}$ 时，$t = \dfrac{\pi}{4}$，则

$$\int_0^{\frac{1}{\sqrt{2}}} (1 - x^2)^{-\frac{3}{2}} dx = \int_0^{\frac{\pi}{4}} \cos^{-3} t \cos t\, dt = \int_0^{\frac{\pi}{4}} \frac{1}{\cos^2 t} dt = \tan t \Big|_0^{\frac{\pi}{4}} = 1.$$

2. 令 $F(x, y, z) = xy + e^{xz} - 1 - z\ln y$，由于

$$\frac{\partial F}{\partial x} = y + z e^{xz}, \qquad \frac{\partial F}{\partial y} = x - \frac{z}{y}, \qquad \frac{\partial F}{\partial z} = x e^{xz} - \ln y,$$

因此

$$\frac{\partial z}{\partial x} = -\frac{\dfrac{\partial F}{\partial x}}{\dfrac{\partial F}{\partial z}} = -\frac{y + z e^{xz}}{x e^{xz} - \ln y}, \quad \frac{\partial z}{\partial y} = -\frac{\dfrac{\partial F}{\partial y}}{\dfrac{\partial F}{\partial z}} = -\frac{x - \dfrac{z}{y}}{x e^{xz} - \ln y} = -\frac{xy - z}{xy e^{xz} - y\ln y},$$

故

$$dz = \frac{\partial z}{\partial x} dx + \frac{\partial z}{\partial y} dy = \frac{y + z e^{xz}}{\ln y - x e^{xz}} dx + \frac{xy - z}{y\ln y - xy e^{xz}} dy.$$

3. $\displaystyle\iint_D \frac{\sin x}{x} d\sigma = \int_0^2 \frac{\sin x}{x} dx \int_{\frac{x}{2}}^x dy = \int_0^2 \frac{\sin x}{x}\left(x - \frac{x}{2}\right) dx = \frac{1}{2}\int_0^2 \sin x\, dx = \frac{1}{2}(1 - \cos 2).$

4. $\displaystyle\iint_D e^{-(x^2 + y^2)} dx\, dy = \int_0^{2\pi} d\theta \int_0^R r e^{-r^2} dr = \pi(-e^{-r^2})_0^R = \pi(1 - e^{-R^2}).$

5. $\displaystyle\sum_{n=2}^{\infty} \frac{n\cos(n\pi)}{\sqrt{n^3 - 2n + 1}} = \sum_{n=2}^{\infty} (-1)^n \frac{n}{\sqrt{n^3 - 2n + 1}}$，考虑正项级数 $\displaystyle\sum_{n=2}^{\infty} \frac{n}{\sqrt{n^3 - 2n + 1}}$，

由于 $\displaystyle\lim_{n\to\infty} \frac{\dfrac{n}{\sqrt{n^3 - 2n + 1}}}{\dfrac{1}{\sqrt{n}}} = 1$，而 p 级数 $\displaystyle\sum_{n=2}^{\infty} \frac{1}{\sqrt{n}}$ 发散，所以 $\displaystyle\sum_{n=2}^{\infty} \frac{n}{\sqrt{n^3 - 2n + 1}}$ 发散.

下面考虑交错级数 $\displaystyle\sum_{n=2}^{\infty} (-1)^n \frac{n}{\sqrt{n^3 - 2n + 1}}$ 的敛散性. 设 $f(x) = \dfrac{x}{\sqrt{x^3 - 2x + 1}}$，

由于

$$f'(x) = \frac{\sqrt{x^3 - 2x + 1} - \dfrac{3x^3 - 2x}{2\sqrt{x^3 - 2x + 1}}}{x^3 - 2x + 1} = \frac{-x^3 - 2x + 2}{2(x^3 - 2x + 1)^{\frac{3}{2}}} < 0,\ x > 2.$$

所以 $f(x)$ 是单调减少的，因此 $u_n > u_{n+1}$，即 $\left\{\dfrac{n}{\sqrt{n^3-2n+1}}\right\}$ 单调递减，而

$\lim\limits_{n\to\infty}\dfrac{n}{\sqrt{n^3-2n+1}}=0$，根据莱布尼茨判别法可知，交错级数 $\sum\limits_{n=2}^{\infty}\dfrac{n\cos n\pi}{\sqrt{n^3-2n+1}}$ 收敛，因此原级数条件收敛.

6. 由于 $\lim\limits_{n\to\infty}\dfrac{|a_{n+1}|}{|a_n|}=\lim\limits_{n\to\infty}\dfrac{\frac{1}{(n+1)\cdot 3^{n+1}}}{\frac{1}{n\cdot 3^n}}=\lim\limits_{n\to\infty}\dfrac{n}{3(n+1)}=\dfrac{1}{3}$，因此级数的收敛半径为 $R=3$.

当 $x=3$ 时，调和级数 $\sum\limits_{n=1}^{\infty}\dfrac{1}{n}$ 发散，当 $x=-3$ 时，交错级数 $\sum\limits_{n=1}^{\infty}(-1)^n\dfrac{1}{n}$ 收敛，综上级数的收敛域为 $[-3,3)$.

7. 求导得 $f'(x)=f(x)+\mathrm{e}^x$，且 $f(0)=1$，一阶线性微分方程的解为 $f(x)=(x+1)\mathrm{e}^x$.

四、应用题

1. （1）联立方程 $\begin{cases} y=\dfrac{3}{x}, \\ x+y=4, \end{cases}$ 交点坐标为 $(1,3)$，$(3,1)$，两条曲线围成区域的面积为

$$S=\int_1^3\left[(4-x)-\dfrac{3}{x}\right]\mathrm{d}x=\left(4x-\dfrac{1}{2}x^2-3\ln x\right)\Big|_1^3=4-3\ln 3.$$

（2）此图形绕 x 轴旋转所生成的旋转体的体积

$$V_x=\pi\int_1^3(4-x)^2\mathrm{d}x-\pi\int_1^3\left(\dfrac{3}{x}\right)^2\mathrm{d}x=\pi\left(\dfrac{9}{x}\right)\Big|_1^3-\dfrac{\pi}{3}(4-x)^3\Big|_1^3=\dfrac{8}{3}\pi.$$

2. 目标函数为 $L(x,y)=0.6x+0.4y$，约束条件为 $x+\dfrac{x^2}{6000}+y=10\,000$ 构造拉格朗日函数为 $F(x,y,\lambda)=0.6x+0.4y+\lambda(x+\dfrac{x^2}{6000}+y-10\,000)$，令

$F'_x=0.6+\lambda+\dfrac{x}{3000}\lambda=0$，$F'_y=0.4+\lambda=0$，$F'_\lambda=x+\dfrac{x^2}{6000}+y-10\,000=0$，

得到唯一驻点 $x=1500$，$y=8125$，由实际意义可知，当 $x=1500$，$y=8125$ 时，利润达到最大.

五、证明题

提示　利用反证法，设 $A\neq 0$，由 $\lim\limits_{n\to\infty}na_n=A$ 得 $\lim\limits_{n\to\infty}\dfrac{a_n}{\frac{1}{n}}=A$，而调和级数发散，所以 $\sum\limits_{n=1}^{\infty}a_n$ 发散（矛盾）. 因此 $A=0$.

模拟试题十六详解

一、填空题

(1) $\dfrac{2}{3}$.

提示 $\lim\limits_{x\to 0}\dfrac{\int_0^x t\sin 2t\,\mathrm{d}t}{x^3}=\lim\limits_{x\to 0}\dfrac{x\sin 2x}{3x^2}=\lim\limits_{x\to 0}\dfrac{\sin 2x}{3x}=\dfrac{2}{3}$.

(2) 4.

提示 $\displaystyle\int_0^1\dfrac{kx}{(1+x^2)^2}\mathrm{d}x=\int_0^1\dfrac{k}{2}\dfrac{1}{(1+x^2)^2}\mathrm{d}x^2=-\dfrac{k}{2(1+x^2)}\Big|_0^1=\dfrac{k}{2}\Big(1-\dfrac{1}{2}\Big)=\dfrac{1}{4}k$.

(3) x^2.   (4) $\displaystyle\int_0^1\sqrt{x}\,\mathrm{d}x$.   (5) $(0,0)$，极小.

(6) $\dfrac{2}{n^2+n}$，2.

提示 $u_n=S_n-S_{n-1}=\dfrac{2n}{n+1}-\dfrac{2(n-1)}{n}=\dfrac{2}{n^2+n}$，$S=\lim\limits_{n\to\infty}S_n=2$.

(7) $(-\infty,1)\bigcup(1,+\infty)$.

提示 $\dfrac{1}{|x|}<1$.

(8) $\displaystyle\int_0^1\mathrm{d}y\int_{\mathrm{e}^y}^{\mathrm{e}}f(x,y)\mathrm{d}x$.

(9) $\displaystyle\sum_{n=0}^{\infty}(-1)^n(x-1)^n$，$\quad 0<x<2$.

提示 因为 $f(x)=\dfrac{1}{1+x-1}$，而 $\dfrac{1}{1+x}=\displaystyle\sum_{n=0}^{\infty}(-1)^n x^n$，$x\in(-1,1)$，所以

$\dfrac{1}{1+(x-1)}=\displaystyle\sum_{n=0}^{\infty}(-1)^n(x-1)^n$，$x\in(0,2)$.

(10) $C_1\mathrm{e}^{-\frac{1}{2}x}+C_2\mathrm{e}^{-\frac{3}{2}x}$.

提示 特征方程为 $4r^2+8r+3=0$，特征根为 $r_1=-\dfrac{1}{2}$，$r_2=-\dfrac{3}{2}$.

二、单项选择题

(1) C.

(2) C.

(3) D.

提示 $\dfrac{\partial z}{\partial x}=2x+y-3=0$，$\dfrac{\partial z}{\partial y}=x+2y-6=0$，得到唯一驻点 $(0,3)$，且 $\dfrac{\partial^2 z}{\partial x^2}=2$，

$\dfrac{\partial^2 z}{\partial y^2}=2$，$\dfrac{\partial^2 z}{\partial x \partial y}=1$，在该点处 $AC-B^2=3>0$，$A=2>0$，该点为最小值点.

（4）C.

提示　设 $u=xy$，$v=x-y$，$\dfrac{\partial z}{\partial x}=yf'_u+f'_v$，$\dfrac{\partial z}{\partial y}=xf'_u-f'_v$，$\dfrac{\partial z}{\partial x}+\dfrac{\partial z}{\partial y}=(x+y)f'_u$.

（5）D.

提示　这里 $f'_x(0,0)=\lim\limits_{\Delta x\to 0}\dfrac{f(0+\Delta x,0)-f(0,0)}{\Delta x}=0$，$f'_y(0,0)=0$，则

$$\Delta z=f(0+\Delta x,0+\Delta y)-f(0,0)$$
$$=f'_x(0,0)\Delta x+f'_y(0,0)\Delta y+\Delta x\Delta y\sin\dfrac{1}{(\Delta x)^2+(\Delta y)^2},$$

而

$$0\leqslant\left|\dfrac{\Delta x\Delta y\sin\dfrac{1}{(\Delta x)^2+(\Delta y)^2}}{\sqrt{(\Delta x)^2+(\Delta y)^2}}\right|\leqslant\left|\dfrac{\Delta x\Delta y}{\sqrt{(\Delta x)^2+(\Delta y)^2}}\right|\leqslant\dfrac{1}{2}\dfrac{(\Delta x)^2+(\Delta y)^2}{\sqrt{(\Delta x)^2+(\Delta y)^2}}$$
$$\leqslant\sqrt{(\Delta x)^2+(\Delta y)^2},$$

由夹逼定理可知 $\lim\limits_{\substack{\Delta x\to 0\\ \Delta y\to 0}}\dfrac{\Delta x\Delta y\sin\dfrac{1}{(\Delta x)^2+(\Delta y)^2}}{\sqrt{(\Delta x)^2+(\Delta y)^2}}=0$，因此有

$$\Delta z-f'_x(0,0)\Delta x-f'_y(0,0)\Delta y=o(\rho),\quad(\Delta x,\Delta y)\to(0,0).$$

其中 $\rho=\sqrt{(\Delta x)^2+(\Delta y)^2}$，所以 $f(x,y)$ 在点 $(0,0)$ 处可微.

三、计算题

1. $\displaystyle\int_0^1\dfrac{\arcsin\sqrt{x}}{\sqrt{x(1-x)}}\mathrm{d}x=2\int_0^1\dfrac{\arcsin\sqrt{x}}{\sqrt{1-x}}\mathrm{d}\sqrt{x}=2\int_0^1\arcsin\sqrt{x}\,\mathrm{d}\arcsin\sqrt{x}$

$$=(\arcsin\sqrt{x})^2\,\Big|_0^1=\dfrac{\pi^2}{4}.$$

提示　也可令 $\sqrt{x}=t$ 利用换元法进行求解.

2. 因为

$$\int_0^{\frac{\pi}{2}}\mathrm{e}^{\frac{x}{\pi}}\sin x\,\mathrm{d}x=-\int_0^{\frac{\pi}{2}}\mathrm{e}^{\frac{x}{\pi}}\mathrm{d}\cos x=-\mathrm{e}^{\frac{x}{\pi}}\cos x\,\Big|_0^{\frac{\pi}{2}}+\dfrac{1}{\pi}\int_0^{\frac{\pi}{2}}\mathrm{e}^{\frac{x}{\pi}}\cos x\,\mathrm{d}x$$

$$=1+\dfrac{1}{\pi}\int_0^{\frac{\pi}{2}}\mathrm{e}^{\frac{x}{\pi}}\mathrm{d}\sin x=1+\dfrac{1}{\pi}\mathrm{e}^{\frac{x}{\pi}}\sin x\,\Big|_0^{\frac{\pi}{2}}-\dfrac{1}{\pi^2}\int_0^{\frac{\pi}{2}}\mathrm{e}^{\frac{x}{\pi}}\sin x\,\mathrm{d}x$$

$$=1+\dfrac{1}{\pi}\mathrm{e}^{\frac{1}{2}}-\dfrac{1}{\pi^2}\int_0^{\frac{\pi}{2}}\mathrm{e}^{\frac{x}{\pi}}\sin x\,\mathrm{d}x.$$

所以 $\left(1+\dfrac{1}{\pi^2}\right)\displaystyle\int_0^{\frac{\pi}{2}}\mathrm{e}^{\frac{x}{\pi}}\sin x\,\mathrm{d}x=1+\dfrac{1}{\pi}\mathrm{e}^{\frac{1}{2}}$，从而 $\displaystyle\int_0^{\frac{\pi}{2}}\mathrm{e}^{\frac{x}{\pi}}\sin x\,\mathrm{d}x=\left(1+\dfrac{1}{\pi}\mathrm{e}^{\frac{1}{2}}\right)\left(\dfrac{\pi^2}{\pi^2+1}\right)=$ $\dfrac{\pi\sqrt{\mathrm{e}}+\pi^2}{1+\pi^2}$.

3. $z\ln x = y\ln z$，设 $F(x, y, z) = z\ln x - y\ln z$，由于

$$F'_x = \frac{z}{x}, \quad F'_y = -\ln z, \quad F'_z = \ln x - \frac{y}{z},$$

因此

$$\frac{\partial z}{\partial x} = -\frac{F'_x}{F'_z} = -\frac{\dfrac{z}{x}}{\ln x - \dfrac{y}{z}} = -\frac{z^2}{xz\ln x - xy}, \quad \frac{\partial z}{\partial y} = -\frac{F'_y}{F'_z} = \frac{\ln z}{\ln x - \dfrac{y}{z}} = \frac{z\ln z}{z\ln x - y},$$

故

$$\mathrm{d}z = \frac{z^2}{x(y - z\ln x)}\mathrm{d}x + \frac{z\ln z}{z\ln x - y}\mathrm{d}y.$$

4. $\dfrac{\partial z}{\partial x} = f'_u + yf'_v$，$\dfrac{\partial^2 z}{\partial x \partial y} = f''_{uu} + xf''_{uv} + yf''_{vu} + xyf''_{vv} + f'_v$

$\qquad = f''_{uu} + (x+y)f''_{uv} + xyf''_{vv} + f'_v.$

5. $\displaystyle\iint\limits_{D}\sqrt{1-x^2-y^2}\,\mathrm{d}\sigma = \int_0^{2\pi}\mathrm{d}\theta\int_0^1\sqrt{1-r^2}\,r\,\mathrm{d}r = -\frac{1}{2}\int_0^{2\pi}\mathrm{d}\theta\int_0^1\sqrt{1-r^2}\,\mathrm{d}(1-r^2)$

$$= -\frac{1}{2}\cdot 2\pi \cdot \frac{2}{3}(1-r^2)^{\frac{3}{2}}\Big|\Big|_0^1 = \frac{2}{3}\pi.$$

6. $\displaystyle\iint\limits_{D}(1+x+y)\mathrm{d}x\,\mathrm{d}y = \int_0^1\mathrm{d}x\int_0^2(1+x+y)\mathrm{d}y = \int_0^1\left(y+xy+\frac{1}{2}y^2\right)\Big|_0^2\mathrm{d}x$

$$= \int_0^1(2x+4)\mathrm{d}x = (x^2+4x)\Big|_0^1 = 5.$$

7. 考察正项级数 $\displaystyle\sum_{n=1}^{\infty}\left(1-\cos\frac{1}{\sqrt{n}}\right)$，由于 $\left(1-\cos\dfrac{1}{\sqrt{n}}\right) \sim \dfrac{1}{2n}$，$n \to \infty$，调和级数 $\displaystyle\sum_{n=1}^{\infty}\frac{1}{n}$ 发散，所以 $\displaystyle\sum_{n=1}^{\infty}\left(1-\cos\frac{1}{\sqrt{n}}\right)$ 发散.

再讨论交错级数 $\displaystyle\sum_{n=1}^{\infty}(-1)^n\left(1-\cos\frac{1}{\sqrt{n}}\right)$，由于 $\displaystyle\lim_{n\to\infty}u_n = \lim_{n\to\infty}\left(1-\cos\frac{1}{\sqrt{n}}\right) = 0$，且 $u_n = \left(1-\cos\dfrac{1}{\sqrt{n}}\right) > \left(1-\cos\dfrac{1}{\sqrt{n+1}}\right) = u_{n+1}$，根据莱布尼茨判别法可知，交错级数 $\displaystyle\sum_{n=1}^{\infty}(-1)^n\left(1-\cos\frac{1}{\sqrt{n}}\right)$ 收敛，因此 $\displaystyle\sum_{n=1}^{\infty}(-1)^n\left(1-\cos\frac{1}{\sqrt{n}}\right)$ 条件收敛.

8. 一阶线性微分方程 $y = \mathrm{e}^{-\int\mathrm{d}x}\left(\int\mathrm{e}^{\int\mathrm{d}x}\mathrm{e}^{-x}\mathrm{d}x + C\right) = \mathrm{e}^{-x}(x+C).$

四、应用题

1. $V_x = 2\pi\displaystyle\int_0^{\frac{\pi}{2}}\cos^2 x\,\mathrm{d}x = \pi\int_0^{\frac{\pi}{2}}(1+\cos 2x)\mathrm{d}x = \pi\left(x+\frac{1}{2}\sin 2x\right)\Big|_0^{\frac{\pi}{2}} = \frac{\pi^2}{2}.$

2. 构造拉格朗日函数

$$L(x, y, \lambda) = C(x, y) + \lambda(x + y - 50).$$

令

$$L'_x=20+\frac{1}{2}x+\lambda=0, \quad L'_y=6+y+\lambda=0, \quad L'_\lambda=x+y-50=0,$$

解得唯一驻点$(x,y)=(24,26)$. 由实际意义可知，该驻点即为最小值点，因此当$x=24$，$y=26$时，总成本最小，最小成本为$C(24,26)=11\,118$(万元).

五、证明题

因为$|u_n v_n|\leqslant\frac{1}{2}(u_n^2+v_n^2)$且$\sum\limits_{n=1}^{\infty}u_n^2$，$\sum\limits_{n=1}^{\infty}v_n^2$均收敛，所以$\sum\limits_{n=1}^{\infty}\frac{1}{2}(u_n^2+v_n^2)$收敛，

$\sum\limits_{n=1}^{\infty}u_n v_n$绝对收敛.

模拟试题十七详解

一、填空题

(1) $\int_0^x e^{t^2}dt+xe^{x^2}$.

提示　因为$f(x)=x\int_0^x e^{t^2}dt$，求导得$f'(x)=\int_0^x e^{t^2}dt+xe^{x^2}$.

(2) 2.

提示　对称积分区间，可考虑奇偶性$\int_{-1}^1(x+\sqrt{1-x^2})^2dx=\int_{-1}^1(1+2x\sqrt{1-x^2})dx=\int_{-1}^1 1dx$.

(3) $\alpha<-1$.

提示　因为$\int_1^{+\infty}x^{2\alpha+1}dx=\frac{1}{2\alpha+2}x^{2\alpha+2}\Big|_1^{+\infty}$，当$2\alpha+2<0$时该广义积分收敛.

(4) 发散.

提示　因为$\lim\limits_{n\to\infty}\frac{1}{u_n}=\infty$.

(5) 0.

提示　积分区域如图17.1所示，$\iint\limits_D x^2 y\,dx\,dy=\int_{-1}^0 x^2 dx\int_{-1-x}^{1+x}y\,dy+\int_0^1 x^2 dx\int_{x-1}^{1-x}y\,dy$.

(6) $\dfrac{3(x^2+y^2+z^2-xy-yz-xz)}{x^3+y^3+z^3-3xyz}$.

(7) $e^{-\frac{1}{2}}$.

提示　$e^x=\sum\limits_{n=0}^{\infty}\frac{1}{n!}x^n$.

(8) $\sum\limits_{n=0}^{\infty}\frac{(-1)^n 2^n}{(2n)!}x^n$，$x\in[0,+\infty)$.

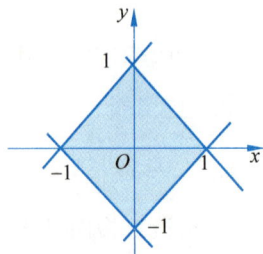

图　17.1

提示　因为 $\cos x = \sum\limits_{n=0}^{\infty} \dfrac{(-1)^n}{(2n)!} x^{2n}$, $x \in (-\infty, +\infty)$.

(9) $\displaystyle\int_0^a \mathrm{d}y \int_y^a f(x, y)\mathrm{d}x$.

(10) $C_1 \sin x + C_2 \cos x$.

提示　特征方程为 $r^2 + 1 = 0$, 特征根为 $r_{1,2} = \pm \mathrm{i}$.

二、单项选择题

(1) A.

(2) D.

提示　$\lim\limits_{\substack{x\to 0 \\ y\to 0}} f(x, y) \xlongequal{t=xy} \lim\limits_{t\to 0} \dfrac{2 - \sqrt{t+4}}{t} = \lim\limits_{t\to 0} \dfrac{-t}{t(2 + \sqrt{t+4})} = -\dfrac{1}{4}$.

(3) A.

提示　首先考察正项级数 $\sum\limits_{n=1}^{\infty} (\sqrt{n+1} - \sqrt{n})$, 由于

$$\lim\limits_{n\to\infty} \dfrac{\sqrt{n+1} - \sqrt{n}}{\dfrac{1}{\sqrt{n}}} = \lim\limits_{n\to\infty} \sqrt{n}(\sqrt{n+1} - \sqrt{n}) = \lim\limits_{n\to\infty} \dfrac{\sqrt{n}}{\sqrt{n+1} + \sqrt{n}} = \lim\limits_{n\to\infty} \dfrac{1}{\sqrt{1 + \dfrac{1}{n}} + 1} = \dfrac{1}{2},$$

又因为 p 级数 $\sum\limits_{n=1}^{\infty} \dfrac{1}{\sqrt{n}}$ 发散, 所以 $\sum\limits_{n=1}^{\infty} (\sqrt{n+1} - \sqrt{n})$ 发散.

考察交错级数 $\sum\limits_{n=1}^{\infty} (-1)^n (\sqrt{n+1} - \sqrt{n})$, 由于 $u_n = \sqrt{n+1} - \sqrt{n} = \dfrac{1}{\sqrt{n+1} + \sqrt{n}}$

单调递减, 且 $\lim\limits_{n\to\infty} u_n = \lim\limits_{n\to\infty} (\sqrt{n+1} - \sqrt{n}) = \lim\limits_{n\to\infty} \dfrac{1}{\sqrt{n+1} + \sqrt{n}} = 0$, 所以交错级数收敛.

(4) D.

提示　因为 $\dfrac{\partial z}{\partial x} = \dfrac{1}{x}$.

(5) B.

三、计算题

1. 令 $t = x - 2$, $\mathrm{d}t = \mathrm{d}x$, 因此

$$\int_1^4 f(x-2)\mathrm{d}x = \int_{-1}^2 f(t)\mathrm{d}t = \int_{-1}^1 f(t)\mathrm{d}t + \int_1^2 f(t)\mathrm{d}t = \int_{-1}^1 t\,\mathrm{e}^{t^2}\mathrm{d}t + \int_1^2 t \ln t\,\mathrm{d}t$$

$$= \dfrac{1}{2}\int_1^2 \ln t\,\mathrm{d}t^2 = \dfrac{1}{2}t^2 \ln t \Big|_1^2 - \dfrac{1}{4}t^2 \Big|_1^2 = 2\ln 2 - \dfrac{3}{4}.$$

2. 积分区域如图 17.2 所示,

$$A = 2\int_1^2 \{2x - [(x-2)^2 + 1]\}\mathrm{d}x$$

$$= 2\int_1^2 (6x - x^2 - 5)\mathrm{d}x = \dfrac{10}{3}.$$

3. $\dfrac{\partial z}{\partial x} = \dfrac{1}{y}\varphi(u) - 3\left(\dfrac{x}{y}\right)\varphi'(u)$,

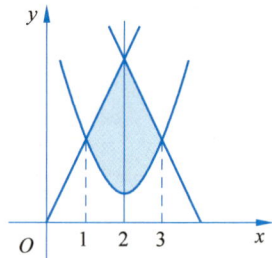

图 17.2

$$\frac{\partial^2 z}{\partial x^2} = -3\frac{1}{y}\varphi'(u) - 3\frac{1}{y}\varphi'(u) + 9\left(\frac{x}{y}\right)\varphi''(u)$$

$$= -6\frac{1}{y}\varphi'(u) + 9\left(\frac{x}{y}\right)\varphi''(u),$$

$$\frac{\partial^2 z}{\partial x \partial y} = -\frac{1}{y^2}\varphi(u) + 2\frac{1}{y}\varphi'(u) + 3\left(\frac{x}{y^2}\right)\varphi'(u) - 6\left(\frac{x}{y}\right)\varphi''(u)$$

$$= -\frac{1}{y^2}\varphi(u) + \frac{1}{y^2}(2y + 3x)\varphi'(u) - 6\left(\frac{x}{y}\right)\varphi''(u).$$

4. **解法 1** $\dfrac{(n!)^2}{(2n)!} = \dfrac{1 \cdot 2 \cdot 3 \cdots n \cdot 1 \cdot 2 \cdot 3 \cdots n}{1 \cdot 2 \cdot 3 \cdots n \cdot (n+1)(n+2)\cdots(2n)}$

$$= \frac{1 \cdot 2 \cdot 3 \cdots n}{(n+1)(n+2)(n+3)\cdots(2n)} < \frac{1 \cdot 2 \cdot 3 \cdots n}{(1+1)(2+2)(3+3)\cdots(2n)} = \frac{1}{2^n},$$

而几何级数 $\displaystyle\sum_{n=1}^{\infty}\frac{1}{2^n}$ 收敛，所以 $\displaystyle\sum_{n=1}^{\infty}\frac{(n!)^2}{(2n)!}$ 收敛.

解法 2 $\displaystyle\lim_{n\to\infty}\frac{u_{n+1}}{u_n} = \lim_{n\to\infty}\frac{\dfrac{[(n+1)!]^2}{(2n+2)!}}{\dfrac{(n!)^2}{(2n)!}} = \lim_{n\to\infty}\frac{(n+1)^2}{(2n+1)(2n+2)} = \frac{1}{4} < 1,$

所以级数收敛.

5. $\displaystyle\iint_D x\,\mathrm{e}^{xy}\,\mathrm{d}\sigma = \int_0^1\mathrm{d}x\int_0^1 x\,\mathrm{e}^{xy}\,\mathrm{d}y = \int_0^1(\mathrm{e}^{xy})\Big|_0^1\,\mathrm{d}x = \int_0^1(\mathrm{e}^x - 1)\,\mathrm{d}x = (\mathrm{e}^x - x)\Big|_0^1 = \mathrm{e} - 2.$

6. $\displaystyle\iint_D \ln(1 + x^2 + y^2)\,\mathrm{d}\sigma = \int_0^{\frac{\pi}{2}}\mathrm{d}\theta\int_0^1 r\ln(1 + r^2)\,\mathrm{d}r = \frac{\pi}{2} \cdot \frac{1}{2}\int_0^1\ln(1 + r^2)\,\mathrm{d}(1 + r^2)$

$$= \frac{\pi}{4}\left[(1 + r^2)\ln(1 + r^2) - (1 + r^2)\right]\Big|_0^1 = \frac{\pi}{4}(2\ln2 - 1).$$

7. 由于

$$\rho = \lim_{n\to\infty}\left|\frac{a_{n+1}}{a_n}\right| = \lim_{n\to\infty}\frac{n+1}{n} = 1,$$

所以级数的收敛半径 $R = \dfrac{1}{\rho} = 1.$ 当 $x = -1$ 时，幂级数化为 $\displaystyle\sum_{n=1}^{\infty}(-1)^{n-1}n$，级数的一般项的极限不为 0，故级数发散；同理当 $x = 1$ 时，级数也发散，因此幂级数的收敛域为 $(-1, 1)$.

设 $S(x) = \sum_{n=1}^{\infty} nx^{n-1}$，两端积分得 $\int_0^x S(x)\mathrm{d}x = \sum_{n=1}^{\infty} x^n = \dfrac{x}{1-x}$，两端求导得 $S(x) =$

$\dfrac{1}{(1-x)^2}$，因此幂级数的和函数为 $S(x) = \dfrac{1}{(1-x)^2}$，$-1 < x < 1$.

8. $f(x) = \dfrac{x}{x^2-x-2} = \dfrac{x}{(x+1)(x-2)}$

$$= \dfrac{1}{3}\left(\dfrac{2}{x-2} + \dfrac{1}{x+1}\right) = \dfrac{1}{3}\left(\dfrac{1}{1+x} - \dfrac{1}{1-\dfrac{x}{2}}\right)$$

$$= \dfrac{1}{3}\left[\sum_{n=0}^{\infty}(-1)^n x^n - \sum_{n=0}^{\infty}\dfrac{1}{2^n}x^n\right]$$

$$= \dfrac{1}{3}\sum_{n=0}^{\infty}\left[(-1)^n - \dfrac{1}{2^n}\right]x^n, \quad x \in (-1, 1).$$

四、应用题

1. （1）设 A 点的坐标为 (a, b)，则 $b = a^2$，且 $y'(a) = 2a$，则过点 $A(a, b)$ 的切线

方程为 $y - b = 2a(x-a)$，$y - a^2 = 2a(x-a)$，$x = \dfrac{1}{2a}y + \dfrac{a}{2}$，由已知条件得

$$S = \int_0^b\left[\left(\dfrac{1}{2a}y + \dfrac{a}{2}\right) - \sqrt{y}\right]\mathrm{d}y = \dfrac{1}{12}, \quad \text{即} \quad \int_0^{a^2}\left[\left(\dfrac{1}{2a}y + \dfrac{a}{2}\right) - \sqrt{y}\right]\mathrm{d}y = \dfrac{1}{12},$$

所以 $\dfrac{1}{12}a^3 = \dfrac{1}{12}$，解得 $a = 1$，$b = 1$，则 A 的坐标为 $(1, 1)$.

（2）过切点 A 的切线方程为 $y - 1 = 2(x-1)$，即 $y = 2x - 1$.

（3）切线与 x 轴的交点坐标为 $\left(\dfrac{1}{2}, 0\right)$，因此 $V_x = \pi\int_0^1 x^4\mathrm{d}x - \pi\int_{\frac{1}{2}}^1(2x-1)^2\mathrm{d}x = \dfrac{\pi}{30}$.

2. 因为 $\begin{cases} x = 1 - p + 2q \\ y = 11 + p - 3q \end{cases}$，所以

$$\begin{cases} p = 25 - 3x - 2y \\ q = 12 - x - y \end{cases},$$

则总利润函数

$$\begin{aligned} L(x, y) &= xp + yq - C(x, y) = x(25 - 3x - 2y) + y(12 - x - y) - (4x + y) \\ &= 21x - 3x^2 - 3xy - y^2 + 11y, \end{aligned}$$

令

$$\begin{cases} L'_x = 21 - 6x - 3y = 0 \\ L'_y = -3x - 2y + 11 = 0 \end{cases},$$

得到唯一驻点 $(3, 1)$，且 $L''_{xx} = -6$，$L''_{xy} = -3$，$L''_{yy} = -2$，则在点 $(3, 1)$ 处 $AC - B^2 > 0$，且 $A < 0$，则在点 $(3, 1)$ 处 $L(x, y)$ 取到最大值，此时相应价格为 $p = 14$，$q = 8$.

五、证明题

由于 $\dfrac{\partial z}{\partial x} = 2xf'(u)$，$\dfrac{\partial z}{\partial y} = 2yf'(u)$，因此有

$$x \frac{\partial z}{\partial x} + y \frac{\partial z}{\partial y} = 2x^2 f'(u) + 2y^2 f'(u) = 2(x^2 + y^2) f'(u) = 2u f'(u).$$

模拟试题十八详解

一、填空题

(1) 2.

提示 $\lim\limits_{x \to 0} \dfrac{\int_0^{2x} \arcsin t \, dt}{x^2} = \lim\limits_{x \to 0} \dfrac{2\arcsin(2x)}{2x} = \lim\limits_{x \to 0} \dfrac{4x}{2x}.$

(2) $\dfrac{1}{2} e - 1.$

提示 $S = \int_0^1 (ex - x e^x) \, dx = \left(\dfrac{1}{2} ex^2 - x e^x + e^x \right) \Big|_0^1.$

(3) 发散.

(4) $1 - \dfrac{1}{n+1}$, 1.

提示 因为

$$S_n = \frac{1}{1 \cdot 2} + \frac{1}{2 \cdot 3} + \frac{1}{3 \cdot 4} + \cdots + \frac{1}{n(n+1)}$$

$$= \left(1 - \frac{1}{2}\right) + \left(\frac{1}{2} - \frac{1}{3}\right) + \left(\frac{1}{3} - \frac{1}{4}\right) + \cdots + \left(\frac{1}{n} - \frac{1}{n+1}\right) = 1 - \frac{1}{n+1},$$

因此 $S = \lim\limits_{n \to \infty} S_n = 1.$

(5) $p > 1$ 或 $p < -1$.   (6) $-\dfrac{y}{x^2}.$

(7) 0.

提示 令 $u = x - y$, $v = y - x$, 则 $\dfrac{\partial z}{\partial x} = f'_u - f'_v$, $\dfrac{\partial z}{\partial y} = -f'_u + f'_v.$

(8) $\int_1^2 dx \int_{\frac{1}{x}}^x f(x, y) dy.$

(9) 1.

提示 $\iint\limits_D dx \, dy$ 等于积分区域的面积.

(10) $y = 1 + x^2.$

提示 整理得

$$2xy \, dx = (1 + x^2) dy,$$

$$\int \frac{1}{y} dy = \int \frac{2x}{1 + x^2} dy,$$

$$\ln |y| = \ln(1 + x^2) + \ln |C|,$$

通解为 $y = C(1 + x^2)$, 当 $y(0) = 1$ 时, 得 $C = 1$, 特解为 $y = 1 + x^2.$

二、单项选择题

(1) C.

提示　因为 $\int_a^b f'(2x)\mathrm{d}x = \frac{1}{2}\int_a^b f'(2x)\mathrm{d}(2x) = \frac{1}{2}f(2x)\Big|_a^b$.

(2) A.

提示　$F'(x) = \frac{1}{x}f(\ln x) - 2xf(x^2)$.

(3) B.

(4) B.

提示　因为 $\left|(-1)^n \dfrac{a_n}{n}\right| = \dfrac{|a_n|}{n} \leqslant \dfrac{1}{2}\left(a_n^2 + \dfrac{1}{n^2}\right)$，这里 $\displaystyle\sum_{n=1}^\infty a_n^2$ 与 $\displaystyle\sum_{n=1}^\infty \dfrac{1}{n^2}$ 都收敛，所以 $\displaystyle\sum_{n=1}^\infty\left|(-1)^n\dfrac{a_n}{n}\right|$ 收敛.

(5) D.

三、计算题

1. 令 $t = \sqrt{x}$，则 $x = t^2$，$\mathrm{d}x = \mathrm{d}(t^2)$，则

$$\int_0^1 \ln(\sqrt{x}+1)\mathrm{d}x = \int_0^1 \ln(t+1)\mathrm{d}(t^2) = t^2\ln(t+1)\Big|_0^1 - \int_0^1 \frac{t^2}{t+1}\mathrm{d}t$$

$$= \ln 2 - \int_0^1\left(t-1+\frac{1}{t+1}\right)\mathrm{d}t = \ln 2 - \left[\frac{1}{2}t^2 - t + \ln(t+1)\right]_0^1 = \frac{1}{2}.$$

2. $z_x' = f_1' \cdot \mathrm{e}^y + f_2'$，

$$z_{xy}'' = \frac{\partial(f_1' \cdot \mathrm{e}^y + f_2')}{\partial y} = \mathrm{e}^y f_1' + \mathrm{e}^y \cdot (f_{11}'' \cdot x\mathrm{e}^y + f_{13}'') + (f_{21}'' \cdot x\mathrm{e}^y + f_{23}'')$$

$$= \mathrm{e}^y f_1' + x\mathrm{e}^{2y}f_{11}'' + \mathrm{e}^y f_{13}'' + x\mathrm{e}^y f_{21}'' + f_{23}''.$$

3. 方程两端分别对 x，y 求偏导数得

$$\begin{cases} F_1' + yF_2' + \left(1 + y + \dfrac{\partial z}{\partial x}\right)F_3' = 0 \\[2mm] xF_2' + \left(x + \dfrac{\partial z}{\partial y}\right)F_3' = 0 \end{cases},$$

整理得

$$\begin{cases} \dfrac{\partial z}{\partial x} = -\dfrac{F_1' + yF_2' + (1+y)F_3'}{F_3'} \\[3mm] \dfrac{\partial z}{\partial y} = -\dfrac{x(F_2' + F_3')}{F_3'} \end{cases},$$

因此

$$\mathrm{d}z = -\frac{1}{F_3'}\{[F_1' + yF_2' + (1+y)F_3']\mathrm{d}x + [x(F_2' + F_3')]\mathrm{d}y\}.$$

4. $\displaystyle\iint_D \mathrm{e}^{x+y}\mathrm{d}\sigma = \int_0^1 \mathrm{e}^x\mathrm{d}x\int_1^3 \mathrm{e}^y\mathrm{d}y = \left(\mathrm{e}^x\Big|_0^1\right) \cdot \left(\mathrm{e}^y\Big|_1^3\right) = (\mathrm{e}-1)(\mathrm{e}^3 - \mathrm{e}).$

5. 积分区域如图 18.1 所示.

$$\iint\limits_{D} \frac{1}{\sqrt{4a^2-x^2-y^2}}\mathrm{d}\sigma = \int_{-\frac{\pi}{4}}^{0}\mathrm{d}\theta\int_{0}^{-2a\sin\theta}\frac{1}{\sqrt{4a^2-r^2}}r\,\mathrm{d}r$$

$$=-\int_{-\frac{\pi}{4}}^{0}\sqrt{4a^2-r^2}\,|_{0}^{-2a\sin\theta}\mathrm{d}\theta$$

$$=-2a\int_{-\frac{\pi}{4}}^{0}(\cos\theta-1)\mathrm{d}\theta$$

$$=-2a(\sin\theta-\theta)\,|_{-\frac{\pi}{4}}^{0}=\frac{a}{2}(\pi-2\sqrt{2}).$$

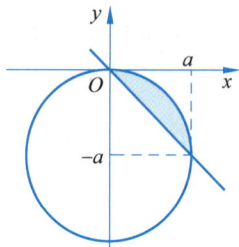

图 18.1

6. 因为 $\lim\limits_{n\to\infty}\left|\frac{(x-5)^{n+1}}{\sqrt{n+1}}\cdot\frac{\sqrt{n}}{(x-5)^n}\right|=\lim\limits_{n\to\infty}\left|\frac{\sqrt{n}}{\sqrt{n+1}}(x-5)\right|=|x-5|$,

则当 $|x-5|<1$ 时，即 $4<x<6$ 时，级数收敛；当 $x=4$ 时，交错级数 $\sum\limits_{n=1}^{\infty}\frac{(-1)^n}{\sqrt{n}}$ 收敛；当 $x=6$ 时，p 级数 $\sum\limits_{n=1}^{\infty}\frac{1}{\sqrt{n}}$ 发散，所以收敛域为 $[4,6)$.

7. 特征方程为 $r^2-4r+4=0$，特征值为 $r_1=r_2=2$，故对应的齐次方程的通解为 $(C_1+C_2x)\mathrm{e}^{2x}$；设非齐次方程的特解为 $y^*=Ax^2\mathrm{e}^{2x}$，代入方程得 $A=\frac{1}{2}$，有 $y^*=\frac{1}{2}x^2\mathrm{e}^{2x}$，因此微分方程的通解为 $y=(C_1+C_2x)\mathrm{e}^{2x}+\frac{1}{2}x^2\mathrm{e}^{2x}$，其中 C_1,C_2 为任意常数.

四、应用题

1. 由题意得

$$V_y=\pi\int_{-a}^{a}[(b+\sqrt{a^2-y^2})^2-(b-\sqrt{a^2-y^2})^2]\mathrm{d}y=2\pi\int_{0}^{a}4b\sqrt{a^2-y^2}\mathrm{d}y$$

$$=8b\pi\cdot\frac{1}{4}\pi a^2=2a^2b\pi^2.$$

2. 由方程组 $\begin{cases}x=70-\frac{1}{4}p\\ y=120-\frac{1}{2}q\end{cases}$ 得到 $\begin{cases}p=4(70-x)\\ q=2(120-y)\end{cases}$. 建立利润函数

$$L(x,y)=xp+yq-c(x,y)$$
$$=4x(70-x)+2y(120-y)-(x^2+y^2+4xy-10x+10y+500)$$
$$=-5x^2-3y^2-4xy+290x+230y-500.$$

构造拉格朗日函数

$$F(x,y,\lambda)=-5x^2-3y^2-4xy+290x+230y-500+\lambda(x+2y-50),$$

令

$$\begin{cases} F'_x=-10x-4y+290+\lambda=0 \\ F'_y=-6y-4x+230+2\lambda=0, \\ F'_\lambda=x+2y-50=0 \end{cases}$$

解得唯一驻点 $(20,15)$，由实际意义可知，当 $x=20$，$y=15$ 时，利润达到最大. 代入 $\begin{cases} p=4(70-x) \\ q=2(120-y) \end{cases}$，解得 $(200,210)$ 为最大利润价格.

五、证明题

(1) $\int_{-a}^{a} f(x)g(x)\mathrm{d}x=\int_{-a}^{0} f(x)g(x)\mathrm{d}x+\int_{0}^{a} f(x)g(x)\mathrm{d}x$，

考察积分 $\int_{-a}^{0} f(x)g(x)\mathrm{d}x$，令 $x=-t$，则

$$\int_{-a}^{0} f(x)g(x)\mathrm{d}x=-\int_{a}^{0} f(-t)g(-t)\mathrm{d}t=\int_{0}^{a} f(-t)g(t)\mathrm{d}t,$$

因此

$$\int_{-a}^{a} f(x)g(x)\mathrm{d}x=\int_{0}^{a} f(-x)g(x)\mathrm{d}x+\int_{0}^{a} f(x)g(x)\mathrm{d}x=\int_{0}^{a}\big[f(-x)+f(x)\big]g(x)\mathrm{d}x$$
$$=A\int_{0}^{a} g(x)\mathrm{d}x.$$

(2) 取 $f(x)=\arctan\mathrm{e}^x$，$g(x)=|\sin x|$，这里 $f(x)+f(-x)=\arctan\mathrm{e}^x+\arctan\mathrm{e}^{-x}$，设 $F(x)=\arctan\mathrm{e}^x+\arctan\mathrm{e}^{-x}$，由于

$$F'(x)=\frac{\mathrm{e}^x}{1+\mathrm{e}^{2x}}-\frac{\mathrm{e}^{-x}}{1+\mathrm{e}^{-2x}}=0,$$

因此 $F(x)$ 恒为常数，而 $F(0)=\arctan\mathrm{e}^0+\arctan\mathrm{e}^0=\dfrac{\pi}{2}$，所以

$$f(x)+f(-x)=\arctan\mathrm{e}^x+\arctan\mathrm{e}^{-x}=\frac{\pi}{2}.$$

而 $g(x)=|\sin x|$ 为偶函数，由(1)得

$$\int_{-\frac{\pi}{2}}^{\frac{\pi}{2}} |\sin x|\arctan\mathrm{e}^x\mathrm{d}x=\frac{\pi}{2}\int_{0}^{\frac{\pi}{2}} |\sin x|\mathrm{d}x=\frac{\pi}{2}\int_{0}^{\frac{\pi}{2}} \sin x\mathrm{d}x=\frac{\pi}{2}.$$

模拟试题十九详解

一、填空题

(1) $\dfrac{5}{2}$.

提示　令 $u=x-y$，$v=x+y$，则 $x=\dfrac{1}{2}(u+v)$，$y=\dfrac{1}{2}(v-u)$，$f(u,v)=\dfrac{1}{2}(u^2+v^2)$.

（2）$\dfrac{1}{6}$.

提示　$\lim\limits_{x\to 0}\dfrac{\displaystyle\int_0^x(1-\cos t)\mathrm{d}t}{x^3}=\lim\limits_{x\to 0}\dfrac{1-\cos x}{3x^3}=\lim\limits_{x\to 0}\dfrac{\sin x}{6x}=\dfrac{1}{6}$.

（3）$\pi-2$.

提示　原式$=2\displaystyle\int_0^{\frac{\pi}{2}}x\cos x\,\mathrm{d}x=2\displaystyle\int_0^{\frac{\pi}{2}}x\,\mathrm{d}\sin x=2x\sin x\Big|_0^{\frac{\pi}{2}}-2\displaystyle\int_0^{\frac{\pi}{2}}\sin x\,\mathrm{d}x$.

（4）$0<p<1$.

提示　当 $\dfrac{1}{p}>1$ 时，$\displaystyle\sum_{n=1}^{\infty}\dfrac{(-1)^{n-1}}{\sqrt[p]{n}}$ 绝对收敛.

（5）$I=\displaystyle\int_0^1\mathrm{d}y\int_{y^2}^{y}f(x,y)\mathrm{d}x$.

（6）$[-1,1]$.

（7）$(\mathrm{e}-1)^2$.

提示　因为 $\displaystyle\int_0^1\mathrm{d}y\int_0^1\mathrm{e}^{x+y}\mathrm{d}x=\displaystyle\int_0^1\mathrm{e}^y\mathrm{d}y\int_0^1\mathrm{e}^x\mathrm{d}x$.

（8）3π.

（9）$\displaystyle\sum_{n=0}^{\infty}\dfrac{1}{n!}(\ln a)^n x^n$，$x\in(-\infty,+\infty)$.

提示　因为 $f(x)=a^x=\mathrm{e}^{x\ln a}$，而 $\mathrm{e}^x=\displaystyle\sum_{n=0}^{\infty}\dfrac{1}{n!}x^n$，$x\in(-\infty,+\infty)$.

（10）$y=\dfrac{b}{a}+C\mathrm{e}^{-ax}$，其中 C 为任意常数.

提示　$y'=b-ay$，$\displaystyle\int\dfrac{1}{b-ay}\mathrm{d}y=\displaystyle\int\mathrm{d}x$，$-\dfrac{1}{a}\ln(b-ay)=x+C_1$，

整理得

$$\ln(b-ay)=-ax+C_2,\ b-ay=C_3\mathrm{e}^{-ax}.$$

二、单项选择题

（1）D.

提示　因为

$$\int_{-1}^0\dfrac{1}{x^3}\mathrm{d}x=\lim\limits_{\varepsilon\to 0^+}\int_{-1}^{-\varepsilon}\dfrac{1}{x^3}\mathrm{d}x=\lim\limits_{\varepsilon\to 0^+}-\dfrac{1}{2x^2}\Big|_{-1}^{-\varepsilon}=\lim\limits_{\varepsilon\to 0^+}\left(\dfrac{1}{2}-\dfrac{1}{2\varepsilon^2}\right)=-\infty,$$

因此 $\displaystyle\int_{-1}^1\dfrac{1}{x^3}\mathrm{d}x$ 发散.

（2）A.

提示　$f'(x)=(x-1)\mathrm{e}^x$，令 $f'(x)=0$，解得唯一驻点 $x=1$，又因为 $f''(x)=x\mathrm{e}^x$，$f''(1)=\mathrm{e}>0$，所以 $x=1$ 为极小值点，极小值为 $f(1)=\displaystyle\int_0^1(t-1)\mathrm{e}^t\mathrm{d}t$.

（3）D.

提示 因为 $\dfrac{\partial z}{\partial x} = y^x \ln y$，$\dfrac{\partial z}{\partial y} = xy^{x-1}$，$y^x \ln y = xy^{x-1}$.

（4）C.

（5）A.

提示 等式两边求导数得，$f'(x) = 2f(x)$，即有 $y' = 2y$，因此 $\displaystyle\int \dfrac{1}{y} \mathrm{d}y = 2\int \mathrm{d}x$，解得 $\ln y = 2x + C$，$y = f(x) = C_1 \mathrm{e}^{2x}$，当 $f(0) = 1$ 时，$C_1 = 1$.

三、计算题

1. 令 $t = \sqrt{\mathrm{e}^x - 1}$，则 $\mathrm{e}^x = t^2 + 1$，$x = \ln(t^2 + 1)$，$\mathrm{d}x = \dfrac{2t}{t^2+1}\mathrm{d}t$，当 $x = 0$ 时，$t = 0$，当 $x = \ln 5$ 时，$t = 2$，则

$$原式 = \int_0^2 \frac{(t^2+1)t}{t^2+4} \cdot \frac{2t}{t^2+1}\mathrm{d}t = 2\int_0^2 \frac{t^2}{t^2+4}\mathrm{d}t = 2\int_0^2 \frac{t^2+4-4}{t^2+4}\mathrm{d}t$$

$$= 2\int_0^2 \left(1 - \frac{4}{t^2+4}\right)\mathrm{d}t = 2\left(t - 2\arctan\frac{t}{2}\right)\Big|_0^2 = 4 - \pi.$$

2. 记 $\displaystyle\int_0^1 f(x)\mathrm{d}x = A$，则等式化为 $2Ax + f(x) = \ln(1+x^2)$，等式两边同时取定积分得

$$\int_0^1 2Ax\,\mathrm{d}x + \int_0^1 f(x)\mathrm{d}x = \int_0^1 \ln(1+x^2)\mathrm{d}x,$$

因此

$$2A = \int_0^1 \ln(1+x^2)\mathrm{d}x = x\ln(1+x^2)\Big|_0^1 - 2\int_0^1 \frac{x^2}{1+x^2}\mathrm{d}x$$

$$= \ln 2 - 2\int_0^1 \left(1 - \frac{1}{1+x^2}\right)\mathrm{d}x = \ln 2 - 2 + \frac{\pi}{2},$$

故

$$\int_0^1 f(x)\mathrm{d}x = \frac{1}{2}\ln 2 - 1 + \frac{\pi}{4}.$$

3. 设 $F(x, y) = x^2 - xy + y^2 - 1$，则 $F'_x = 2x - y$，$F'_y = 2y - x$，因此

$$\frac{\mathrm{d}y}{\mathrm{d}x} = -\frac{F'_x}{F'_y} = -\frac{2x-y}{2y-x},$$

$$\frac{\mathrm{d}z}{\mathrm{d}x}\Big|_{\substack{x=1 \\ y=0}} = (2x + 2yy')\Big|_{\substack{x=1 \\ y=0}} = \left(2x - 2y \cdot \frac{2x-y}{2y-x}\right)\Big|_{\substack{x=1 \\ y=0}} = 2.$$

4. $\dfrac{\partial z}{\partial y} = x^3\left(f'_1 \cdot x + f'_2 \cdot \dfrac{1}{x}\right) = x^4 f'_1 + x^2 f'_2$，

$$\frac{\partial^2 z}{\partial y^2} = x^4\left(f''_{11} \cdot x + f''_{12} \cdot \frac{1}{x}\right) + x^2\left(f''_{21} \cdot x + f''_{22} \cdot \frac{1}{x}\right) = x^5 f''_{11} + 2x^3 f''_{12} + x f''_{22},$$

$$\frac{\partial^2 z}{\partial x \partial y} = \frac{\partial^2 z}{\partial y \partial x} = \frac{\partial}{\partial x}(x^4 f'_1 + x^2 f'_2) = 4x^3 f'_1 + x^4\left[f''_{11} \cdot y + f''_{12} \cdot \left(-\frac{y}{x^2}\right)\right] + 2x f'_2 +$$

$$x^2\left[f''_{21} \cdot y + f''_{22} \cdot \left(-\frac{y}{x^2}\right)\right]$$

$$= 4x^3 f_1' + 2x f_2' + x^4 y f_{11}'' - y f_{22}''.$$

5. 设 $S(x) = \sum_{n=1}^{\infty} (-1)^n \dfrac{n}{2^n} x^{n-1}$，则 $S(1) = \sum_{n=1}^{\infty} (-1)^n \dfrac{n}{2^n}$．由于

$$\int_0^x S(x) \mathrm{d}x = \sum_{n=1}^{\infty} (-1)^n \frac{n}{2^n} \int_0^x x^{n-1} \mathrm{d}x = \sum_{n=1}^{\infty} (-1)^n \frac{1}{2^n} x^n$$

$$= \sum_{n=1}^{\infty} \left(-\frac{1}{2} x \right)^n = \frac{\left(-\dfrac{x}{2} \right)}{1 + \dfrac{x}{2}} = -\frac{x}{2+x},$$

其中 $\left| -\dfrac{x}{2} \right| < 1$，即 $x \in (-2, 2)$．因此

$$S(x) = \left(-\frac{x}{2+x} \right)' = -\frac{2}{(2+x)^2},$$

故 $S(1) = -\dfrac{2}{9}$，则 $\sum_{n=1}^{\infty} (-1)^n \dfrac{n}{2^n} = -\dfrac{2}{9}$．

6. $\displaystyle\iint\limits_{D} (x^2 - y^2) \mathrm{d}\sigma = \int_0^{\pi} \mathrm{d}x \int_0^{\sin x} (x^2 - y^2) \mathrm{d}y = \int_0^{\pi} \left(x^2 y - \frac{1}{3} y^3 \right) \Big|_0^{\sin x} \mathrm{d}x$

$$= \int_0^{\pi} \left(x^2 \sin x - \frac{1}{3} \sin^3 x \right) \mathrm{d}x = -\int_0^{\pi} x^2 \mathrm{d}\cos x + \frac{1}{3} \int_0^{\pi} (1 - \cos^2 x) \mathrm{d}\cos x$$

$$= -x^2 \cos x \Big|_0^{\pi} + 2 \int_0^{\pi} x \cos x \, \mathrm{d}x + \frac{1}{3} \cos x \Big|_0^{\pi} - \frac{1}{9} \cos^3 x \Big|_0^{\pi}$$

$$= \pi^2 - \frac{2}{3} + \frac{2}{9} + 2 \int_0^{\pi} x \, \mathrm{d}\sin x$$

$$= \pi^2 - \frac{4}{9} + 2x \sin x \Big|_0^{\pi} - 2 \int_0^{\pi} \sin x \, \mathrm{d}x$$

$$= \pi^2 - \frac{4}{9} + 2\cos x \Big|_0^{\pi} = \pi^2 - \frac{4}{9} - 4 = \pi^2 - \frac{40}{9}.$$

7. 显然 $f(0) = 1$．等式两边分别求导数，得 $f'(x) = 2f(x) - 1$，即 $f'(x) - 2f(x) = -1$，利用一阶线性非齐次微分方程解的公式得

$$f(x) = \left(-\int \mathrm{e}^{-2\int \mathrm{d}x} \mathrm{d}x + C \right) \mathrm{e}^{2\int \mathrm{d}x} = \left(-\int \mathrm{e}^{-2x} \mathrm{d}x + C \right) \mathrm{e}^{2x} = \left(\frac{1}{2} \mathrm{e}^{-2x} + C \right) \mathrm{e}^{2x},$$

当 $f(0) = 1$ 时，解得 $C = \dfrac{1}{2}$，从而方程的特解为 $f(x) = \dfrac{1}{2}(\mathrm{e}^{-2x} + 1) \mathrm{e}^{2x} = \dfrac{1}{2}(\mathrm{e}^{2x} + 1)$．

四、应用题

1. (1) $A = \displaystyle\int_1^4 \sqrt{y} \, \mathrm{d}y = \frac{2}{3} y^{\frac{3}{2}} \Big|_1^4 = \frac{14}{3}$；　(2) $V_y = \pi \displaystyle\int_1^4 y \, \mathrm{d}y = \pi \cdot \frac{1}{2} y^2 \Big|_1^4 = \frac{15}{2} \pi.$

2. 利润函数为

$$L(P_1, P_2) = P_1 Q_1 + P_2 Q_2 - C = 32P_1 - 0.2P_1^2 + 12P_2 - 0.05P_2^2 - 1360,$$

令 $L_{P_1}' = 32 - 0.4P_1 = 0$，$L_{P_2}' = 12 - 0.1P_1 = 0$，得到唯一的驻点 $(80, 120)$，由实际意义知该点为最大值点，最大利润为 640．

五、证明题

设 $u = tx$，则 $x = \dfrac{u}{t}$，$\mathrm{d}x = \dfrac{1}{t}\mathrm{d}u$，当 $x=0$ 时，$u=0$，当 $x=1$ 时，$u=t$，则

$$\int_0^1 f(tx)\mathrm{d}x = \frac{1}{t}\int_0^t f(u)\mathrm{d}u = \sin t,$$

即 $\displaystyle\int_0^t f(u)\mathrm{d}u = t\sin t$，求导得 $f(t) = \sin t + t\cos t$，因此 $f(x) = \sin x + x\cos x$.

模拟试题二十详解

一、填空题

(1) $D = \{(x,y)\,|\,-1 \leqslant x - y \leqslant 1\}$.

提示　因为 $z = \sqrt{1 - |x-y|}$，解出不等式 $|x-y| \leqslant 1$ 即可.

(2) $\dfrac{1}{4}$.

提示　$\displaystyle\lim_{x\to 0} \frac{\displaystyle\int_0^{x^2}(1-\cos\sqrt{t})\mathrm{d}t}{x^4} = \lim_{x\to 0}\frac{2x(1-\cos x)}{4x^3} = \lim_{x\to 0}\frac{2x \cdot \dfrac{1}{2}x^2}{4x^3}$.

(3) 1.

提示　$\displaystyle\int_0^{+\infty} x\mathrm{e}^{-x}\mathrm{d}x = -\int_0^{+\infty} x\mathrm{d}\mathrm{e}^{-x} = -x\mathrm{e}^{-x}\Big|_0^{+\infty} + \int_0^{+\infty}\mathrm{e}^{-x}\mathrm{d}x = -\mathrm{e}^{-x}\Big|_0^{+\infty} = 1.$

(4) 2.

提示　$\displaystyle\int_{-\frac{\pi}{2}}^{\frac{\pi}{2}}(x^3\mathrm{e}^{x^2} + \cos x)\mathrm{d}x = \int_{-\frac{\pi}{2}}^{\frac{\pi}{2}}\cos x\,\mathrm{d}x = 2\int_0^{\frac{\pi}{2}}\cos x\,\mathrm{d}x.$

(5) $p > \dfrac{1}{2}$，$0 < p \leqslant \dfrac{1}{2}$.

(6) $(-1, 1)$.

提示　因为

$$\lim_{n\to\infty}\frac{2^{n+1}}{n+1+2^{n+1}}\,\frac{n+2^n}{2^n} = 2\lim_{n\to\infty}\frac{n+2^n}{n+1+2^{n+1}} = 2\lim_{n\to\infty}\frac{\dfrac{n}{2^n}+1}{\dfrac{n+1}{2^n}+2} = 1,$$

则收敛半径为 1，且当 $x=1$ 或 $x=-1$ 时，通项不趋于零.

(7) $-\ln\left(1 + \dfrac{x}{2}\right)$，　$-2 < x \leqslant 2$.

提示　令 $t = \dfrac{x}{2}$，$S(t) = \displaystyle\sum_{n=1}^{\infty}\frac{(-1)^n}{n}t^n$，求导得 $S'(t) = \displaystyle\sum_{n=1}^{\infty}(-1)^n t^{n-1} = -\frac{1}{1+t}$，积分得 $S(t) = -\ln(1+t)$.

(8) $-\dfrac{1}{\sqrt{6}}$.

提示　因为

$$\frac{\partial z}{\partial y} = \frac{\partial z}{\partial u} \cdot \frac{\partial u}{\partial y} + \frac{\partial z}{\partial v} \cdot \frac{\partial v}{\partial y} = \frac{x}{2\sqrt{u+2v}} + \frac{1}{\sqrt{u+2v}}\left(-\frac{x}{y^2}\right)$$

$$= \frac{x}{2\sqrt{xy+\dfrac{2x}{y}}} + \frac{1}{\sqrt{xy+\dfrac{2x}{y}}}\left(-\frac{x}{y^2}\right).$$

(9) $I = \displaystyle\int_a^b \mathrm{d}y \int_y^b f(x, y)\mathrm{d}x.$

提示　X-型区域为 $D = \{(x, y) | a \leqslant x \leqslant b, a \leqslant y \leqslant x\}$，$Y$-型区域为 $D = \{(x, y) | y \leqslant x \leqslant b, a \leqslant y \leqslant b\}$.

(10) $y = \mathrm{e}^{\frac{3}{2}x}\left(C_1 \sin \dfrac{1}{2}x + C_2 \cos \dfrac{1}{2}x\right).$

提示　特征方程为 $2r^2 - 6r + 5 = 0$，特征根为 $r_{1,2} = \dfrac{3}{2} \pm \dfrac{1}{2}\mathrm{i}$.

二、单项选择题

(1) C.

提示　$\displaystyle\int_0^4 \frac{1}{\sqrt{x}} f(\sqrt{x})\mathrm{d}x = 2\int_0^4 f(\sqrt{x})\mathrm{d}\sqrt{x} \xrightarrow{\;t=\sqrt{x}\;} 2\int_0^2 f(t)\mathrm{d}t.$

(2) D.

(3) A.

提示　令 $\dfrac{\partial z}{\partial x} = 3x^2 - 8x + 2y = 0$，$\dfrac{\partial z}{\partial y} = 2x - 2y = 0$，

得到两个驻点 $(0, 0)$，$(2, 2)$. 又因为 $\dfrac{\partial^2 z}{\partial x^2} = 6x - 8$，$\dfrac{\partial^2 z}{\partial x \partial y} = 2$，$\dfrac{\partial^2 z}{\partial y^2} = -2$，在 $(0, 0)$点处有 $A = -8$，$AC - B^2 > 0$.

(4) C.

提示　因为当 $x = 1$ 时，考察正项级数为 $\displaystyle\sum_{n=1}^{\infty} \frac{1}{\ln(1+n)}$，这里 $\displaystyle\lim_{n\to\infty} \frac{\dfrac{1}{\ln(1+n)}}{\dfrac{1}{n}} =$

$\displaystyle\lim_{n\to\infty} \frac{n}{\ln(1+n)} = \infty$，而调和级数 $\displaystyle\sum_{n=1}^{\infty} \frac{1}{n}$ 发散，所以 $\displaystyle\sum_{n=1}^{\infty} \frac{1}{\ln(1+n)}$ 发散，当 $x = -1$ 时，交错级数为 $\displaystyle\sum_{n=1}^{\infty} \frac{(-1)^n}{\ln(1+n)}$ 收敛.

(5) A.

提示　题设中没有假定 y_1，y_2 线性无关.

三、计算题

1. $\displaystyle\int_{-1}^1 \frac{|x|+x}{1+x^2}\mathrm{d}x = 2\int_0^1 \frac{x}{1+x^2}\mathrm{d}x = \ln(1+x^2)\Big|_0^1 = \ln 2.$

2. 令 $t = 2x + 1$，则 $\mathrm{d}t = 2\mathrm{d}x$，当 $t = 3$ 时，$x = 1$，当 $t = 5$ 时，$x = 2$，从而

$$\int_3^5 f(t)\,\mathrm{d}t = 2\int_1^2 f(2x+1)\,\mathrm{d}x = 2\int_1^2 x\mathrm{e}^x\,\mathrm{d}x = 2(x-1)\mathrm{e}^x\Big|_1^2 = 2\mathrm{e}^2.$$

3. $\displaystyle\int_0^1 \mathrm{d}x \int_{x^2}^1 x\mathrm{e}^{y^2}\,\mathrm{d}y = \int_0^1 \mathrm{d}y \int_0^{\sqrt{y}} x\mathrm{e}^{y^2}\,\mathrm{d}x = \frac{1}{2}\int_0^1 \left(x^2\Big|_0^{\sqrt{y}}\right)\mathrm{e}^{y^2}\,\mathrm{d}y$

$$= \frac{1}{2}\int_0^1 y\mathrm{e}^{y^2}\,\mathrm{d}y = \frac{1}{4}\mathrm{e}^{y^2}\Big|_0^1 = \frac{1}{4}(\mathrm{e}-1).$$

4. 设 $F(x,y,z) = \mathrm{e}^{xyz} + z + \sin y - \ln x$，由于

$$\frac{\partial F}{\partial x} = yz\mathrm{e}^{xyz} - \frac{1}{x}, \qquad \frac{\partial F}{\partial y} = xz\mathrm{e}^{xyz} + \cos y, \qquad \frac{\partial F}{\partial z} = xy\mathrm{e}^{xyz} + 1,$$

因此

$$\frac{\partial z}{\partial x} = -\frac{\dfrac{\partial F}{\partial x}}{\dfrac{\partial F}{\partial z}} = -\frac{yz\mathrm{e}^{xyz} - \dfrac{1}{x}}{xy\mathrm{e}^{xyz} + 1} = -\frac{xyz\mathrm{e}^{xyz} - 1}{x^2 y\mathrm{e}^{xyz} + x},$$

$$\frac{\partial z}{\partial y} = -\frac{\dfrac{\partial F}{\partial y}}{\dfrac{\partial F}{\partial z}} = -\frac{xz\mathrm{e}^{xyz} + \cos y}{xy\mathrm{e}^{xyz} + 1}.$$

5. 由于

$$\lim_{n\to\infty}\left|\frac{a_{n+1}}{a_n}\right| = \lim_{n\to\infty}\frac{5^{n+1} n}{5^n (n+1)} = 5,$$

因此幂级数的收敛半径 $R = \dfrac{1}{5}$. 当 $x = \dfrac{1}{5}$ 时，级数化为 $\displaystyle\sum_{n=1}^{\infty}\frac{(-1)^n}{n}$，级数收敛；当 $x = -\dfrac{1}{5}$ 时，级数化为 $\displaystyle\sum_{n=1}^{\infty}\frac{1}{n}$，级数发散，因此原级数的收敛域为 $\left(-\dfrac{1}{5},\dfrac{1}{5}\right]$.

令 $t = -5x$，则级数化为 $\displaystyle\sum_{n=1}^{\infty}\frac{t^n}{n}$，记 $S(t) = \displaystyle\sum_{n=1}^{\infty}\frac{t^n}{n}$，求导得 $S'(t) = \displaystyle\sum_{n=1}^{\infty}t^{n-1} = \frac{1}{1-t}$，积分得 $S(t) = -\ln(1-t)$，因此级数的和函数为

$$\sum_{n=1}^{\infty}\frac{(-5)^n}{n}x^n = S(-5x) = -\ln(1+5x), \quad x \in \left(-\frac{1}{5},\frac{1}{5}\right].$$

由于 $\displaystyle\sum_{n=1}^{\infty}\frac{(-5)^n}{n}x^n = -5x + \sum_{n=2}^{\infty}\frac{(-5)^n}{n}x^n$，因此 $\displaystyle\sum_{n=2}^{\infty}\frac{(-5)^n}{n}x^n = 5x - \ln(1+5x)$，将 $x = \dfrac{1}{15}$ 代入，故有

$$\sum_{n=2}^{\infty}\frac{(-1)^n}{n\cdot 3^n} = \frac{1}{3} - \ln\left(1+\frac{1}{3}\right) = \frac{1}{3} - \ln\frac{4}{3}.$$

6. $I = \displaystyle\int_0^{\pi} \mathrm{d}\theta \int_0^{2\sin\theta} \frac{r\sin\theta}{r} r\,\mathrm{d}r = \int_0^{\pi} \sin\theta\cdot\left(\frac{1}{2}r^2\Big|_0^{2\sin\theta}\right)\mathrm{d}\theta$

$$= 2\int_0^{\pi} \sin^3\theta\,\mathrm{d}\theta = -2\int_0^{\pi}(1-\cos^2\theta)\,\mathrm{d}\cos\theta$$

$$= \left(-2\cos\theta + \frac{2}{3}\cos^3\theta\right)\Big|_0^{\pi}$$

$$= \left(2 - \frac{2}{3}\right) - \left(-2 + \frac{2}{3}\right) = \frac{8}{3}$$

7. $\int \frac{1}{y-3} dy = -\int \frac{1}{x} dx$，$\ln|y-3| = -\ln|x| + \ln|C|$，$y - 3 = \frac{C}{x}$，当 $y(1) =$

0 时，解得 $C = -3$，从而微分方程的特解为 $y = -\frac{3}{x} + 3$.

四、应用题

1. （1）$A = \int_1^e \ln x \, dx = x \ln x \Big|_1^e - \int_1^e dx = 1$；

（2）$V_x = \pi \int_1^e \ln^2 x \, dx = \pi \left(x \ln^2 x \Big|_1^e - 2 \int_1^e \ln x \, dx \right) = \pi(e - 2)$；

（3）$V_y = \pi \int_0^1 e^2 \, dy - \pi \int_0^1 e^{2y} \, dy = \pi e^2 - \frac{\pi}{2}(e^2 - 1) = \frac{\pi}{2}(e^2 + 1)$.

2. 由题意可知，此题是求满足 $px + qy = m$ 条件下 $u(x, y) = \alpha \ln x + (1-\alpha) \ln y$ 的最大值. 构造拉格朗日函数

$$F(x, y, \lambda) = \alpha \ln x + (1-\alpha) \ln y + \lambda(px + qy - m),$$

令

$$\begin{cases} F'_x = \dfrac{\alpha}{x} + \lambda p = 0, \\[2mm] F'_x = \dfrac{1-\alpha}{y} + \lambda q = 0, \\[2mm] F'_\lambda = px + qy - m = 0, \end{cases}$$

解得唯一驻点 $x = \dfrac{\alpha m}{p}$，$y = \dfrac{(1-\alpha)m}{q}$. 由实际意义可知，当 $x = \dfrac{\alpha m}{p}$，$y = \dfrac{(1-\alpha)m}{q}$ 时，效用函数达到最大，最大效用为

$$u = \ln m - \alpha \ln p - (1-\alpha) \ln q + \alpha \ln \alpha + (1-\alpha) \ln(1-\alpha).$$

五、证明题

当 $x \in (a, b)$ 时，求导得

$$\begin{aligned} F'(x) &= -\frac{1}{(x-a)^2} \int_a^x f(t) \, dt + \frac{1}{x-a} f(x) \\ &= \frac{1}{(x-a)^2} \left[(x-a) f(x) - \int_a^x f(t) \, dt \right] \\ &= \frac{1}{(x-a)^2} \left[(x-a) f(x) - (x-a) f(\xi) \right] \\ &= \frac{1}{(x-a)} \left[f(x) - f(\xi) \right] = \frac{1}{(x-a)} \left[(x-\xi) f'(\eta) \right] \leqslant 0, \end{aligned}$$

其中 ξ 介于 a 与 x 之间，η 介于 ξ 与 x 之间，结论得证.

第三部分

期 末 试 题

期末考试试题一

1. $\lim\limits_{x\to 0} x\sin\dfrac{1}{x} = $ _____.

2. 设 $y = (x-1)^n$，正整数 $n > 5$，则 $y^{(5)}(1) = $ _____.

3. 已知 $f'(1) = 2$，则 $\lim\limits_{\Delta x\to 0}\dfrac{f(1+3\Delta x)-f(1)}{\Delta x} = $ _____.

4. 函数 $f(x) = \dfrac{1}{1+x}$ 在 $x=2$ 处的带有皮亚诺型余项的 n 阶泰勒公式为 _____.

5. 设 $f(x)$ 的一个原函数是 e^{2x}，则 $\displaystyle\int f'(x)\mathrm{d}x = $ _____.

二、单项选择题

1. 当 $n\to\infty$ 时，对于数列 $\cos(\pi+x)$，$\cos(2\pi+x)$，$\cdots$，$\cos(n\pi+x)$，$\cdots$，下列结论正确的是（   ）.

    (A) $x=0$ 时，数列收敛；

    (B) $x=k\pi+\dfrac{\pi}{2}$ $(k\in\mathbf{Z})$ 时，数列收敛；

    (C) x 取任何值，数列均发散；

    (D) x 取任何值，数列均收敛.

2. 当 $x\to 0$ 时，与 x 等价的无穷小量是（   ）.

    (A) $\sqrt{1+3x}-1$；   (B) $3x$；

    (C) $\ln(1+2x)$；   (D) $\dfrac{1}{2}\sin(2x)+x^2$.

3. 设函数 $f(x)$ 在点 $x=2$ 处连续，且 $\lim\limits_{x\to 2}\dfrac{3f(x)}{x-2}=1$，则 $f'(2)=$（   ）.

    (A) 0；   (B) $\dfrac{1}{2}$；

(C) $\dfrac{1}{3}$；　　　　　　　　　　　　(D) 3.

4. 设 $f(x)=x^{\frac{1}{3}}$，则下列结论正确的是（　　）.

(A) $x=0$ 是 $f(x)$ 的间断点；　　　　(B) $x=0$ 是 $f(x)$ 的极小值点；

(C) $x=0$ 是 $f(x)$ 的极大值点；　　　(D) $(0,0)$ 是曲线的拐点.

5. 下列函数中有一个不是 $f(x)=\dfrac{1}{x}$ 的原函数，它是（　　）.

(A) $F(x)=\ln|x|$；　　　　　　　　(B) $F(x)=\ln|Cx|$；

(C) $F(x)=C\ln|x|$；　　　　　　　(D) $F(x)=\ln|x|+C$.

三、计算题

1. 求 $\lim\limits_{n\to\infty}(\sqrt{2n^2+n+2}-\sqrt{2n^2-n+2})$.

2. 求极限 $\lim\limits_{x\to0}(1+2\sin x)^{\frac{1}{\tan x}}$.

3. 若 $\lim\limits_{x\to0}\dfrac{\ln(1+x)-(ax^2+bx)}{x^2}=1$，试求常数 a，b.

4. 判断函数 $f(x)=\begin{cases}\sin x+2\mathrm{e}^x, & x<0\\ 5\arcsin x-2(x-1), & x\geqslant0\end{cases}$ 在 $x=0$ 处是否可导，若可导，求出 $f'(0)$.

5. 设 $y=x^2 f(x^{\sin x})$，其中 f 可导，求 y'.

6. 设 $y=y(x)$ 是由方程 $x^2-y+1=\mathrm{e}^y$ 确定的隐函数，求 $\dfrac{\mathrm{d}^2 y}{\mathrm{d}x^2}\bigg|_{x=0}$.

7. 计算不定积分 $\displaystyle\int x(1+x^2)^3\mathrm{d}x$.

四、找出函数 $y=\dfrac{\mathrm{e}^{3x}-1}{x(x-1)}$ 的间断点，并指明间断点类型（写明过程）.

五、作函数 $y=\dfrac{\ln x}{x}$ 的图像（给出单调区间与极值，凹凸区间，拐点，渐近线，须写出计算过程，否则不得分）.

单调区间_____；

极值点与极值_____；

凹凸区间_____；

拐点_____；

渐近线（若无则填写"不存在"）_____.

六、应用题

设某种商品的需求函数为 $Q=100-5p$，其中 p（单位：元）为商品的价格，试求：

(1) 需求的价格弹性函数；

(2) 价格分别为 4 元和 10 元时的需求价格弹性，并说明其经济意义.

七、证明题

设 $f(x)$ 在 $[a,b]$ 上连续，在 (a,b) 内可导，且 $f(x)>0$，$\forall x\in[a,b]$. 证明：至少存在一点 $\xi\in(a,b)$，使得 $\ln\dfrac{f(b)}{f(a)}=\dfrac{f'(\xi)}{f(\xi)}(b-a)$.

期末考试试题一详解

期末考试试题二

- -

一、填空题

1. $\displaystyle\int_{-1}^{1} x\cos x\,\mathrm{d}x = $ _____ .

2. 求极限 $\displaystyle\lim_{\substack{x\to 0 \\ y\to 0}} x^2 \sin\frac{1}{x^2+y^2} = $ _____ .

3. 求极限 $\displaystyle\lim_{x\to 0} \frac{\displaystyle\int_0^x (\mathrm{e}^t-1)\mathrm{d}t}{\tan x^2} = $ _____ .

4. 交换积分次序 $\displaystyle\int_0^2 \mathrm{d}y \int_{y^2}^{2y} f(x,y)\mathrm{d}x = $ _____ .

5. 将函数 $f(x) = \dfrac{1}{x}$ 展成 $(x-1)$ 的幂级数为 _____ .

二、单项选择题

1. 下列广义积分收敛的是(　　).

   (A) $\displaystyle\int_1^{+\infty} \frac{1}{x-1}\mathrm{d}x$;　　　　　　　(B) $\displaystyle\int_1^{+\infty} \sin 3x\,\mathrm{d}x$;

   (C) $\displaystyle\int_{-1}^{0} \frac{1}{\sqrt{x+1}}\mathrm{d}x$;　　　　　　(D) $\displaystyle\int_0^1 \frac{1}{x^2}\mathrm{d}x$.

2. 设函数 $f(x,y) = x^3 - 4x^2 + 2xy - y^2$，则点 $(0,0)$ 是该函数的(　　).

   (A) 驻点且是极小值点;　　　　　　　(B) 驻点且是极大值点;

   (C) 驻点但不是极值点;　　　　　　　(D) 偏导数不存在的点.

3. 设 $I = \displaystyle\int_{1/2}^1 (\ln x)^3\mathrm{d}x$, $J = \displaystyle\int_{1/2}^1 x^3\mathrm{d}x$, $K = \displaystyle\int_{1/2}^1 (\sin x)^3\mathrm{d}x$，则 I, J, K 的大小关系是(　　).

   (A) $I < J < K$;　　　　　　　　　(B) $I < K < J$;

   (C) $J < I < K$;　　　　　　　　　(D) $K < J < I$.

4. 函数 $z = f(x,y)$ 在点 (x_0, y_0) 可微的充分条件是(　　).

(A) $f(x,y)$在点(x_0,y_0)连续;

(B) $f(x,y)$在点(x_0,y_0)偏导数都存在;

(C) $\lim\limits_{\substack{\Delta x \to 0 \\ \Delta y \to 0}}(\Delta z - f_x(x_0,y_0)\Delta x - f_y(x_0,y_0)\Delta y) = 0$;

(D) $\lim\limits_{\substack{\Delta x \to 0 \\ \Delta y \to 0}}\dfrac{\Delta z - f_x(x_0,y_0)\Delta x - f_y(x_0,y_0)\Delta y}{\sqrt{(\Delta x)^2 + (\Delta y)^2}} = 0$.

5. 下列级数收敛的是(　　).

(A) $\sum\limits_{n=1}^{\infty}\tan\dfrac{1}{n^2}$;

(B) $\sum\limits_{n=1}^{\infty}\sin\dfrac{1}{2n}$;

(C) $\sum\limits_{n=1}^{\infty}\dfrac{1}{\sqrt{n}}$;

(D) $\sum\limits_{n=1}^{\infty}e^{\frac{1}{n}}$.

三、计算题

1. 计算$\displaystyle\int_0^4 \dfrac{x+2}{\sqrt{2x+1}}dx$.

2. 设$z = f\left(\dfrac{y}{x}, x^2 y\right)$,其中$f$具有连续的二阶偏导数,求$\dfrac{\partial z}{\partial x}$,$\dfrac{\partial^2 z}{\partial x \partial y}$.

3. 设$z = z(x,y)$是由方程$z^3 = x + 2yz$所确定的隐函数,求全微分dz.

4. 设$f(x) = \displaystyle\int_0^{4x}(x-t)\varphi(t)dt$,其中$\varphi(t)$为连续函数,求$f'(x)$.

5. 计算二重积分$\displaystyle\iint_D \dfrac{dx\,dy}{1+x^2+y^2}$,其中$D$是由$x^2+y^2 \leqslant 1$所确定的闭区域.

6. 判别级数$\sum\limits_{n=1}^{\infty}(-1)^n \dfrac{2}{n^2+1}$是否收敛,如果收敛,指出是绝对收敛还是条件收敛.

7. 求幂级数$\sum\limits_{n=1}^{\infty}(-1)^{n-1}\dfrac{x^n}{n}$的收敛域,并求和函数.

四、应用题

1. 已知曲线$y^2 = x$和$y = x^2$,求:

(1) 由两条曲线围成的平面图形的面积S;

(2) 由两条曲线围成的平面图形绕x轴旋转一周所成的旋转体的体积V_x.

2. 某厂生产甲、乙两种产品,当产量分别为x、y(千件)时,其利润函数为

$$f(x,y) = -x^2 - 4y^2 + 8x + 24y - 15(万元)$$

生产两种产品每千件都要消耗原料2 000千克,求消耗原料12 000千克时的最大利润及获得最大利润时两种产品的产量.

五、证明:$\displaystyle\int_0^{\pi} x\,e^{\sin^2 x}dx = \dfrac{\pi}{2}\int_0^{\pi}e^{\sin^2 x}dx$.

期末考试试题二详解

参 考 文 献

[1] 吉米多维奇.数学分析习题集[M].北京：人民教育出版社，1978.

[2] H. B. Wilson，L. H. Turcotte，D. Halpern. *Advanced Mathematics and Mechanics Applications Using*（3th Edition）. London：Chapman and Hall/CRC，2003.

[3] R. Larson，B. H. Edwards. *Calculus*（9th Edition）. Belmont：Brooks/Cole，2010.

[4] E. Kreyszig，H. Kreyszig，E. J. Norminton. *Advanced Engineering Mathematics*（10th Edition）. Hoboken：John Wiley & Sons，2011.

[5] 龚德恩.经济数学基础，第一分册：微积分[M].第 5 版.成都：四川人民出版社，2016.

[6] 吴赣昌.高等数学(理工类，第 5 版)上册[M].北京：中国人民大学出版社，2017.

[7] 吴赣昌.高等数学(理工类，第 5 版)下册[M].北京：中国人民大学出版社，2017.

[8] 吴传生.经济数学——微积分[M].第 4 版.北京：高等教育出版社，2021.

[9] 赵树嫄.微积分[M].第 5 版.北京：中国人民大学出版社，2021.

[10] 刘强，聂力.微积分[M].第 2 版.上册.北京：中国人民大学出版社，2022.

[11] 刘强，聂力.微积分[M].第 2 版.下册.北京：中国人民大学出版社，2022.

[12] 聂力，刘强.微积分习题全解与试题选编[M].上册.北京：中国人民大学出版社，2022.

[13] 聂力，刘强.微积分习题全解与试题选编[M].下册.北京：中国人民大学出版社，2023.

[14] 同济大学数学科学学院.高等数学[M].第 8 版.上册.北京：高等教育出版社，2023.

[15] 同济大学数学科学学院.高等数学[M].第 8 版.下册.北京：高等教育出版社，2023.